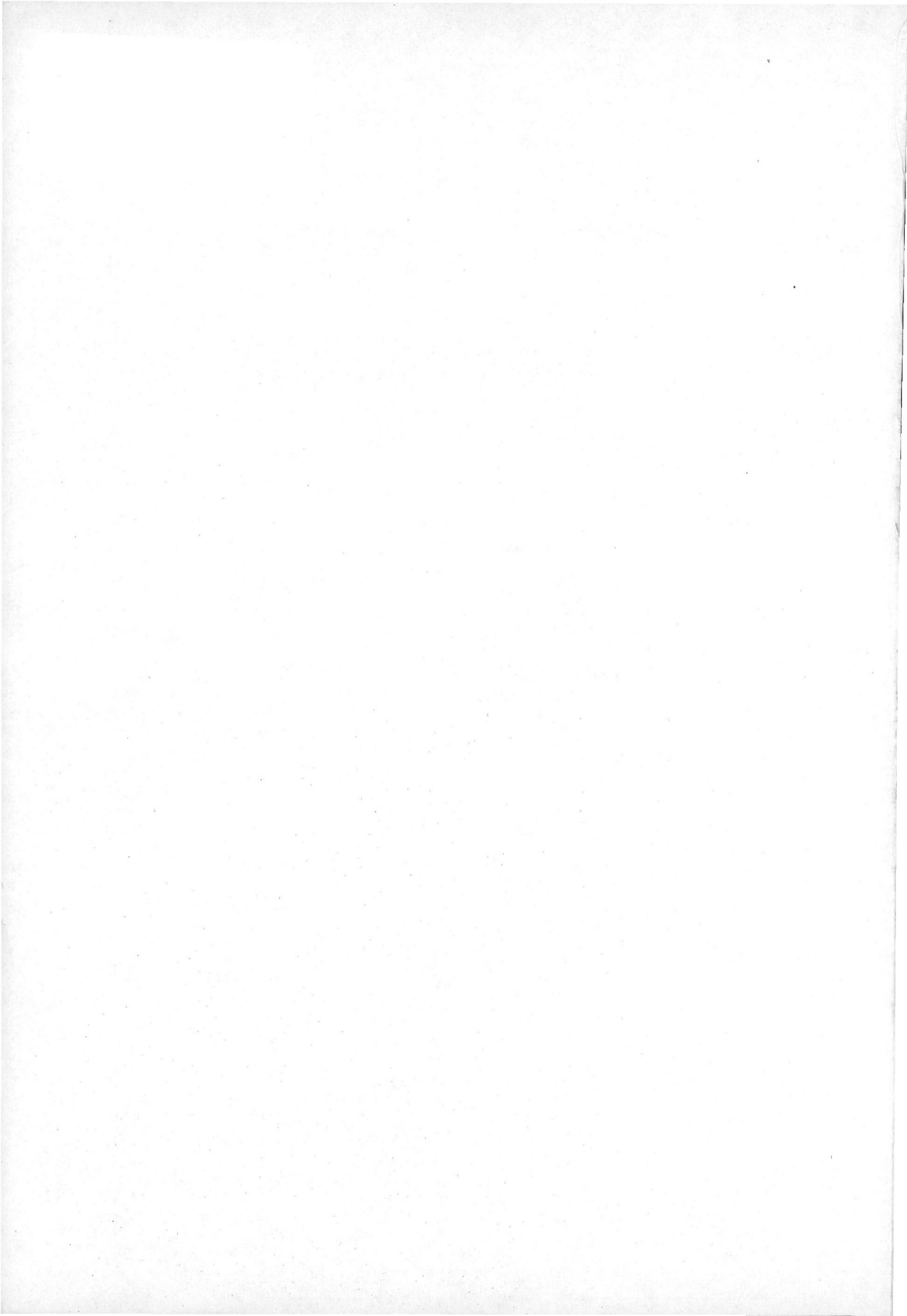

普通高等教育"十一五"国家级规划教材

大学数学基础教程

（下　册）

刘元骏　编著

科学出版社

北　京

内 容 简 介

本书是作者根据多年的教学积累,在总结此前出版的同类教材得失的基础上,参照数学教学现代化的主流趋势编撰而成的.本书分上、下两册出版.下册内容为多元微积分和微分方程,包括多元函数微分学、重积分、曲线积分与曲面积分、无穷级数和微分方程等 5 章.书后还附有二阶混合偏导数相等的充分条件,活动标架、曲率与挠率,二元函数在驻点处取极值的充分条件,最小二乘法简介,由参数方程表示的曲面面积公式,函数项级数的一致性收敛及其性质,习题、复习题答案与提示等 7 个附录.

本书可作为综合大学、理工科大学和师范院校对数学要求较高的非数学专业本科学生的教材或参考书.

图书在版编目(CIP)数据

大学数学基础教程.下册/ 刘元骏编著.—北京:科学出版社,2009

普通高等教育"十一五"国家级规划教材

ISBN 978-7-03-022914-4

Ⅰ.大… Ⅱ.刘… Ⅲ.高等数学–高等学校–教材 Ⅳ.O13

中国版本图书馆 CIP 数据核字(2008) 第 136455 号

责任编辑:李鹏奇 王 静 唐保军 / 责任校对:朱光光
责任印制:张克忠 / 封面设计:陈 敬

科 学 出 版 社 出版
北京东黄城根北街 16 号
邮政编码:100717
http://www.sciencep.com

北京市文林印务有限公司 印刷

科学出版社发行 各地新华书店经销

＊

2009 年 1 月第 一 版 开本:B5 (720×1000)
2015 年 7 月第七次印刷 印张:20 1/4
字数:382 000
定价:31.00 元
(如有印装质量问题,我社负责调换)

前　言

一

大学数学是高等院校对非数学专业本科学生开设数学课程的总称, 它代表的是一类课程. 根据不同的专业需要, 这类课程开设的内容和深度均有所不同. 从内容上看大体包含四门课程: 第一门是微积分 (习惯上又称高等数学), 以研究连续变量为主; 第二门是线性代数, 以研究离散变量为主; 第三门是概率统计, 以研究随机变量为主; 第四门则是数学实验或数学建模, 以数学的应用研究为主.

高等数学是大学数学课群里的首选基础课程, 从教学内容和深度看, 理工类专业要求较高, 然后是经济管理类专业和其他文科类专业, 教学时数也由多到少不全相同.

本书主要面向对数学要求较高的非数学专业本科学生, 同时也兼顾其他专业的需要, 试图为这样一个比较宽泛的大学低年级学生群体开设的高等数学课程提供一套立论严谨, 取材适中, 说理透彻, 叙述流畅且与教学现代化的改革与发展趋势合拍的基础读本.

二

高等数学是一门重要的基础课程, 对理工科专业的学生来说尤为重要. 它包括微积分、空间解析几何、常微分方程等近代数学分支的基础内容. 本书的上册讲授一元微积分和空间解析几何; 下册讲授多元微积分、无穷级数和常微分方程. 一般可在 200 课时授完. 如果精简部分内容, 也可在较少的 180 课时讲完.

非数学专业的本科学生为什么要学习数学课程? 这个问题对于理工科专业的学生来说似乎不言自明, 但实际上仍然存在很多模糊认识. 1998 年冬, 我国数学教育界经过几年的深入研究与准备, 召开了一次以 "数学在大学中的地位" 为主题的大型研讨会. 国内数学教育界大多数专家学者关于数学教育在大学教育中的应有作用形成了重要的共识, 一致认为: 成功的数学教育既要为学生所学专业提供必要的数学工具, 又不能把这种 "工具性" 理解得过窄; 要对学生进行必要的理性思维训练, 改善他们的思维品质; 要发挥数学教学中美育的作用, 将大学数学教育纳入素质教育的轨道.

十余年来, 这三条共识对我国高校数学教学和改革产生了积极的影响, 对那些刚刚走进大学校门准备学习大学数学的学生来说, 也有现实的指导意义.

　　我们知道, 现代数学是自然科学的基本语言, 是运用模式探索物质世界运动机理的主要手段. 对现代工业和现代工程而言, 数学更是表达技术原理、进行科学计算的必不可少的工具. 由于计算机的快速发展, 现代社会的经济运行与组织管理更无法离开现代数学所提供的方法、模式与手段. 所以, 一种成功的数学教育也好, 一个合格的大学生也好, 首先应该教好、学好作为工具的数学, 作为改造客观世界的数学.

　　提起数学的教与学, 就不应该忘记爱因斯坦 (Einstein) 说过的一句话: "被放在首要位置的永远应该是独立思考和判断的总体能力的培养, 而不是获取特定的知识." 这就是不能把数学课程的 "工具性" 理解得过窄的含义. 大学四年, 转瞬即逝, 可是数学的知识却浩如烟海, 我们应该在那些最基本的原理、最基本的方法、最基本的能力上下工夫, 将它们内化为个体的素质和优秀的思维品质. 还是爱因斯坦说得好: "如果人们已经忘记了他们在学校里所学的一切, 那么所留下的就是教育." 微积分能给我们留下什么? 我认为微积分能多方位地塑造科学精神, 建立科学思维的方法. 从这个意义上讲, 我们还要教好、学好作为改造主观世界的数学.

三

　　内蒙古大学在大学数学教学改革和教材建设上有较好的积累. 1995 年, 作者在内蒙古大学出版社出版了为综合大学物理类专业使用的《高等数学基础教程》. 1999 年, 曹之江教授与作者合作在高等教育出版社出版面向 21 世纪课程教材《微积分简明教程》. 2001 ∼2003 年, 作者主持世行贷款 21 世纪初高等教育教学改革项目 "大学数学分层次教学的研究与实践". 2005 年, 内蒙古大学的大学数学课程被评为内蒙古自治区精品课程. 本书的编撰思想就是在这些工作积累之下形成的.

　　本书在引进重要数学概念和数学原理时, 注意尽可能本原地挖掘并阐述那些理性思维训练的要素, 为那些抽象的数学概念固本浚源. 对那些形式化或是数学技巧的内容, 我们秉持淡化的原则, 在讲清问题背景和逻辑演绎的前提下, 不做过多训练.

　　本书遵循分层次教学的理念, 在上、下两册都设置了一定篇幅的附录, 供有兴趣又有能力的学生阅读. 其中有为微积分创立与发展过程中做出过贡献的数学家简介, 有当前中学数学与大学数学脱节的内容补充, 有希望学生了解而又无法讲授或是并不普遍要求的教学内容. 这种多窗口式的展示是一种尝试, 目的在于满足学生的多元需求.

　　本书在借助图形几何直观上做了努力, 以增加空间的想象力, 降低课程的难度, 激发学生学习的积极性. 在行文叙述上尽量简明准确, 平实流畅, 兼具良好的可读性与启发性.

四

本书被列入普通高等教育"十一五"国家级规划教材,源于 2005 年科学出版社的盛情邀请以及孙炯教授的热情鼓励,没有这些邀请与鼓励,本书的一些构想可能仍被束之高阁.

本书写作期间得到内蒙古大学教务处朱瑞英副处长和数学科学学院院长杨联贵教授的大力支持以及很多同事的帮助.协助我编配习题、复习题的是一批优秀的年轻博士和硕士——黄俊杰、高彩霞、刘水霞、范惠荣、刘金存、张静等,他 (她) 们在繁忙的教学科研工作之余,认真而有效地工作,才保证了本书的编撰进度.书中一些精美插图的绘制得到王镁副教授的帮助,为本书增加了不少的亮点.

孙炯教授、朱瑞英副教授和于素芬副教授仔细审读了书稿,提出很有价值的建设性意见和建议,对此作者表示衷心的感谢! 本书在试用过程中还得到作者所在教学团队的所有同事和承担助教工作的在读硕士生们的积极协助,作者也深表感谢!

在本书即将出版之际,还应该感谢曹之江教授多年来在国内和内蒙古大学推进数学教学改革所作出的积极努力,正是他的关心与指导,内蒙古大学大学数学作为精品课程的建设才有今天的局面.

由于作者水平所限,加之时间仓促,书中存在一些错误在所难免,望数学教育界的朋友们和读者不吝指正.

刘元骏

2008 年 5 月

目 录

(下 册)

第6章　多元函数微分学

本章将研究具有多个自变量的所谓**多元函数**的微分学, 以便在更大的视野内了解微分学的应用. 为叙述上的简便以及更具直观性, 对多元函数的研究主要以**二元函数**为代表, 其结果可以很容易地推广到一般多元函数中去.

在选定直角坐标系之后, 空间里的向量与三元有序实数组之间形成一一对应关系. 在所有空间向量或者说三元有序实数组组成的集合里, 可以定义向量的加法和数乘, 或者说成是三元有序实数组的加法和数乘, 并逐一验证这些运算所满足的种种算律, 得到所谓**三维向量空间**. 如果在三维向量空间里, 再定义向量的**内积(数量积)**, 便可得到向量的**模**, 两向量的**夹角**以及两点间的**距离**等概念, 进而得到我们熟知的**三维欧氏空间 $\mathbf{R}^3$**①.

三维欧氏空间 $\mathbf{R}^3$ 就是我们置身其中的现实空间, 三维向量作为 $\mathbf{R}^3$ 中的元素, 按照第 5 章的符号, 记作 $\boldsymbol{x} = \{x_1, x_2, x_3\}, \boldsymbol{y} = \{y_1, y_2, y_3\}$ 等, 有时也被称作**三维点**, 记作 $M(x_1, x_2, x_3), N(y_1, y_2, y_3)$ 等.

设 λ 为任一实数, 在 $\mathbf{R}^3$ 中向量的加法、数乘和内积三种运算分别定义为

$$\boldsymbol{x} + \boldsymbol{y} = \{x_1 + y_1, x_2 + y_2, x_3 + y_3\},$$

$$\lambda \boldsymbol{x} = \{\lambda x_1, \lambda x_2, \lambda x_3\},$$

$$\boldsymbol{x} \cdot \boldsymbol{y} = x_1 y_1 + x_2 y_2 + x_3 y_3.$$

而向量 $\boldsymbol{x}$ 的模 $|\boldsymbol{x}|$ 以及两个三维点 $\boldsymbol{x}, \boldsymbol{y}$ 间的距离 $\rho(\boldsymbol{x}, \boldsymbol{y}) = \rho(M, N)$ 分别定义为

$$|\boldsymbol{x}| = (\boldsymbol{x} \cdot \boldsymbol{x})^{\frac{1}{2}} = (x_1^2 + x_2^2 + x_3^2)^{\frac{1}{2}}.$$

$$\rho(\boldsymbol{x}, \boldsymbol{y}) = |\boldsymbol{y} - \boldsymbol{x}| = [(y_1 - x_1)^2 + (y_2 - x_2)^2 + (y_3 - x_3)^2]^{\frac{1}{2}}.$$

仿照上述方法, 可以建立 **n 维欧氏空间$\mathbf{R}^n$** 的概念.

称一个 n 元有序实数组为一个**n 维向量**, 记作 $\boldsymbol{x} = \{x_1, x_2, \cdots, x_n\}, \boldsymbol{y} = \{y_1, y_2, \cdots, y_n\}$ 等. 有时也被称作**n 维点**, 记作 $M(x_1, x_2, \cdots, x_n), N(y_1, y_2, \cdots, y_n)$ 等. n 维欧氏空间 $\mathbf{R}^n$ 中 n 维向量的加法, 数乘和内积的定义可仿照 $\mathbf{R}^3$ 中的规定推广为

$$\boldsymbol{x} + \boldsymbol{y} = \{x_1 + y_1, x_2 + y_2, \cdots, x_n + y_n\},$$

$$\lambda \boldsymbol{x} = \{\lambda x_1, \lambda x_2, \cdots, \lambda x_n\},$$

---

① 本书未给出向量空间和欧氏空间的严格定义, 详见线性代数课程的内容.

$$x \cdot y = x_1 y_1 + x_2 y_2 + \cdots + x_n y_n.$$

n 维向量 x 的模 $|x|$ 以及两个 n 维点 x, y 间的距离 $\rho(x, y) = \rho(M, N)$ 也类似地定义为

$$|x| = (x \cdot x)^{\frac{1}{2}} = \left(x_1^2 + x_2^2 + \cdots + x_n^2\right)^{\frac{1}{2}}.$$

$$\rho(x, y) = |y - x| = \left[(y_1 - x_1)^2 + (y_2 - x_2)^2 + \cdots + (y_n - x_n)^2\right]^{\frac{1}{2}}.$$

一维欧氏空间 $\mathbf{R}^1$ 即我们所熟知的直线上所有一维点构成的集合. 二维欧氏空间 $\mathbf{R}^2$ 则是平面上所有二维点构成的集合. 三维欧氏空间 $\mathbf{R}^3$ 则是空间解析几何里见到的所有三维点构成的集合.

§6.1   多元函数、极限与连续

6.1.1 n 维欧氏空间 $\mathbf{R}^n$ 中的点集

以下介绍 $\mathbf{R}^n$ 中有关点集的一些概念.

设 $M_0 \in \mathbf{R}^n$, δ 为正实数, 称 $\mathbf{R}^n$ 中的点集

$$U(M_0, \delta) = \left\{M \in \mathbf{R}^n \,\middle|\, \rho(M, M_0) < \delta\right\}$$

为 n 维点 M_0 的 δ邻域. 它表示 $\mathbf{R}^n$ 中以 M_0 为中心, δ 为半径的 n 维球面内部所有 n 维点组成的集合. 当 $n = 2$ 时, 二维点 $M_0(x_0, y_0)$ 的 δ 邻域

$$U(M_0, \delta) = \left\{(x, y) \,\middle|\, (x - x_0)^2 + (y - y_0)^2 < \delta^2\right\}$$

实际上是以 $M_0(x_0, y_0)$ 为圆心, δ 为半径的圆周内部的点组成的点集. 当 $n = 1$ 时, 一维点 $M_0(x_0)$ 的 δ 邻域

$$U(M_0, \delta) = \left\{x \,\middle|\, |x - x_0| < \delta\right\}$$

实际上是一个开区间 $(x_0 - \delta, x_0 + \delta)$.

设 $M_0 \in \mathbf{R}^n$, $\mathbf{R}^n$ 中的点集

$$U^0(M_0, \delta) = \left\{M \in \mathbf{R}^n \,\middle|\, 0 < \rho(M, M_0) < \delta\right\}$$

称为 n 维点 M_0 的 **δ去心邻域**, 显然有

$$U^0(M_0, \delta) = U(M_0, \delta) \backslash \{M_0\}.$$

设 $D \subset \mathbf{R}^n$, $M \in \mathbf{R}^n$, 若 $\exists \delta > 0$, 使 $U(M, \delta) \subset D$, 则称点 M 为 D 的**内点**. 若 D 仅由内点组成, 称 D 为**开集**.

若 $\mathbf{R}^n \backslash D$ 为开集, 称 D 为**闭集**.

设 $D \subset \mathbf{R}^n$, $M \in \mathbf{R}^n$, 若对 $\forall \delta > 0$, 邻域 $U(M,\delta)$ 内总有 D 内的点, 也有 D 外的点, 则称点 M 为 D 的 **边界点**, 参见图 6.1.

D 的边界点的全体组成的集合称为 D 的 **边界**, 记作 ∂D.

设 $D \subset \mathbf{R}^n$, $M \in \mathbf{R}^n$, 若对 $\forall \delta > 0$, 点 M 的去心邻域 $U^0(M,\delta)$ 内总有 D 内的点, 则称 M 为 D 的 **聚点**. D 的聚点所组成的集合称为 D 的 **导集**, 记作 D'.

上述有关点集的概念具有一些简单性质:

(i) 若 M 是 D 的内点, 则 $M \in D$ (自证).

(ii) 在 $\mathbf{R}^n$ 中, 点 M_0 的任给邻域 $U(M_0,\delta)$ 均为开集 (自证, 参见图 6.2). 因此又称 $U(M_0,\delta)$ 为点 M_0 的 **开邻域**.

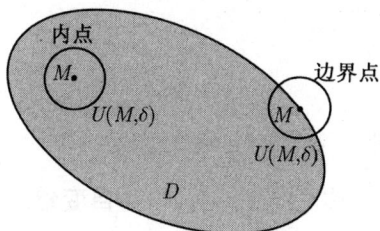

图 6.1 内点与边界点的图示　　　图 6.2 邻域 $U(M_0,\delta)$ 为开集的图示

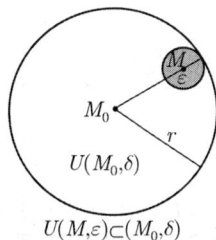

(iii) 若 M 是 D 的边界点, 则 M 可能属于 D, 也可能不属于 D.

例如, 在 $\mathbf{R}^1$ 中, 集合 $(a,b]$ 的边界点 $a \notin (a,b]$, 而另一个边界点 $b \in (a,b]$.

(iv) 设 $D \subset \mathbf{R}^n$, 则 D 为闭集 $\Longleftrightarrow \partial D \subset D$ (参见习题).

由定义知, 开集的余集是闭集. 例如, 邻域 $U(M_0,\delta)$ 为开集, 它的余集

$$\mathbf{R}^n \backslash U(M_0,\delta) = \left\{ M \in \mathbf{R}^n \;\middle|\; \rho(M,M_0) \geqslant \delta \right\}$$

一定是闭集. 利用上述性质还可证明

(v) 闭集的余集是开集.

例如, 在 $\mathbf{R}^1$ 中, 集合 $[a,b]$ 的余集为 $(-\infty,a) \bigcup (b,+\infty)$ 为开集.

应该指出, $\mathbf{R}^n$ 中的集合并不是 "非开即闭"! 例如, $\mathbf{R}^1$ 中的半开半闭区间 $(a,b]$ 既非开集, 又非闭集.

根据聚点的定义, 易知

(vi) 若 M 是 D 的聚点, 则 M 可能属于 D, 也可能不属于 D.

例如, 在 $\mathbf{R}^1$ 中, $x = 0$ 与 $x = 1$ 均是集合 $D = (0,1]$ 的聚点, 但是 $x = 0 \notin D$, 而 $x = 1 \in D$.

(vii) D 为闭集 $\Longleftrightarrow D$ 的聚点必属于 $D \Longleftrightarrow D' \subset D$ (参见习题).

设 $D \subset \mathbf{R}^n$, $M_0 \in \mathbf{R}^n$, 如果存在正实数 r, 对 $\forall M \in D$, 使得 $\rho(M_0,M) < r$, 则称 D 为 **有界集**. 否则称为 **无界集**.

例如, $\mathbf{R}^2$ 上的点集 $D = \{(x,y)|x^2 + y^2 < 2\}$ 为有界集, 而它的余集 $D^c = \{(x,y)|x^2 + y^2 \geqslant 2\}$ 为无界集.

设 $D \subset \mathbf{R}^n$, 若对 $\forall M, N \in D$, 总可用包含于 D 内的折线① 连接起来, 则称 D 为**连通集**. 例如, $\mathbf{R}^1$ 中的点集 (a,b) 是连通集, 但是 $\{a,b\}$ 并不是连通集.

称 $\mathbf{R}^n$ 中的连通开集为**开区域**, 简称**区域**. 连通闭集称为**闭区域**. 例如, $\mathbf{R}^2$ 中的点集 $\{(x,y)|x \geqslant y\}$ 为闭区域, $\{(x,y)|1 < x^2 + y^2 < 2\}$ 为开区域.

6.1.2   多元函数的概念

设集合 $D \subset \mathbf{R}^n$, 由 D 到实数集 $\mathbf{R}$ 的映射

$$f : D \to \mathbf{R},$$

称为 D 上的一个**n 元函数**, 记作

$$u = f(M) \text{ 或 } u = f(x_1, x_2, \cdots, x_n),$$

其中 $M = (x_1, x_2, \cdots, x_n)$ 是 D 内的 n 维点. 称 $x_1, x_2, \cdots, x_n$ 为**自变量**, M 在映射 f 下的像 u 称为**因变量或函数**.

集合 D 称为函数的**定义域**, 它在 f 下的像集合记作

$$f(D) = \{u \in \mathbf{R} \mid u = f(M), M \in D\},$$

称为函数 f 的**值域**.

n 元函数的定义涵盖了一元函数, 当 $n \geqslant 2$ 时 n 元函数泛称为**多元函数**. 当 $n = 2$ 时, 二元函数一般记作

$$z = f(x,y), \quad (x,y) \in D \subset \mathbf{R}^2,$$

其中定义域 D 为 $O\text{-}xy$ 平面上的点集.

多元函数的研究将主要以二元函数为例, 这是因为二元函数具有直观的几何表示. 称 $\mathbf{R}^3$ 中的点集

$$\{(x,y,z) \mid z = f(x,y), (x,y) \in D\}$$

为二元函数 $z = f(x,y)$ 的**图像**, 一般来说, 它表示 $\mathbf{R}^3$ 中的一个曲面 Σ, 如图 6.3 所示.

如果二元函数用解析表达式表示, 使得该表达式有意义的二维点 (x,y) 组成的点集, 一般说成是函数的**自然定义域**.

---

① 这里并未对 $\mathbf{R}^n$ 中的折线加以定义, 可参照 $\mathbf{R}^2$ 或 $\mathbf{R}^3$ 中的折线理解.

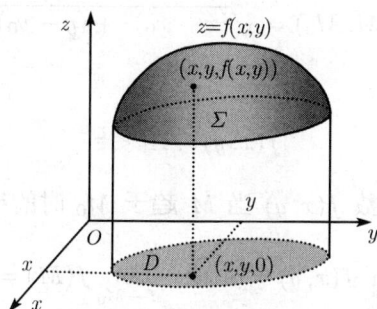

图 6.3 二元函数的图像

例 6.1.1 试求函数 $z = \sqrt{1 - \dfrac{x^2}{a^2} - \dfrac{y^2}{b^2}}$ 的自然定义域并给出函数图像.

解 定义域为 $O\text{-}xy$ 平面上的闭椭圆域

$$D = \left\{ (x, y) \,\middle|\, \frac{x^2}{a^2} + \frac{y^2}{b^2} \leqslant 1 \right\}.$$

函数的图像为 $O\text{-}xy$ 平面上方的上半椭球面, 如图 6.4 所示.

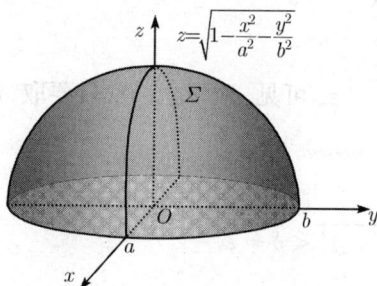

图 6.4 例 6.1.1 的图示

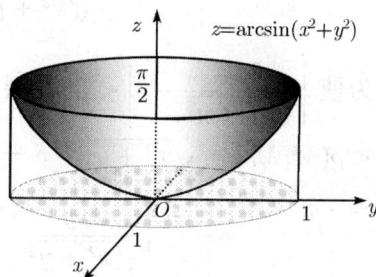

图 6.5 例 6.1.2 的图示

例 6.1.2 试求函数 $z = \arcsin(x^2 + y^2)$ 的自然定义域并给出函数图像.

解 定义域为 $O\text{-}xy$ 平面上的闭单位圆域

$$D = \left\{ (x, y) \,\middle|\, x^2 + y^2 \leqslant 1 \right\}.$$

函数的图像是以 z 轴为旋转轴的旋转面, 如图 6.5 所示.

6.1.3 极限

我们沿用 "$\varepsilon\text{-}\delta$" 语言定义二维点 $M(x, y)$ 趋于点 $M_0(x_0, y_0)$ 时, 二元函数 $z = f(x, y)$ 以实数 A 为极限的概念.

定义 6.1.1 已知二元函数 $z = f(x, y)$ 在区域 D 上有定义, 点 M_0 为区域 D 的聚点, A 为一实数. 若对 $\forall \varepsilon > 0, \exists \delta > 0$, 使得对于 $\forall M(x, y) \in D$, 只要

$$0 < \rho(M, M_0) = \sqrt{(x - x_0)^2 + (y - y_0)^2} < \delta,$$

不等式

$$|f(x, y) - A| < \varepsilon$$

恒成立, 则称实数 A 是函数 $f(x, y)$ 当 M 趋于 M_0 时的极限, 记作

$$\lim_{\substack{x \to x_0 \\ y \to y_0}} f(x, y) = A \ \text{或} \ \lim_{M \to M_0} f(M) = A.$$

上述极限定义里, 函数 $f(x, y)$ 并不一定在 M_0 点有定义.

例 6.1.3　证明 $\lim\limits_{\substack{x \to 0 \\ y \to 0}} \dfrac{2xy}{\sqrt{x^2 + y^2}} = 0.$

证明　函数 $\dfrac{2xy}{\sqrt{x^2 + y^2}}$ 在点 $M_0(0, 0)$ 没有定义, 但点 $M_0(0, 0)$ 是该函数定义域的聚点. 由于 $|2xy| \leqslant x^2 + y^2$, 则

$$\left| \frac{2xy}{\sqrt{x^2 + y^2}} - 0 \right| \leqslant \sqrt{x^2 + y^2}.$$

为使 $\left| \dfrac{2xy}{\sqrt{x^2 + y^2}} - 0 \right| < \varepsilon$, 只要 $\sqrt{x^2 + y^2} < \varepsilon$. 可见, 对 $\forall \varepsilon > 0$, 只要取 $\delta = \varepsilon$, 当 $0 < \rho(M, M_0) = \sqrt{x^2 + y^2} < \delta = \varepsilon$ 时, 必有

$$\left| \frac{2xy}{\sqrt{x^2 + y^2}} - 0 \right| \leqslant \sqrt{x^2 + y^2} < \delta = \varepsilon.$$

于是有 $\lim\limits_{\substack{x \to 0 \\ y \to 0}} \dfrac{2xy}{\sqrt{x^2 + y^2}} = 0.$

为了区别于一元函数极限, 又称二元函数的极限为**二重极限**.

已经知道, 在一元函数里, 如果存在极限 $\lim\limits_{x \to x_0} f(x) = A$, 则当点 x 从 x_0 的左侧趋近于 x_0, 或从 x_0 的右侧趋近于 x_0, 函数 $f(x)$ 的左右极限都等于 A. 反过来, 如果在 x_0 处的左右极限存在而不相等, 则函数 $f(x)$ 在 x_0 处不存在极限.

对于二重极限来说也有类似结论.

若存在二重极限 $\lim\limits_{M \to M_0} f(M) = A$, 则当点 M 以任何方式 (或者说沿任何路径) 趋近于点 M_0 时, 函数值 $f(M)$ 都会无限接近实数 A. 反过来, 如果点 M 沿两条不同的路径趋近于点 M_0 时, 函数 $f(M)$ 分别无限接近两个不同的实数, 则可以断定二重极限 $\lim\limits_{M \to M_0} f(M)$ 一定不存在.

例 6.1.4 证明函数 $f(x, y) = \dfrac{xy}{x^2 + y^2}$ 在原点 $O(0, 0)$ 处不存在二重极限.

证明 取一条过原点 $O(0, 0)$ 的直线 $l: y = kx$ (k 为常数). 当 M 沿 l 趋近于原点 $O(0, 0)$ 时, 存在函数极限

$$\lim_{\substack{M \in l \\ M \to O}} f(x, y) = \lim_{\substack{y = kx \\ x \to 0}} f(x, y) = \lim_{x \to 0} f(x, kx)$$

$$= \lim_{x \to 0} \frac{x \cdot kx}{x^2 + k^2 x^2} = \frac{k}{1 + k^2}.$$

应该指出, 由于点 M 在直线 $l: y = kx$ 上, 上述极限实际上是一元函数的极限, 而且随着 k 的变化而变化. 由此可见, 作为二元函数的 $f(x, y) = \dfrac{xy}{x^2 + y^2}$ 在原点 $O(0, 0)$ 处不存在二重极限.

需要注意, 不能把二重极限 $\lim\limits_{\substack{x \to x_0 \\ y \to y_0}} f(x, y) = A$ 误认为连续取两次一元函数的极限

$$\lim_{x \to x_0} \left[\lim_{y \to y_0} f(x, y) \right] \text{ 或 } \lim_{y \to y_0} \left[\lim_{x \to x_0} f(x, y) \right].$$

上述两种依次实施的极限, 被称为**(二次) 累次极限**. 一般情况下, 二重极限的存在并不能保证累次极限的存在, 反过来, 累次极限的存在也不能保证二重极限的存在. 对它们之间的关系本书不作深入讨论.

一元函数极限的性质, 如有界性、保号性、四则运算的法则等都可以推广到二重极限中去, 此处不再一一列举. 利用这些性质和一元函数极限里的已有结论, 可以帮助我们求解部分二重极限.

例 6.1.5 求极限 $\lim\limits_{\substack{x \to 0 \\ y \to 0}} \dfrac{x^2 - xy}{\sqrt{x} - \sqrt{y}}$ ($x > 0, y > 0$).

解 仿照一元函数 $\dfrac{0}{0}$ 型未定式求极限的方法, 在分式的分子和分母同乘以分母的有理化因式, 得到

$$\lim_{\substack{x \to 0 \\ y \to 0}} \frac{x^2 - xy}{\sqrt{x} - \sqrt{y}} = \lim_{\substack{x \to 0 \\ y \to 0}} \frac{(x^2 - xy)(\sqrt{x} + \sqrt{y})}{(\sqrt{x} - \sqrt{y})(\sqrt{x} + \sqrt{y})}$$

$$= \lim_{\substack{x \to 0 \\ y \to 0}} \frac{x(x - y)(\sqrt{x} + \sqrt{y})}{x - y}$$

$$= \lim_{\substack{x \to 0 \\ y \to 0}} x(\sqrt{x} + \sqrt{y}) = 0.$$

本小节中关于二元函数极限的概念和相应结论都可以推广到 n 元函数 $u = f(x_1, x_2, \cdots, x_n)$ 中去.

6.1.4   连续

定义 6.1.2   设函数 $f(x, y)$ 在 D 上有定义, $M_0(x_0, y_0) \in D$, 如果有

$$\lim_{M \to M_0} f(M) = f(M_0),$$

则称函数 $f(x, y)$ 在 $M_0(x_0, y_0)$ 点连续. 若 $f(x, y)$ 在 D 的一切点处均连续, 则称 $f(x, y)$ 是 D 上的二元连续函数.

当函数 $f(x, y)$ 在 $M_0(x_0, y_0)$ 点不连续时, 称 $M_0(x_0, y_0)$ 为**间断点**. 设函数

$$F(x, y) = \begin{cases} \dfrac{xy}{x^2 + y^2}, & (x, y) \neq (0, 0), \\ 0, & (x, y) = (0, 0). \end{cases}$$

$F(x, y)$ 在原点 $O(0, 0)$ 处虽有定义, 但由例 6.1.4 得知, $\dfrac{xy}{x^2 + y^2}$ 在原点 $O(0, 0)$ 处的二重极限不存在, 因此原点 $O(0, 0)$ 是函数 $F(x, y)$ 的间断点.

既然如前所述, 一元函数关于极限的运算法则可以推广到二元函数中去, 那么, 二元连续函数的和、差、积、商 (除式不为零) 便仍然是连续函数.

二元函数的复合方式要比一元函数复杂得多. 例如, 函数 $u = \varphi(x, y), v = \psi(x, y)$ 在 D 上有定义, 函数 $f(u, v)$ 在 H 上有定义, 仅当

$$\{(u, v) | u \in \varphi(D), v \in \psi(D)\} \subseteq H$$

时, 才可确定二元的复合函数 $f[\varphi(x, y), \psi(x, y)]$. 可以证明, 当 φ, ψ, f 均为二元连续函数时, $f[\varphi(x, y), \psi(x, y)]$ 在 D 上也一定连续. 对于另外一些函数复合的方式, 仍有类似结论.

和一元初等函数的形成过程类似, 将基本初等函数作用于两个变量上, 再经有限多次的四则运算和有限多次的复合所得到的二元函数称为**二元初等函数**. 这类函数可以采用已有的基本初等函数符号、四则运算的符号和复合函数的符号表达成一个式子. 例如,

$$\mathrm{e}^{x^2 - 2y}, \quad \sin \frac{xy}{1 + x^2}, \quad \ln(1 + x^2 + y^2)$$

等. 我们直接给出以下结论:

二元初等函数在它定义域内的任何一个区域上都是连续函数.

类似于闭区间上一元连续函数的性质, 有界闭区域上的二元连续函数具有以下重要性质.

性质 6.1.1 (有界性定理)   设函数 $f(x, y)$ 在有界闭区域 D 上连续, 则函数的值域 $f(D)$ 为有界集, 即存在实数 $M > 0$, 对 $\forall (x, y) \in D$, 恒有 $|f(x, y)| \leqslant M$.

性质 6.1.2 (最大最小值定理) 设函数 $f(x,y)$ 在有界闭区域 D 上连续, 则 $f(x,y)$ 在 D 上必达到其最大值和最小值, 即存在 $(x_1,y_1),(x_2,y_2) \in D$, 使得

$$f(x_1,y_1) = \max\{f(x,y)|(x,y) \in D\},$$

$$f(x_2,y_2) = \min\{f(x,y)|(x,y) \in D\}.$$

性质 6.1.3 (介值定理) 设函数 $f(x,y)$ 在有界闭区域 D 上连续, c 是介于 $f(x,y)$ 在 D 上的最大值 M 与最小值 m 之间的任一实数, 则一定存在点 $(\xi,\eta) \in D$, 使得 $f(\xi,\eta) = c$.

* **性质 6.1.4** (一致连续性定理) 在有界闭区域 D 上连续的函数 $f(x,y)$, 一定在 D 上是一致连续的, 即对 $\forall \varepsilon > 0, \exists \delta > 0$, 使得对 $\forall M_1, M_2 \in D$, 只要 $\rho(M_1, M_2) < \delta$, 便有 $|f(M_1) - f(M_2)| < \varepsilon$.

本小节中关于二元函数连续的概念和相应结论都可以推广到 n 元函数 $u = f(x_1, x_2, \cdots, x_n)$ 中去.

习 题 6.1

1. 已知 $M_0 \in \mathbf{R}^2$, 试证明点 M_0 的空心邻域 $D = U^0(M_0, \delta)$ 为开集并指出 D 的导集 D' 和边界 ∂D.

2. 试证明集合 $D = \{(x,y)|1 \leqslant x^2 + y^2 \leqslant 4\}$ 为 $\mathbf{R}^2$ 中的闭集.

*3. 证明: D 为闭集 $\iff \partial D \subset D$.

*4. 证明: D 为闭集 $\iff D' \subset D$.

5. 设 $f\left(x+y, \dfrac{y}{x}\right) = x^2 - y^2$, 求 $f(x,y)$.

6. 设 $z = x + y + f(x-y)$ 且当 $y = 0$ 时 $z = x^2$, 求函数 $f(x)$ 和 z 的表达式.

7. 求下列函数的定义域并画出定义域的图形:

(1) $y = \sqrt{1 - u^2} + \sqrt{v^2 - 1}$; (2) $z = \sqrt{(x^2 + y^2 - 1)(4 - x^2 - y^2)}$;

(3) $z = \arctan \dfrac{y}{x}$; (4) $z = \ln(x - y) + \sqrt{y - x^2}$.

8. 求下列函数的极限:

(1) $\lim\limits_{\substack{x \to 0 \\ y \to a}} \dfrac{\sin(xy)}{x}$; (2) $\lim\limits_{\substack{x \to 0 \\ y \to 0}} \dfrac{xy}{\sqrt{xy+1}-1}$;

(3) $\lim\limits_{\substack{x \to 1 \\ y \to 0}} \dfrac{\ln(x + \mathrm{e}^y)}{\sqrt{x^2 + y^2}}$; (4) $\lim\limits_{\substack{x \to \infty \\ y \to \infty}} \dfrac{x^2 + y^2}{x^4 + y^4}$.

9. 证明下列函数在原点 $(0,0)$ 处不存在极限:

(1) $f(x,y) = -\dfrac{x}{\sqrt{x^2 + y^2}}$; (2) $f(x,y) = \dfrac{x^4}{x^4 + y^2}$;

(3) $f(x,y) = \dfrac{xy}{|xy|}$; (4) $f(x,y) = \dfrac{x^2}{x^2 - y}$.

§6.2　多元函数的微分法

6.2.1　偏导数

若将二元函数的一个自变量取为定值, 则此二元函数可以看作另一变量的一元函数. 这种意义下的一元函数的变化率, 就是下面要定义的偏导数.

定义 6.2.1　设函数 $z = f(x, y)$ 在点 (x_0, y_0) 的某个邻域内有定义, 将变量 y 的值取定在 y_0, 变量 x 在 x_0 处给以增量 Δx, 并设点 $(x_0 + \Delta x, y_0)$ 仍位于点 (x_0, y_0) 的给定邻域内, 由此得到的函数增量 $\Delta z = f(x_0 + \Delta x, y_0) - f(x_0, y_0)$, 被称为函数的偏增量, 记作

$$\Delta_x z = f(x_0 + \Delta x, y_0) - f(x_0, y_0).$$

如果存在极限

$$\lim_{\Delta x \to 0} \frac{\Delta_x z}{\Delta x} = \lim_{\Delta x \to 0} \frac{f(x_0 + \Delta x, y_0) - f(x_0, y_0)}{\Delta x},$$

则称此极限为函数 $z = f(x, y)$ 在点 (x_0, y_0) **处关于 x 的偏导数**, 记作

$$\frac{\partial z}{\partial x}\Big|_{(x_0, y_0)} \ \text{或} \ \frac{\partial f}{\partial x}\Big|_{(x_0, y_0)} \ \text{或} \ f'_x(x_0, y_0) \ \text{或} \ f_x(x_0, y_0).$$

类似地, 将变量 x 的值取定在 x_0, 变量 y 在 y_0 处给以增量 Δy, 由此得到函数的另一种偏增量

$$\Delta_y z = f(x_0, y_0 + \Delta y) - f(x_0, y_0).$$

如果存在极限

$$\lim_{\Delta y \to 0} \frac{\Delta_y z}{\Delta y} = \lim_{\Delta y \to 0} \frac{f(x_0, y_0 + \Delta y) - f(x_0, y_0)}{\Delta y},$$

则称此极限为函数 $z = f(x, y)$ 在点 (x_0, y_0) **处关于 y 的偏导数**, 记作

$$\frac{\partial z}{\partial y}\Big|_{(x_0, y_0)} \ \text{或} \ \frac{\partial f}{\partial y}\Big|_{(x_0, y_0)} \ \text{或} \ f'_y(x_0, y_0) \ \text{或} \ f_y(x_0, y_0).$$

当函数 $z = f(x, y)$ 在点 (x_0, y_0) 处存在偏导数 $f_x(x_0, y_0), f_y(x_0, y_0)$ 时. 称 $z = f(x, y)$ 在点 (x_0, y_0) **处可偏导**. 若 $z = f(x, y)$ 在区域 D 的每一点均可偏导, 则它的两个偏导数

$$f_x(x, y), \quad f_y(x, y)$$

分别确定了 D 上的两个函数, 称其为 $z = f(x, y)$ 的**偏导函数**.

以上关于二元函数偏导数的概念可以推广到 n 元函数中去. 函数 $u = f(x_1, x_2, \cdots, x_n)$ 对变量 x_i 的偏导数定义为

$$\frac{\partial u}{\partial x_i} = \lim_{\Delta x_i \to 0} \frac{f(x_1, \cdots, x_{i-1}, x_i + \Delta x_i, x_{i+1}, \cdots, x_n) - f(x_1, \cdots, x_n)}{\Delta x_i},$$

$$i = 1, 2, \cdots, n.$$

例 6.2.1 设 $z = y\mathrm{e}^x + y^x \ (y > 0)$, 求 $\dfrac{\partial z}{\partial x}, \dfrac{\partial z}{\partial y}$.

解 视 y 为常数, 对 x 求导, 应用一元函数的求导公式和法则, 得到

$$\frac{\partial z}{\partial x} = y\mathrm{e}^x + y^x \ln y.$$

再视 x 为常数, 对 y 求导, 得到

$$\frac{\partial z}{\partial y} = \mathrm{e}^x + xy^{x-1}.$$

例 6.2.2 设 $f(x, y, z) = (x^2 + y^2 + z^2)^{-\frac{1}{2}}$, 求 $\dfrac{\partial f}{\partial x}, \dfrac{\partial f}{\partial y}, \dfrac{\partial f}{\partial z}$.

解 视 y, z 为常数, 对 x 求导, 应用一元函数求导的链锁法则, 得到

$$\frac{\partial f}{\partial x} = \left(-\frac{1}{2}\right) \cdot \frac{2x}{(x^2 + y^2 + z^2)^{\frac{3}{2}}} = -\frac{x}{(x^2 + y^2 + z^2)^{\frac{3}{2}}}.$$

类似地有

$$\frac{\partial f}{\partial y} = -\frac{y}{(x^2 + y^2 + z^2)^{\frac{3}{2}}}, \quad \frac{\partial f}{\partial z} = -\frac{z}{(x^2 + y^2 + z^2)^{\frac{3}{2}}}.$$

例 6.2.3 已知函数

$$z = F(x, y) = \begin{cases} \dfrac{xy}{x^2 + y^2}, & (x, y) \neq (0, 0), \\ 0, & (x, y) = (0, 0). \end{cases}$$

试求 $z = F(x, y)$ 在原点 $(0, 0)$ 处的偏导数 $\dfrac{\partial z}{\partial x}\Big|_{(0,0)}, \dfrac{\partial z}{\partial y}\Big|_{(0,0)}$.

解 原点 $(0, 0)$ 处于函数 $F(x, y)$ 分段表达式的分界点处, 由定义知有

$$\frac{\partial z}{\partial x}\Big|_{(0,0)} = \lim_{\Delta x \to 0} \frac{F(0 + \Delta x, 0) - F(0, 0)}{\Delta x} = 0,$$

$$\frac{\partial z}{\partial y}\Big|_{(0,0)} = \lim_{\Delta y \to 0} \frac{F(0, 0 + \Delta y) - F(0, 0)}{\Delta y} = 0.$$

由 6.1 节知函数 $F(x, y)$ 在原点 $(0, 0)$ 处的极限不存在, 进而不连续; 现在我们证明了它在原点 $(0, 0)$ 处可偏导. 这说明二元函数在给定点可偏导时并不一定连续!

一元函数的导数表示曲线切线的斜率, 二元函数的偏导数也有直观的几何意义.

图 6.6 显示了函数 $z = f(x, y)$ 的曲面 Σ, 过曲面 Σ 上的点 $M_0(x_0, y_0, f(x_0, y_0))$ 作垂直于 y 轴的平面 $y = y_0$, 该平面与曲面 Σ 的交线 l 的方程应为

$$\begin{cases} z = f(x, y_0), \\ y = y_0. \end{cases}$$

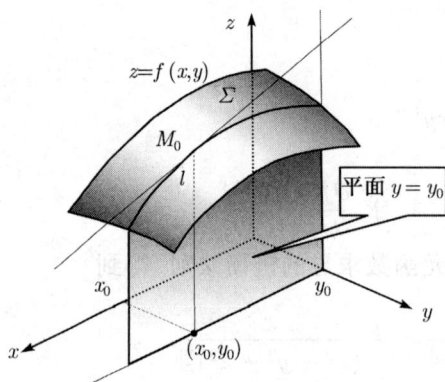

图 6.6   偏导数的几何解释 (1)   图 6.7   偏导数的几何解释 (2)

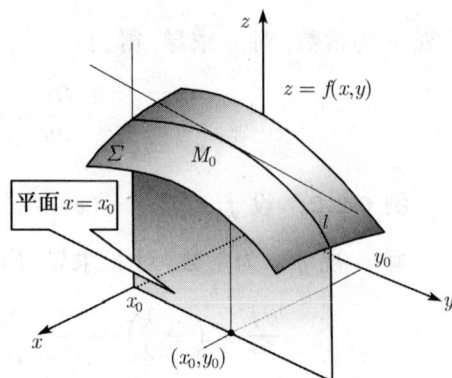

函数 $z = f(x, y)$ 在 (x_0, y_0) 处关于 x 的偏导数 $\dfrac{\partial z}{\partial x}\Big|_{(x_0, y_0)}$ 恰为曲线 l 在 M_0 点的切线关于 x 轴的斜率.

函数 $z = f(x, y)$ 在 (x_0, y_0) 处关于 y 的偏导数 $\dfrac{\partial z}{\partial y}\Big|_{(x_0, y_0)}$ 具有类似的几何解释, 见图 6.7.

6.2.2   高阶偏导数

当 $z = f(x, y)$ 在 D 上可偏导时, 偏导数

$$\frac{\partial z}{\partial x} = f_x(x, y), \qquad \frac{\partial z}{\partial y} = f_y(x, y)$$

都是 D 上的二元函数. 如果这两个函数也可偏导, 则称它们为 $z = f(x, y)$ 的**二阶偏导数**. 这些偏导数共有以下 4 种:

对 x 连续两次求偏导, 称 $\dfrac{\partial}{\partial x}\left(\dfrac{\partial z}{\partial x}\right)$ 为 **$f(x, y)$ 关于 x 的二阶偏导数**, 记作

$$\frac{\partial^2 z}{\partial x^2} \text{ 或 } f_{xx}(x, y).$$

对 y 连续两次求偏导, 称 $\dfrac{\partial}{\partial y}\left(\dfrac{\partial z}{\partial y}\right)$ 为 $f(x, y)$ 关于 y 的二阶偏导数, 记作

$$\frac{\partial^2 z}{\partial y^2} \text{ 或 } f_{yy}(x, y).$$

先对 x 后对 y 两次求导或先对 y 后对 x 两次求导, 统称为**二阶混合偏导数**, 分别记作

$$\frac{\partial^2 z}{\partial x \partial y} = \frac{\partial}{\partial y}\left(\frac{\partial z}{\partial x}\right) = f_{xy}(x, y), \quad \frac{\partial^2 z}{\partial y \partial x} = \frac{\partial}{\partial x}\left(\frac{\partial z}{\partial y}\right) = f_{yx}(x, y).$$

以上 4 种偏导数仍然是 D 上的二元函数, 如果仍可在 D 上继续求偏导, 则可得到 8 种**三阶偏导数**. 只要允许还可以得到 n 阶偏导数, 共 2^n 种. 二阶或二阶以上的偏导数称为**高阶偏导数**.

例 6.2.4　设 $z = y\cos x + x\mathrm{e}^y$, 求 $\dfrac{\partial^2 z}{\partial x^2}, \dfrac{\partial^2 z}{\partial y^2}, \dfrac{\partial^2 z}{\partial x \partial y}, \dfrac{\partial^2 z}{\partial y \partial x}$.

解　先求一阶偏导数

$$\frac{\partial z}{\partial x} = -y\sin x + \mathrm{e}^y, \quad \frac{\partial z}{\partial y} = \cos x + x\mathrm{e}^y.$$

再求二阶偏导数

$$\frac{\partial^2 z}{\partial x^2} = -y\cos x, \quad \frac{\partial^2 z}{\partial y^2} = x\mathrm{e}^y.$$

$$\frac{\partial^2 z}{\partial x \partial y} = \frac{\partial}{\partial y}(-y\sin x + \mathrm{e}^y) = -\sin x + \mathrm{e}^y.$$

$$\frac{\partial^2 z}{\partial y \partial x} = \frac{\partial}{\partial x}(\cos x + x\mathrm{e}^y) = -\sin x + \mathrm{e}^y.$$

上述结果显示两种不同顺序的混合偏导数恰好相等, 这一结论并非偶然, 以下定理给出了这两者相等的充分条件.

定理 6.2.1　若函数 $f(x, y)$ 在点 (x, y) 处存在连续的二阶混合偏导数 $f_{xy}(x, y)$ 与 $f_{yx}(x, y)$, 则必有 $f_{xy}(x, y) = f_{yx}(x, y)$.

本定理的证明较复杂, 此处从略, 参阅附录 A.

例 6.2.5　已知函数 $z = xy + \dfrac{\mathrm{e}^y}{y^2 + 1}$, 试求 $\dfrac{\partial^2 z}{\partial y \partial x}$.

解　所求 $\dfrac{\partial^2 z}{\partial y \partial x}$, 应该是先对 y 后对 x 求导的二阶混合偏导数. 但由于已知函数的二阶混合偏导数连续, 根据上述定理, 可以转去求另一顺序的二阶混合偏导数 $\dfrac{\partial^2 z}{\partial x \partial y}$. 这样一来便有

$$\frac{\partial z}{\partial x} = y, \quad \frac{\partial^2 z}{\partial x \partial y} = 1.$$

本例如果先求 $\dfrac{\partial z}{\partial y}$, 会增加不必要的计算量.

6.2.3　全微分

已知二元函数 $z = f(x, y)$, 分别给自变量 x, y 以增量 $\Delta x, \Delta y$, 所得到函数的增量

$$\Delta z = f(x + \Delta x, y + \Delta y) - f(x, y) \tag{6.2.1}$$

称其为函数的**全增量**, 以便和定义偏导数时提到的偏增量相区分.

定义 6.2.2　如果 $z = f(x, y)$ 在 (x, y) 的全增量 (6.2.1) 可以表示成

$$\Delta z = A\Delta x + B\Delta y + o(\rho), \tag{6.2.2}$$

其中 $\rho = \sqrt{(\Delta x)^2 + (\Delta y)^2}$, A, B 仅与 x, y 有关而与 $\Delta x, \Delta y$ 无关, 则称 $z = f(x, y)$ 在 (x, y) 处可微, $A\Delta x + B\Delta y$ 称之为 $z = f(x, y)$ 在 (x, y) 处的**全微分**, 记作

$$\mathrm{d}z = A\Delta x + B\Delta y.$$

根据上述定义, 当 $z = f(x, y)$ 在 (x, y) 处可微时, 如果用全微分 $\mathrm{d}z$ 代替全增量 Δz 的话, 所带来的误差是点 (x, y) 与 $(x + \Delta x, y + \Delta y)$ 之间距离 ρ 的高阶无穷小.

在介绍一元函数微分时, 曾经指出, 一元函数的微分是函数增量的线性主部. 现在看来, 二元函数的全微分也可称作二元函数全增量的**线性主部**.

以下来研究可微的一些重要性质.

定理 6.2.2　若 $z = f(x, y)$ 在 (x, y) 处可微, 则 $f(x, y)$ 一定在 (x, y) 处连续.

证明　由于 $\Delta x \to 0, \Delta y \to 0$ 时, $\rho \to 0$. 由式 (6.2.2) 知, $\Delta z \to 0$, 即 $f(x + \Delta x, y + \Delta y) \to f(x, y)$, 可见 $z = f(x, y)$ 在 (x, y) 处连续.

在一元函数中, 可微与可导等价. 在二元函数中, 可微与可偏导的关系则要复杂得多. 首先应注意到

$$\text{可偏导} \not\Rightarrow \text{可微}!$$

这是因为, 前段例 6.2.3 中的函数

$$F(x, y) = \begin{cases} \dfrac{xy}{x^2 + y^2}, & (x, y) \neq (0, 0), \\ 0, & (x, y) = (0, 0). \end{cases}$$

在原点处可偏导. 如果又是可微的话, 由定理 6.2.2 立刻得到 $f(x, y)$ 在原点处连续, 显然这是做不到的, 我们早已证明 $F(x, y)$ 在原点并不连续.

反过来, 在可微的前提下, 有以下定理.

定理 6.2.3 若 $z = f(x, y)$ 在 (x, y) 处可微, 则 $f(x, y)$ 一定在 (x, y) 处可偏导, 且

$$\mathrm{d}z = \frac{\partial z}{\partial x}\Delta x + \frac{\partial z}{\partial y}\Delta y. \tag{6.2.3}$$

证明 由于 $z = f(x, y)$ 在 (x, y) 处可微, 则式 (6.2.2) 成立. 在式 (6.2.2) 中令 $\Delta y = 0$, 则有

$$\Delta z = A\Delta x + o(|\Delta x|).$$

由此可见存在

$$\frac{\partial z}{\partial x} = \lim_{\Delta x \to 0} \frac{\Delta z}{\Delta x} = \lim_{\Delta x \to 0}\left[A + \frac{o(|\Delta x|)}{\Delta x}\right] = A.$$

同理可证 $\dfrac{\partial z}{\partial y} = B$. 故式 (6.2.3) 成立.

如果将 "可偏导" 的条件加强为 "偏导数连续", 则会得到以下结论:

定理 6.2.4 若 $z = f(x, y)$ 在点 $M_0(x_0, y_0)$ 的某邻域 $U(M_0, \delta)$ 内可偏导, 且在点 M_0 处偏导数连续, 则 $z = f(x, y)$ 在 M_0 处可微.

证明 分别给 x_0, y_0 以增量 $\Delta x, \Delta y$, 并使点 $(x_0 + \Delta x, y_0 + \Delta y)$ 仍在邻域 $U(M_0, \delta)$ 中, 此时函数全增量可写成

$$\begin{aligned}
\Delta z &= f(x_0 + \Delta x, y_0 + \Delta y) - f(x_0, y_0) \\
&= f(x_0 + \Delta x, y_0 + \Delta y) - f(x_0, y_0 + \Delta y) + f(x_0, y_0 + \Delta y) - f(x_0, y_0).
\end{aligned}$$

由于 $f(x, y)$ 在邻域 $U(M_0, \delta)$ 内可偏导, 利用一元函数的微分中值定理, 得到

$$\Delta z = f_x(x_0 + \theta_1\Delta x, y_0 + \Delta y)\Delta x + f_y(x_0, y_0 + \theta_2\Delta y)\Delta y,$$

其中 $0 < \theta_1, \theta_2 < 1$.

由于 $f_x(x, y), f_y(x, y)$ 在点 M_0 处连续, 因此有

$$f_x(x_0 + \theta_1\Delta x, y_0 + \Delta y) = f_x(x_0, y_0) + \alpha,$$

$$f_y(x_0, y_0 + \theta_2\Delta y) = f_y(x_0, y_0) + \beta,$$

其中 α, β 是 $\Delta x \to 0, \Delta y \to 0$ 时的无穷小量. 于是

$$\Delta z = f_x(x_0, y_0)\Delta x + f_y(x_0, y_0)\Delta y + \alpha\Delta x + \beta\Delta y.$$

注意到

$$\frac{|\alpha\Delta x + \beta\Delta y|}{\rho} \leqslant \frac{|\alpha\Delta x|}{\rho} + \frac{|\beta\Delta y|}{\rho} \leqslant |\alpha| + |\beta|.$$

且当 $\Delta x \to 0, \Delta y \to 0$ 时, $\rho \to 0, |\alpha| + |\beta| \to 0$, 因此

$$\alpha\Delta x + \beta\Delta y = o(\rho).$$

这样便得到

$$\Delta z = f_x(x_0, y_0)\Delta x + f_y(x_0, y_0)\Delta y + o(\rho),$$

即 $z = f(x, y)$ 在 M_0 处可微.

应注意, 上述定理的逆命题并不正确, 亦即

可微 $\not\Rightarrow$ 偏导数连续!

本节习题将给出这样的函数, 在给定点可微, 但是偏导数并不连续.

仿照一元函数里的规定, **将自变量的增量记作自变量的微分**, 即

$$\mathrm{d}x = \Delta x, \quad \mathrm{d}y = \Delta y.$$

则全微分表达式 (6.2.3) 还可以写成

$$\mathrm{d}z = \frac{\partial z}{\partial x}\mathrm{d}x + \frac{\partial z}{\partial y}\mathrm{d}y. \tag{6.2.4}$$

类似地, n 元函数 $u = f(x_1, x_2, \cdots, x_n)$ 的全微分也可以写成相仿的形式:

$$\mathrm{d}u = \frac{\partial u}{\partial x_1}\mathrm{d}x_1 + \frac{\partial u}{\partial x_2}\mathrm{d}x_2 + \cdots + \frac{\partial u}{\partial x_n}\mathrm{d}x_n.$$

例 6.2.6　求函数 $z = xy^2 + \sin(x - y)$ 在点 $(1, -1)$ 处的全微分.

解　由于 $\dfrac{\partial z}{\partial x} = y^2 + \cos(x - y), \dfrac{\partial z}{\partial y} = 2xy - \cos(x - y)$, 则

$$\frac{\partial z}{\partial x}\bigg|_{(1,-1)} = 1 + \cos 2, \quad \frac{\partial z}{\partial y}\bigg|_{(1,-1)} = -2 - \cos 2,$$

于是得到 $\mathrm{d}z\big|_{(1,-1)} = (1 + \cos 2)\mathrm{d}x - (2 + \cos 2)\mathrm{d}y.$

例 6.2.7　求函数 $u = yz\ln(xy)$ 的全微分.

解　由于 $\dfrac{\partial u}{\partial x} = \dfrac{yz}{x}, \ \dfrac{\partial u}{\partial y} = z(1 + \ln(xy)), \ \dfrac{\partial u}{\partial z} = y\ln(xy)$, 因此有

$$\mathrm{d}u = \frac{yz}{x}\mathrm{d}x + z(1 + \ln(xy))\mathrm{d}y + y\ln(xy)\mathrm{d}z.$$

在介绍一元函数微分的概念时, 曾经提到函数的线性化, 即在给定点的附近, 用线性函数代替一般函数. 现在可以将这种线性化的思想推广到二元函数中去, 其中核心的概念就是全微分. 前面提到用全微分 $\mathrm{d}z$ 代替全增量 Δz, 所造成的误差只是 ρ 的高阶无穷小. 于是有以下近似等式

$$\Delta z \approx \mathrm{d}z = f_x(x, y)\Delta x + f_y(x, y)\Delta y.$$

或者写成

$$f(x + \Delta x, y + \Delta y) \approx f(x, y) + f_x(x, y)\Delta x + f_y(x, y)\Delta y. \tag{6.2.5}$$

注意到式 (6.2.5) 的右端是关于 $\Delta x, \Delta y$ 的二元线性函数, 上述线性化的思想便不难理解了.

例 6.2.8 计算 $\sqrt{1.03^2 + 1.98^2}$ 的近似值.

解 令 $f(x, y) = \sqrt{x^2 + y^2}$, 并记 $x = 1, y = 2, \Delta x = 0.03, \Delta y = -0.02$. 由式 (6.2.5) 知

$$f(1 + 0.03,\ 2 - 0.02) \approx f(1, 2) + f_x(1, 2) \cdot 0.03 + f_y(1, 2) \cdot (-0.02).$$

而

$$f(1, 2) = \sqrt{5}, \qquad f_x(1, 2) = \frac{x}{\sqrt{x^2 + y^2}}\Big|_{(1,2)} = \frac{1}{\sqrt{5}},$$

$$f_y(1, 2) = \frac{y}{\sqrt{x^2 + y^2}}\Big|_{(1,2)} = \frac{2}{\sqrt{5}},$$

于是得到

$$\sqrt{1.03^2 + 1.98^2} = f(1 + 0.03,\ 2 - 0.02) \approx \sqrt{5} + \frac{0.03}{\sqrt{5}} - \frac{0.04}{\sqrt{5}} \approx 2.2315.$$

在结束本段之前, 介绍关于**高阶微分**的概念以及表述它的符号, 这些符号的使用将大大简化后面关于二元函数泰勒公式的表述.

已经知道, $z = f(x, y)$ 的全微分 $\mathrm{d}z = \dfrac{\partial z}{\partial x}\mathrm{d}x + \dfrac{\partial z}{\partial y}\mathrm{d}y$ 仍是 x, y 的函数. 如果这个函数继续可微, 称 $\mathrm{d}z$ 的全微分为**二阶全微分**, 记作 $\mathrm{d}^2 z$. 当 $z = f(x, y)$ 存在二阶连续偏导数时, 有

$$\begin{aligned}
\mathrm{d}^2 z &= \mathrm{d}(\mathrm{d}z) = \frac{\partial}{\partial x}\left(\frac{\partial z}{\partial x}\mathrm{d}x + \frac{\partial z}{\partial y}\mathrm{d}y\right)\mathrm{d}x + \frac{\partial}{\partial y}\left(\frac{\partial z}{\partial x}\mathrm{d}x + \frac{\partial z}{\partial y}\mathrm{d}y\right)\mathrm{d}y \\
&= \frac{\partial^2 z}{\partial x^2}(\mathrm{d}x)^2 + 2\frac{\partial^2 z}{\partial x \partial y}\mathrm{d}x\mathrm{d}y + \frac{\partial^2 z}{\partial y^2}(\mathrm{d}y)^2.
\end{aligned}$$

现在引进形式算符 $\left(\mathrm{d}x\dfrac{\partial}{\partial x} + \mathrm{d}y\dfrac{\partial}{\partial y}\right)$, 将全微分 $\mathrm{d}z$ 表示为

$$\mathrm{d}z = \left(\mathrm{d}x\frac{\partial}{\partial x} + \mathrm{d}y\frac{\partial}{\partial y}\right)z.$$

二阶全微分 $\mathrm{d}^2 z$ 可类似地表示为

$$\mathrm{d}^2 z = \left(\mathrm{d}x\frac{\partial}{\partial x} + \mathrm{d}y\frac{\partial}{\partial y}\right)^2 z.$$

一般地, $z = f(x, y)$ 的 n 阶全微分 $\mathrm{d}^n z$ 可仿照二阶全微分的定义为 $\mathrm{d}^n z = \mathrm{d}(\mathrm{d}^{n-1}z)$,

并可利用上述形式算符 $\left(\mathrm{d}x\dfrac{\partial}{\partial x} + \mathrm{d}y\dfrac{\partial}{\partial y} \right)$ 表示为

$$\mathrm{d}^n z = \left(\mathrm{d}x\frac{\partial}{\partial x} + \mathrm{d}y\frac{\partial}{\partial y} \right)^n z,$$

上式右端理解为按照二项式定理展开形式算符, 然后与 z 相乘的结果.

6.2.4   复合函数的求导法则

多元复合函数的求导法则在多元函数的微分法中占有重要地位. 鉴于多元函数复合的方式很多, 我们只能介绍其中最基本的情况.

设有二元函数

$$z = f(u,v), \qquad u = \varphi(x,y), \qquad v = \psi(x,y), \tag{6.2.6}$$

能以 u,v 为中间变量复合成以 x,y 为自变量的新的二元函数

$$z = f[\varphi(x,y), \psi(x,y)]. \tag{6.2.7}$$

以下给出利用函数 (6.2.6) 的偏导数表示复合函数 (6.2.7) 的偏导数的**链锁法则**.

定理 6.2.5   设函数 $u = \varphi(x,y), v = \psi(x,y)$ 在 (x,y) 处可偏导, 函数 $z = f(u,v)$ 在与 (x,y) 相对应的 (u,v) 处可微, 则复合函数 (6.2.7) 在 (x,y) 处可偏导, 且

$$\frac{\partial z}{\partial x} = \frac{\partial f}{\partial u}\frac{\partial u}{\partial x} + \frac{\partial f}{\partial v}\frac{\partial v}{\partial x}, \quad \frac{\partial z}{\partial y} = \frac{\partial f}{\partial u}\frac{\partial u}{\partial y} + \frac{\partial f}{\partial v}\frac{\partial v}{\partial y}. \tag{6.2.8}$$

证明   只需证明式 (6.2.8) 的第一式, 后一式可类似证明.

取定 y, 给 x 以增量 Δx, 则函数 u, v, z 分别有增量

$$\Delta u = \varphi(x+\Delta x, y) - \varphi(x,y), \quad \Delta v = \psi(x+\Delta x, y) - \psi(x,y),$$

$$\Delta z = f(u+\Delta u, v+\Delta v) - f(u,v).$$

由于 $z = f(u,v)$ 在 (u,v) 处可微, 则函数增量 Δz 可以表示成

$$\Delta z = \frac{\partial f}{\partial u}\Delta u + \frac{\partial f}{\partial v}\Delta v + o(\rho_1),$$

其中 $\rho_1 = \sqrt{(\Delta u)^2 + (\Delta v)^2}$.

记 $\alpha = \dfrac{o(\rho_1)}{\rho_1}$, 则当 $\rho_1 \to 0$ 时, $\alpha \to 0$[①]. 于是上式可改写成

$$\Delta z = \frac{\partial f}{\partial u}\Delta u + \frac{\partial f}{\partial v}\Delta v + \alpha\rho_1.$$

---

① 此时假定 $\Delta u, \Delta v$ 不同时为零. 如果 $\Delta u = \Delta v = 0$, 只要令 $\alpha = 0$ 即可.

在上式两端同除以 Δx, 得到

$$\frac{\Delta z}{\Delta x} = \frac{\partial f}{\partial u}\frac{\Delta u}{\Delta x} + \frac{\partial f}{\partial v}\frac{\Delta v}{\Delta x} + \alpha\sqrt{\left(\frac{\Delta u}{\Delta x}\right)^2 + \left(\frac{\Delta v}{\Delta x}\right)^2}.$$

令 $\Delta x \to 0$, 则 $\Delta u \to 0$, $\Delta v \to 0$, $\rho_1 \to 0$, $\alpha \to 0$, $\dfrac{\Delta u}{\Delta x} \to \dfrac{\partial u}{\partial x}$, $\dfrac{\Delta v}{\Delta x} \to \dfrac{\partial v}{\partial x}$,

$\alpha\sqrt{\left(\dfrac{\Delta u}{\Delta x}\right)^2 + \left(\dfrac{\Delta v}{\Delta x}\right)^2} \to 0$, 由此知存在

$$\frac{\partial z}{\partial x} = \frac{\partial f}{\partial u}\frac{\partial u}{\partial x} + \frac{\partial f}{\partial v}\frac{\partial v}{\partial x}.$$

问题得证.

例 6.2.9　已知 $z = \mathrm{e}^u \sin v$, $u = x^2 y$, $v = x - y$, 求 $\dfrac{\partial z}{\partial x}$, $\dfrac{\partial z}{\partial y}$.

解　由式 (6.2.8) 直接得到

$$\begin{aligned}
\frac{\partial z}{\partial x} &= \frac{\partial z}{\partial u}\frac{\partial u}{\partial x} + \frac{\partial z}{\partial v}\frac{\partial v}{\partial x} = \mathrm{e}^u \sin v \cdot 2xy + \mathrm{e}^u \cos v \cdot 1 \\
&= \mathrm{e}^{x^2 y}[2xy\sin(x-y) + \cos(x-y)]. \\
\frac{\partial z}{\partial y} &= \frac{\partial z}{\partial u}\frac{\partial u}{\partial y} + \frac{\partial z}{\partial v}\frac{\partial v}{\partial y} = \mathrm{e}^u \sin v \cdot x^2 + \mathrm{e}^u \cos v \cdot (-1) \\
&= \mathrm{e}^{x^2 y}[x^2\sin(x-y) - \cos(x-y)].
\end{aligned}$$

以下再来列举几种多元函数的复合形式, 并将链锁法则移植于这些不同的情况.

若式 (6.2.6) 中的函数为

$$z = f(u,v), \quad u = \varphi(x), \quad v = \psi(x), \tag{6.2.6}'$$

则以 u, v 为中间变量复合成以 x 为自变量的一元函数

$$z = f[\varphi(x), \psi(x)]. \tag{6.2.7}'$$

此时链锁法则 (6.2.8) 变形为

$$\frac{\mathrm{d}z}{\mathrm{d}x} = \frac{\partial f}{\partial u}\frac{\mathrm{d}u}{\mathrm{d}x} + \frac{\partial f}{\partial v}\frac{\mathrm{d}v}{\mathrm{d}x}. \tag{6.2.8}'$$

为强调经过复合后的函数为一元函数, 称式 (6.2.8)$'$ 左端的 $\dfrac{\mathrm{d}z}{\mathrm{d}x}$ 为**全导数**.

若式 (6.2.6) 中的函数为

$$z = f(x,u,v), \quad u = \varphi(x), \quad v = \psi(x), \tag{6.2.6}''$$

则以 u, v 为中间变量仍然复合成以 x 为自变量的一元函数

$$z = f[x, \varphi(x), \psi(x)]. \tag{6.2.7}''$$

此时, 表示复合函数全导数的链锁法则 (6.2.8)′ 变形为

$$\frac{\mathrm{d}z}{\mathrm{d}x} = \frac{\partial f}{\partial x} + \frac{\partial f}{\partial u}\frac{\mathrm{d}u}{\mathrm{d}x} + \frac{\partial f}{\partial v}\frac{\mathrm{d}v}{\mathrm{d}x}. \tag{6.2.8}''$$

式 (6.2.8)″ 右端的 $\dfrac{\partial f}{\partial x}$ 表示 z 作为 x, u, v 的三元函数时, 对中间变量 x 的偏导数, 而绝非式 (6.2.8)″ 左端的 z 对自变量 x 的全导数 $\dfrac{\mathrm{d}z}{\mathrm{d}x}$.

若式 (6.2.6) 中的函数为

$$z = f(u, v), \quad u = \varphi(x, y), \quad v = \psi(y), \tag{6.2.6}'''$$

则以 u, v 为中间变量仍然复合成以 x, y 为自变量的二元函数

$$z = f[\varphi(x, y), \psi(y)]. \tag{6.2.7}'''$$

此时, 链锁法则 (6.2.8) 变形为

$$\frac{\partial z}{\partial x} = \frac{\partial f}{\partial u}\frac{\partial u}{\partial x}, \quad \frac{\partial z}{\partial y} = \frac{\partial f}{\partial u}\frac{\partial u}{\partial y} + \frac{\partial f}{\partial v}\frac{\mathrm{d}v}{\mathrm{d}y}. \tag{6.2.8}'''$$

例 6.2.10 设 $w = f(x, u, v)$ 是可微的已知函数, 且 $u = xy, v = xyz$, 试求 $\dfrac{\partial w}{\partial x}, \dfrac{\partial w}{\partial y}, \dfrac{\partial w}{\partial z}$.

解 由于 $w = f(x, u, v)$ 是可微的已知函数, 则 $\dfrac{\partial f}{\partial x}, \dfrac{\partial f}{\partial u}, \dfrac{\partial f}{\partial v}$ 也是已知函数, 分别记作 f_1, f_2, f_3. 于是

$$\frac{\partial w}{\partial x} = \frac{\partial f}{\partial x}\frac{\partial x}{\partial x} + \frac{\partial f}{\partial u}\frac{\partial u}{\partial x} + \frac{\partial f}{\partial v}\frac{\partial v}{\partial x} = f_1 + yf_2 + yzf_3.$$

$$\frac{\partial w}{\partial y} = \frac{\partial f}{\partial x}\frac{\partial x}{\partial y} + \frac{\partial f}{\partial u}\frac{\partial u}{\partial y} + \frac{\partial f}{\partial v}\frac{\partial v}{\partial y} = xf_2 + xzf_3.$$

$$\frac{\partial w}{\partial z} = \frac{\partial f}{\partial x}\frac{\partial x}{\partial z} + \frac{\partial f}{\partial u}\frac{\partial u}{\partial z} + \frac{\partial f}{\partial v}\frac{\partial v}{\partial z} = xyf_3.$$

例 6.2.11 已知 $z = f\left(xy, \dfrac{x}{y}\right)$, 且 f 具有二阶连续偏导数, 试求 $\dfrac{\partial z}{\partial x}, \dfrac{\partial^2 z}{\partial x^2}, \dfrac{\partial^2 z}{\partial x \partial y}$.

解 令 $u = xy, v = \dfrac{x}{y}$, 则 $z = f(u, v)$. 另记

$$f_1 = \frac{\partial f}{\partial u}, \quad f_2 = \frac{\partial f}{\partial v}, \quad f_{11} = \frac{\partial^2 f}{\partial u^2}, \quad f_{22} = \frac{\partial^2 f}{\partial v^2},$$

$$f_{12} = \frac{\partial^2 f}{\partial u \partial v}, \quad f_{21} = \frac{\partial^2 f}{\partial v \partial u} \quad (f_{12} = f_{21}).$$

则有

$$\frac{\partial z}{\partial x} = \frac{\partial f}{\partial u}\frac{\partial u}{\partial x} + \frac{\partial f}{\partial v}\frac{\partial v}{\partial x} = yf_1 + \frac{1}{y}f_2.$$

$$\frac{\partial^2 z}{\partial x^2} = \frac{\partial}{\partial x}\left(yf_1 + \frac{1}{y}f_2\right) = y\frac{\partial f_1}{\partial x} + \frac{1}{y}\frac{\partial f_2}{\partial x}$$

$$= y\left(yf_{11} + \frac{1}{y}f_{12}\right) + \frac{1}{y}\left(yf_{21} + \frac{1}{y}f_{22}\right)$$

$$= y^2 f_{11} + 2f_{12} + \frac{1}{y^2}f_{22}.$$

$$\frac{\partial^2 z}{\partial x \partial y} = \frac{\partial}{\partial y}\left(yf_1 + \frac{1}{y}f_2\right)$$

$$= f_1 + y\frac{\partial f_1}{\partial y} - \frac{1}{y^2}f_2 + \frac{1}{y}\frac{\partial f_2}{\partial y}$$

$$= f_1 + y\left(xf_{11} - \frac{x}{y^2}f_{12}\right) - \frac{1}{y^2}f_2 + \frac{1}{y}\left(xf_{21} - \frac{x}{y^2}f_{22}\right)$$

$$= xyf_{11} - \frac{x}{y^3}f_{22} + f_1 - \frac{1}{y^2}f_2.$$

一元函数具有微分形式的不变性, 二元函数同样具有**全微分形式的不变性**, 下面利用链锁法则给以证明.

设 $z = f(x,y)$ 是二元的可微函数, 如果 x, y 是自变量, 则有

$$\mathrm{d}z = \frac{\partial z}{\partial x}\mathrm{d}x + \frac{\partial z}{\partial y}\mathrm{d}y. \tag{6.2.4}$$

如果 x, y 不是自变量, 而是中间变量, 函数

$$z = f(x,y), \quad x = x(u,v), \quad y = y(u,v)$$

均可微且能构成一个复合函数, 则

$$\mathrm{d}z = \frac{\partial z}{\partial u}\mathrm{d}u + \frac{\partial z}{\partial v}\mathrm{d}v.$$

由于

$$\frac{\partial z}{\partial u} = \frac{\partial z}{\partial x}\frac{\partial x}{\partial u} + \frac{\partial z}{\partial y}\frac{\partial y}{\partial u}, \quad \frac{\partial z}{\partial v} = \frac{\partial z}{\partial x}\frac{\partial x}{\partial v} + \frac{\partial z}{\partial y}\frac{\partial y}{\partial v},$$

代入上式, 经过整理得到

$$\mathrm{d}z = \left(\frac{\partial z}{\partial x}\frac{\partial x}{\partial u} + \frac{\partial z}{\partial y}\frac{\partial y}{\partial u}\right)\mathrm{d}u + \left(\frac{\partial z}{\partial x}\frac{\partial x}{\partial v} + \frac{\partial z}{\partial y}\frac{\partial y}{\partial v}\right)\mathrm{d}v$$

$$= \frac{\partial z}{\partial x}\left(\frac{\partial x}{\partial u}\mathrm{d}u + \frac{\partial x}{\partial v}\mathrm{d}v\right) + \frac{\partial z}{\partial y}\left(\frac{\partial y}{\partial u}\mathrm{d}u + \frac{\partial y}{\partial v}\mathrm{d}v\right)$$

$$= \frac{\partial z}{\partial x}\mathrm{d}x + \frac{\partial z}{\partial y}\mathrm{d}y.$$

这就说明, 函数 z 关于中间变量 u, v 的全微分, 关于自变量 x, y 的全微分, 在形式上完全相同, 这就是所谓二元函数**全微分形式的不变性**. 全微分形式的不变性给我们提供一种寻求偏导数的新方法.

例 6.2.12   已知 $z = \arctan \dfrac{x}{y}, x = u + v, y = u - v$, 利用全微分形式的不变性求偏导数 $\dfrac{\partial z}{\partial u}, \dfrac{\partial z}{\partial v}$.

解   将 z 看作中间变量 x, y 的函数, 全微分应为

$$\mathrm{d}z = \frac{y}{x^2 + y^2}\mathrm{d}x - \frac{x}{x^2 + y^2}\mathrm{d}y.$$

由于 $\mathrm{d}x = \mathrm{d}u + \mathrm{d}v, \mathrm{d}y = \mathrm{d}u - \mathrm{d}v$, 代入上式并经整理, 得到

$$\mathrm{d}z = \frac{y}{x^2 + y^2}(\mathrm{d}u + \mathrm{d}v) - \frac{x}{x^2 + y^2}(\mathrm{d}u - \mathrm{d}v)$$

$$= \frac{y - x}{x^2 + y^2}\mathrm{d}u + \frac{y + x}{x^2 + y^2}\mathrm{d}v = \frac{-v}{u^2 + v^2}\mathrm{d}u + \frac{u}{u^2 + v^2}\mathrm{d}v.$$

由此可见

$$\frac{\partial z}{\partial u} = \frac{-v}{u^2 + v^2}, \qquad \frac{\partial z}{\partial v} = \frac{u}{u^2 + v^2}.$$

6.2.5   隐函数及其微分法

在第 2 章就曾介绍过隐函数的微分法: 假定从方程

$$F(x, y) = 0 \tag{6.2.9}$$

中可以确定一个隐函数 $y = y(x)$, 将它代入方程 (6.2.9) 之后得到关于 x 的恒等式 $F(x, y(x)) \equiv 0$, 在恒等式的两端对 x 求导, 便可从中解出 $\dfrac{\mathrm{d}y}{\mathrm{d}x}$. 不难发现, 这一方法建立在隐函数存在的假定之上! 为此, 分别以三种情况给出隐函数存在定理的完整叙述.

定理 6.2.6   假定函数 $F(x, y)$ 满足以下条件:

(i) 在点 (x_0, y_0) 的某邻域内, $F(x, y)$ 存在连续偏导数 $F_x(x, y), F_y(x, y)$;

(ii) $F(x_0, y_0) = 0$;

(iii) $F_y(x_0, y_0) \neq 0$;

则有以下结论:

(1) 在 (x_0, y_0) 的某个邻域内, 方程 $F(x, y) = 0$ 可确定唯一的函数 $y = f(x)$, 或者说, 在 x_0 的某个邻域内存在唯一的函数 $y = f(x)$, 满足

$$F(x, f(x)) \equiv 0,$$

且 $y_0 = f(x_0)$.

(2) 在此邻域内 $y = f(x)$ 连续可导, 且

$$\frac{\mathrm{d}y}{\mathrm{d}x} = f'(x) = -\frac{F_x(x,y)}{F_y(x,y)}. \tag{6.2.10}$$

本定理证明从略.

应该指出, 如果证明了结论 (1) 以及隐函数 $y = f(x)$ 连续可导, 式 (6.2.10) 容易直接证明: 在恒等式 $F(x, f(x)) \equiv 0$ 的两端对 x 求导, 利用链锁法则, 便可得到

$$F_x(x,y) + F_y(x,y)\frac{\mathrm{d}y}{\mathrm{d}x} = 0, \quad \frac{\mathrm{d}y}{\mathrm{d}x} = -\frac{F_x(x,y)}{F_y(x,y)},$$

即式 (6.2.10).

上述定理给出了方程 $F(x,y) = 0$ 确定一元隐函数 $y = f(x)$ 的充分条件. 类似地, 还可以得到方程 $F(x_1, x_2, \cdots, x_n, y) = 0$ 确定多元隐函数 $y = f(x_1, x_2, \cdots, x_n)$ 的充分条件. 为了叙述的方便, 我们以三元方程 $F(x, y, z) = 0$ 确定二元隐函数 $z = f(x, y)$ 为例介绍如下:

定理 6.2.7 假定函数 $F(x, y, z)$ 满足以下条件:

(i) 在点 (x_0, y_0, z_0) 的某邻域内, $F(x, y, z)$ 存在连续偏导数 $F_x(x, y, z)$, $F_y(x, y, z)$, $F_z(x, y, z)$;

(ii) $F(x_0, y_0, z_0) = 0$;

(iii) $F_z(x_0, y_0, z_0) \neq 0$;

则有以下结论:

(1) 在 (x_0, y_0, z_0) 的某个邻域内, 方程 $F(x, y, z) = 0$ 可确定唯一的二元函数 $z = f(x, y)$, 或者说, 在 (x_0, y_0) 的某个邻域内存在唯一的二元函数 $z = f(x, y)$, 满足

$$F(x, y, f(x, y)) \equiv 0,$$

且 $z_0 = f(x_0, y_0)$.

(2) 在此邻域内 $z = f(x, y)$ 连续可偏导, 且

$$\frac{\partial z}{\partial x} = -\frac{F_x(x,y,z)}{F_z(x,y,z)}, \quad \frac{\partial z}{\partial y} = -\frac{F_y(x,y,z)}{F_z(x,y,z)}. \tag{6.2.11}$$

本定理证明从略.

同样应该指出, 式 (6.2.11) 的证明可以仿照式 (6.2.10), 直接利用链锁法则进行, 读者可自行尝试.

例 6.2.13 试求方程 $y^2 z + xz - xy - 2 = 0$ 所确定的隐函数 $z = z(x, y)$ 的偏导数 $\dfrac{\partial z}{\partial x}, \dfrac{\partial z}{\partial y}$ 以及它们在 $x = 1, y = 0$ 处的值.

解法 1　设 $F(x, y, z) = y^2 z + xz - xy - 2$, 则
$$F_x = z - y, \quad F_y = 2yz - x, \quad F_z = y^2 + x.$$
只要 $y^2 + x \neq 0$, 便可利用式 (6.2.11), 得到
$$\frac{\partial z}{\partial x} = -\frac{F_x(x, y, z)}{F_z(x, y, z)} = \frac{y - z}{y^2 + x}, \quad \frac{\partial z}{\partial y} = -\frac{F_y(x, y, z)}{F_z(x, y, z)} = \frac{x - 2yz}{y^2 + x}.$$
当 $x = 1, y = 0$ 时, $z = 2$, 因此有
$$\left. \frac{\partial z}{\partial x} \right|_{(1,0)} = -2, \quad \left. \frac{\partial z}{\partial y} \right|_{(1,0)} = 1.$$

解法 2　直接由链锁法则求偏导数 $\dfrac{\partial z}{\partial x}, \dfrac{\partial z}{\partial y}$ 的方法, 可以免除记忆公式 (6.2.11) 的不便. 将方程
$$y^2 z + xz - xy - 2 = 0$$
中的 z 视为方程所确定的隐函数 $z = z(x, y)$, 两端对 x 求偏导数, 得到
$$y^2 \frac{\partial z}{\partial x} + z + x \frac{\partial z}{\partial x} - y = 0,$$
即
$$\frac{\partial z}{\partial x} = \frac{y - z}{y^2 + x}.$$
两端对 y 求偏导数, 得到
$$2yz + y^2 \frac{\partial z}{\partial y} + x \frac{\partial z}{\partial y} - x = 0,$$
即
$$\frac{\partial z}{\partial y} = \frac{x - 2yz}{y^2 + x}.$$

最后, 介绍由方程组确定**一组**隐函数的情况. 隐函数可能是一元的, 也可能是多元的. 我们以两个方程构成的三元方程组确定一组 (两个) 一元隐函数为例叙述这个定理.

定理 6.2.8　设函数 $F(x, y, z), G(x, y, z)$ 满足以下条件:

(i) 在点 (x_0, y_0, z_0) 某邻域内, 函数 F, G 存在连续偏导数 $F_x, F_y, F_z, G_x, G_y, G_z$;

(ii) $F(x_0, y_0, z_0) = 0$, $G(x_0, y_0, z_0) = 0$;

(iii) 函数 F, G 关于变量 y, z 在点 (x_0, y_0, z_0) 处的函数行列式 [或称雅可比 (Jacobi) 行列式]
$$\left. \frac{\partial(F, G)}{\partial(y, z)} \right|_{(x_0, y_0, z_0)} = \begin{vmatrix} \dfrac{\partial F}{\partial y} & \dfrac{\partial F}{\partial z} \\ \dfrac{\partial G}{\partial y} & \dfrac{\partial G}{\partial z} \end{vmatrix}_{(x_0, y_0, z_0)} \neq 0;$$

则有以下结论:

(1) 在 (x_0, y_0, z_0) 的某个邻域内, 方程组 $F(x, y, z) = 0, G(x, y, z) = 0$ 可确定唯一一组函数 $y = y(x), z = z(x)$, 或者说, 在 x_0 的某个邻域内存在唯一一组一元函数 $y = y(x), z = z(x)$, 满足

$$F(x, y(x), z(x)) \equiv 0, \quad G(x, y(x), z(x)) \equiv 0$$

且 $y_0 = y(x_0), \quad z_0 = z(x_0)$.

(2) 在此邻域内 $y = y(x), z = z(x)$ 连续可导, 且

$$\frac{dy}{dx} = -\frac{\dfrac{\partial(F, G)}{\partial(x, z)}}{\dfrac{\partial(F, G)}{\partial(y, z)}}, \quad \frac{dz}{dx} = -\frac{\dfrac{\partial(F, G)}{\partial(y, x)}}{\dfrac{\partial(F, G)}{\partial(y, z)}}. \tag{6.2.12}$$

本定理证明从略. 但对式 (6.2.12) 的证明简述如下: 在恒等式

$$F(x, y(x), z(x)) \equiv 0, \quad G(x, y(x), z(x)) \equiv 0$$

两端对 x 求导, 得到关于 $\dfrac{dy}{dx}, \dfrac{dz}{dx}$ 的线性方程组

$$\begin{cases} F_x + F_y \dfrac{dy}{dx} + F_z \dfrac{dz}{dx} = 0, \\ G_x + G_y \dfrac{dy}{dx} + G_z \dfrac{dz}{dx} = 0. \end{cases}$$

当 $\left. \dfrac{\partial(F, G)}{\partial(y, z)} \right|_{(x_0, y_0, z_0)} \neq 0$ 时, 由线性代数里的克莱姆规则, 便可直接得到式 (6.2.12).

对于由方程组确定**一组**多元隐函数的情况, 同样有与上述定理类似的条件和结论, 此处不再重复, 仅举例说明这种多元隐函数组求偏导数的实际方法.

例 6.2.14 试求方程组

$$\begin{cases} u^2 + v^2 - x^2 - y = 0, \\ u + v - x^2 + y = 0 \end{cases}$$

所确定的函数 $u = u(x, y), v = v(x, y)$ 的偏导数 $\dfrac{\partial u}{\partial x}, \dfrac{\partial v}{\partial x}, \dfrac{\partial u}{\partial y}, \dfrac{\partial v}{\partial y}$.

解 将函数 $u = u(x, y), v = v(x, y)$ 代入所给方程组, 应该得到关于变量 x, y 的恒等式组

$$\begin{cases} u^2(x, y) + v^2(x, y) - x^2 - y \equiv 0, \\ u(x, y) + v(x, y) - x^2 + y \equiv 0. \end{cases}$$

对 x 求偏导数, 得到关于 $\dfrac{\partial u}{\partial x}$ 和 $\dfrac{\partial v}{\partial x}$ 的线性方程组

$$\begin{cases} 2u\dfrac{\partial u}{\partial x} + 2v\dfrac{\partial v}{\partial x} - 2x = 0, \\[2mm] \dfrac{\partial u}{\partial x} + \dfrac{\partial v}{\partial x} - 2x = 0. \end{cases}$$

当 $u \neq v$ 时, 此方程组可解, 得到

$$\frac{\partial u}{\partial x} = \frac{\begin{vmatrix} 2x & 2v \\ 2x & 1 \end{vmatrix}}{\begin{vmatrix} 2u & 2v \\ 1 & 1 \end{vmatrix}} = \frac{x(1-2v)}{u-v}, \quad \frac{\partial v}{\partial x} = \frac{\begin{vmatrix} 2u & 2x \\ 1 & 2x \end{vmatrix}}{\begin{vmatrix} 2u & 2v \\ 1 & 1 \end{vmatrix}} = \frac{x(2u-1)}{u-v}.$$

用类似的方法, 当 $u \neq v$ 时, 还可得到

$$\frac{\partial u}{\partial y} = \frac{1+2v}{2(u-v)}, \qquad \frac{\partial v}{\partial y} = -\frac{2u+1}{2(u-v)}.$$

习　题　6.2

1. 求下列函数的偏导数:

(1) $z = x^2 y + \dfrac{x}{y^2}$;

(2) $z = \dfrac{xy}{\sqrt{x^2+y^2}}$;

(3) $z = x \ln \sqrt{x^2+y^2}$;

(4) $z = x^2 \arcsin(x+y)$;

(5) $u = \cos(x^2 + y^2 + z^2)$;

(6) $\rho = e^{\theta+\varphi} \cos(\theta+\varphi)$;

(7) $z = \arctan \dfrac{y}{x}$;

(8) $u = x^{\frac{y}{z}}$.

2. 已知 $u = \dfrac{x^2 y^2}{x+y}$, 求证 $x\dfrac{\partial u}{\partial x} + y\dfrac{\partial u}{\partial y} = 3u$.

3. 求下列函数的全微分:

(1) $z = \dfrac{Ax+By}{Cx+Dy}$;

(2) $z = x^2 \sin 2y$;

(3) $z = (x+y)\ln(x-y)$;

(4) $u = xy^2 z^3$;

(5) $u = z^{xy}$;

(6) $z = \tan \dfrac{x^2}{y}$.

4. 试证明函数

$$f(x,y) = \begin{cases} 0, & xy \neq 0, \\ 1, & xy = 0 \end{cases}$$

在原点处可偏导但不连续.

5. 试证明函数

$$\varphi(x,y) = \begin{cases} (x^2+y^2)\sin \dfrac{1}{x^2+y^2}, & (x,y) \neq (0,0), \\ 0, & (x,y) = (0,0) \end{cases}$$

在原点处存在偏导数 $\varphi_x(0,0) = \varphi_y(0,0) = 0$, 但偏导数在原点并不连续, 可是 $\varphi(x,y)$ 又在原点可微.

6. 求函数 $z = \dfrac{y}{x}$ 在 $(2,1)$ 处当 $\Delta x = 0.1$, $\Delta y = -0.2$ 时的全增量和全微分.

7. 利用全微分代替全增量计算 $\sqrt{1.02^3 + 1.97^3}$ 的近似值.

8. 圆扇形中心角为 $60°$, 半径为 60cm, 当中心角增加 $1°$, 为使扇形面积保持不变, 它的半径应缩小多少 cm(用全微分作近似计算)?

9. 求下列复合函数的偏导数或全导数:

(1) $z = x^2 y - xy^2$, $x = u\cos v$, $y = u\sin v$, 求 $\dfrac{\partial z}{\partial u}, \dfrac{\partial z}{\partial v}$;

(2) $z = \arctan\dfrac{x}{y}$, $x = u+v$, $y = u-v$, 求 $\dfrac{\partial z}{\partial u}, \dfrac{\partial z}{\partial v}$;

(3) $u = \ln(\mathrm{e}^x + \mathrm{e}^y)$, $y = x^3$, 求 $\dfrac{\mathrm{d}u}{\mathrm{d}x}$;

(4) $u = \mathrm{e}^x \sin y + \mathrm{e}^y \sin x$, $x = \dfrac{t}{2}$, $y = 2t$, 求 $\dfrac{\mathrm{d}u}{\mathrm{d}t}$.

10. 作变量替换: $u = x, v = y - x, w = z - x$, 化简方程 $\dfrac{\partial p}{\partial x} + \dfrac{\partial p}{\partial y} + \dfrac{\partial p}{\partial z} = 0$, 并写出方程的解.

11. 求下列函数的二阶偏导数:

(1) $u = \ln\sqrt{x^2+y^2}$; (2) $u = x^y$;

(3) $u = \arctan\dfrac{y}{x}$; (4) $u = \left(1 + \ln\dfrac{x}{y}\right)^3$.

12. 已知 $z = f(\sin x, \cos y, \mathrm{e}^{x+y})$, 且 f 具有二阶连续偏导数, 求 $\dfrac{\partial^2 z}{\partial x^2}, \dfrac{\partial^2 z}{\partial x \partial y}, \dfrac{\partial^2 z}{\partial y^2}$.

13. 验证函数 $z = \ln\sqrt{x^2+y^2}$ 满足 Laplace 方程 $\dfrac{\partial^2 z}{\partial x^2} + \dfrac{\partial^2 z}{\partial y^2} = 0$.

14. 设 $z = f(x,y)$ 具有二阶连续偏导数, $x = u + av, y = u - av$, 其中 a 为常数, 试证明: $a^2\dfrac{\partial^2 z}{\partial u^2} - \dfrac{\partial^2 z}{\partial v^2} = 4a^2 \dfrac{\partial^2 z}{\partial x \partial y}$.

15. 试证明: 利用变量替换 $u = x - \dfrac{1}{3}y, v = x - y$, 可将方程 $\dfrac{\partial^2 z}{\partial x^2} + 4\dfrac{\partial^2 z}{\partial x \partial y} + 3\dfrac{\partial^2 z}{\partial y^2} = 0$ 化简成 $\dfrac{\partial^2 z}{\partial u \partial v} = 0$.

16. 求下列隐函数的导数或偏导数:

(1) $\mathrm{e}^x \sin y - \mathrm{e}^y \cos x = 1$, 求 $\dfrac{\mathrm{d}y}{\mathrm{d}x}$; (2) $xyz - \ln x = 0$, 求 $\dfrac{\partial z}{\partial x}, \dfrac{\partial z}{\partial y}$;

(3) $z\mathrm{e}^{xy} - y\mathrm{e}^{yz} + \mathrm{e}^{xy} = 1$, 求 $\dfrac{\partial z}{\partial x}, \dfrac{\partial z}{\partial y}$; (4) $z^3 - 3xyz = a^3$, 求 $\dfrac{\partial z}{\partial x}, \dfrac{\partial^2 z}{\partial y \partial x}$.

17. 设 $x = x(y,z), y = y(x,z), z = z(x,y)$ 都是由方程 $F(x,y,z) = 0$ 所确定的具有连续偏导数的函数, 证明 $\dfrac{\partial x}{\partial y} \cdot \dfrac{\partial y}{\partial z} \cdot \dfrac{\partial z}{\partial x} = -1$.

18. 设 $\varphi(x - az, y - bz) = 0$ 确定了函数 $z = z(x,y)$, 其中 φ 是可微函数, a, b 为常数, 证

明 $a\dfrac{\partial z}{\partial x} + b\dfrac{\partial z}{\partial y} = 1$.

19. 设 $F\left(y + \dfrac{1}{x}, z + \dfrac{1}{y}\right) = 0$ 确定了函数 $z = z(x, y)$, 其中 F 具有连续偏导数, 试求 $\dfrac{\partial z}{\partial x}, \dfrac{\partial z}{\partial y}$.

20. 求由下列方程组确定的函数的导数或偏导数:

(1) $\begin{cases} x + y + z = 0, \\ x^2 + y^2 + z^2 = 1, \end{cases}$ 求 $\dfrac{\mathrm{d}x}{\mathrm{d}z}, \dfrac{\mathrm{d}y}{\mathrm{d}z}$;

(2) $\begin{cases} xu + yv = 1, \\ yu - xv = 0, \end{cases}$ 求 $\dfrac{\partial u}{\partial x}, \dfrac{\partial v}{\partial x}, \dfrac{\partial u}{\partial y}, \dfrac{\partial v}{\partial y}$;

(3) $\begin{cases} x = \mathrm{e}^u + u\sin v, \\ y = \mathrm{e}^u - u\cos v, \end{cases}$ 求 $\dfrac{\partial u}{\partial x}, \dfrac{\partial v}{\partial x}, \dfrac{\partial u}{\partial y}, \dfrac{\partial v}{\partial y}$;

(4) $\begin{cases} u = f(ux, v + y), \\ v = g(u - x, v^2 y), \end{cases}$ 其中 f, g 具有一阶连续偏导数, 求 $\dfrac{\partial u}{\partial x}, \dfrac{\partial v}{\partial x}$.

21. 设 $x = \mathrm{e}^u \cos v, y = \mathrm{e}^u \sin v, z = uv$, 试求 $\dfrac{\partial z}{\partial x}, \dfrac{\partial z}{\partial y}$.

§6.3　多元函数微分学的应用

6.3.1　微分学在几何中的应用

以微积分为工具研究几何问题是近代数学分支 —— 微分几何学的任务. 本节从多元函数微分学应用的角度出发介绍一些微分几何里有关曲线和曲面的基础知识.

1. 向量函数的极限与微商

向量函数　在第 5 章曾经指出, 空间曲线 l 可以利用参数方程表示为

$$x = \varphi(t), \quad y = \psi(t), \quad z = \omega(t). \tag{6.3.1}$$

若引入向量的符号, 记 $\boldsymbol{r} = \{x, y, z\}, \boldsymbol{r}(t) = \{\varphi(t), \psi(t), \omega(t)\}$. 则式 (6.3.1) 还可以写成一元向量函数的形式, 即

$$\boldsymbol{r} = \boldsymbol{r}(t) = \{\varphi(t), \psi(t), \omega(t)\}. \tag{6.3.2}$$

例 6.3.1　已知以 z 轴为旋转轴的圆柱面, 其直截面是半径为 a 的圆周. 在圆柱面上用直角三角形纸片 $C_1 AC$ 缠绕一周, 并使顶点 A 位于点 $(a, 0, 0)$ 处, 直角边 AC_1 位于圆柱面与 O-xy 平面的交线上, 缠绕方向如图 6.8 所示, 这时斜边 AC 在圆柱面上生成的曲线称为**圆柱螺线**.

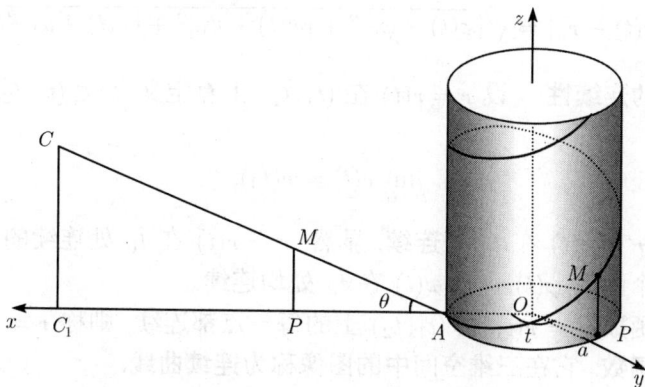

图 6.8 圆柱螺线

试给出圆柱螺线的参数方程和向量函数表达式.

在圆柱螺线上任取点 $M(x, y, z)$. M 在 $O\text{-}xy$ 平面上的投影记为 $P(x, y, 0)$. 设 $\angle AOP = t$, 以 t 为参数, 圆柱螺线的参数方程为

$$x = a\cos t, \quad y = a\sin t, \quad z = at\tan\theta \quad (0 \leqslant t \leqslant 2\pi),$$

其中 $\theta = \angle CAC_1$, 参数 t 的变化范围可扩展至全体实数. 如果记 $m = \tan\theta$, 则圆柱螺线的向量函数表达式为

$$\boldsymbol{r} = (a\cos t)\boldsymbol{i} + (a\sin t)\boldsymbol{j} + (amt)\boldsymbol{k}.$$

从圆柱螺线的参数方程中消去参数 t, 得到方程

$$x^2 + y^2 = a^2, \quad \frac{y}{x} = \tan\frac{z}{am}.$$

这两个方程中的第一个表示圆柱螺线所在的圆柱面, 第二个方程所表示的曲面称为**螺旋面**. 这种螺旋面可以由下列射线生成: 射线的端点沿着 z 轴匀速上升, 同时, 射线还保持与 z 轴的垂直并绕 z 轴以匀角速度旋转.

向量函数的极限 若存在极限

$$\lim_{t \to t_0} \varphi(t) = \varphi_0, \quad \lim_{t \to t_0} \psi(t) = \psi_0, \quad \lim_{t \to t_0} \omega(t) = \omega_0.$$

则称向量 $\boldsymbol{r}_0 = \varphi_0\boldsymbol{i} + \psi_0\boldsymbol{j} + \omega_0\boldsymbol{k}$ 为向量函数 $\boldsymbol{r} = \boldsymbol{r}(t)$ 当 $t \to t_0$ 时的**极限**, 记作 $\lim\limits_{t \to t_0} \boldsymbol{r}(t) = \boldsymbol{r}_0$, 即

$$\lim_{t \to t_0} \boldsymbol{r}(t) = \{ \lim_{t \to t_0} \varphi(t), \lim_{t \to t_0} \psi(t), \lim_{t \to t_0} \omega(t) \}. \tag{6.3.3}$$

向量函数极限的上述定义还可以用 "ε-δ" 语言写成以下等价形式:

如果 $\forall \varepsilon > 0, \exists \delta > 0$, 当 $0 < |t - t_0| < \delta$ 时, 恒有 $|\boldsymbol{r}(t) - \boldsymbol{r}_0| < \varepsilon$, 则称 $\boldsymbol{r}_0$ 为向量函数 $\boldsymbol{r} = \boldsymbol{r}(t)$ 当 $t \to t_0$ 时的极限. 式中符号 $|\boldsymbol{r}(t) - \boldsymbol{r}_0|$ 表示向量的模, 即

$$|r(t) - r_0| = \sqrt{[\varphi(t) - \varphi_0]^2 + [\psi(t) - \psi_0]^2 + [\omega(t) - \omega_0]^2}.$$

向量函数的连续性　设 $r = r(t)$ 在 (t_1, t_2) 上有定义, $t_0 \in (t_1, t_2)$. 如果存在极限

$$\lim_{t \to t_0} r(t) = r(t_0),$$

则称向量函数 $r = r(t)$ 在 t_0 处**连续**. 显然, $r = r(t)$ 在 t_0 处连续的充要条件是式 (6.3.1) 中的三个函数 $\varphi(t), \psi(t), \omega(t)$ 在 t_0 处均连续.

如果向量函数 $r = r(t)$ 在 (t_1, t_2) 上的每一点都连续, 则称 $r = r(t)$ 是 (t_1, t_2) 上的**连续向量函数**. 它在三维空间中的图像称为**连续曲线**.

向量函数的微商　已知向量函数 $r = r(t)$, 给 t 以增量 Δt, 得到函数 $r = r(t)$ 的增 (向) 量

$$\Delta r(t) = r(t + \Delta t) - r(t).$$

如果存在极限

$$\lim_{\Delta t \to 0} \frac{\Delta r(t)}{\Delta t} = \lim_{\Delta t \to 0} \frac{r(t + \Delta t) - r(t)}{\Delta t},$$

则称向量函数 $r = r(t)$ 在 t 处**可导**, 且称此极限为 $r = r(t)$ 在 t 处的**微商**或**导向量**, 记作

$$r'(t) = \frac{\mathrm{d}r}{\mathrm{d}t} = \lim_{\Delta t \to 0} \frac{\Delta r(t)}{\Delta t}.$$

容易看到, 向量函数 $r = r(t)$ 在 t 处可导的充要条件是式 (6.3.1) 中的三个函数 $\varphi(t), \psi(t), \omega(t)$ 在 t 处均可导, 且

$$r'(t) = \{\ \varphi'(t),\ \psi'(t),\ \omega'(t)\ \}. \tag{6.3.4}$$

下面参照图 6.9 说明导向量 $r'(t)$ 方向的几何意义.

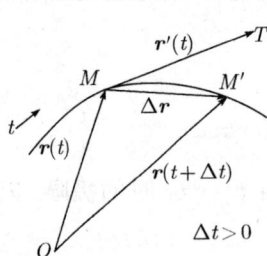

图 6.9　导向量 $r'(t)$ 的方向

设 $\overrightarrow{OM} = r(t)$, $\overrightarrow{OM'} = r(t + \Delta t)$, $\overrightarrow{MM'} = \Delta r(t) = r(t + \Delta t) - r(t)$.

当 $\Delta t > 0$ 时 (图 6.9), $\dfrac{\Delta r(t)}{\Delta t}$ 与割线 MM' 同方向, 当 $\Delta t \to 0$ 时, 割线 MM' 的极限位置即曲线在 M 点的切线 MT. 因此导向量 $r'(t)$ 的方向恰为切线 MT 沿参数增大的方向.

当 $\Delta t < 0$ 时, 利用同样方法得知导向量 $r'(t)$ 的方向仍为切线 MT 沿参数增大的方向.

在一元函数里四则运算的求导法则对于向量函数而言, 仍然适用. 现列举如下:

设 $r_1(t), r_2(t), r(t)$ 均为可导的向量函数, $f(t)$ 是可导的数值函数, 则 $r_1(t) \pm r_2(t), r_1(t) \cdot r_2(t), r_1(t) \times r_2(t), f(t)r(t)$ 也都可导, 且有以下结论:

(1) $[r_1(t) \pm r_2(t)]' = r_1'(t) \pm r_2'(t)$.

(2) $[r_1(t) \cdot r_2(t)]' = r_1'(t) \cdot r_2(t) + r_1(t) \cdot r_2'(t)$.

(3) $[f(t)r(t)]' = f'(t)r(t) + f(t)r'(t)$.

(4) $[r_1(t) \times r_2(t)]' = r_1'(t) \times r_2(t) + r_1(t) \times r_2'(t)$.

2. 曲线的切线与法平面[①]

设曲线 l 的方程为

$$r = r(t) = \{\varphi(t), \psi(t), \omega(t)\}. \tag{6.3.2}$$

若 $r(t)$ 在 t 处 $r'(t) \neq 0$. 如前所述, 导向量

$$r'(t) = \{\varphi'(t),\ \psi'(t),\ \omega'(t)\} \tag{6.3.4}$$

的方向表示曲线 l 在 t 处的切线沿参数增大的方向, 称 $r'(t)$ 为曲线 l 在 t 处的**切向量**. 这样, 曲线 l 在点 $M_0(\varphi(t_0), \psi(t_0), \omega(t_0))$ 处的**切线方程**为

$$\frac{x - \varphi(t_0)}{\varphi'(t_0)} = \frac{y - \psi(t_0)}{\psi'(t_0)} = \frac{z - \omega(t_0)}{\omega'(t_0)}. \tag{6.3.5}$$

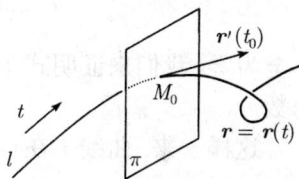

图 6.10 曲线 l 的法平面

过点 $M_0(\varphi(t_0), \psi(t_0), \omega(t_0))$ 并以 $r'(t_0) = \{\varphi'(t_0), \psi'(t_0), \omega'(t_0)\}$ 为法向量的平面称作曲线 l 在点 M_0 处的**法平面**. 如图 6.10 所示, 法平面的方程为

$$\varphi'(t_0)(x - \varphi(t_0)) + \psi'(t_0)(y - \psi(t_0)) + \omega'(t_0)(z - \omega(t_0)) = 0. \tag{6.3.6}$$

例 6.3.2 试求圆柱螺线

$$x = a\cos t, \quad y = a\sin t, \quad z = bt$$

在 $t = \dfrac{\pi}{4}$ 处的切线和法平面方程.

解 由于 $x' = -a\sin t$, $y' = a\cos t$, $z' = b$, 当 $t = \dfrac{\pi}{4}$ 时, 圆柱螺线的切线方程为

$$\frac{x - a\cos\dfrac{\pi}{4}}{-a\sin\dfrac{\pi}{4}} = \frac{y - a\sin\dfrac{\pi}{4}}{a\cos\dfrac{\pi}{4}} = \frac{z - \dfrac{\pi b}{4}}{b},$$

---

① 关于空间曲线性质的进一步描述参见附录 B.

即

$$\frac{x - \frac{\sqrt{2}}{2}a}{-a} = \frac{y - \frac{\sqrt{2}}{2}a}{a} = \frac{z - \frac{\pi b}{4}}{\sqrt{2}b}.$$

法平面方程为

$$\left(-a\sin\frac{\pi}{4}\right)\left(x - a\cos\frac{\pi}{4}\right) + \left(a\cos\frac{\pi}{4}\right)\left(y - a\sin\frac{\pi}{4}\right) + b\left(z - \frac{\pi b}{4}\right) = 0,$$

即

$$ax - ay - \sqrt{2}bz + \frac{\sqrt{2}}{4}\pi b^2 = 0.$$

若曲线 l 的方程由曲面式方程

$$\begin{cases} F(x, y, z) = 0, \\ G(x, y, z) = 0 \end{cases} \tag{6.3.7}$$

给出, 且函数 F, G 具有连续偏导数, 在点 $M_0(x_0, y_0, z_0)$ 处它们的 Jacobi 行列式

$$\left.\frac{\partial(F, G)}{\partial(y, z)}\right|_{M_0}, \quad \left.\frac{\partial(F, G)}{\partial(z, x)}\right|_{M_0}, \quad \left.\frac{\partial(F, G)}{\partial(x, y)}\right|_{M_0} \tag{6.3.8}$$

不全为零, 我们来证明式 (6.3.8) 恰为曲线 l 在点 $M_0(x_0, y_0, z_0)$ 处切向量的一组方向数.

这样一来, 曲线 l 在点 $M_0(x_0, y_0, z_0)$ 处的切线方程为

$$\frac{x - x_0}{\left.\dfrac{\partial(F, G)}{\partial(y, z)}\right|_{M_0}} = \frac{y - y_0}{\left.\dfrac{\partial(F, G)}{\partial(z, x)}\right|_{M_0}} = \frac{z - z_0}{\left.\dfrac{\partial(F, G)}{\partial(x, y)}\right|_{M_0}}. \tag{6.3.9}$$

曲线 l 在点 $M_0(x_0, y_0, z_0)$ 处的法平面方程为

$$\left.\frac{\partial(F, G)}{\partial(y, z)}\right|_{M_0}(x - x_0) + \left.\frac{\partial(F, G)}{\partial(z, x)}\right|_{M_0}(y - y_0) + \left.\frac{\partial(F, G)}{\partial(x, y)}\right|_{M_0}(z - z_0) = 0. \tag{6.3.10}$$

实际上, 将曲线 l 的参数方程 (6.3.1) 代入 l 的曲面式方程 (6.3.7) 中, 便得到参数 t 的恒等式组

$$\begin{cases} F(\varphi(t), \psi(t), \omega(t)) \equiv 0, \\ G(\varphi(t), \psi(t), \omega(t)) \equiv 0. \end{cases}$$

对 t 求导, 得到

$$\begin{cases} \dfrac{\partial F}{\partial x}\varphi'(t) + \dfrac{\partial F}{\partial y}\psi'(t) + \dfrac{\partial F}{\partial z}\omega'(t) = 0, \\[3mm] \dfrac{\partial G}{\partial x}\varphi'(t) + \dfrac{\partial G}{\partial y}\psi'(t) + \dfrac{\partial G}{\partial z}\omega'(t) = 0. \end{cases}$$

由假定知式 (6.3.8) 不全为零, 不妨设 $\left.\dfrac{\partial(F,G)}{\partial(x,y)}\right|_{M_0} \neq 0$. 并记 M_0 点对应参数 t_0. 则上述方程组有唯一解, 即

$$\varphi'(t_0) = \frac{\left.\dfrac{\partial(F,G)}{\partial(y,z)}\right|_{M_0}}{\left.\dfrac{\partial(F,G)}{\partial(x,y)}\right|_{M_0}}\omega'(t_0), \quad \psi'(t_0) = \frac{\left.\dfrac{\partial(F,G)}{\partial(z,x)}\right|_{M_0}}{\left.\dfrac{\partial(F,G)}{\partial(x,y)}\right|_{M_0}}\omega'(t_0).$$

此时 $\omega'(t) \neq 0$, 于是有

$$\frac{\varphi'(t_0)}{\left.\dfrac{\partial(F,G)}{\partial(y,z)}\right|_{M_0}} = \frac{\psi'(t_0)}{\left.\dfrac{\partial(F,G)}{\partial(z,x)}\right|_{M_0}} = \frac{\omega'(t_0)}{\left.\dfrac{\partial(F,G)}{\partial(x,y)}\right|_{M_0}}.$$

由此可见, 式 (6.3.8) 中 3 个 Jacobi 行列式恰为曲线 l 在点 $M_0(x_0, y_0, z_0)$ 处切向量的一组方向数, 进而式 (6.3.9), 式 (6.3.10) 得证.

例 6.3.3 试求球面 $x^2 + y^2 + z^2 = 4r^2$ 和圆柱面 $x^2 + y^2 = 2ry$ 的交线在点 $M(r, r, \sqrt{2}r)$ 处的切线方程和法平面方程.

解 记 $F(x,y,z) = x^2 + y^2 + z^2 - 4r^2$, $G(x,y,z) = x^2 + y^2 - 2ry$. 则

$$\left.\frac{\partial(F,G)}{\partial(y,z)}\right|_M = 0, \quad \left.\frac{\partial(F,G)}{\partial(z,x)}\right|_M = 4\sqrt{2}r^2, \quad \left.\frac{\partial(F,G)}{\partial(x,y)}\right|_M = -4r^2.$$

由式 (6.3.9) 知所求交线在点 $M(r, r, \sqrt{2}r)$ 处的切线方程为

$$\frac{x-r}{0} = \frac{y-r}{4\sqrt{2}r^2} = \frac{z-\sqrt{2}r}{-4r^2}.$$

由式 (6.3.10) 知所求交线在点 $M(r, r, \sqrt{2}r)$ 处的法平面方程为

$$4\sqrt{2}r^2(y-r) - 4r^2(z-\sqrt{2}r) = 0,$$

即

$$\sqrt{2}y - z = 0.$$

3. 曲面的法线与切平面

首先考虑曲面 Σ 由方程

$$F(x,y,z) = 0$$

表示的情况.

设 $M_0(x_0, y_0, z_0) \in \Sigma$, 函数 $F(x,y,z)$ 在 M_0 点具有不全为零的连续偏导数. 在曲面 Σ 上, 过点 M_0 任意作一条曲线 l, 其参数方程为

$$x = \varphi(t), \quad y = \psi(t), \quad z = \omega(t).$$

记点 M_0 所对应的参数为 t_0, 即

$$x_0 = \varphi(t_0), \quad y_0 = \psi(t_0), \quad z_0 = \omega(t_0).$$

由于 $l \subseteq \Sigma$, 则有关于 t 的恒等式

$$F(\varphi(t), \psi(t), \omega(t)) \equiv 0.$$

设函数 $\varphi(t), \psi(t), \omega(t)$ 在 t_0 处可导, 且 $\varphi'(t_0), \psi'(t_0), \omega'(t_0)$ 不全为零. 在上述恒等式两端对 t 在 t_0 处求导, 得到

$$F_x(x_0, y_0, z_0)\varphi'(t_0) + F_y(x_0, y_0, z_0)\psi'(t_0) + F_z(x_0, y_0, z_0)\omega'(t_0) = 0.$$

上式说明曲线 l 在 M_0 处的切向量 $\{\varphi'(t_0), \psi'(t_0), \omega'(t_0)\}$ 恒与定向量

$$\boldsymbol{n} = \{F_x(x_0, y_0, z_0), F_y(x_0, y_0, z_0), F_z(x_0, y_0, z_0)\} \tag{6.3.11}$$

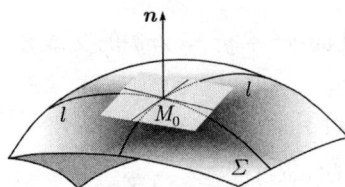

图 6.11　曲面 Σ 的切平面和法线

垂直, 这就是说, 曲面 Σ 上过 M_0 的任意曲线 l 在 M_0 点的切线 (图 6.11), 一定在过 M_0 点以 $\boldsymbol{n}$ 为法向量的平面 π 内. 称这样的平面 π 为曲面 Σ 在 M_0 处的**切平面**, 称 $\boldsymbol{n}$ 为曲面 Σ 在 M_0 处的**法向量**, 过 M_0 以 $\boldsymbol{n}$ 为方向向量的直线称为曲面 Σ 在 M_0 处的**法线**.

此时, Σ 在 M_0 处的切平面方程为

$$F_x(x_0, y_0, z_0)(x - x_0) + F_y(x_0, y_0, z_0)(y - y_0) + F_z(x_0, y_0, z_0)(z - z_0) = 0. \tag{6.3.12}$$

Σ 在 M_0 处的法线方程为

$$\frac{x - x_0}{F_x(x_0, y_0, z_0)} = \frac{y - y_0}{F_y(x_0, y_0, z_0)} = \frac{z - z_0}{F_z(x_0, y_0, z_0)}. \tag{6.3.13}$$

再考虑曲面 Σ 由显函数

$$z = f(x, y)$$

表示的情况. 如果记 $F(x, y, z) = f(x, y) - z$, 则曲面 Σ 仍归结为上述 $F(x, y, z) = 0$ 的情况, 只是

$$F_x(x_0, y_0, z_0) = f_x(x_0, y_0), \quad F_y(x_0, y_0, z_0) = f_y(x_0, y_0), \quad F_z(x_0, y_0, z_0) = -1.$$

此时, 曲面 Σ 在 M_0 处的法向量 $\boldsymbol{n} = \{f_x(x_0, y_0), f_y(x_0, y_0), -1\}$ 与 z 轴夹钝角. 如果记 $F(x, y, z) = z - f(x, y)$, 则曲面 Σ 在 M_0 处的法向量 $\boldsymbol{n} = \{-f_x(x_0, y_0), -f_y(x_0, y_0), 1\}$ 与 z 轴夹锐角. 由此知曲面 Σ 在 M_0 处的切平面方程为

$$f_x(x_0, y_0)(x - x_0) + f_y(x_0, y_0)(y - y_0) - (z - z_0) = 0. \tag{6.3.14}$$

Σ 在 M_0 处的法线方程为

$$\frac{x - x_0}{f_x(x_0, y_0)} = \frac{y - y_0}{f_y(x_0, y_0)} = \frac{z - z_0}{-1}. \tag{6.3.15}$$

例 6.3.4 试求椭球面 $\dfrac{x^2}{a^2} + \dfrac{y^2}{b^2} + \dfrac{z^2}{c^2} = 1$ 在点 $M\left(\dfrac{a}{\sqrt{3}}, \dfrac{b}{\sqrt{3}}, \dfrac{c}{\sqrt{3}}\right)$ 处的切平面方程和法线方程.

解 记 $F(x, y, z) = \dfrac{x^2}{a^2} + \dfrac{y^2}{b^2} + \dfrac{z^2}{c^2} - 1$, 则

$$F_x = \frac{2x}{a^2}, \quad F_y = \frac{2y}{b^2}, \quad F_z = \frac{2z}{c^2}.$$

椭球面在点 M 处的法向量为

$$\boldsymbol{n} = \left\{\frac{2x}{a^2}, \frac{2y}{b^2}, \frac{2z}{c^2}\right\}_M = \left\{\frac{2}{\sqrt{3}a}, \frac{2}{\sqrt{3}b}, \frac{2}{\sqrt{3}c}\right\}.$$

椭球面在点 M 处的切平面方程为

$$\frac{2}{\sqrt{3}a}\left(x - \frac{a}{\sqrt{3}}\right) + \frac{2}{\sqrt{3}b}\left(y - \frac{b}{\sqrt{3}}\right) + \frac{2}{\sqrt{3}c}\left(z - \frac{c}{\sqrt{3}}\right) = 0.$$

椭球面在点 M 处的法线方程为

$$\frac{x - \dfrac{a}{\sqrt{3}}}{\dfrac{2}{\sqrt{3}a}} = \frac{y - \dfrac{b}{\sqrt{3}}}{\dfrac{2}{\sqrt{3}b}} = \frac{z - \dfrac{c}{\sqrt{3}}}{\dfrac{2}{\sqrt{3}c}}.$$

即

$$ax - \frac{a^2}{\sqrt{3}} = by - \frac{b^2}{\sqrt{3}} = cz - \frac{c^2}{\sqrt{3}}.$$

6.3.2　方向导数与梯度

既然函数 $u = f(x, y, z)$ 的偏导数是沿坐标轴方向的函数变化率, 我们自然会提问: 沿着任何一个给定方向的函数变化率该怎样定义? 显然, 这是一个有实际应用价值的概念.

本节的讨论以 $\mathbf{R}^3$ 中定义的三元函数为代表, 对于二元函数来说结论是完全相同的.

1. 方向导数

设函数 $u = f(x, y, z)$ 在点 $M_0(x_0, y_0, z_0)$ 的某邻域内有定义, 射线 l 以点 $M_0(x_0, y_0, z_0)$ 为端点, 在射线 l 上点 $M_0(x_0, y_0, z_0)$ 的近旁任取点 $M(x, y, z)$, 并

记 $\rho = \rho(M, M_0)$. 如果点 M 沿射线 l 趋向于点 M_0 时, 存在极限

$$\lim_{\substack{M \to M_0 \\ M \in l}} \frac{f(M) - f(M_0)}{\rho(M, M_0)} = \lim_{\substack{\rho \to 0^+ \\ M \in l}} \frac{f(M) - f(M_0)}{\rho},$$

则称此极限为**函数 $u = f(x, y, z)$ 在点 $M_0(x_0, y_0, z_0)$ 处沿 l 的方向导数**, 记作

$$\left. \frac{\partial u}{\partial l} \right|_{M_0} = \lim_{\substack{\rho \to 0^+ \\ M \in l}} \frac{f(M) - f(M_0)}{\rho}.$$

如果射线 l 的单位方向向量为 $l_0 = \{\cos\alpha, \cos\beta, \cos\gamma\}$, 则以 $M_0(x_0, y_0, z_0)$ 为端点的射线 l 的参数方程为

$$l: \quad x = x_0 + t\cos\alpha, \quad y = y_0 + t\cos\beta, \quad z = z_0 + t\cos\gamma \quad (t \geqslant 0),$$

其中参数 t 表示点 M, M_0 两点的距离, 即 $\rho = \rho(M, M_0) = t$.

由此可以得到函数 $u = f(x, y, z)$ 在点 $M_0(x_0, y_0, z_0)$ 处沿 l 的方向导数的另一种表达方式

$$\left. \frac{\partial u}{\partial l} \right|_{M_0} = \lim_{t \to 0^+} \frac{f(x_0 + t\cos\alpha, y_0 + t\cos\beta, z_0 + t\cos\gamma) - f(x_0, y_0, z_0)}{t}.$$

当射线 l 平行于 Ox 轴的正方向, 亦即 $l_0 = i = \{1, 0, 0\}$ 时, 如果函数 $u = f(x, y, z)$ 在点 $M_0(x_0, y_0, z_0)$ 对 x 可偏导, 则一定存在方向导数[①]

$$\left. \frac{\partial u}{\partial l} \right|_{M_0} = \lim_{t \to 0^+} \frac{f(x_0 + t, y_0, z_0) - f(x_0, y_0, z_0)}{t} = \left. \frac{\partial u}{\partial x} \right|_{M_0}.$$

当射线 l 平行于 Ox 轴的负方向, 亦即 $l_0 = -i = \{-1, 0, 0\}$ 时, 则存在方向导数

$$\left. \frac{\partial u}{\partial l} \right|_{M_0} = \lim_{t \to 0^+} \frac{f(x_0 - t, y_0, z_0) - f(x_0, y_0, z_0)}{t} = -\left. \frac{\partial u}{\partial x} \right|_{M_0}.$$

类似地, 沿 Oy 轴的正 (负) 方向的方向导数应该等于偏导数 $\dfrac{\partial u}{\partial y}$ (的相反数).

沿 Oz 轴的正 (负) 方向的方向导数应该等于偏导数 $\dfrac{\partial u}{\partial z}$ (的相反数).

以下给出方向导数的计算公式.

定理 6.3.1   设函数 $u = f(x, y, z)$ 在点 $M(x, y, z)$ 处可微, 以 M 点为端点的射线 l 的单位方向向量为 $l_0 = \{\cos\alpha, \cos\beta, \cos\gamma\}$, 则函数 $u = f(x, y, z)$ 在点 M 处沿 l 的方向导数一定存在, 且

---

① 反之, 当函数 $u = f(x, y, z)$ 在点 $M_0(x_0, y_0, z_0)$ 处沿 Ox 轴的正方向 l 的方向导数 $\left. \dfrac{\partial u}{\partial l} \right|_{M_0}$ 存在时, 并不能确定 $u = f(x, y, z)$ 在点 $M_0(x_0, y_0, z_0)$ 处的偏导数 $\left. \dfrac{\partial u}{\partial x} \right|_{M_0}$ 一定存在!

$$\frac{\partial u}{\partial l} = \frac{\partial u}{\partial x}\cos\alpha + \frac{\partial u}{\partial y}\cos\beta + \frac{\partial u}{\partial z}\cos\gamma. \tag{6.3.16}$$

证明　由于函数 $u = f(x, y, z)$ 在点 $M(x, y, z)$ 处可微, 对任给的自变量增量 $\Delta x, \Delta y, \Delta z$ 来说, 函数增量 Δu 可以表示成

$$\Delta u = \frac{\partial u}{\partial x}\Delta x + \frac{\partial u}{\partial y}\Delta y + \frac{\partial u}{\partial z}\Delta z + o(\rho),$$

其中 $\rho = \sqrt{(\Delta x)^2 + (\Delta y)^2 + (\Delta z)^2}$. 于是有

$$\frac{\Delta u}{\rho} = \frac{\partial u}{\partial x}\frac{\Delta x}{\rho} + \frac{\partial u}{\partial y}\frac{\Delta y}{\rho} + \frac{\partial u}{\partial z}\frac{\Delta z}{\rho} + \frac{o(\rho)}{\rho}.$$

如果限定 $M'(x + \Delta x, y + \Delta y, z + \Delta z)$ 位于射线 l 上, 则

$$\frac{\Delta x}{\rho} = \cos\alpha, \quad \frac{\Delta y}{\rho} = \cos\beta, \quad \frac{\Delta z}{\rho} = \cos\gamma.$$

注意到, 当 $\rho \to 0$ 时, $\dfrac{o(\rho)}{\rho} \to 0$. 因此有

$$\lim_{\substack{\rho \to 0^+ \\ M' \in l}} \frac{\Delta u}{\rho} = \frac{\partial u}{\partial x}\cos\alpha + \frac{\partial u}{\partial y}\cos\beta + \frac{\partial u}{\partial z}\cos\gamma.$$

例 6.3.5　已知函数 $u = x^2 + y^2 - z$, 射线 l 的方向向量为下面所述的 $\boldsymbol{l}$, 试求点 $M(1, 1, 1)$ 处沿射线 l 的方向导数 $\dfrac{\partial u}{\partial l}$.

(1) $\boldsymbol{l} = 2\boldsymbol{i} + 2\boldsymbol{j} - \boldsymbol{k}$.

(2) $\boldsymbol{l} = \boldsymbol{i} - \boldsymbol{j}$.

解　函数 $u = x^2 + y^2 - z$ 的偏导数分别为

$$\frac{\partial u}{\partial x} = 2x, \quad \frac{\partial u}{\partial y} = 2y, \quad \frac{\partial u}{\partial z} = -1.$$

(1) 当 $\boldsymbol{l} = 2\boldsymbol{i} + 2\boldsymbol{j} - \boldsymbol{k}$ 时, 射线 l 的方向余弦即 $\boldsymbol{l}$ 的方向余弦为

$$\cos\alpha = \frac{2}{3}, \quad \cos\beta = \frac{2}{3}, \quad \cos\gamma = -\frac{1}{3}.$$

由式 (6.3.16) 得到

$$\left.\frac{\partial u}{\partial l}\right|_{(1,1,1)} = \frac{1}{3}(4x + 4y + 1)\Big|_{(1,1,1)} = 3.$$

(2) 当 $\boldsymbol{l} = \boldsymbol{i} - \boldsymbol{j}$ 时, 射线 l 的方向余弦即 $\boldsymbol{l}$ 的方向余弦为

$$\cos\alpha = \frac{1}{\sqrt{2}}, \quad \cos\beta = -\frac{1}{\sqrt{2}}, \quad \cos\gamma = 0.$$

由式 (6.3.16) 得到

$$\frac{\partial u}{\partial l}\bigg|_{(1,1,1)} = \sqrt{2}(x-y)\big|_{(1,1,1)} = 0.$$

上例说明已知函数在给定点沿不同方向的方向导数并不相同. 那么究竟沿什么方向的方向导数最大? 这个最大的方向导数又是多大? 这两个问题可以由同一个概念来回答, 这就是**梯度**.

2. **梯度**

设函数 $u = f(x, y, z)$ 在点 $M(x, y, z)$ 处可微, 称向量

$$\frac{\partial u}{\partial x}\boldsymbol{i} + \frac{\partial u}{\partial y}\boldsymbol{j} + \frac{\partial u}{\partial z}\boldsymbol{k}$$

为函数 $u = f(x, y, z)$ 在点 $M(x, y, z)$ 处的**梯度**, 记作

$$\mathbf{grad}\, u = \frac{\partial u}{\partial x}\boldsymbol{i} + \frac{\partial u}{\partial y}\boldsymbol{j} + \frac{\partial u}{\partial z}\boldsymbol{k}. \tag{6.3.17}$$

下面来讨论梯度与方向导数的关系, 并解释梯度的意义.

设射线 l 的单位向量为 $\boldsymbol{l}_0 = \{\cos\alpha, \cos\beta, \cos\gamma\}$, 利用 $\boldsymbol{l}_0$ 和梯度的定义 (6.3.17), 可以将式 (6.3.16) 中的方向导数 $\dfrac{\partial u}{\partial l}$ 重新表示为

$$\frac{\partial u}{\partial l} = \mathbf{grad}\, u \cdot \boldsymbol{l}_0 = |\mathbf{grad}\, u|\cos\varphi,$$

其中 φ 表示 $\boldsymbol{l}_0$ 和 $\mathbf{grad}\, u$ 的夹角.

上式说明当 $\varphi = 0$ 时, $\cos\varphi = 1$, $\dfrac{\partial u}{\partial l}$ 达到最大值 $|\mathbf{grad}\, u|$. 因此函数 u 在点 M 处的所有方向导数中, 沿梯度方向的方向导数最大并且恰等于梯度的模. 这就是说:

> 函数 u 在点 M 的梯度是这样一个向量, 它的方向是最大方向导数所沿的方向, 而它的模就是这个最大的方向导数.

在例 6.3.5 中, 函数 $u = x^2 + y^2 - z$ 在点 $M(1,1,1)$ 处的梯度为

$$\mathbf{grad}\, u(M) = 2\boldsymbol{i} + 2\boldsymbol{j} - \boldsymbol{k}.$$

$\mathbf{grad}\, u(M)$ 的方向恰为该例 (1) 中 l 的方向, 因此, 沿此方向的方向导数最大而且恰为

$$\big|\mathbf{grad}\, u(M)\big| = |2\boldsymbol{i} + 2\boldsymbol{j} - \boldsymbol{k}| = 3.$$

梯度是与物理学中场论里的一个重要概念, 从数学上看, **场**无非是一个函数, 如果是一个数值函数, 就称为**数量场**, 如温度分布函数 $u = f(x, y, z)$ 所确定的数量场, 称为**温度场**. 如果是一个向量函数

$$\boldsymbol{F}(x, y, z) = P(x, y, z)\boldsymbol{i} + Q(x, y, z)\boldsymbol{j} + R(x, y, z)\boldsymbol{k},$$

则称为**向量场**, 如力场, 速度场等.

如果函数 $u = f(x, y, z)$ 可微, 它的梯度 **grad**u 则确定了一个向量场. 称函数 $u = f(x, y, z)$ 为这个向量场的**位势函数**, 简称为**势函数**.

再来介绍梯度的几何意义.

称曲面 $f(x, y, z) = c$ (c 为常数) 为函数 $u = f(x, y, z)$ 的**等值面**, 当函数 $u = f(x, y, z)$ 表示温度时, 等值面也称为**等温面**. 对于二元函数 $u = f(x, y)$ 来说, 它的等值面蜕化成一条 $O\text{-}xy$ 平面上的平面曲线, 称其为**等值线或等高线**, 在地形图的绘制上有广泛应用.

由于等值面 $f(x, y, z) = c$ 上给定点 $M(x, y, z)$ 处的法向量为

$$\boldsymbol{n} = \pm\left\{ \frac{\partial u}{\partial x}, \ \frac{\partial u}{\partial y}, \ \frac{\partial u}{\partial z} \right\},$$

而该点处的梯度为

$$\mathbf{grad}u = \left\{ \frac{\partial u}{\partial x}, \ \frac{\partial u}{\partial y}, \ \frac{\partial u}{\partial z} \right\},$$

因此, 函数 $u = f(x, y, z)$ 在点 $M(x, y, z)$ 处的梯度恰为该点处等值面的法线沿函数值 c 增大的方向, 参见图 6.12.

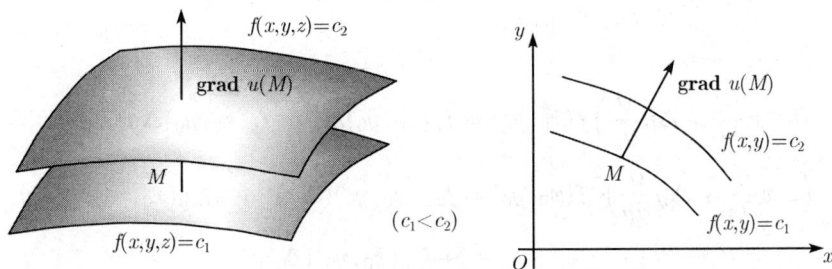

图 6.12 梯度与等值面法线的关系

从梯度的定义出发, 可直接证明下列有关梯度的性质:

(1) $\mathbf{grad}\,(ku) = k\,\mathbf{grad}\,u$ (k 为常数).

(2) $\mathbf{grad}\,(u_1 + u_2) = \mathbf{grad}\,u_1 + \mathbf{grad}\,u_2$.

(3) $\mathbf{grad}\,(u_1 \cdot u_2) = u_1\mathbf{grad}\,u_2 + u_2\mathbf{grad}\,u_1$.

(4) $\mathbf{grad}\,\left(\dfrac{u_1}{u_2}\right) = \dfrac{1}{u_2^2}(u_2\,\mathbf{grad}\,u_1 - u_1\,\mathbf{grad}\,u_2)$.

(5) $\mathbf{grad}\,[F(u)] = F'(u)\mathbf{grad}\,u.$

其中 u_1, u_2, u 及 F 均为可微的函数.

6.3.3　二元泰勒公式

在一元函数里, 如果函数 $f(x)$ 在 x_0 的某个邻域内具有直到 $n+1$ 阶的导数, 则可以在此邻域内用 $(x-x_0)$ 的 n 次多项式近似 $f(x)$, 其误差应该是 $(x-x_0)^n$ 的高阶无穷小. 即有下列一元函数的泰勒 (Taylor) 公式:

$$f(x) = f(x_0) + \frac{f'(x_0)}{1!}(x - x_0) + \frac{f''(x_0)}{2!}(x - x_0)^2 + \cdots + \frac{f^{(n)}(x_0)}{n!}(x - x_0)^n$$

$$+ \frac{f^{(n+1)}(x_0 + \theta(x - x_0))}{(n+1)!}(x - x_0)^{n+1} \quad (0 < \theta < 1).$$

现在我们将这种利用多项式近似一般函数的思想推广到二元函数.

定理 6.3.2　设函数 $f(x,y)$ 在点 $M_0(x_0, y_0)$ 的某个邻域内具有直到 $n+1$ 阶的连续偏导数, 则对该邻域内的任一点 $M(x_0 + \Delta x, y_0 + \Delta y)$ 来说, 函数值 $f(x_0 + \Delta x, y_0 + \Delta y)$ 可用 $\Delta x, \Delta y$ 的 n 次多项式近似, 并写成以下形式

$$f(x_0 + \Delta x, y_0 + \Delta y) = f(x_0, y_0) + \left(\Delta x\frac{\partial}{\partial x} + \Delta y\frac{\partial}{\partial y}\right)f(x_0, y_0)$$

$$+ \frac{1}{2!}\left(\Delta x\frac{\partial}{\partial x} + \Delta y\frac{\partial}{\partial y}\right)^2 f(x_0, y_0) + \cdots$$

$$+ \frac{1}{n!}\left(\Delta x\frac{\partial}{\partial x} + \Delta y\frac{\partial}{\partial y}\right)^n f(x_0, y_0) + R_n, \tag{6.3.18}$$

其中

$$\left(\Delta x\frac{\partial}{\partial x} + \Delta y\frac{\partial}{\partial y}\right)f(x_0, y_0) = f_x(x_0, y_0)\Delta x + f_y(x_0, y_0)\Delta y,$$

$$\left(\Delta x\frac{\partial}{\partial x} + \Delta y\frac{\partial}{\partial y}\right)^2 f(x_0, y_0) = f_{xx}(x_0, y_0)(\Delta x)^2 + 2f_{xy}(x_0, y_0)\Delta x\Delta y$$

$$+ f_{yy}(x_0, y_0)(\Delta y)^2,$$

$$\cdots\cdots$$

$$\left(\Delta x\frac{\partial}{\partial x} + \Delta y\frac{\partial}{\partial y}\right)^n f(x_0, y_0) = \sum_{i=0}^{n} C_n^i (\Delta x)^i (\Delta y)^{n-i} \left.\frac{\partial^n f}{\partial x^i \partial y^{n-i}}\right|_{(x_0, y_0)},$$

$$R_n = \frac{1}{(n+1)!}\left(\Delta x\frac{\partial}{\partial x} + \Delta y\frac{\partial}{\partial y}\right)^{n+1} f(x_0 + \theta\Delta x, y_0 + \theta\Delta y) \tag{6.3.19}$$

$$(0 < \theta < 1).$$

式 (6.3.19) 所表示的 R_n 称为 **Lagrange 型余项**, 式 (6.3.18) 称为函数 $f(x, y)$ 在点 $M_0(x_0, y_0)$ 处带有 Lagrange 型余项的 Taylor 公式.

* **证明**　令 $x = x_0 + t\Delta x, y = y_0 + t\Delta y$ $(0 \leqslant t \leqslant 1)$. 只要 $0 \leqslant t \leqslant 1$, 点 (x, y) 就一定在 M_0 的给定邻域内. 记

$$F(t) = f(x_0 + t\Delta x, y_0 + t\Delta y) \quad (0 \leqslant t \leqslant 1).$$

作为 t 的一元函数 $F(t)$ 可以展成带有 Lagrange 型余项的 Maclaurin 多项式, 即

$$F(t) = F(0) + \frac{F'(0)}{1!}t + \frac{F''(0)}{2!}t^2 + \cdots + \frac{F^{(n)}(0)}{n!}t^n + R_n(t),$$

其中 $R_n(t) = \dfrac{F^{(n+1)}(\theta)}{(n+1)!}t^{n+1}$ $(0 < \theta < 1)$.

当 $t = 1$ 时, 有

$$F(1) = F(0) + \frac{F'(0)}{1!} + \frac{F''(0)}{2!} + \cdots + \frac{F^{(n)}(0)}{n!} + R_n(1),$$

$$R_n(1) = \frac{F^{(n+1)}(\theta)}{(n+1)!} \quad (0 < \theta < 1).$$

注意到

$$F'(0) = f_x(x_0, y_0)\Delta x + f_y(x_0, y_0)\Delta y = \left(\Delta x\frac{\partial}{\partial x} + \Delta y\frac{\partial}{\partial y}\right)f(x_0, y_0),$$

$$F''(0) = f_{xx}(x_0, y_0)(\Delta x)^2 + 2f_{xy}(x_0, y_0)\Delta x\Delta y + f_{yy}(x_0, y_0)(\Delta y)^2$$

$$= \left(\Delta x\frac{\partial}{\partial x} + \Delta y\frac{\partial}{\partial y}\right)^2 f(x_0, y_0),$$

$$\cdots\cdots$$

$$F^{(n)}(0) = \left(\Delta x\frac{\partial}{\partial x} + \Delta y\frac{\partial}{\partial y}\right)^n f(x_0, y_0),$$

$$R_n(1) = \frac{F^{(n+1)}(\theta)}{(n+1)!} = \frac{1}{(n+1)!}\left(\Delta x\frac{\partial}{\partial x} + \Delta y\frac{\partial}{\partial y}\right)^n f(x_0 + \theta\Delta x, y_0 + \theta\Delta y).$$

于是证明了 (6.3.18) 和 (6.3.19) 的正确, 定理得证.

在定理 6.3.2 的条件① 下, 还可以给出 Taylor 公式的另一种形式的余项

$$R_n = o(\rho^n), \tag{6.3.20}$$

---

① 甚至更弱一些也可以, 只要 $f(x, y)$ 在 M_0 的某邻域内有连续的 n 阶偏导数, 便可直接证明带有 Peano 型余项的 Taylor 公式.

其中 $\rho = \sqrt{(\Delta x)^2 + (\Delta y)^2}$, 并称其为 **Peano 型余项**.

实际上, 当 $f(x, y)$ 在 M_0 的某邻域内有连续的 $n + 1$ 阶偏导数时, $f(x, y)$ 在 M_0 的某个稍小邻域内所有 $n+1$ 阶偏导数的绝对值都不会超过某常数 K. 这时, 由式 (6.3.19) 知有

$$|R_n| \leqslant \frac{K}{(n+1)!} \sum_{i=0}^{n+1} C_{n+1}^i |\Delta x|^i |\Delta y|^{n+1-i} = \frac{K}{(n+1)!} (|\Delta x| + |\Delta y|)^{n+1}$$

$$= \frac{K}{(n+1)!} \rho^{n+1} \left(\frac{|\Delta x| + |\Delta y|}{\sqrt{(\Delta x)^2 + (\Delta y)^2}} \right)^{n+1} \leqslant \frac{2^{n+1} K}{(n+1)!} \rho^{n+1},$$

于是有

$$\frac{|R_n|}{\rho^n} \leqslant \frac{2^{n+1} K}{(n+1)!} \rho \to 0 \quad (\rho \to 0),$$

进而有 $R_n = o(\rho^n)$.

当 $n = 0$ 时, 式 (6.3.18) 形如

$$f(x_0 + \Delta x, y_0 + \Delta y) = f(x_0, y_0) + \left(\Delta x \frac{\partial}{\partial x} + \Delta y \frac{\partial}{\partial y} \right) f(x_0 + \theta \Delta x, y_0 + \theta \Delta y)$$

$$= f(x_0, y_0) + f_x(x_0 + \theta \Delta x, y_0 + \theta \Delta y) \Delta x$$

$$+ f_y(x_0 + \theta \Delta x, y_0 + \theta \Delta y) \Delta y \quad (0 < \theta < 1).$$

上式称为二元函数的中值定理.

例 6.3.6　求函数 $f(x, y) = \mathrm{e}^x \ln(1 + y)$ 在点 $(0, 0)$ 处带有 Peano 型余项的三阶 Taylor 展开式.

解　先求函数 $f(x, y)$ 的三阶偏导数

$$f_x(x, y) = \mathrm{e}^x \ln(1 + y), \quad f_{xx}(x, y) = \mathrm{e}^x \ln(1 + y), \quad f_{xxx}(x, y) = \mathrm{e}^x \ln(1 + y),$$

$$f_y(x, y) = \frac{\mathrm{e}^x}{1 + y}, \quad f_{yy}(x, y) = -\frac{\mathrm{e}^x}{(1 + y)^2}, \quad f_{yyy}(x, y) = \frac{2\mathrm{e}^x}{(1 + y)^3},$$

$$f_{xy}(x, y) = \frac{\mathrm{e}^x}{1 + y}, \quad f_{xxy}(x, y) = \frac{\mathrm{e}^x}{1 + y}, \quad f_{xyy}(x, y) = -\frac{\mathrm{e}^x}{(1 + y)^2}.$$

令 $x_0 = 0, y_0 = 0$, 则 $\Delta x = x - x_0 = x, \Delta y = y - y_0 = y$, 因此

$$\left(x \frac{\partial}{\partial x} + y \frac{\partial}{\partial y} \right) f(0, 0) = x f_x(0, 0) + y f_y(0, 0) = y,$$

$$\left(x \frac{\partial}{\partial x} + y \frac{\partial}{\partial y} \right)^2 f(0, 0) = x^2 f_{xx}(0, 0) + 2xy f_{xy}(0, 0) + y^2 f_{yy}(0, 0)$$

$$= 2xy - y^2,$$

$$\left(x\frac{\partial}{\partial x}+y\frac{\partial}{\partial y}\right)^3 f(0,0)=x^3 f_{xxx}(0,0)+3x^2 y f_{xxy}(0,0)+3xy^2 f_{xyy}(0,0)$$

$$+y^3 f_{yyy}(0,0)=3x^2 y-3xy^2+2y^3.$$

由式 (6.3.18) 得到

$$f(x,y)=f(0,0)+\left(x\frac{\partial}{\partial x}+y\frac{\partial}{\partial y}\right)f(0,0)+\frac{1}{2}\left(x\frac{\partial}{\partial x}+y\frac{\partial}{\partial y}\right)^2 f(0,0)$$

$$+\frac{1}{6}\left(x\frac{\partial}{\partial x}+y\frac{\partial}{\partial y}\right)^3 f(0,0)+o(\rho^3)$$

$$=y+xy-\frac{1}{2}y^2+\frac{1}{2}x^2 y-\frac{1}{2}xy^2+\frac{1}{3}y^3+o(\rho^3),$$

其中 $\rho=\sqrt{x^2+y^2}$.

6.3.4　二元函数的极值

设点 $M_0(x_0,y_0)$ 是函数 $z=f(x,y)$ 的定义域 D 的内点, 若存在点 M_0 的某个邻域 $U(M_0,\delta)\subset D$, 对 $\forall M(x,y)\in U(M_0,\delta)$, 总有

$$f(x_0,y_0)\leqslant f(x,y),$$

则称 $f(x_0,y_0)$ 为函数 $f(x,y)$ 的**极小值**, 点 M_0 称为**极小值点**. 类似地, 若存在点 M_0 的某个邻域 $U(M_0,\delta)\subset D$, 对 $\forall M(x,y)\in U(M_0,\delta)$, 总有

$$f(x_0,y_0)\geqslant f(x,y),$$

则称 $f(x_0,y_0)$ 为函数 $f(x,y)$ 的**极大值**, 点 M_0 称为**极大值点**.

例 6.3.7　函数 $z=4x^2+9y^2-3$ 在原点 $O(0,0)$ 处达到极小值 $z=-3$, 这是因为, $4x^2+9y^2\geqslant 0$, 而且其中的等号当且仅当 $x=y=0$ 时成立.

例 6.3.8　函数 $z=4x^2-9y^2$ 在原点 $O(0,0)$ 处函数值为零, 可是它既不是极大值也不是极小值. 这是因为, 在 x 轴上, 只要不是原点, 函数值总为正值; 而在 y 轴上, 只要不是原点, 函数值总为负值. 因此, 原点 $O(0,0)$ 的任何一个邻域内, 总有函数值为正的点, 也有函数值为负的点.

当函数 $f(x,y)$ 在点 $M_0(x_0,y_0)$ 取极值时, 作为一元函数的 $f(x,y_0),f(x_0,y)$ 也同时取得极值. 利用一元函数 Fermat 定理的已有结论, 直接得到下列二元函数取极值的一个必要条件.

定理 6.3.3　设函数 $f(x,y)$ 在点 $M_0(x_0,y_0)$ 处可偏导, 如果 $f(x,y)$ 在点 $M_0(x_0,y_0)$ 处取极值, 则

$$f_x(x_0,y_0)=f_y(x_0,y_0)=0. \tag{6.3.21}$$

条件 (6.3.21) 只是在可偏导的前提下, 函数取极值的必要条件, 而非充分条件. 例 6.3.7 与例 6.3.8 中的原点 $O(0,0)$ 均满足条件 (6.3.21), 可是, 一个是极小值点, 另一个却不是极值点.

称满足条件 (6.3.21) 的点 $M_0(x_0, y_0)$ 为函数 $f(x,y)$ 的**驻点**. 上述定理告诉我们寻找二元函数的极值点和一元函数一样, 应该在不可偏导的点和驻点的范围内中筛选. 下面给出二元函数在驻点处取极值的充分条件就是一种筛选的办法.

定理 6.3.4　设点 $M_0(x_0, y_0)$ 是函数 $f(x,y)$ 的驻点, 在点 $M_0(x_0, y_0)$ 的某个邻域内 $f(x,y)$ 连续且有二阶连续偏导数, 如记

$$f_{xx}(x_0, y_0) = A, \quad f_{xy}(x_0, y_0) = B, \quad f_{yy}(x_0, y_0) = C,$$

则有以下结论:

(1) 当 $B^2 - AC < 0$ 时, 函数 $f(x,y)$ 在点 $M_0(x_0, y_0)$ 处有极值. 当 $A > 0$ 时, $f(x_0, y_0)$ 为极小值. 当 $A < 0$ 时, $f(x_0, y_0)$ 为极大值.

(2) 当 $B^2 - AC > 0$ 时, 函数 $f(x,y)$ 在点 $M_0(x_0, y_0)$ 处不取极值.

(3) 当 $B^2 - AC = 0$ 时, 无法确定函数 $f(x,y)$ 在点 $M_0(x_0, y_0)$ 是否取极值.

本定理的证明较复杂, 此处从略, 参阅附录 C.

例 6.3.9　求函数 $f(x,y) = x^4 + 2y^4 - 2x^2 - 12y^2$ 的极值.

解　所给函数在 $O\text{-}xy$ 平面可偏导, 其极值点必为驻点. 解方程组

$$\begin{cases} f_x(x,y) = 4x^3 - 4x = 0, \\ f_y(x,y) = 8y^3 - 24y = 0 \end{cases}$$

得到 $x = 0, 1, -1.$ $y = 0, \sqrt{3}, -\sqrt{3}.$ 所组合成的驻点有 $(0,0), (0, \pm\sqrt{3}), (\pm 1, 0), (\pm 1, \pm\sqrt{3})$.

给出函数 $f(x,y)$ 的二阶偏导数和判别式

$$A = f_{xx}(x,y) = 4(3x^2 - 1), \quad B = f_{xy} = 0, \quad C = f_{yy} = 24(y^2 - 1),$$

$$B^2 - AC = -96(3x^2 - 1)(y^2 - 1).$$

在驻点 $(0,0)$ 处, $B^2 - AC = -96 < 0$ 且 $A = -4 < 0$, 知 $f(0,0) = 0$ 为极大值.

在驻点 $(\pm 1, \pm\sqrt{3})$ 处, $B^2 - AC = -384 < 0$ 且 $A = 8 > 0$, 知 $f(\pm 1, \pm\sqrt{3}) = -19$ 为极小值.

在驻点 $(\pm 1, 0)$ 处, $B^2 - AC = 192 > 0$, $f(\pm 1, 0)$ 不是极值.

在驻点 $(0, \pm\sqrt{3})$ 处, $B^2 - AC = 192 > 0$, $f(0, \pm\sqrt{3})$ 不是极值.

对函数极值的研究有助于寻求函数的最大值和最小值, 这对很多应用问题来说是非常有意义的.

已经知道, 若函数 $f(x,y)$ 在有界闭区域 D 上连续, 则 $f(x,y)$ 在 D 上一定取得最大值和最小值, 它们可能在区域 D 的边界上达到, 也可能在区域 D 的内点达到. 如果函数 $f(x,y)$ 在 D 内可微, 并且只有有限多个驻点, 那么这些在区域 D 的内点达到的最大值和最小值, 一定被限定在驻点的范围内. 由此得到寻求函数最大值和最小值的方法: 比较函数 $f(x,y)$ 在区域 D 所有驻点和所有边界点上函数值的大小. 当然, 这样做还会涉及函数 $f(x,y)$ 在区域 D 边界上确定的一元函数的最大值和最小值, 问题有一定的复杂性.

例 6.3.10 求函数 $f(x,y) = x^2 + 2y^2 - x^2 y^2$ 在区域 $D = \{(x,y)|x^2 + y^2 \leqslant 4, y \geqslant 0\}$ 上的最大值和最小值.

解 先在区域 D 内点的范围里寻求函数 $f(x,y)$ 的驻点, 解方程组

$$\begin{cases} f_x(x,y) = 2x - 2xy^2 = 0, \\ f_y(x,y) = 4y - 2x^2 y = 0 \end{cases}$$

得到驻点 $(\pm\sqrt{2}, 1)$, 且 $f(\pm\sqrt{2}, 1) = 2$.

在区域 D 的边界 $L_1 : y = 0 \ (-2 \leqslant x \leqslant 2)$ 上, 记

$$g(x) = f(x, 0) = x^2,$$

易知一元函数 $g(x)$ 在 $[-2, 2]$ 上的最大值为 4, 最小值为 0.

在区域 D 的边界 $L_2 : x^2 + y^2 = 4(y \geqslant 0)$ 上, 记

$$h(x) = f(x, \sqrt{4-x^2}) = x^4 - 5x^2 + 8 \quad (-2 \leqslant x \leqslant 2),$$

令 $h'(x) = 4x^3 - 10x = 0$, 得到一元函数 $h(x)$ 在 $(-2, 2)$ 内的驻点

$$x_1 = 0, \quad x_2 = -\sqrt{\frac{5}{2}}, \quad x_3 = \sqrt{\frac{5}{2}},$$

且

$$h(0) = f(0, 2) = 8, \quad h\left(\pm\sqrt{\frac{5}{2}}\right) = f\left(\pm\sqrt{\frac{5}{2}}, \sqrt{\frac{3}{2}}\right) = \frac{7}{4}.$$

比较函数 $f(x,y)$ 在下列各点的函数值大小:

$$f(\pm\sqrt{2}, 1) = 2, \ 4, \ 0, \quad f(0, 2) = 8, \quad f\left(\pm\sqrt{\frac{5}{2}}, \sqrt{\frac{3}{2}}\right) = \frac{7}{4}, \quad h(\pm 2) = 4.$$

最后断定函数 $f(x,y)$ 在 D 上的最大值为 8, 最小值为 0.

在一些实际问题中, 若能判定函数在区域 D 的内点上取得最大 (小) 值, 而函数在区域 D 内只有唯一驻点, 则可以断定这个驻点就是最大 (小) 值点.

例 6.3.11　平面质点 $M_i(x_i, y_i)$ 具有质量 $m_i(i = 1, 2, 3)$, 试求点 $M(x, y)$, 使点 $M_i(i = 1, 2, 3)$ 关于点 M 的转动惯量之和 $u = u(x, y)$ 最小.

解　由于 $u = u(x, y) = \sum\limits_{i=1}^{3} m_i[(x - x_i)^2 + (y - y_i)^2]$, 先求函数 $u = u(x, y)$ 的驻点. 解方程组

$$\begin{cases} u_x(x, y) = 2\sum\limits_{i=1}^{3} m_i(x - x_i) = 0, \\ u_y(x, y) = 2\sum\limits_{i=1}^{3} m_i(y - y_i) = 0 \end{cases}$$

得到唯一驻点 M 的坐标为

$$x = \frac{\sum\limits_{i=1}^{3} m_i x_i}{\sum\limits_{i=1}^{3} m_i}, \quad y = \frac{\sum\limits_{i=1}^{3} m_i y_i}{\sum\limits_{i=1}^{3} m_i}.$$

注意到

$$A = u_{xx}(x, y) = 2\sum\limits_{i=1}^{3} m_i, \quad B = u_{xy}(x, y) = 0, \quad C = u_{yy}(x, y) = 2\sum\limits_{i=1}^{3} m_i.$$

因此, $B^2 - AC = -4\left(\sum\limits_{i=1}^{3} m_i\right)^2 < 0$, $A = 2\sum\limits_{i=1}^{3} m_i > 0$. 可见, 驻点 M 为极小值点. 实际上, 由于函数 $u = u(x, y)$ 在平面上存在最小值, 又有唯一驻点 M, 这就可以断定点 M 一定就是最小值点.

6.3.5　条件极值

如果在寻求函数

$$u = u(x, y, z) \tag{6.3.22}$$

的极值时, 要求满足条件

$$\varphi(x, y, z) = 0, \tag{6.3.23}$$

则称其为**条件极值**. 函数 (6.3.22) 称为**目标函数**, 式 (6.3.23) 称为**约束条件**.

假定函数 $u(x, y, z)$ 和 $\varphi(x, y, z)$ 具有连续偏导数, 且 $\varphi_z(x, y, z) \neq 0$. 如果点 (x_0, y_0, z_0) 就是满足约束条件 (6.3.23) $[\varphi(x_0, y_0, z_0) = 0]$ 的前提下函数 (6.3.22) 的极值点, 根据隐函数存在定理 (定理 6.2.7), 方程 $\varphi(x, y, z) = 0$ 在 (x_0, y_0, z_0) 的某个邻域内可确定唯一的隐函数 $z = z(x, y)$, 使得

$$\varphi(x, y, z(x, y)) \equiv 0, \quad z_0 = z(x_0, y_0),$$

且

$$\frac{\partial z}{\partial x} = -\frac{\varphi_x}{\varphi_z}, \quad \frac{\partial z}{\partial y} = -\frac{\varphi_y}{\varphi_z}.$$

这样一来, 在约束条件 (6.3.23) 下目标函数 (6.3.22) 的条件极值问题就变成函数

$$u = u(x, y, z(x, y)) \tag{6.3.24}$$

的无约束极值. 点 (x_0, y_0) 也就成为 $u = u(x, y, z(x, y))$ 的极值点.

由极值存在的必要条件 (定理 6.3.3) 知, $(x_0, y_0, z(x_0, y_0)) = (x_0, y_0, z_0)$ 必满足方程组

$$\begin{cases} \dfrac{\partial u}{\partial x} = u_x + u_z \dfrac{\partial z}{\partial x} = u_x - \dfrac{\varphi_x}{\varphi_z} u_z = 0, \\[2mm] \dfrac{\partial u}{\partial y} = u_y + u_z \dfrac{\partial z}{\partial y} = u_y - \dfrac{\varphi_y}{\varphi_z} u_z = 0. \end{cases}$$

如果记 $\lambda = -\dfrac{u_z}{\varphi_z}$, 上述方程组可以变形为

$$\begin{cases} u_x + \lambda \varphi_x = 0, \\ u_y + \lambda \varphi_y = 0, \\ u_z + \lambda \varphi_z = 0. \end{cases} \tag{6.3.25}$$

由此可见, (x_0, y_0, z_0) 成为极值点的必要条件是同时满足式 (6.3.23) 及式 (6.3.25).

为使寻求点 (x_0, y_0, z_0) 的过程更加程式化, 引入 **Lagrange 函数**

$$L(x, y, z, \lambda) = u(x, y, z) + \lambda \varphi(x, y, z), \tag{6.3.26}$$

其中 λ 称为**Lagrange 乘数**. 不难看出, 由式 (6.3.23) 及式 (6.3.25) 联立而成的方程组可以利用 Lagrange 函数 $L(x, y, z, \lambda)$ 写成更加方便记忆的形式

$$\begin{cases} L_x = u_x + \lambda \varphi_x = 0, \\ L_y = u_y + \lambda \varphi_y = 0, \\ L_z = u_z + \lambda \varphi_z = 0, \\ L_\lambda = \varphi(x, y, z) = 0. \end{cases} \tag{6.3.27}$$

方程组 (6.3.27) 的解应该是满足约束条件 (6.3.23) 时目标函数 (6.3.22) 的驻点. 通过解方程组 (6.3.27) 寻求上述驻点的方法称为**Lagrange 乘数法**. 至于所求驻点是否为极值点以及极大值还是极小值, 一般应根据问题的背景加以判定, 并不利用极值的充分条件 (定理 6.3.4), 因为对该定理条件的验证非常繁杂.

例 6.3.12　试求函数 $u = x^2 + 2y + 2z$ 在球面 $x^2 + y^2 + z^2 = 1$ 上的最大值与最小值.

解　作 Lagrange 函数

$$L(x, y, z, \lambda) = x^2 + 2y + 2z + \lambda(x^2 + y^2 + z^2 - 1),$$

解方程组

$$\begin{cases} L_x = 2x + 2\lambda x = 0, \\ L_y = 2 + 2\lambda y = 0, \\ L_z = 2 + 2\lambda z = 0, \\ L_\lambda = x^2 + y^2 + z^2 - 1 = 0. \end{cases}$$

即

$$\begin{cases} (1+\lambda)x = 0, \\ 1 + \lambda y = 0, \\ 1 + \lambda z = 0, \\ x^2 + y^2 + z^2 = 1. \end{cases}$$

当 $x \neq 0$ 时, 方程组无解. 当 $x = 0$ 时, $y = z = \pm\dfrac{\sqrt{2}}{2}$, 得到两个驻点

$$M_1\Big(0, \frac{\sqrt{2}}{2}, \frac{\sqrt{2}}{2}\Big), \quad M_2\Big(0, -\frac{\sqrt{2}}{2}, -\frac{\sqrt{2}}{2}\Big).$$

这就说明函数 $u = x^2 + 2y + 2z$ 的极值只能在 $O\text{-}yz$ 平面上的 M_1, M_2 处达到, 而且

$$u(M_1) = u\Big(0, \frac{\sqrt{2}}{2}, \frac{\sqrt{2}}{2}\Big) = 2\sqrt{2},$$

$$u(M_2) = u\Big(0, -\frac{\sqrt{2}}{2}, -\frac{\sqrt{2}}{2}\Big) = -2\sqrt{2}.$$

由于点 M_1, M_2 的位置以及函数 u 的特点, 可以断定 $u(M_1) = 2\sqrt{2}$ 为函数的最大值, $u(M_2) = -2\sqrt{2}$ 为最小值.

当目标函数为 n 元函数或是约束条件多于一个时, Lagrange 乘数法仍然是解决条件极值的有效方法.

例 6.3.13　试求曲线 l

$$\begin{cases} x + y + z = 0, \\ x^2 + y^2 + 4z^2 - 1 = 0 \end{cases}$$

上的点到原点距离的最大值与最小值.

解　目标函数为 $u = x^2 + y^2 + z^2$ 表示点 (x, y, z) 到原点距离的平方. 约束条件则为曲线 l 的方程, 作 Lagrange 函数

$$L(x, y, z, \lambda_1, \lambda_2) = x^2 + y^2 + z^2 + \lambda_1(x + y + z) + \lambda_2(x^2 + y^2 + 4z^2 - 1),$$

解方程组

$$\begin{cases} L_x = 2x + \lambda_1 + 2\lambda_2 x = \lambda_1 + 2x(1 + \lambda_2) = 0, \\ L_y = 2y + \lambda_1 + 2\lambda_2 y = \lambda_1 + 2y(1 + \lambda_2) = 0, \\ L_z = 2z + \lambda_1 + 8\lambda_2 z = \lambda_1 + 2z(1 + 4\lambda_2) = 0, \\ L_{\lambda_1} = x + y + z = 0, \\ L_{\lambda_2} = x^2 + y^2 + 4z^2 - 1 = 0. \end{cases}$$

由前两个方程得到 $(x - y)(1 + \lambda_2) = 0$. 于是知

(i) 当 $x = y$ 时, 由最后两个方程得到两个驻点

$$M_1\Big(\frac{\sqrt{2}}{6}, \frac{\sqrt{2}}{6}, -\frac{\sqrt{2}}{3}\Big), \quad M_2\Big(-\frac{\sqrt{2}}{6}, -\frac{\sqrt{2}}{6}, \frac{\sqrt{2}}{3}\Big).$$

(ii) 当 $\lambda_2 = -1$ 时, $\lambda_1 = 0, z = 0$. 由最后两个方程得到另外两个驻点

$$N_1\Big(\frac{\sqrt{2}}{2}, -\frac{\sqrt{2}}{2}, 0\Big), \quad N_2\Big(-\frac{\sqrt{2}}{2}, \frac{\sqrt{2}}{2}, 0\Big).$$

注意到曲线 l 为一椭圆, 且以原点为对称中心, 故 l 上到原点的距离最小者有两个 M_1, M_2, 最大者也有两个 N_1, N_2. 函数 u 的最大值为 1, 最小值为 $\frac{1}{3}$, 即曲线 l 上的点到原点距离的最大值为 1, 最小值为 $\frac{1}{\sqrt{3}}$.

习 题 6.3

1. 已知 $\boldsymbol{r}_1(t), \boldsymbol{r}_2(t), \boldsymbol{r}_3(t)$ 可导, 试给出混合积 $[\boldsymbol{r}_1(t) \times \boldsymbol{r}_2(t)] \cdot \boldsymbol{r}_3(t)$ 的求导公式.

2. 求下列曲线在指定点处的切线与法平面:

(1) $x = t - \sin t, y = \mathrm{e}^t \cos t, z = 4 \sin 2t \quad (0, 1, 0)$;

(2) $x = \dfrac{1+t}{t}, y = \dfrac{t}{1+t}, z = \dfrac{1+t}{2} \quad (t = 1)$;

(3) $\begin{cases} x^2 + y^2 + z^2 - 3z = 0, \\ 5x - 3y + 2z - 4 = 0 \end{cases} \quad (1, 1, 1)$; (4) $\begin{cases} y^2 = 2mx, \\ z^2 = m - x \end{cases} \quad (x_0, y_0, z_0)$.

3. 求曲线 $x = t, y = t^2, z = t^3$ 上的点, 使在该点的切线平行于平面 $x + 2y + z = 4$.

4. 试证明圆柱螺线 $x = a \cos t, y = a \sin t, z = bt$ 位于圆柱面 $x^2 + y^2 = a^2$ 上, 且与柱面母线相交成定角.

5. 求下列曲面在指定点处的切平面与法线:

(1) $xy + yz + xz = 1 \quad (3, -1, 2)$; (2) $2x^2 + 3y^2 + 4z^2 = 6 \quad \Big(1, -1, \frac{1}{2}\Big)$;

(3) $\mathrm{e}^x - z + xy = 3 \quad (2, 1, 0)$; (4) $z = \mathrm{e}^{2x} \cos^3 y \quad (1, \pi, -\mathrm{e}^2)$.

6. 求椭圆面 $x^2 + 2y^2 + z^2 = 1$ 上平行于平面 $x - y + 2z = 0$ 的切平面方程.

7. 试证曲面 $\sqrt{x} + \sqrt{y} + \sqrt{z} = \sqrt{a}(a > 0)$ 上任何点处的切平面在各坐标轴上的截距之和为一常数.

8. 求曲面 $x^2 + 2xy - y^2 + 3z^2 - 2x + 2y - 6z - 2 = 0$ 上的点, 使曲面过这些点的切平面平行于 yz 平面.

9. 已知函数 $f(x, y, z) = xe^{yz} + ye^{zx} + ze^{xy}$, $P(1, 0, 2)$, $Q(5, 3, 3)$, 试求在 P 处沿 $\overrightarrow{PQ}$ 和 $\overrightarrow{QP}$ 的方向导数.

10. 求函数 $z = x^2 + 2y^2 - 3x + 2y$ 在点 $(2, -1)$ 处沿方向 $\boldsymbol{l} = \sqrt{3}\boldsymbol{i} + \boldsymbol{j}$ 的方向导数.

11. 求下列函数在指定点的梯度:

(1) $u = \sqrt{(x^2 + y^2 + z^2)}$　$(1, 2, -2)$;

(2) $u = e^{x+y} \cos z$　$(1, 0, \pi)$.

12. 试指出 $u = x^3 + y^3 + z^3 - 3xyz$ 在何处的梯度分别满足下列条件:

(1) 垂直于 z 轴;　(2) 平行于 x 轴;　(3) 等于零.

13. 哈密顿 (Hamilton) 算符 $\nabla = \left\{ \dfrac{\partial}{\partial x}, \dfrac{\partial}{\partial y}, \dfrac{\partial}{\partial z} \right\}$ 表示一个形式矢量, 梯度可表示为

$$\mathbf{grad}\, u = \frac{\partial u}{\partial x}\boldsymbol{i} + \frac{\partial u}{\partial y}\boldsymbol{j} + \frac{\partial u}{\partial z}\boldsymbol{k} = \nabla u.$$ 试证明梯度的以下运算性质:

(1) $\nabla(uv) = v\nabla u + u\nabla v$;　　(2) $\nabla F(u) = F'(u)\nabla u$.

14. 试写出 $f(x, y) = 2x^2 - xy + y^2 - 4x - 2y + 3$ 在点 $(1, -2)$ 处的泰勒展式.

15. 利用函数 $f(x, y) = x^y$ 的三阶泰勒公式, 计算 $1.1^{1.02}$ 的近似值.

16. 求下列函数的极值点:

(1) $f(x, y) = |x + 2| + (y - 3)^2$;　　(2) $f(x, y) = xy + \dfrac{4}{x} + \dfrac{6}{y}$;

(3) $f(x, y) = 4(x - y) - x^2 - y^2$.

17. 求函数 $z = xy$ 在满足条件 $x + y = 1$ 时的极值.

18. 试求椭圆 $\dfrac{x^2}{4} + \dfrac{y^2}{9} = 1$ 上的点到原点距离的最大值和最小值.

19. 重建点 $M_0(x_0, y_0, z_0)$ 到平面 $Ax + By + Cz + D = 0 (D \neq 0)$ 的距离公式.

20. 试求抛物线 $y = x^2$ 到直线 $x + y = -1$ 的最短距离.

21. 试在曲线 $\begin{cases} x + y + z = 0, \\ x^2 + y^2 + z^2 = 1 \end{cases}$ 上确定使函数 $u = xyz$ 取得极值的点.

复 习 题 六

1. 设有三元方程 $xy - z\ln y + e^{xz} = 1$, 根据隐函数定理, 存在点 $(0, 1, 1)$ 的一个邻域, 在此邻域内该方程____.

A. 只能确定一个具有连续偏导数的函数 $z = z(x, y)$

B. 可确定两个具有连续偏导数的函数 $y = y(x, z)$ 和 $z = z(x, y)$

C. 可确定两个具有连续偏导数的函数 $x = x(y, z)$ 和 $z = z(x, y)$

D. 可确定两个具有连续偏导数的函数 $x = x(y, z)$ 和 $y = y(x, z)$

2. 设 $f(x, y)$ 在点 $(0, 0)$ 的某邻域内有定义, 且 $f_x(0, 0) = 3, f_y(0, 0) = -1$, 则____.

A. $dz|_{(0,0)} = 3dx - dy$

B. 曲面 $z = f(x, y)$ 在点 $(0, 0, f(0, 0))$ 的一个法向量为 $(3, -1, 1)$

C. 曲线 $\begin{cases} z = f(x,y), \\ y = 0 \end{cases}$ 在点 $(0, 0, f(0,0))$ 的一个切向量为 $(1, 0, 3)$

D. 曲线 $\begin{cases} z = f(x,y), \\ y = 0 \end{cases}$ 在点 $(0, 0, f(0,0))$ 的一个切向量为 $(3, 0, 1)$

3. 设 $z = f(u, x, y)$, $u = xe^y$, 且 f 有连续二阶偏导数, 求 $\dfrac{\partial^2 z}{\partial x \partial y}$.

4. 设函数 $u = f(x, y, z)$ 有连续偏导数, 且 $z = z(x, y)$ 由方程 $xe^x - ye^y = ze^z$ 所确定, 求 du.

5. 设 $\begin{cases} x = \cos\varphi\cos\theta, \\ y = \cos\varphi\sin\theta, \\ z = \sin\varphi. \end{cases}$ 试求 $\dfrac{\partial^2 z}{\partial x^2}$.

6. 已知 $\dfrac{(x + ay)dx + ydy}{(x+y)^2}$ 为某函数 $u(x, y)$ 的全微分, 求 a.

7. 试求曲面 $x = e^u\cos v$, $y = e^u\sin v$, $z = e^u$ 在 $u = -1, v = \dfrac{\pi}{4}$ 处的切平面方程.

8. 设 $\boldsymbol{n}$ 是曲面 $2x^2 + 3y^2 + z^2 = 6$ 在点 $P(1, 1, 1)$ 处指向外侧的法向量, 试求函数 $u = \dfrac{\sqrt{6x^2 + 8y^2}}{z}$ 在 P 点处沿 $\boldsymbol{n}$ 的方向导数.

9. 设 $\boldsymbol{e}_l = \{\cos\theta, \sin\theta\}$, 求函数 $f(x, y) = x^2 - xy + y^2$ 在点 $(1, 1)$ 沿方向 l 的方向导数, 并分别确定角 θ, 使这导数有

(1) 最大值; (2) 最小值; (3) 等于零.

10. 设有一小山, 取它的底面所在的平面为 xOy 坐标平面. 其底部所占的区域为 $D = \{(x, y) | x^2 + y^2 - xy \leqslant 75\}$, 小山的高度函数为 $h(x, y) = 75 - x^2 - y^2 + xy$.

(1) 设 $M(x_0, y_0)$ 为区域 D 上一点, 问 $h(x, y)$ 在该点沿平面上什么方向的方向导数最大? 若记此方向导数的最大值为 $g(x_0, y_0)$, 试写出 $g(x_0, y_0)$ 的表达式.

(2) 现欲利用此小山开展攀岩活动, 为此需要在山脚寻找一上山坡度最大的点作为攀登的起点. 也就是说, 要在 D 的边界线 $x^2 + y^2 - xy = 75$ 上找出使 (1) 中的 $g(x, y)$ 达到最大值的点. 试确定攀登起点的位置.

11. 在第一卦限内作椭球面 $\dfrac{x^2}{a^2} + \dfrac{y^2}{b^2} + \dfrac{z^2}{c^2} = 1$ 的切平面, 使该切平面与三坐标面所围成的四面体的体积最小. 求这切平面的切点, 并求此最小体积.

12. 某公司可通过电台及报纸两种方式做销售某种商品的广告, 根据统计资料, 销售收入 R(万元) 与电台广告费用 x_1(万元) 及报纸广告费用 x_2(万元) 之间的关系有如下经验公式:

$$R = 15 + 14x_1 + 32x_2 - 8x_1x_2 - 2x_1^2 - 10x_2^2.$$

(1) 在广告费用不限的的情况下, 求最优广告策略;
(2) 若提供的广告费用为 1.5 万元, 求相应的最优广告策略.

第7章 重 积 分

从本章开始, 我们将要把一元函数的积分学推广到多元函数中去, 首先介绍平面区域内定义的二元函数的二重积分, 然后介绍在空间某个区域上定义的三元函数的三重积分.

§7.1 二 重 积 分

7.1.1 二重积分的概念与性质

我们曾以曲边梯形的面积为背景介绍定积分的概念, 现在从**曲顶柱体**的体积出发引入二重积分的定义.

1. 两个例子

设函数 $z = f(x,y)\ (\geqslant 0)$ 在有界区域 D 及其边界 l 上有定义且连续, 其图形为曲面 Σ. 以 l 为准线且母线平行于 z 轴作一柱面. 以此柱面为侧面, Σ 与 D 为上、下底面, 所围成的立体称作**曲顶柱体**. 如图 7.1 所示. 现在来计算它的体积.

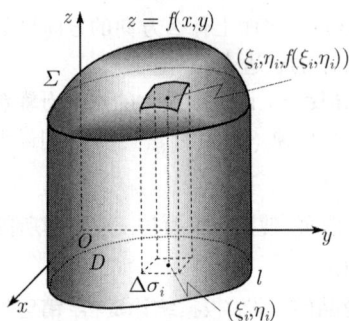

图 7.1 曲顶柱体体积的计算

将 D 划分成 n 个没有公共内点的子区域 $\Delta\sigma_1, \Delta\sigma_2, \cdots, \Delta\sigma_n$, 称为 D 的一个**分划**, 记作 $\Delta : D = \bigcup\limits_{i=1}^{n} \Delta\sigma_i$. 以 $\Delta\sigma_i (i = 1, 2, \cdots, n)$ 的边界为准线, z 轴为母线的方向作柱面, 这些柱面将曲顶柱体分成 n 个小曲顶柱体. 这些小曲顶柱体的体积可以用下述小 "平顶柱体" 的体积近似.

若以 $\Delta\sigma_i$ 同时表示该子区域自身的面积, 并在 $\Delta\sigma_i$ 上任取一点 (ξ_i, η_i), 则以 $f(\xi_i, \eta_i)$ 为高, $\Delta\sigma_i$ 为底面的小 "平顶柱体" 的体积为 $f(\xi_i, \eta_i)$ $\Delta\sigma_i\ (i = 1, 2, \cdots, n)$. n 个这样的 "平顶柱体" 的体积之和

$$\sum_{i=1}^{n} f(\xi_i, \eta_i)\Delta\sigma_i$$

自然可以看作曲顶柱体体积的近似描述.

如果用 d_i 表示 $\Delta\sigma_i$ 的**直径**, 即 $\Delta\sigma_i$ 内任意两点间距离的最大值, 记 $\|\Delta\| = \max\limits_{1\leqslant i\leqslant n}\{d_i\}$ 并称其为分划 Δ 的**模**. 如果当 $\|\Delta\| \to 0$ 时, 极限

$$\lim_{\|\Delta\|\to 0}\sum_{i=1}^{n} f(\xi_i,\eta_i)\Delta\sigma_i \tag{7.1.1}$$

存在且与分划 Δ 的方式以及点 (ξ_i,η_i) 的选择无关, 则定义此极限为曲顶柱体的体积.

曲顶柱体体积的计算方法在很多不同背景的问题中都会遇到. 质量面密度为 $\mu = \mu(x,y)$ 的平面薄板 D 的质量, 就可利用类似的方法计算.

给区域 D 一个分划 Δ, 将 D 分成 n 个没有公共内点的子区域 $\Delta\sigma_1,\Delta\sigma_2,\cdots,$ $\Delta\sigma_n$. 在子区域 $\Delta\sigma_i\ (i=1,2,\cdots,n)$ 上任意选取点 $(\xi_i,\eta_i)\in\Delta\sigma_i$. 以 $\mu(\xi_i,\eta_i)$ 作为子区域 $\Delta\sigma_i$ 的平均面密度, 并仍以 $\Delta\sigma_i$ 表示该子区域自身的面积, 则它的质量近似于 $\mu(\xi_i,\eta_i)\Delta\sigma_i$. 整个区域 D 的质量近似于 $\sum\limits_{i=1}^{n}\mu(\xi_i,\eta_i)\Delta\sigma_i$. 令分划 Δ 的模 $\|\Delta\|\to 0$, 如果极限

$$\lim_{\|\Delta\|\to 0}\sum_{i=1}^{n}\mu(\xi_i,\eta_i)\Delta\sigma_i \tag{7.1.2}$$

存在且与分划 Δ 的方式以及点 (ξ_i,η_i) 的选择无关, 则可以此极限作为平面薄板 D 的质量 M.

2. 二重积分的定义

设 $f(x,y)$ 是有界闭区域 D 上的有界函数, 给区域 D 一种分划 Δ, 将区域 D 划分成 n 个没有公共内点的闭子区域

$$\Delta\sigma_1,\Delta\sigma_2,\cdots,\Delta\sigma_n,$$

其中 $\Delta\sigma_i\ (i=1,2,\cdots,n)$ 同时代表它自身的面积. 并记 d_i 为 $\Delta\sigma_i$ 的直径, $\|\Delta\| = \max\limits_{1\leqslant i\leqslant n}\{d_i\}$ 称其为分划 Δ 的模. 在每个子区域 $\Delta\sigma_i$ 上任取点 (ξ_i,η_i), 作和式 $\sum\limits_{i=1}^{n} f(\xi_i,\eta_i)\Delta\sigma_i$, 如果当 $\|\Delta\| \to 0$ 时, 上述和式的极限[①]

$$\lim_{\|\Delta\|\to 0}\sum_{i=1}^{n} f(\xi_i,\eta_i)\Delta\sigma_i$$

---

① 极限 $\lim\limits_{\|\Delta\|\to 0}\sum\limits_{i=1}^{n} f(\xi_i,\eta_i)\Delta\sigma_i = A$ 的严格定义为: $\forall\varepsilon>0,\exists\delta>0$, 使对 D 的任意分划 Δ 以及 $\Delta\sigma_i$ 上的点 (ξ_i,η_i) 的任何选择, 只要 $\|\Delta\|<\delta$, 便有 $\left|\sum\limits_{i=1}^{n} f(\xi_i,\eta_i)\Delta\sigma_i - A\right|<\varepsilon$.

存在且与 D 的分划方式和点 (ξ_i, η_i) 所选择的位置无关, 则称此极限值为 $f(x, y)$ 在 D 上的二重积分, 记作

$$\iint_D f(x, y)\, \mathrm{d}\sigma = \lim_{\|\Delta\| \to 0} \sum_{i=1}^{n} f(\xi_i, \eta_i) \Delta \sigma_i, \tag{7.1.3}$$

其中 D 称为**积分区域**, x, y 称为**积分变量**, $f(x, y)$ 称为**被积函数**, $\mathrm{d}\sigma$ 称为**面积元素**.

由于函数 $f(x, y)$ 在 D 上的积分与分划的方式无关, 我们可以用平行于 Ox 轴或 Oy 轴的直线划分区域 D, 所得到的子区域大多数都是小矩形. 对于一部分含边界点的小矩形则并 "不完整", 随着分划的加细这部分子区域上的积分和最终要变为零, 因而可以忽略不计. 如果那些完整矩形的边长分别记作为 $\Delta x_i, \Delta y_i$, 它的面积 $\Delta \sigma_i = \Delta x_i \Delta y_i$. 据此, 可以将二重积分的面积元素 $\mathrm{d}\sigma$ 改写成 $\mathrm{d}x\mathrm{d}y$, 于是, 式 (7.1.3) 中左端的二重积分还可以写成

$$\iint_D f(x, y)\, \mathrm{d}\sigma = \iint_D f(x, y)\, \mathrm{d}x\, \mathrm{d}y.$$

根据二重积分的定义, 式 (7.1.1) 所表示的曲顶柱体体积可以写成二重积分

$$V = \iint_D f(x, y)\, \mathrm{d}x\, \mathrm{d}y.$$

同样, 式 (7.1.2) 所表示的平面薄片 D 的质量也可以写成二重积分

$$M = \iint_D \mu(x, y)\, \mathrm{d}x\, \mathrm{d}y.$$

关于二重积分的存在性, 与一元函数的情形相仿, 我们略去证明给出以下结论:

定理 7.1.1   当函数 $f(x, y)$ 在有界闭区域 D 上连续时, $f(x, y)$ 在 D 上的二重积分一定存在.

应该强调, 函数的连续性只是可积的充分条件, 还可以将这个条件给得更弱一些. 例如, 当函数 $f(x, y)$ 在有界闭区域 D 上有界, 其不连续点仅分布在有限多条光滑曲线上时, $f(x, y)$ 在 D 上的二重积分仍然存在.

3. 二重积分的性质

以下所列二重积分的性质可以仿照定积分性质的证明那样, 从二重积分的定义出发加以证明, 假定所论及的二元函数 $f(x, y), g(x, y)$ 等均在有界区域 D 上可积.

性质 7.1.1 (线性性质 1)

$$\iint_D [f(x, y) + g(x, y)]\, \mathrm{d}x\, \mathrm{d}y = \iint_D f(x, y)\, \mathrm{d}x\, \mathrm{d}y + \iint_D g(x, y)\, \mathrm{d}x\, \mathrm{d}y.$$

性质 7.1.2 (线性性质 2)

$$\iint_D kf(x,y)\,\mathrm{d}x\,\mathrm{d}y = k\iint_D f(x,y)\,\mathrm{d}x\,\mathrm{d}y \quad (k\text{为常数}).$$

性质 7.1.3 当被积函数为 1 时, 二重积分表示积分区域的面积 S, 即

$$\iint_D \mathrm{d}x\,\mathrm{d}y = S.$$

性质 7.1.4 (可加性) 设 $D = D_1 \bigcup D_2$, 且 D_1 与 D_2 无公共内点, 则

$$\iint_D f(x,y)\,\mathrm{d}x\,\mathrm{d}y = \iint_{D_1} f(x,y)\,\mathrm{d}x\,\mathrm{d}y + \iint_{D_2} f(x,y)\,\mathrm{d}x\,\mathrm{d}y.$$

性质 7.1.5 若对任意 $(x,y) \in D$, 总有 $f(x,y) \leqslant g(x,y)$, 则

$$\iint_D f(x,y)\,\mathrm{d}x\,\mathrm{d}y \leqslant \iint_D g(x,y)\,\mathrm{d}x\,\mathrm{d}y.$$

性质 7.1.6 若 $f(x,y)$ 在 D 上可积, 则 $|f(x,y)|$ 在 D 上也可积, 且有

$$\left| \iint_D f(x,y)\,\mathrm{d}x\,\mathrm{d}y \right| \leqslant \iint_D |f(x,y)|\,\mathrm{d}x\,\mathrm{d}y.$$

上述不等式可以直接由不等式

$$-|f(x,y)| \leqslant f(x,y) \leqslant |f(x,y)|$$

和性质 7.1.5 推出.

性质 7.1.7 设 M, m 分别是函数 $f(x,y)$ 在 D 上的上、下确界, S 表示积分区域 D 的面积, 则有

$$mS \leqslant \iint_D f(x,y)\,\mathrm{d}x\,\mathrm{d}y \leqslant MS.$$

性质 7.1.8 (二重积分的中值定理) 设函数 $f(x,y)$ 在有界闭域 D 上连续, 则在区域 D 上至少存在一点 $(\xi, \eta) \in D$, 使得

$$\iint_D f(x,y)\,\mathrm{d}x\,\mathrm{d}y = f(\xi, \eta)S.$$

证明 在性质 7.1.7 中不等式的三个部分同时除以 S, 得到

$$m \leqslant \frac{1}{S}\iint_D f(x,y)\,\mathrm{d}x\,\mathrm{d}y \leqslant M.$$

这说明 $\dfrac{1}{S}\iint_D f(x,y)\,\mathrm{d}x\,\mathrm{d}y$ 是介于 m, M 之间的一个实数, 根据闭区域上二元连续函数的介值定理知, 一定存在 $(\xi, \eta) \in D$, 使得

$$f(\xi, \eta) = \frac{1}{S}\iint_D f(x,y)\,\mathrm{d}x\,\mathrm{d}y,$$

两端同乘 S 后定理即得证.

7.1.2　直角坐标系下二重积分的计算

定积分的计算依赖于 Newton-Leibniz 公式, 二重积分的计算则要设法转化成两次定积分, 我们将其称为**二次累次积分**, 最后仍然要利用 Newton-Leibniz 公式.

1. **二次累次积分的概念与性质**

设平面区域 D 可用下列不等式组界定

$$D: \varphi_1(x) \leqslant y \leqslant \varphi_2(x), \quad a \leqslant x \leqslant b, \tag{7.1.4}$$

其中 $\varphi_1(x), \varphi_2(x)$ 均为连续函数. 此时, 通过区域 D 的任一内点作 y 轴的平行线与区域 D 的边界恰有两个交点. 称这样的区域 D**沿 y 轴方向正则**, 参看图 7.2.

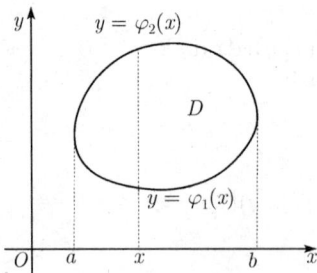

图 7.2　沿 y 轴方向正则的平面区域　　　　图 7.3　沿 x 轴方向正则的平面区域

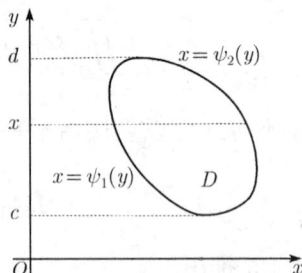

若平面区域 D 可用另一不同顺序的不等式组界定

$$D: \psi_1(y) \leqslant x \leqslant \psi_2(y), \quad c \leqslant y \leqslant d, \tag{7.1.5}$$

其中 $\psi_1(y), \psi_2(y)$ 均为连续函数. 此时, 通过区域 D 的任一内点作 x 轴的平行线与区域 D 的边界恰有两个交点. 称这样的区域 D**沿 x 轴方向正则**, 参见图 7.3.

若平面区域 D 既沿 y 轴方向正则, 又沿 x 轴方向正则, 则称其为平面**正则区域**. 对于正则区域 D 来讲, 可用式 (7.1.4), 式 (7.1.5) 两种不同顺序的不等式组界定.

设函数 $f(x,y)$ 是正则区域 D 上的连续函数, 可以证明[①] 下列含参变量积分

---

① 由于要用到一致连续的概念, 此处证明从略.

$$\Phi(x) = \int_{\varphi_1(x)}^{\varphi_2(x)} f(x,y)\,\mathrm{d}y, \quad \Psi(y) = \int_{\psi_1(y)}^{\psi_2(y)} f(x,y)\,\mathrm{d}x,$$

分别在 $[a,b]$ 和 $[c,d]$ 上连续. 称下列积分

$$I_D = \int_a^b \Phi(x)\,\mathrm{d}x = \int_a^b \left[\int_{\varphi_1(x)}^{\varphi_2(x)} f(x,y)\,\mathrm{d}y \right] \mathrm{d}x$$

$$I_D' = \int_c^d \Psi(y)\,\mathrm{d}y = \int_c^d \left[\int_{\psi_1(y)}^{\psi_2(y)} f(x,y)\,\mathrm{d}x \right] \mathrm{d}y$$

为函数 $f(x,y)$ 在 D 上的**二次累次积分**. 为书写方便, 上述 I_D, I_D' 通常写成

$$I_D = \int_a^b \mathrm{d}x \int_{\varphi_1(x)}^{\varphi_2(x)} f(x,y)\,\mathrm{d}y, \tag{7.1.6}$$

$$I_D' = \int_c^d \mathrm{d}y \int_{\psi_1(y)}^{\psi_2(y)} f(x,y)\,\mathrm{d}x. \tag{7.1.7}$$

利用定积分的已有性质, 不难证明累次积分 (7.1.6), (7.1.7) 具有以下性质:

性质 7.1.9 (累次积分的可加性)   设 D 为正则区域, 用平行于坐标轴的直线将区域 D 分成两个子区域 D_1, D_2, 则有

$$I_D = I_{D_1} + I_{D_2}, \quad I_D' = I_{D_1}' + I_{D_2}'.$$

根据这一性质, 可以用分别平行于 x 轴和 y 轴的两组平行线将区域 D 划分成 n 个子区域 $D_1, D_2, \cdots, D_n$, 函数 $f(x,y)$ 在 D 上的累次积分 (7.1.6) 与 (7.1.7) 可以分别写成各子区域 D_i 上累次积分之和, 即

$$I_D = I_{D_1} + I_{D_2} + \cdots + I_{D_n}, \quad I_D' = I_{D_1}' + I_{D_2}' + \cdots + I_{D_n}'.$$

性质 7.1.10 (累次积分的有界性)   设 m, M 分别是连续函数 $f(x,y)$ 在 D 上的最小值与最大值, D 的面积为 S, 则有

$$mS \leqslant I_D \leqslant MS, \quad mS \leqslant I_D' \leqslant MS.$$

性质 7.1.11 (累次积分的中值定理)   设函数 $f(x,y)$ 在 D 上连续, D 的面积为 S, 则存在 $(\xi, \eta) \in D$ 及 $(\xi', \eta') \in D$, 使得

$$I_D = f(\xi, \eta) \cdot S, \quad I_D' = f(\xi', \eta') \cdot S.$$

2. **二重积分在直角坐标系下的累次积分公式**

在上述累次积分性质的基础上, 我们给出二重积分的以下计算公式.

定理 7.1.2　　设函数 $f(x, y)$ 在正则区域 D 上连续, D 由不等式组 (7.1.4) 或 (7.1.5) 式界定, 则 $f(x, y)$ 在 D 上的二重积分等于累次积分 I_D 或 I'_D, 即

$$\iint_D f(x, y)\, \mathrm{d}x\, \mathrm{d}y = \int_a^b \mathrm{d}x \int_{\varphi_1(x)}^{\varphi_2(x)} f(x, y)\, \mathrm{d}y, \tag{7.1.8}$$

$$\iint_D f(x, y)\, \mathrm{d}x\, \mathrm{d}y = \int_c^d \mathrm{d}y \int_{\psi_1(y)}^{\psi_2(y)} f(x, y)\, \mathrm{d}x. \tag{7.1.9}$$

证明　　用分别平行于 x 轴和 y 轴的直线将区域 D 划分成 n 个子区域 $\Delta\sigma_1$, $\Delta\sigma_2, \cdots, \Delta\sigma_n$. 由累次积分的可加性知

$$I_D = I_{\Delta\sigma_1} + I_{\Delta\sigma_2} + \cdots + I_{\Delta\sigma_n} = \sum_{i=1}^n I_{\Delta\sigma_i}.$$

对 $I_{\Delta\sigma_i}$ 来说, 由累次积分的中值定理知, 存在 $(x_i, y_i) \in \Delta\sigma_i$, 使得

$$I_{\Delta\sigma_i} = f(x_i, y_i)\Delta\sigma_i \quad (i = 1, 2, \cdots, n).$$

此处仍以 $\Delta\sigma_i$ 表示其自身的面积. 于是

$$I_D = \sum_{i=1}^n f(x_i, y_i)\Delta\sigma_i.$$

上式右端实际上是函数 $f(x, y)$ 在 D 上的 Riemann 和, 由于 $f(x, y)$ 在 D 上连续, 进而可积, 因此只要当 $n \to \infty$ 时保证作为区域 D 的分划 Δ 的模 $\|\Delta\| \to 0$, 右端一定存在极限且等于函数 $f(x, y)$ 在 D 上的二重积分. 而上式左端的 I_D 则是不依赖于 Δ 的常数, 故有

$$I_D = \iint_D f(x, y)\, \mathrm{d}x\, \mathrm{d}y,$$

式 (7.1.8) 得证. 类似地还可证明式 (7.1.9).

　　式 (7.1.8) 与 (7.1.9) 的正确性还可以从几何上加以验证. 现在以式 (7.1.8) 为例作以下说明.

　　前已介绍, 当 $f(x, y) \geqslant 0$ 时, 式 (7.1.8) 左端的二重积分 $\iint_D f(x, y)\, \mathrm{d}x\, \mathrm{d}y$ 表示以 $z = f(x, y)$ 为 "曲顶" 的曲顶柱体体积. 现在来说明式 (7.1.8) 右端的累次积分 I_D 也恰好表示这一柱体的体积.

　　由于 D 由不等式组 (7.1.4) 界定:

$$D : \varphi_1(x) \leqslant y \leqslant \varphi_2(x), \quad a \leqslant x \leqslant b.$$

任取 $\xi \in [a, b]$, 过 ξ 作 x 轴的垂直平面, 在曲顶柱体内得一截面, 如图 7.4 的阴影

部分所示. 此截面在 $O\text{-}yz$ 平面上的投影为一曲边梯形, 可由下列不等式组界定:

$$0 \leqslant z \leqslant f(\xi, y), \quad \varphi_1(\xi) \leqslant y \leqslant \varphi_2(\xi).$$

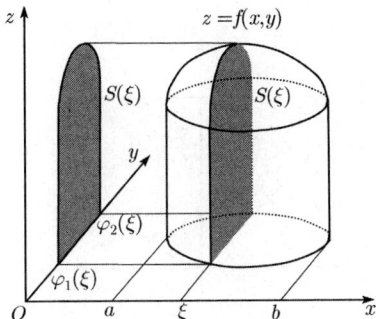

图 7.4 式 (7.1.8) 的几何验证

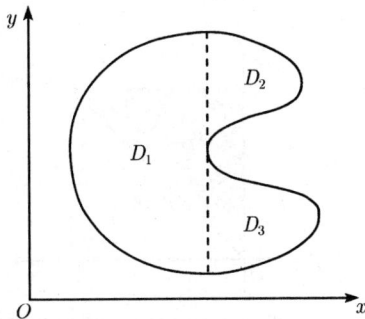

图 7.5 非正则区域的重新划分

记此曲边梯形的面积为 $S(\xi)$, 则

$$S(\xi) = \int_{\varphi_1(\xi)}^{\varphi_2(\xi)} f(\xi, y)\,\mathrm{d}y, \quad a \leqslant \xi \leqslant b.$$

利用已知平行截面面积的体积公式, 便可得到曲顶柱体体积的另一表达式

$$\int_a^b S(x)\,\mathrm{d}x = \int_a^b \Big[\int_{\varphi_1(x)}^{\varphi_2(x)} f(x, y)\,\mathrm{d}y \Big]\,\mathrm{d}x = I_D.$$

将二重积分转化成形如式 (7.1.8) 或式 (7.1.9) 两种不同顺序的累次积分, 是计算二重积分的基本方法. 但是, 只有积分区域 D 是正则区域时, 上述方法才可行. 例如, 图 7.5 所示区域 D 只沿 x 轴方向正则, 并不沿 y 轴方向正则, 这时, 区域 D 上的二重积分只可用式 (7.1.9) 计算. 当然, 还可利用平行于 y 轴的直线将区域 D 划分成 D_1, D_2, D_3 三个正则区域, 然后分别计算.

例 7.1.1 试求二重积分 $I = \iint_D xy\,\mathrm{d}x\,\mathrm{d}y$, 其中 D 是以点 $(0,0), (2,2), (0,2)$ 为顶点的闭三角形区域 (图 7.6).

解 D 为正则区域, 可由以下两种不同顺序的不等式组界定:

$$D : x \leqslant y \leqslant 2, \quad 0 \leqslant x \leqslant 2.$$

$$D : 0 \leqslant x \leqslant y, \quad 0 \leqslant y \leqslant 2.$$

计算所求二重积分应该有两种不同顺序的累次积分. 按照式 (7.1.8) 应该先对 y 后对 x 积分, 于是得到

$$I = \iint_D xy\,\mathrm{d}x\,\mathrm{d}y = \int_0^2 \mathrm{d}x \int_x^2 xy\,\mathrm{d}y = \int_0^2 \Big(2x - \frac{1}{2}x^3 \Big)\,\mathrm{d}x = 2.$$

按照式 (7.1.9) 应该先对 x 后对 y 积分, 于是得到

$$I = \iint_D xy \, \mathrm{d}x \, \mathrm{d}y = \int_0^2 \mathrm{d}y \int_0^y xy \, \mathrm{d}x = \int_0^2 \frac{1}{2} y^3 \, \mathrm{d}y = 2.$$

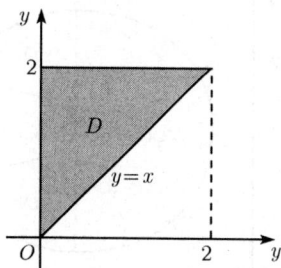

图 7.6　例 7.1.1 的积分区域　　　　　图 7.7　例 7.1.2 的积分区域

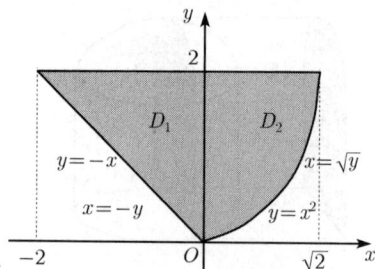

例 7.1.2　计算二重积分 $\displaystyle\iint_D (1 + x + y) \, \mathrm{d}x \, \mathrm{d}y$, 其中 D 由曲线 $y = -x, x = \sqrt{y}, y = 2$ 所围成 (图 7.7).

解　D 是正则区域, 可由以下两种不同顺序的不等式组界定:

$$D: -y \leqslant x \leqslant \sqrt{y}, \quad 0 \leqslant y \leqslant 2,$$
$$D: \varphi_1(x) \leqslant y \leqslant 2, \quad -2 \leqslant x \leqslant \sqrt{2},$$

其中 $\varphi_1(x)$ 为分段函数

$$\varphi_1(x) = \begin{cases} -x, & -2 \leqslant x \leqslant 0, \\ x^2, & 0 \leqslant x \leqslant \sqrt{2}. \end{cases}$$

如果区域 D 用第一种方式界定, 得到先对 x 后对 y 的累次积分

$$\begin{aligned}
\iint_D (1 + x + y) \mathrm{d}x \mathrm{d}y &= \int_0^2 \mathrm{d}y \int_{-y}^{\sqrt{y}} (1 + x + y) \mathrm{d}x \\
&= \int_0^2 \left(\sqrt{y} + \frac{3}{2} y + y\sqrt{y} + \frac{1}{2} y^2 \right) \mathrm{d}y \\
&= \frac{44}{15} \sqrt{2} + \frac{13}{3}.
\end{aligned}$$

如果区域 D 用第二种方式界定, 应先对 y 积分, 后对 x 积分. 但由于 $\varphi_1(x)$ 为分段函数, 故累次积分被分成两个部分, 即

$$\begin{aligned}
\iint_D (1 + x + y) \mathrm{d}x \mathrm{d}y &= \int_{-2}^{\sqrt{2}} \mathrm{d}x \int_{\varphi_1(x)}^2 (1 + x + y) \, \mathrm{d}y \\
&= \int_{-2}^0 \mathrm{d}x \int_{-x}^2 (1 + x + y) \mathrm{d}y + \int_0^{\sqrt{2}} \mathrm{d}x \int_{x^2}^2 (1 + x + y) \mathrm{d}y.
\end{aligned}$$

实际上, 这两个累次积分分别表示 D 的两个子区域 D_1, D_2 上的二重积分, 这里的 D_1, D_2 分别在 y 轴的两侧. 显然, 这种计算的方法不如前一种方法简便.

例 7.1.3 计算下列累次积分:

$$I = \int_{\frac{1}{4}}^{\frac{1}{2}} \mathrm{d}y \int_{\frac{1}{2}}^{\sqrt{y}} \mathrm{e}^{\frac{y}{x}} \mathrm{d}x + \int_{\frac{1}{2}}^{1} \mathrm{d}y \int_{y}^{\sqrt{y}} \mathrm{e}^{\frac{y}{x}} \mathrm{d}x.$$

解 I 为两个累次积分之和, 但是积分 $\int \mathrm{e}^{\frac{y}{x}} \mathrm{d}x$ 不能用初等函数表示, 因此, 只能尝试先对 y 后对 x 积分. 而要改变积分的顺序, 首先要根据这两个累次积分的积分限确定相应二重积分的积分区域 D_1 和 D_2, 如图 7.8 所示, 则 I 应该等于 $D = D_1 \bigcup D_2$ 上的二重积分

$$I = \iint_{D} \mathrm{e}^{\frac{y}{x}} \, \mathrm{d}x \, \mathrm{d}y.$$

由于区域 D 可由下列不等式组界定:

$$D : x^2 \leqslant y \leqslant x, \quad \frac{1}{2} \leqslant x \leqslant 1.$$

则有

$$I = \iint_{D} \mathrm{e}^{\frac{y}{x}} \mathrm{d}x\mathrm{d}y = \int_{\frac{1}{2}}^{1} \mathrm{d}x \int_{x^2}^{x} \mathrm{e}^{\frac{y}{x}} \mathrm{d}y = \int_{\frac{1}{2}}^{1} x \, \mathrm{d}x \int_{x^2}^{x} \mathrm{e}^{\frac{y}{x}} \mathrm{d}\left(\frac{y}{x}\right)$$

$$= \int_{\frac{1}{2}}^{1} x(\mathrm{e} - \mathrm{e}^x) \, \mathrm{d}x = \frac{3}{8}\mathrm{e} - \frac{1}{2}\mathrm{e}^{\frac{1}{2}}.$$

设立体 Ω 在 $O\text{-}xy$ 平面内的投影为平面闭区域 D_{xy}, 且由下列条件界定:

$$\Omega : \quad \varphi_1(x,y) \leqslant z \leqslant \varphi_2(x,y), \quad (x,y) \in D_{xy}.$$

则立体 Ω 的体积 V 可以用二重积分表示为

$$V = \iint_{D_{xy}} [\varphi_2(x,y) - \varphi_1(x,y)] \, \mathrm{d}x \, \mathrm{d}y. \tag{7.1.10}$$

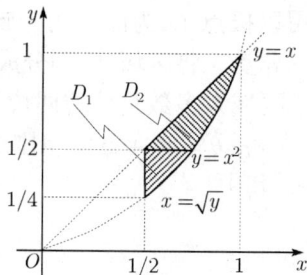

图 7.8 例 7.1.3 的积分区域

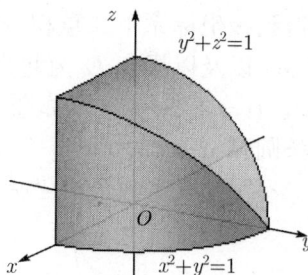

图 7.9 例 7.1.4 的图示

例 7.1.4　试求两圆柱面

$$x^2 + y^2 = 1, \quad y^2 + z^2 = 1$$

所围立体① 的体积 V.

　　解　该立体由下列条件界定

$$-\sqrt{1-y^2} \leqslant z \leqslant \sqrt{1-y^2},$$

$$(x, y) \in D_{xy},$$

其中 D_{xy} 为 O-xy 平面内的单位圆, 即

$$D_{xy} : -\sqrt{1-y^2} \leqslant x \leqslant \sqrt{1-y^2},$$

$$-1 \leqslant y \leqslant 1.$$

图 7.9 只给出该立体在第一卦限内的部分. 由式 (7.1.10) 得到

$$V = \iint_{D_{xy}} 2\sqrt{1-y^2}\, \mathrm{d}x\,\mathrm{d}y = 2\int_{-1}^{1} \mathrm{d}y \int_{-\sqrt{1-y^2}}^{\sqrt{1-y^2}} \sqrt{1-y^2}\, \mathrm{d}x$$

$$= 4\int_{-1}^{1} (1-y^2)\, \mathrm{d}y = \frac{16}{3}.$$

7.1.3　极坐标系下二重积分的计算

　　对于一些特殊的积分区域 D 和特殊的被积函数 $f(x,y)$ 来说, 在极坐标系下计算二重积分更为简便.

　　以直角坐标系的原点 O 为极点, x 轴的正半轴为极轴建立极坐标系之后, 平面上任一点的直角坐标和它的极坐标之间具有以下关系:

$$x = \rho\cos\theta, \quad y = \rho\sin\theta. \tag{7.1.11}$$

　　为得到极坐标系下二重积分的计算公式, 利用以极点 O 为圆心的一族同心圆 ($\rho = $ 常数) 以及以极点 O 为起点的一族射线 ($\theta = $ 常数) 将区域 D 划分成 n 个子区域 $\Delta\sigma_i$ $(i = 1, 2, \cdots, n)$. 如图 7.10 所示, 这些子区域大多数是曲边四边形, 而且是由两条圆弧 $\rho = \rho_i$, $\rho = \rho_i + \Delta\rho_i$ 和两条射线 $\theta = \theta_i$, $\theta = \theta_i + \Delta\theta_i$ 所围成的②.

　　在 $\Delta\sigma_i$ 内, 取定一个极坐标为 (ρ_i', θ_i') 的点 P_i, 其中

$$\rho_i' = \rho_i + \frac{1}{2}\Delta\rho_i,$$

---

① 该立体被我国古代数学家称之为**牟合方盖**, 在第 5 章曾经介绍过.
② 在 D 的边界 "附近", 也有一些不完整的曲边四边形, 但是在这些子区域上, 积分和的极限等于零.

$$\theta_i \leqslant \theta_i' \leqslant \theta_i + \Delta\theta_i.$$

如果记点 P_i 的直角坐标为 (ξ_i, η_i), 则

$$\xi_i = \rho_i' \cos\theta_i', \quad \eta_i = \rho_i' \sin\theta_i'.$$

若仍以 $\Delta\sigma_i$ 表示自身的面积, 则 $\Delta\sigma_i$ 应该等于两扇形面积之差, 即

$$\Delta\sigma_i = \frac{1}{2}(\rho_i + \Delta\rho_i)^2 \Delta\theta_i - \frac{1}{2}\rho_i^2 \Delta\theta_i$$

$$= (\rho_i + \frac{1}{2}\Delta\rho_i)\Delta\rho_i \Delta\theta_i = \rho_i' \Delta\rho_i \Delta\theta_i.$$

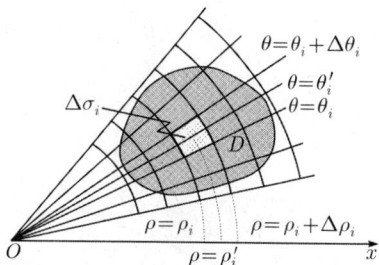

图 7.10 极坐标系下面积元素的图示

将 $\xi_i, \eta_i, \Delta\sigma_i$ 的表达式代入 $f(x, y)$ 在 D 上的积分和 $\sum\limits_{i=1}^{n} f(\xi_i, \eta_i)\Delta\sigma_i$, 如果忽略在和式中那些不完整的曲边四边形的存在 (这样并不会带来影响), 便得到

$$\sum_{i=1}^{n} f(\xi_i, \eta_i)\Delta\sigma_i = \sum_{i=1}^{n} f(\rho_i' \cos\theta_i', \ \rho_i' \sin\theta_i')\rho_i' \Delta\rho_i \Delta\theta_i.$$

令分划的模, 亦即子区域 $\Delta\sigma_i$ 直径的最大值 $\|\Delta\| \to 0$, 上式左端的极限即为 $f(x, y)$ 在 D 上的二重积分, 右端极限则为函数 $f(\rho\cos\theta, \ \rho\sin\theta)\rho$ 在 D 上关于 ρ, θ 的二重积分. 由此得到极坐标系下二重积分的计算公式

$$\iint_D f(x, y)\,\mathrm{d}x\,\mathrm{d}y = \iint_D f(\rho\cos\theta, \ \rho\sin\theta)\rho\,\mathrm{d}\rho\,\mathrm{d}\theta. \tag{7.1.12}$$

式 (7.1.12) 还可看成是二重积分在极坐标变换 (7.1.11) 下的**换元公式**, 其中 $\rho\,\mathrm{d}\rho\,\mathrm{d}\theta$ 为极坐标系下的面积元素.

设有界闭区域 D 满足以下条件: 自原点出发并通过 D 的任一内点的射线与 D 的边界相交不多于两点. 此时, 如果 D 并不包含原点, 则可用以下关于极坐标的不等式组

$$\rho_1(\theta) \leqslant \rho \leqslant \rho_2(\theta), \quad \alpha \leqslant \theta \leqslant \beta.$$

界定区域 D, 参见图 7.11(1). 式 (7.1.12) 右端可以写成关于 ρ, θ 的累次积分的形式, 即

$$\iint_D f(\rho\cos\theta, \ \rho\sin\theta)\rho\,\mathrm{d}\rho\,\mathrm{d}\theta = \int_\alpha^\beta \mathrm{d}\theta \int_{\rho_1(\theta)}^{\rho_2(\theta)} f(\rho\cos\theta, \ \rho\sin\theta)\rho\,\mathrm{d}\rho.$$

如果原点位于 D 的边界上, 参见图 7.11(2), 则可用不等式组

$$0 \leqslant \rho \leqslant \rho(\theta), \quad \alpha \leqslant \theta \leqslant \beta$$

界定区域 D. 式 (7.1.12) 右端可以写成关于 ρ, θ 的累次积分的形式, 即

$$\iint_D f(\rho\cos\theta,\ \rho\sin\theta)\rho\ \mathrm{d}\rho\,\mathrm{d}\theta = \int_\alpha^\beta \mathrm{d}\theta \int_0^{\rho(\theta)} f(\rho\cos\theta,\ \rho\sin\theta)\rho\ \mathrm{d}\rho.$$

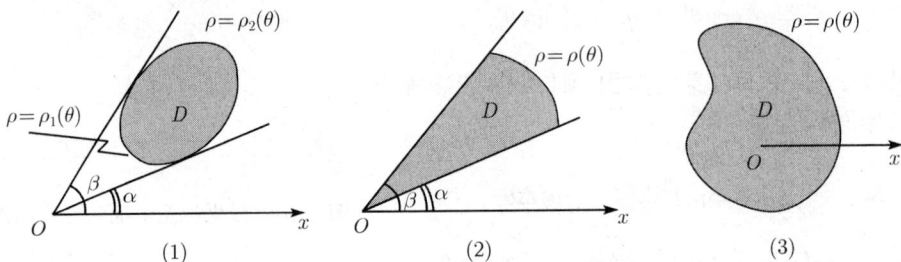

图 7.11　可以用极坐标的不等式组界定的积分区域

如果原点是 D 的内点, 参见图 7.11(3), 则可用不等式组

$$0 \leqslant \rho \leqslant \rho(\theta), \quad 0 \leqslant \theta \leqslant 2\pi$$

界定区域 D. 式 (7.1.12) 右端可以写成关于 ρ, θ 的累次积分的形式, 即

$$\iint_D f(\rho\cos\theta,\ \rho\sin\theta)\rho\,\mathrm{d}\rho\,\mathrm{d}\theta = \int_0^{2\pi} \mathrm{d}\theta \int_0^{\rho(\theta)} f(\rho\cos\theta,\ \rho\sin\theta)\rho\,\mathrm{d}\rho.$$

例 7.1.5　计算 $\displaystyle\iint_D \arctan\frac{y}{x}\,\mathrm{d}x\,\mathrm{d}y$, 其中 D 为圆周 $x^2+y^2=4$ 与 $x^2+y^2=1$ 以及直线 $y=0, y=x$ 所围成的第一象限内的平面区域 (图 7.12).

解　区域 D 可采用以下极坐标的不等式组界定:

$$1 \leqslant \rho \leqslant 2, \quad 0 \leqslant \theta \leqslant \frac{\pi}{4}.$$

由于 $\arctan\dfrac{y}{x} = \theta$, 利用式 (7.1.12) 得到

$$\iint_D \arctan\frac{y}{x}\,\mathrm{d}x\,\mathrm{d}y = \iint_D \theta\rho\,\mathrm{d}\rho\,\mathrm{d}\theta = \int_0^{\frac{\pi}{4}} \theta\,\mathrm{d}\theta \int_1^2 \rho\,\mathrm{d}\rho = \frac{3}{64}\pi^2.$$

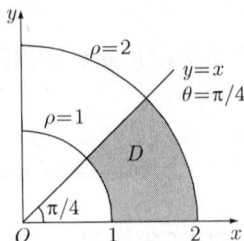

图 7.12　例 7.1.5 的积分区域

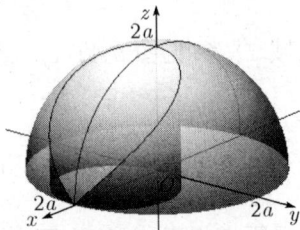

图 7.13　Viviani 立体的体积

例 7.1.6 试求圆柱体 $x^2 + y^2 - 2ax \leqslant 0$ $(a > 0)$ 被球面 $x^2 + y^2 + z^2 = 4a^2$ 所截得立体体积 V (该立体被称为 Viviani 立体, 见图 7.13).

解 由于所求立体的对称性, 只要计算第一卦限内该立体的体积即可得到 $\dfrac{1}{4}V$. 这部分立体在 $O\text{-}xy$ 平面内的投影区域 D_{xy} 可用极坐标的不等式组界定为

$$D_{xy}: 0 \leqslant \rho \leqslant 2a\cos\theta, \quad 0 \leqslant \theta \leqslant \frac{\pi}{2}.$$

由式 (7.1.12) 得到

$$\frac{1}{4}V = \iint_{D_{xy}} \sqrt{4a^2 - x^2 - y^2}\, \mathrm{d}x\,\mathrm{d}y = \iint_{D_{xy}} \sqrt{4a^2 - \rho^2}\,\rho\,\mathrm{d}\rho\,\mathrm{d}\theta$$

$$= \int_0^{\frac{\pi}{2}} \mathrm{d}\theta \int_0^{2a\cos\theta} \sqrt{4a^2 - \rho^2}\,\rho\,\mathrm{d}\rho$$

$$= \int_0^{\frac{\pi}{2}} \frac{8}{3}a^3(1 - \sin^3\theta)\,\mathrm{d}\theta = \frac{8}{3}a^3\left(\frac{\pi}{2} - \frac{2}{3}\right).$$

由此得到 $V = \dfrac{16}{9}a^3(3\pi - 4)$.

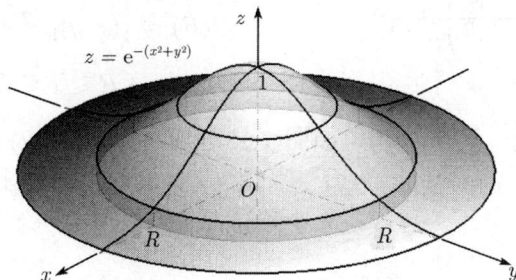

图 7.14 例 7.1.7 的图示

例 7.1.7 计算 $\displaystyle\iint_D e^{-(x^2+y^2)}\,\mathrm{d}x\,\mathrm{d}y$, 其中 D 为圆形域 $x^2 + y^2 \leqslant R^2$ (图 7.14).

解 在极坐标系下, 区域 D 可用以下不等式组界定:

$$D: 0 \leqslant \rho \leqslant R, \quad 0 \leqslant \theta \leqslant 2\pi.$$

由式 (7.1.12) 得到

$$\iint_D e^{-(x^2+y^2)}\mathrm{d}x\mathrm{d}y = \iint_D e^{-\rho^2}\rho\,\mathrm{d}\rho\,\mathrm{d}\theta = \int_0^{2\pi}\mathrm{d}\theta\int_0^R e^{-\rho^2}\rho\,\mathrm{d}\rho$$

$$= \frac{1}{2}\int_0^{2\pi}(1 - e^{-R^2})\,\mathrm{d}\theta = \pi(1 - e^{-R^2}).$$

顺便指出, 当 $R \to +\infty$ 时, 上式右端存在极限

$$\lim_{R\to+\infty}\pi(1 - e^{-R^2}) = \pi.$$

上述结果可以从几何上做出如下解释:

在 $O\text{-}xy$ 平面上方被曲面 $z = \mathrm{e}^{-(x^2+y^2)}$

所覆盖的无界区域存在有限体积, 且等于 π.

联想到无穷积分收敛的定义, 不难理解, 上述无界区域的体积实际上是由一个在整个 $O\text{-}xy$ 平面上收敛的广义重积分来确定的. 限于篇幅, 这里不对广义重积分作进一步的介绍.

利用上述结论我们给出一个重要结论 ——**Gauss 概率积分**:

$$\int_{-\infty}^{+\infty} \mathrm{e}^{-x^2} \, \mathrm{d}x = \sqrt{\pi}. \tag{7.1.13}$$

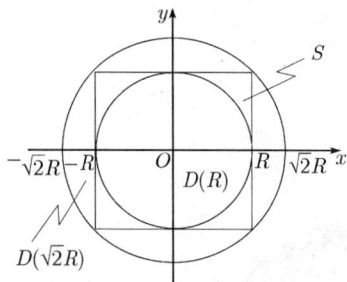

证明　记

$$D(\sqrt{2}R) = \{(x,y) \mid x^2 + y^2 \leqslant 2R^2\},$$

$$D(R) = \{(x,y) \mid x^2 + y^2 \leqslant R^2\},$$

$$S = \{(x,y) \mid -R \leqslant x \leqslant R, -R \leqslant y \leqslant R\}.$$

如图 7.15 所示, 易知 $D(R) \subset S \subset D(\sqrt{2}R)$. 由于 $\mathrm{e}^{-(x^2+y^2)} > 0$, 这些区域上的二重积分有下列大小顺序:

图 7.15　证明结论 (7.1.13) 的图示

$$\iint_{D(R)} \mathrm{e}^{-(x^2+y^2)} \, \mathrm{d}x \, \mathrm{d}y < \iint_{S} \mathrm{e}^{-(x^2+y^2)} \, \mathrm{d}x \, \mathrm{d}y < \iint_{D(\sqrt{2}R)} \mathrm{e}^{-(x^2+y^2)} \, \mathrm{d}x \, \mathrm{d}y.$$

注意到例 7.1.7 的结论

左端积分 $= \pi(1 - \mathrm{e}^{-R^2})$,　　右端积分 $= \pi(1 - \mathrm{e}^{-2R^2})$.

以及

$$\iint_{S} \mathrm{e}^{-(x^2+y^2)} \mathrm{d}x \mathrm{d}y = \int_{-R}^{R} \mathrm{e}^{-x^2} \mathrm{d}x \cdot \int_{-R}^{R} \mathrm{e}^{-y^2} \, \mathrm{d}y = \left(\int_{-R}^{R} \mathrm{e}^{-x^2} \, \mathrm{d}x \right)^2.$$

于是得到

$$\pi(1 - \mathrm{e}^{-R^2}) < \left(\int_{-R}^{R} \mathrm{e}^{-x^2} \, \mathrm{d}x \right)^2 < \pi(1 - \mathrm{e}^{-2R^2}).$$

令 $R \to +\infty$, 上式两端同时趋于极限 π, 因此式 (7.1.13) 得证.

7.1.4 二重积分的变量替换

7.1.3 小节给出的公式 (7.1.12) 是在极坐标变换 (7.1.11) 下二重积分的换元公式, 现在来介绍二重积分的一般换元公式①.

定理 7.1.3 设 $f(x, y)$ 是 $O\text{-}xy$ 平面上闭区域 D 上的连续函数, 变量替换

$$x = x(u, v), \quad y = y(u, v) \tag{7.1.14}$$

将 $O'\text{-}uv$ 平面上闭区域 D' 一一映射到 $O\text{-}xy$ 平面上的闭区域 D. 若 $x(u, v), y(u, v)$ 在 D' 上具有连续偏导数, 且在 D' 上的Jacobi行列式恒不为零, 即

$$\frac{\partial(x, y)}{\partial(u, v)} \neq 0, \quad (u, v) \in D',$$

则有

$$\iint_D f(x, y) \, dx dy = \iint_{D'} f(x(u, v), y(u, v)) \left| \frac{\partial(x, y)}{\partial(u, v)} \right| du dv. \tag{7.1.15}$$

以下证明不作为必读内容, 仅供阅读参考.

在 $O'\text{-}uv$ 平面上用平行于 u 轴和 v 轴的直线族将区域 D' 划分成一些子区域, 任取其中的一个小矩形, 其顶点记作

$$P_1'(u, v), \quad P_2'(u + \Delta u, v), \quad P_3'(u + \Delta u, v + \Delta v), \quad P_4'(u, v + \Delta v),$$

它的面积为 $\Delta\sigma' = |\Delta u \Delta v|$. 在变量替换 (7.1.14) 的作用下, 小矩形 $P_1' P_2' P_3' P_4'$ 在 $O\text{-}xy$ 平面上的像为曲边四边形 $P_1 P_2 P_3 P_4$, 如图 7.16 所示. 曲边四边形 $P_1 P_2 P_3 P_4$ 的面积记作 $\Delta\sigma$, 它的顶点坐标分别为

$$P_1(x(u, v), y(u, v)),$$
$$P_2(x(u + \Delta u, v), y(u + \Delta u, v)),$$
$$P_3(x(u + \Delta u, v + \Delta v), y(u + \Delta u, v + \Delta v)),$$
$$P_4(x(u, v + \Delta v), y(u, v + \Delta v)).$$

当区域 D' 的分划越来越细, $\Delta u \to 0, \Delta v \to 0$ 时, 曲边四边形 $P_1 P_2 P_3 P_4$ 的面积可以用直边的四边形 $P_1 P_2 P_3 P_4$ 代替. 注意到

---

① 应该指出, 式 (7.1.12) 的两端都是同一个区域 D 上的二重积分, 变量替换 (7.1.11) 被理解为区域 D 内点的直角坐标与极坐标之间的变换. 以下给出的变量替换 (7.1.14) 则被理解为从 $O'\text{-}uv$ 平面到 $O\text{-}xy$ 平面的二维点的映射! 当然, 对极坐标变换

$$x = \rho\cos\theta, \quad y = \rho\sin\theta \tag{7.1.11}$$

来讲, 也可以理解为从 $O'\text{-}\rho\theta$ 平面到 $O\text{-}xy$ 平面的二维点的映射, 如果这样理解, 式 (7.1.12) 右端的积分区域应该写成 D' 更为妥当.

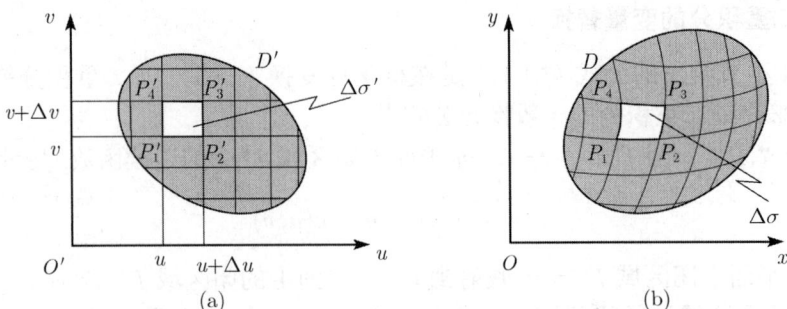

图 7.16 变量替换 (7.1.14) 将区域 D' 映射到区域 D

$$\overrightarrow{P_1P_2} = \{x(u+\Delta u, v) - x(u,v), \quad y(u+\Delta u, v) - y(u,v)\}$$
$$= \{x_u(u,v)\Delta u + o(\Delta u), \quad y_u(u,v)\Delta u + o(\Delta u)\},$$
$$\overrightarrow{P_4P_3} = \{x(u+\Delta u, v+\Delta v) - x(u, v+\Delta v),$$
$$y(u+\Delta u, v+\Delta v) - y(u, v+\Delta v)\}$$
$$= \{x_u(u,v+\Delta v)\Delta u + o(\Delta u), \quad y_u(u,v+\Delta v)\Delta u + o(\Delta u)\}.$$

这说明, 当 $\Delta u \to 0, \Delta v \to 0$ 时, 若忽略 Δu 与 Δv 的高阶无穷小, 便有 $\overrightarrow{P_1P_2} = \overrightarrow{P_4P_3}$, 即四边形 $P_1P_2P_3P_4$ 为平行四边形.

由于

$$\overrightarrow{P_1P_4} = \{x(u,v+\Delta v) - x(u,v), \quad y(u,v+\Delta v) - y(u,v)\}$$
$$= \{x_v(u,v)\Delta v + o(\Delta v), \quad y_v(u,v)\Delta v + o(\Delta v)\},$$

则曲边四边形 $P_1P_2P_3P_4$ 的面积记作 $\Delta\sigma$ 可表示为

$$\Delta\sigma \approx |\overrightarrow{P_1P_2} \times \overrightarrow{P_1P_4}|$$

$$= \begin{vmatrix} x_u(u,v)\Delta u + o(\Delta u) & y_u(u,v)\Delta u + o(\Delta u) \\ x_v(u,v)\Delta v + o(\Delta v) & y_v(u,v)\Delta v + o(\Delta v) \end{vmatrix} \text{的绝对值.}$$

若再次忽略 Δu 与 Δv 的高阶无穷小, 则又有

$$\Delta\sigma \approx \begin{vmatrix} x_u(u,v) & y_u(u,v) \\ x_v(u,v) & y_v(u,v) \end{vmatrix} \Delta u \Delta v \text{的绝对值}$$

$$= \left|\frac{\partial(x,y)}{\partial(u,v)}\right| |\Delta u \Delta v| = \left|\frac{\partial(x,y)}{\partial(u,v)}\right| \Delta\sigma'.$$

应该指出, 上述结论是在忽略 Δu 与 Δv 的高阶无穷小的前提下, 曲边四边形 $P_1P_2P_3P_4$ 的面积 $\Delta\sigma$ 和小矩形 $P_1'P_2'P_3'P_4'$ 的面积 $\Delta\sigma'$ 的关系式. 当分划的模趋

于零, 进而 $\Delta u \to 0, \Delta v \to 0$ 时,

$\Delta \sigma' = |\Delta u \Delta v|$ 的极限为 $O'\text{-}uv$ 平面上的面积元素 $\mathrm{d}\sigma' = \mathrm{d}u\mathrm{d}v$,

$\Delta \sigma$ 的极限为 $O\text{-}xy$ 平面上的面积元素 $\mathrm{d}\sigma = \mathrm{d}x\mathrm{d}y$.

因此有

$$\mathrm{d}\sigma = \left| \frac{\partial(x, y)}{\partial(u, v)} \right| \mathrm{d}\sigma' \quad \text{或} \quad \mathrm{d}x\mathrm{d}y = \left| \frac{\partial(x, y)}{\partial(u, v)} \right| \mathrm{d}u\mathrm{d}v. \tag{7.1.16}$$

于是由二重积分的定义得到式 (7.1.15).

鉴于式 (7.1.16) 的几何背景, 称雅可比 (Jacobi) 行列式 $\dfrac{\partial(x, y)}{\partial(u, v)}$ 的绝对值为变量替换 (7.1.14) 下的**面积元素的膨胀系数**.

不难验证极坐标变换

$$x = \rho \cos \theta, \quad y = \rho \sin \theta$$

的 Jacobi 行列式为

$$\frac{\partial(x, y)}{\partial(\rho, \theta)} = \left| \begin{array}{cc} \dfrac{\partial x}{\partial \rho} & \dfrac{\partial x}{\partial \theta} \\ \dfrac{\partial y}{\partial \rho} & \dfrac{\partial y}{\partial \theta} \end{array} \right| = \left| \begin{array}{cc} \cos \theta & -\rho \sin \theta \\ \sin \theta & \rho \cos \theta \end{array} \right| = \rho.$$

这便印证了式 (7.1.12) 恰为式 (7.1.16) 的特殊情况.

***注** 为满足定理 7.1.3 中变量替换公式 (7.1.14) 所要求的条件, 应在极坐标变换中要求 $\rho > 0$. 但对于 $O\text{-}xy$ 平面内包含原点的积分区域 D 来说, 可以将区域 D 分成没有公共内点的两个部分 $D = D_\varepsilon \bigcup G_\varepsilon$, 如图 7.17 所示. 在 $O'\text{-}\rho\theta$ 平面内与 D_ε 相对应的区域 D'_ε 可由下列不等式组界定:

$$D'_\varepsilon: \quad 0 < \varepsilon \leqslant \rho \leqslant \rho(\theta), \quad 0 \leqslant \theta \leqslant 2\pi - \varepsilon.$$

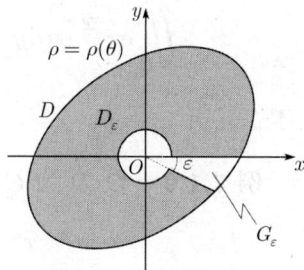

图 7.17 积分区域包含原点时使用极坐标变换的说明

由式 (7.1.15) 知

$$\iint_{D_\varepsilon} f(x, y)\,\mathrm{d}x\mathrm{d}y = \iint_{D'_\varepsilon} f(\rho \cos \theta, \ \rho \sin \theta)\rho\,\mathrm{d}\rho\mathrm{d}\theta.$$

可以证明, 当 $\varepsilon \to 0^+$ 时, $\displaystyle\lim_{\varepsilon \to 0^+} \iint_{G_\varepsilon} f(x, y)\,\mathrm{d}x\mathrm{d}y = 0$ 以及

$$\lim_{\varepsilon \to 0^+} \iint_{D'_\varepsilon} f(\rho \cos \theta, \ \rho \sin \theta)\rho\,\mathrm{d}\rho\mathrm{d}\theta = \int_0^{2\pi} \mathrm{d}\theta \int_0^{\rho(\theta)} f(\rho \cos \theta, \ \rho \sin \theta)\rho\,\mathrm{d}\rho,$$

仍然有极坐标换元公式成立, 即

$$\iint_D f(x,y)\,\mathrm{d}x\mathrm{d}y = \int_0^{2\pi} \mathrm{d}\theta \int_0^{\rho(\theta)} f(\rho\cos\theta,\ \rho\sin\theta)\rho\,\mathrm{d}\rho.$$

例 7.1.8 计算 $\iint_D \mathrm{e}^{\frac{x-y}{x+y}}\,\mathrm{d}x\mathrm{d}y$, 其中 D 为曲线 $(x+y)^2 = x-y$ 与 $y=0$ 所围成的闭区域 (图 7.18).

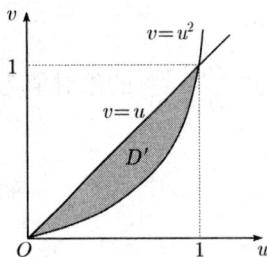

解 令 $x+y=u, x-y=v$, 则 $x = \frac{1}{2}(u+v), y = \frac{1}{2}(u-v)$, 且

$$\frac{\partial(x,y)}{\partial(u,v)} = \begin{vmatrix} \frac{1}{2} & \frac{1}{2} \\ \frac{1}{2} & -\frac{1}{2} \end{vmatrix} = -\frac{1}{2} \neq 0.$$

图 7.18 例 7.1.8 的图示

在上述映射下, $O\text{-}xy$ 平面上的曲线 $(x+y)^2 = x-y$ 和 $y=0$ 分别与 $O'\text{-}uv$ 平面上的曲线 $u^2=v$ 和 $u=v$ 建立一一对应关系. 如图 7.18 所示, $O\text{-}xy$ 平面上的闭区域 D 与 $O'\text{-}uv$ 平面上的闭区域

$$D': 0 \leqslant u \leqslant 1, \quad u^2 \leqslant v \leqslant u$$

也建立一一对应关系. 由换元公式 (7.1.15) 得到

$$\iint_D \mathrm{e}^{\frac{x-y}{x+y}}\,\mathrm{d}x\mathrm{d}y = \iint_{D'} \mathrm{e}^{\frac{v}{u}}\left|\frac{\partial(x,y)}{\partial(u,v)}\right|\mathrm{d}u\mathrm{d}v = \frac{1}{2}\int_0^1 \mathrm{d}u \int_{u^2}^u \mathrm{e}^{\frac{v}{u}}\,\mathrm{d}v$$

$$= \frac{1}{2}\int_0^1 u(\mathrm{e}^u - \mathrm{e})\,\mathrm{d}u = \frac{\mathrm{e}}{4} - \frac{1}{2}.$$

例 7.1.9 设 D 为 $O\text{-}xy$ 平面内由以下四条抛物线所围成的闭区域

$$x^2 = ay,\ x^2 = by,\ y^2 = px,\ y^2 = qx$$

$(0 < a < b,\ 0 < p < q)$. 试求区域 D 的面积 S(图 7.19).

解 令 $y^2 = ux, x^2 = vy$, 则

$$u = \frac{y^2}{x}, \quad v = \frac{x^2}{y},$$

或者写成 $x = u^{\frac{1}{3}}v^{\frac{2}{3}}, y = u^{\frac{2}{3}}v^{\frac{1}{3}}$. 于是

$$\frac{\partial(x,y)}{\partial(u,v)} = \begin{vmatrix} \frac{1}{3}u^{-\frac{2}{3}}v^{\frac{2}{3}} & \frac{2}{3}u^{\frac{1}{3}}v^{-\frac{1}{3}} \\ \frac{2}{3}u^{-\frac{1}{3}}v^{\frac{1}{3}} & \frac{1}{3}u^{\frac{2}{3}}v^{-\frac{2}{3}} \end{vmatrix} = -\frac{1}{3} \neq 0.$$

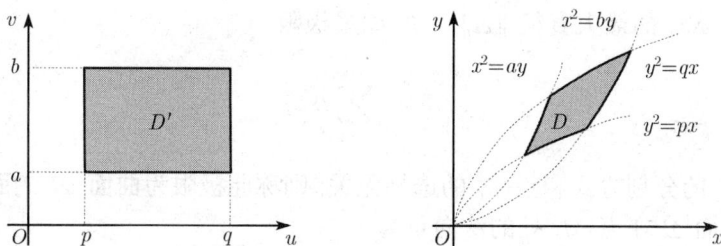

图 7.19 例 7.1.9 的图示

在上述映射下, $O\text{-}xy$ 平面上的区域 D 与 $O'\text{-}uv$ 平面上的矩形区域 D' 呈一一对应. 根据二重积分的性质以及换元公式 (7.1.15) 得到

$$S = \iint_D \mathrm{d}x\mathrm{d}y = \iint_{D'} \frac{1}{3}\,\mathrm{d}u\mathrm{d}v = \frac{1}{3}\int_p^q \mathrm{d}u \int_a^b \mathrm{d}v = \frac{1}{3}(b-a)(q-p).$$

7.1.5 曲面面积

作为二重积分的应用, 我们来介绍曲面面积的定义和计算方法. 限于篇幅, 仅讨论曲面由显式方程表示的情况, 对于由参数方程给出的曲面面积计算公式请参阅附录 E.

设曲面 Σ 的方程为 $z = f(x,y)$, Σ 在 $O\text{-}xy$ 平面上的投影记作 D_{xy}. 若函数 $f(x,y)$ 在 D_{xy} 上具有连续的偏导数, 我们给出曲面 Σ 面积的定义.

将 D_{xy} 划分成 n 个子区域 $\Delta\sigma_1, \Delta\sigma_2, \cdots, \Delta\sigma_n$. 在每个子区域 $\Delta\sigma_i$ 内任取点 $P_i(x_i, y_i)$, 相应地得到曲面 Σ 上的点 $M_i(x_i, y_i, f(x_i, y_i))$. 以 $\Delta\sigma_i$ 的边界为准线且母线平行于 z 轴作一柱面 (图 7.20), 该柱面在曲面 Σ 上截下一小块曲面; 过点 M_i 作 Σ 的切平面, 被上述柱面截下一个小平面块, 记作 ΔS_i. 如仍用 ΔS_i 表示这一平面区域的面积, 则可以将 Σ 的面积近似地看作 $\displaystyle\sum_{i=1}^n \Delta S_i$.

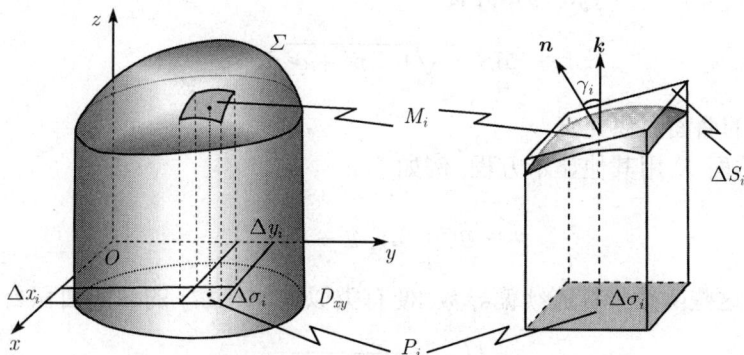

图 7.20 曲面面积定义的图示

令所有 $\Delta\sigma_i$ 的最大直径 $\|\Delta\| \to 0$, 如果极限

$$\lim_{\|\Delta\| \to 0} \sum_{i=1}^{n} \Delta S_i$$

存在且与 D 的分划方式和点 P_i 的选择无关, 则称此极限为**曲面 Σ 的面积**.

由于曲面 Σ 在点 M_i 处的法向量为

$$\boldsymbol{n} = \{-f_x(x_i, y_i), -f_y(x_i, y_i), 1\}$$

(与 z 轴的正向, 亦即与 $\boldsymbol{k}$ 夹锐角的方向), 则 $\boldsymbol{n}$ 与 $\boldsymbol{k}$ 的夹角 γ_i 满足条件

$$\cos\gamma_i = \frac{\boldsymbol{n} \cdot \boldsymbol{k}}{|\boldsymbol{n}||\boldsymbol{k}|} = \frac{1}{\sqrt{1 + f_x^2(x_i, y_i) + f_y^2(x_i, y_i)}}.$$

由于曲面 Σ 在点 M_i 处的切平面与 O-xy 平面的夹角也等于 γ_i, 而 $\Delta\sigma_i$ 为 ΔS_i 在 O-xy 平面上的投影, 则它们之间的面积满足

$$\Delta\sigma_i = \Delta S_i \cos\gamma_i = \frac{\Delta S_i}{\sqrt{1 + f_x^2(x_i, y_i) + f_y^2(x_i, y_i)}}.$$

于是曲面 Σ 的面积 S 应等于

$$S = \lim_{\|\Delta\| \to 0} \sum_{i=1}^{n} \Delta S_i = \lim_{\|\Delta\| \to 0} \sum_{i=1}^{n} \sqrt{1 + f_x^2(x_i, y_i) + f_y^2(x_i, y_i)} \Delta\sigma_i.$$

上式右端实际上是 D_{xy} 上的二重积分, 因此有

$$S = \iint_{D_{xy}} \sqrt{1 + p^2 + q^2}\, \mathrm{d}x\mathrm{d}y, \tag{7.1.17}$$

其中 $p = f_x(x, y)$, $q = f_y(x, y)$, 并称

$$\mathrm{d}S = \sqrt{1 + p^2 + q^2}\, \mathrm{d}\sigma$$

为曲面 Σ 的**曲面面积元素**.

如果曲面 Σ 用其他显式方程, 例如

$$x = g(y, z), \quad y = h(x, z)$$

表示, 只要这些函数具有连续偏导数, 便有类似式 (7.1.17) 的曲面面积公式

$$S = \iint_{D_{yz}} \sqrt{1 + p^2 + q^2}\, \mathrm{d}y\mathrm{d}z, \tag{7.1.18}$$

$$S = \iint_{D_{zx}} \sqrt{1+p^2+q^2}\, \mathrm{d}z\mathrm{d}x. \tag{7.1.19}$$

只不过式 (7.1.18) 中 $p = g_y(y,z)$, $q = g_z(y,z)$, 而式 (7.1.19) 中 $p = h_x(x,z)$, $q = h_z(x,z)$.

例 7.1.10 试求圆柱面 $x^2 + y^2 - 2ax = 0$ 和球面 $x^2 + y^2 + z^2 = 4a^2$ 所围成的 Viviani 立体 (例 7.1.6) 在球面部分的表面积 S.

解 所求的 Viviani 立体在第一卦限内球面部分的表面积应该是 $\dfrac{1}{4}S$. 这部分球面 $\varSigma$ 在 $O\text{-}xy$ 平面内的投影为半圆域

$$D_{xy}: \quad 0 \leqslant \theta \leqslant \frac{\pi}{2}, \quad 0 \leqslant \rho \leqslant 2a\cos\theta,$$

而 $\varSigma$ 的方程为

$$\varSigma: \quad z = \sqrt{4a^2 - x^2 - y^2}, \quad (x,y) \in D_{xy}.$$

由于

$$p = \frac{\partial z}{\partial x} = \frac{-x}{\sqrt{4a^2 - x^2 - y^2}}, \quad q = \frac{\partial z}{\partial y} = \frac{-y}{\sqrt{4a^2 - x^2 - y^2}},$$

$$\sqrt{1+p^2+q^2} = \frac{2a}{\sqrt{4a^2 - x^2 - y^2}}.$$

在式 (7.1.17) 中利用极坐标变换, 得到

$$\frac{1}{4}S = \iint_{D_{xy}} \frac{2a\, \mathrm{d}x\mathrm{d}y}{\sqrt{4a^2 - x^2 - y^2}} = \int_0^{\frac{\pi}{2}} \mathrm{d}\theta \int_0^{2a\cos\theta} \frac{2a\rho\, \mathrm{d}\rho}{\sqrt{4a^2 - \rho^2}}$$

$$= 4a^2 \int_0^{\frac{\pi}{2}} (1 - \sin\theta)\, \mathrm{d}\theta = 4a^2\left(\frac{\pi}{2} - 1\right).$$

可见所求表面积 $S = 16a^2\left(\dfrac{\pi}{2} - 1\right)$.

例 7.1.11 设半径为 R 的球面 $\varSigma$ 的球心在球面 $\varSigma_1 : x^2 + y^2 + z^2 = a^2 (a > 0)$ 上, 问 R 取何值时, 球面 $\varSigma$ 在球面 $\varSigma_1$ 内部的那部分面积最大.

解 如图 7.21 所示, 建立直角坐标系, 使 $\varSigma$ 的球心坐标为 $(0,0,a)$. 球面 $\varSigma_1$ 和球面 $\varSigma$ 的交线 l 的方程为

$$\begin{cases} x^2 + y^2 + z^2 = a^2, \\ x^2 + y^2 + (z-a)^2 = R^2. \end{cases}$$

由此知 $\varSigma$ 在 $\varSigma_1$ 内部的那部分曲面 S 在 xy 面上的投影为

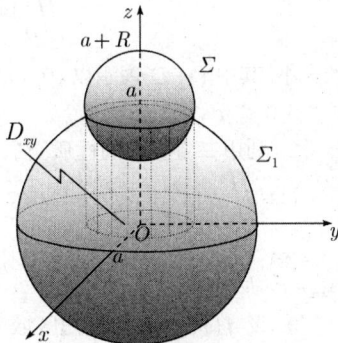

图 7.21 例 7.1.11 的图示

$$D_{xy}: \quad x^2 + y^2 \leqslant \frac{4a^2 - R^2}{4a^2}R^2.$$

注意到 S 亦即 Σ 的显式方程为 $z = a - \sqrt{R^2 - x^2 - y^2}$, 且

$$\sqrt{1 + p^2 + q^2} = \frac{R}{\sqrt{R^2 - x^2 - y^2}}.$$

曲面 S 的面积可利用式 (7.1.17) 以及极坐标变换, 得到

$$S(R) = \iint_{D_{xy}} \sqrt{1 + p^2 + q^2}\, \mathrm{d}x\mathrm{d}y = \iint_{D_{xy}} \frac{R}{\sqrt{R^2 - x^2 - y^2}}\, \mathrm{d}x\mathrm{d}y$$

$$= \int_0^{2\pi} \mathrm{d}\theta \int_0^{\frac{R}{2a}\sqrt{4a^2 - R^2}} \frac{R\rho\, \mathrm{d}\rho}{\sqrt{R^2 - \rho^2}} = 2\pi R^2 - \frac{\pi R^3}{a}.$$

为求 $S(R)$ 的最大值, 令

$$S'(R) = 4\pi R - \frac{3\pi R^2}{a} = \pi R\Big(4 - \frac{3R}{a}\Big) = 0,$$

得到驻点 $R = 0$(舍去), $R = \dfrac{4a}{3}$. 由于

$$S''\left(\frac{4a}{3}\right) = \left(4\pi - \frac{6\pi R}{a}\right)_{\frac{4a}{3}} = -4\pi < 0,$$

知 $R = \dfrac{4a}{3}$ 时, 曲面 S 的面积达到最大值 $S\left(\dfrac{4a}{3}\right) = \dfrac{32}{27}\pi a^2$.

习　题　7.1

1. 利用二重积分的性质, 比较二重积分

$$\iint_D \ln(x + y)\, \mathrm{d}\sigma \quad \text{与} \quad \iint_D [\ln(x + y)]^2\, \mathrm{d}\sigma$$

的大小, 其中 (1) D 表示以 $(0, 1), (1, 0), (1, 1)$ 为顶点的闭三角形区域; (2) D 表示矩形区域: $3 \leqslant x \leqslant 5, 0 \leqslant y \leqslant 2$.

2. 利用二重积分的性质, 估计下列积分的值:

(1) $\displaystyle\iint_D (3x^2 + 4y^2 + 1)\,\mathrm{d}\sigma$, 其中 D 为圆形闭区域: $x^2 + y^2 \leqslant 1$;

(2) $\displaystyle\iint_D \sin^2 x \sin^2 y\,\mathrm{d}\sigma$, 其中 D 为矩形闭区域: $0 \leqslant x \leqslant \pi, 0 \leqslant y \leqslant \pi$.

3. 设 $f(x, y)$ 在有界闭区域 D 上连续且 $f(x, y) > 0$, 试证明 $\displaystyle\iint_D f(x, y)\mathrm{d}x\mathrm{d}y > 0$.

4. 试以两种不等式组界定下列积分区域:

(1) 以 $(0, 2), (2, 0), (2, 4)$ 为顶点的三角形区域;

(2) 由直线 $y + x = 1$ 与圆 $x^2 + y^2 = 1$ 所围成的位于第一象限的部分;

(3) $x^2 + y^2 \leqslant 4y$;

(4) 由抛物线 $y = x^2$ 与 $y = 4 - x^2$ 所围成的闭区域.

5. 交换下列累次积分的顺序:

(1) $\displaystyle\int_0^1 \mathrm{d}x \int_0^{1-x} f(x,y)\mathrm{d}y;$

(2) $\displaystyle\int_0^1 \mathrm{d}x \int_{-1}^{1-x} f(x,y)\mathrm{d}y;$

(3) $\displaystyle\int_{-2}^1 \mathrm{d}y \int_{y^2}^4 f(x,y)\mathrm{d}x;$

(4) $\displaystyle\int_0^a \mathrm{d}x \int_{-\sqrt{a^2-x^2}}^{\sqrt{a^2-x^2}} f(x,y)\mathrm{d}y;$

(5) $\displaystyle\int_0^1 \mathrm{d}y \int_{y^2}^{\sqrt{y}} f(x,y)\mathrm{d}x;$

(6) $\displaystyle\int_{-1}^1 \mathrm{d}x \int_{-\sqrt{1-x^2}}^{1-x^2} f(x,y)\mathrm{d}y;$

(7) $\displaystyle\int_1^2 \mathrm{d}x \int_{\sqrt{x}}^x f(x,y)\mathrm{d}y + \int_2^4 \mathrm{d}x \int_{\sqrt{x}}^2 f(x,y)\mathrm{d}y;$

(8) $\displaystyle\int_0^1 \mathrm{d}x \int_0^x f(x,y)\mathrm{d}y + \int_1^2 \mathrm{d}x \int_0^{1-\sqrt{4x-x^2-3}} f(x,y)\mathrm{d}y.$

6. 计算下列二重积分:

(1) $\displaystyle\iint_D (xy + y^2)\mathrm{d}x\mathrm{d}y$, 其中 D 由 $y = 0, y = x, x = 2$ 所围成;

(2) $\displaystyle\iint_D (x^2 + y^2)\mathrm{d}x\mathrm{d}y$, 其中 $D = \{(x,y)\,|\,|x| \leqslant 1, |y| \leqslant 1\};$

(3) $\displaystyle\iint_D x\cos y\mathrm{d}x\mathrm{d}y$, 其中 $D = \left\{(x,y)|0 \leqslant y \leqslant x^2, 0 \leqslant x \leqslant \sqrt{\dfrac{\pi}{2}}\right\};$

(4) $\displaystyle\iint_D (x - y^2)\mathrm{d}x\mathrm{d}y$, 其中 $D = \{(x,y)|0 \leqslant y \leqslant \sin x, 0 \leqslant x \leqslant \pi\}.$

7. 画出积分区域, 并计算下列二重积分:

(1) $\displaystyle\iint_D (x^2 + y^2 - x)\mathrm{d}x\mathrm{d}y$, 其中 D 由 $y = 2, y = x, y = 2x$ 所围成;

(2) $\displaystyle\iint_D \mathrm{e}^{x+y}\mathrm{d}x\mathrm{d}y$, 其中 $D = \{(x,y)\,|\,|x| + |y| \leqslant 1\};$

(3) $\displaystyle\iint_D x\,\mathrm{d}x\mathrm{d}y$, 其中 D 为顶点在 $(0,0), (1,2), (2,1)$ 的三角形区域;

(4) $\displaystyle\iint_D \mathrm{e}^{x^2}\,\mathrm{d}x\mathrm{d}y$, 其中 D 为第一象限内 $y = x, y = x^3$ 所围成的闭区域.

8. 计算下列二重积分:

(1) $\displaystyle\iint_D |y - x^2|\,\mathrm{d}x\mathrm{d}y$, 其中 $D = \{(x,y)\,|\,0 \leqslant x \leqslant 1, 0 \leqslant y \leqslant 1\};$

(2) $\displaystyle\iint_D |x^2 + y^2 - 4|\,\mathrm{d}x\mathrm{d}y$, 其中 $D = \{(x,y)\,|\,x^2 + y^2 \leqslant 9\};$

(3) $\displaystyle\iint_D |\cos(x+y)|\,\mathrm{d}x\mathrm{d}y$, 其中 $D = \left\{(x,y)\,|\,0 \leqslant x \leqslant \dfrac{\pi}{2}, 0 \leqslant y \leqslant \dfrac{\pi}{2}\right\}.$

9. 计算由四个平面 $x = 0, y = 0, x = 1, y = 1$ 所围成的柱体被平面 $z = 0$ 及 $2x+3y+z = 6$ 截得的立体的体积.

10. 试求曲面 $z = x^2 + y^2$ 和平面 $x = 0, y = 0, z = 0, x + y = 1$ 所围立体的体积.

11. 设平面薄板 D 由直线 $x + y = 2, y = x, y = 0$ 所围成, 其面密度为 $\rho(x,y) = x^2 + y^2$, 试求其质量.

12. 画出以下平面区域, 并用关于极坐标的不等式组重新界定:

(1) $x^2 + y^2 \leqslant a^2 \quad (a > 0)$;　　　　　　(2) $x^2 + y^2 \leqslant 2x$;

(3) $a^2 \leqslant x^2 + y^2 \leqslant b^2 \quad (0 < a < b)$;　　(4) $0 \leqslant x \leqslant 1, 0 \leqslant y \leqslant 1$;

(5) $0 \leqslant y \leqslant 1 - x, 0 \leqslant x \leqslant 1$;　　　(6) $x^2 \leqslant y \leqslant 1, -1 \leqslant x \leqslant 1$.

13. 把下列积分化为极坐标形式, 并计算其积分值:

(1) $\displaystyle\int_{-1}^{1} \mathrm{d}x \int_{0}^{\sqrt{1-x^2}} \mathrm{d}y$;　　　(2) $\displaystyle\int_{0}^{2a} \mathrm{d}x \int_{0}^{\sqrt{2ax-x^2}} (x^2 + y^2)\,\mathrm{d}y$;

(3) $\displaystyle\int_{0}^{2} \mathrm{d}x \int_{0}^{x} y\,\mathrm{d}y$;　　　　　(4) $\displaystyle\int_{0}^{1} \mathrm{d}x \int_{x^2}^{x} (x^2 + y^2)^{-\frac{1}{2}}\,\mathrm{d}y$.

14. 利用极坐标计算下列二重积分:

(1) $\displaystyle\iint_{D} (x^2 + y^2)^{\frac{1}{2}}\,\mathrm{d}x\mathrm{d}y$, 其中 $D = \{(x,y) \,|\, x^2 + y^2 \leqslant a^2\}$;

(2) $\displaystyle\iint_{D} \sin(\sqrt{x^2 + y^2})\,\mathrm{d}x\mathrm{d}y$, 其中 $D = \{(x,y) \,|\, \pi^2 \leqslant x^2 + y^2 \leqslant 4\pi^2\}$;

(3) $\displaystyle\iint_{D} y\,\mathrm{d}x\mathrm{d}y$, 其中 $D = \{(x,y) \,|\, 0 \leqslant y \leqslant \sqrt{ax - x^2}, 0 \leqslant x \leqslant a\}$;

(4) $\displaystyle\iint_{D} \dfrac{1 - x^2 - y^2}{1 + x^2 + y^2}\,\mathrm{d}x\mathrm{d}y$, 其中 D 是由 $x^2 + y^2 = 1, x = 0, y = 0$ 所围成的在第一象限内的闭区域.

15. 试求曲线 $\rho = a(1 + \cos\theta), \rho = a\cos\theta(a > 0)$ 所围成的平面图形面积.

16. 设平面薄片所占的闭区域 D 是由螺线 $\rho = 2\theta$ 上的一段弧 $\left(0 \leqslant \theta \leqslant \dfrac{\pi}{2}\right)$ 与直线 $\theta = \dfrac{\pi}{2}$ 所围成, 它的面密度为 $\mu(x,y) = x^2 + y^2$, 试求该薄片的面质量.

17. 试求曲面 $z = x^2 + 2y^2$ 与 $z = 5 - 4x^2 - 3y^2$ 所围成的立体的体积.

18. 试求球体 $x^2 + y^2 + z^2 \leqslant 2x$ 被锥面 $x^2 = y^2 + z^2$ 所分成的较大部分立体的体积.

19. 利用二重积分变量替换求由下列曲线所围成的闭区域 D 的面积:

(1) $x + y = a, x + y = b, y = cx, y = dx \, (0 < a < b, 0 < c < d)$;

(2) $xy = a, xy = b, y = px, y = qx \, (0 < a < b, 0 < p < q)$ 所围第一象限内的部分;

(3) $xy = 4, xy = 8, xy^3 = 5, xy^3 = 15$ 所围第一象限内的部分;

(4) $y = x^3, y = 4x^3, x = y^3, x = 4y^3$ 所围第一象限内的部分.

20. 计算下列二重积分:

(1) $\displaystyle\iint_{D} \sqrt{1 - \dfrac{x^2}{a^2} - \dfrac{y^2}{b^2}}\,\mathrm{d}x\mathrm{d}y$, 其中 $D = \left\{(x,y) \,\Big|\, \dfrac{x^2}{a^2} + \dfrac{y^2}{b^2} \leqslant 1\right\}$;

(2) $\displaystyle\iint_{D} \mathrm{e}^{\frac{y}{x+y}}\,\mathrm{d}x\mathrm{d}y$, 其中 D 是由 $x = 0, y = 0, x + y = 1$ 所围成的闭区域 (提示: 作变量替换 $x + y = u, y = v$).

21. 求下列曲面的面积:

(1) 锥面 $z^2 = x^2 + y^2$ 含在圆柱面 $x^2 + y^2 = 2x$ 内的部分曲面;

(2) 锥面 $z^2 = x^2 + y^2 (z \geqslant 0)$ 被球面 $x^2 + y^2 + z^2 = 2ax$ 所截得的部分曲面.

22. 求平面 $\dfrac{x}{a} + \dfrac{y}{b} + \dfrac{z}{c} = 1$ 被三个坐标平面所割下的有限部分的面积.

23. 求锥面 $z = \sqrt{x^2 + y^2}$ 被柱面 $z^2 = 2x$ 所割下部分的曲面面积.

24. 求底圆半径相等的两个直交圆柱面 $x^2 + y^2 = 1, x^2 + z^2 = 1$ 所围立体的表面积.

§7.2 三 重 积 分

7.2.1 三重积分的概念与性质

本节要介绍的三重积分与二重积分, 就形成概念的思想和计算方法而言并无太大的差别. 我们先给出三重积分的定义.

设函数 $f(x, y, z)$ 在 $\mathbf{R}^3$ 中的有界闭区域 Ω 上有界, 任给 Ω 一个分划 Δ, 将 Ω 划分成 n 个没有公共内点的子区域 $\Delta v_i (i = 1, 2, \cdots, n)$, 并仍以 Δv_i 表示它自身的体积. 在 $\Delta v_i (i = 1, 2, \cdots, n)$ 内任取点 $P(\xi_i, \eta_i, \zeta_i)$, 作和式

$$\sum_{i=1}^{n} f(\xi_i, \eta_i, \zeta_i) \Delta v_i.$$

记 $\|\Delta\|$ 为所有子区域的最大直径并称为分划 Δ 的模, 若 $\|\Delta\| \to 0$ 时, 上述和式存在极限, 且与 Ω 的分划方式和点 $P(\xi_i, \eta_i, \zeta_i)$ 的选择无关, 则称此极限为**函数 $f(x, y, z)$ 在 Ω 上的三重积分**, 记作

$$\iiint_{\Omega} f(x, y, z) \, \mathrm{d}v = \lim_{\|\Delta\| \to 0} \sum_{i=1}^{n} f(\xi_i, \eta_i, \zeta_i) \Delta v_i. \tag{7.2.1}$$

其中 Ω 称为**积分区域**, x, y, z 称为**积分变量**, $f(x, y, z)$ 称为**被积函数**, $\mathrm{d}v$ 称为**体积元素**.

由于函数 $f(x, y, z)$ 在 Ω 上的三重积分与分划 Δ 的方式无关, 可以选用平行于坐标平面的三族平面划分区域 Ω, 所得到的子区域 Δv_i 除去包含边界点的 "不完整" 长方体之外, 都是完整的长方体. 如果这些长方体的棱长分别为 $\Delta x_i, \Delta y_i, \Delta z_i$ 的话, 它的体积 $\Delta v_i = \Delta x_i \Delta y_i \Delta z_i$. 据此, 可以将三重积分的体积元素 $\mathrm{d}v$ 改写成 $\mathrm{d}x \, \mathrm{d}y \, \mathrm{d}y$, 于是, 式 (7.2.1) 中左端的三重积分还可以写成

$$\iiint_{\Omega} f(x, y, z) \, \mathrm{d}v = \iiint_{\Omega} f(x, y, z) \, \mathrm{d}x \mathrm{d}y \mathrm{d}z.$$

可以证明, 函数 $f(x, y, z)$ 在 Ω 上连续时一定可积, 即三重积分 (7.2.1) 一定存在. 和二重积分的可积性条件一样, 被积函数的连续性只是可积的充分条件. 实际上, 当函数 $f(x, y, z)$ 在 Ω 上有界, 其不连续点仅分布在有限多条光滑曲线或者是有限多块光滑曲面上时, $f(x, y, z)$ 在 Ω 上的三重积分仍然存在.

按照三重积分的上述定义, 空间立体 Ω 具有质量密度函数 $\rho = \rho(x, y, z)$ 时, 其质量可表示成

$$M = \iiint_{\Omega} \rho(x, y, z)\,\mathrm{d}x\mathrm{d}y\mathrm{d}z.$$

特别当 $\rho(x, y, z) = 1$ 时, 三重积分 $\iiint_{\Omega} \mathrm{d}x\mathrm{d}y\mathrm{d}z$ 表示积分区域 Ω 的体积.

三重积分的性质可仿照二重积分完全平行地建立, 此处从略.

7.2.2　直角坐标系下三重积分的计算

二重积分的计算要借助二次累次积分, 三重积分则要借助三次累次积分. 本节略去证明, 仅介绍在直角坐标系下将三重积分化成三次累次积分的方法.

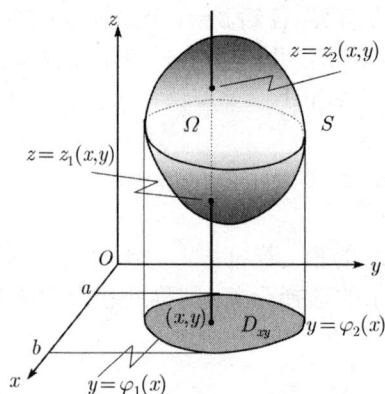

设 Ω 由边界闭曲面 S 所包围, Ω 在 $O\text{-}xy$ 平面内的投影为平面正则区域 D_{xy}. 如果 Ω 可由下列不等式组界定:

$$\begin{cases} z_1(x, y) \leqslant z \leqslant z_2(x, y), \\ (x, y) \in D_{xy}. \end{cases} \tag{7.2.2}$$

其中 $z_1(x, y), z_2(x, y)$ 在 D_{xy} 上连续, 则通过 Ω 的任一内点且与 z 轴平行的直线与边界曲面 S 恰有两个交点. 称这样区域 Ω **沿 z 轴方向正则**(图 7.22).

图 7.22　沿 z 轴方向正则的区域 Ω

在此假定下, 如果 $f(x, y, z)$ 在 Ω 上可积, 则有 (略去证明) 以下结论:

$$\iiint_{\Omega} f(x, y, z)\,\mathrm{d}x\mathrm{d}y\mathrm{d}z = \iint_{D_{xy}} \mathrm{d}x\mathrm{d}y \int_{z_1(x,y)}^{z_2(x,y)} f(x, y, z)\,\mathrm{d}z. \tag{7.2.3}$$

上式说明三重积分 (7.2.1) 可以通过先作一次定积分, 再作一次二重积分的累次积分计算. 式 (7.2.3) 中含参变量 x, y 的积分

$$\int_{z_1(x,y)}^{z_2(x,y)} f(x, y, z)\,\mathrm{d}z$$

实际上是一个定义在 D_{xy} 上的二元函数.

由于 D_{xy} 为平面正则区域, Ω 还可由下列两种方式界定:

$$\begin{cases} z_1(x, y) \leqslant z \leqslant z_2(x, y), \\ \varphi_1(x) \leqslant y \leqslant \varphi_2(x), \\ a \leqslant x \leqslant b \end{cases} \quad \text{或} \quad \begin{cases} z_1(x, y) \leqslant z \leqslant z_2(x, y), \\ \psi_1(y) \leqslant x \leqslant \psi_2(y), \\ c \leqslant y \leqslant d. \end{cases}$$

这样一来, 函数 $f(x, y, z)$ 在 Ω 上的三重积分, 便可以表示成下列两种不同顺

序的三次累次积分:

$$\iiint_{\Omega} f(x,y,z)\,dxdydz = \int_a^b dx \int_{\varphi_1(x)}^{\varphi_2(x)} dy \int_{z_1(x,y)}^{z_2(x,y)} f(x,y,z)\,dz$$

$$= \int_c^d dy \int_{\psi_1(y)}^{\psi_2(y)} dx \int_{z_1(x,y)}^{z_2(x,y)} f(x,y,z)\,dz. \tag{7.2.4}$$

可以类似规定 Ω **沿 y 轴方向正则** 或是**沿 x 轴方向正则**. 当 Ω 沿三个坐标轴均正则时, 称其为三维的**正则区域**. 对于这种区域上的可积函数 $f(x,y,z)$, 我们可以列出六种不同顺序的三次累次积分计算三重积分 (7.2.1).

例 7.2.1 设四面体 Ω 的四个顶点分别为 $(0,0,0),(1,1,0),(0,1,0),(0,1,1)$. 试用六种不同顺序的三次累次积分表示四面体 Ω 的体积 $V = \iiint_{\Omega} dxdydz$.

解 四面体 Ω 沿 z 轴方向正则 (图 7.23), 因此可由下列两种不等式组界定:

$$\begin{cases} 0 \leqslant z \leqslant y-x, \\ x \leqslant y \leqslant 1, \\ 0 \leqslant x \leqslant 1 \end{cases} \quad \text{或} \quad \begin{cases} 0 \leqslant z \leqslant y-x, \\ 0 \leqslant x \leqslant y, \\ 0 \leqslant y \leqslant 1. \end{cases}$$

由此得到四面体 Ω 的体积

$$V = \iiint_{\Omega} dxdydz = \int_0^1 dx \int_x^1 dy \int_0^{y-x} dz = \int_0^1 dx \int_x^1 (y-x)\,dy$$

$$= \int_0^1 \left(\frac{1}{2} - x + \frac{1}{2}x^2 \right) dx = \left(\frac{1}{2}x - \frac{1}{2}x^2 + \frac{1}{6}x^3 \right)\Big|_0^1 = \frac{1}{6}.$$

也可写成先对 z 积分, 再对 x 积分, 最后对 y 积分的三次累次积分:

$$V = \iiint_{\Omega} dxdydz = \int_0^1 dy \int_0^y dx \int_0^{y-x} dz.$$

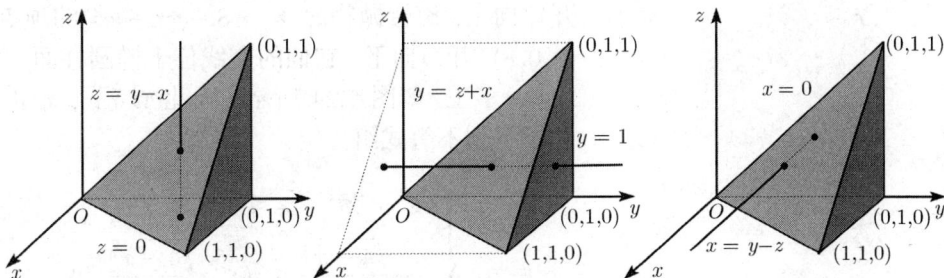

图 7.23　正则区域 Ω 的界定

四面体 Ω 沿 y 轴方向也正则, 还可由下列两种不等式组界定:

$$\begin{cases} z + x \leqslant y \leqslant 1, \\ 0 \leqslant z \leqslant 1 - x, \\ 0 \leqslant x \leqslant 1 \end{cases} \quad \text{或} \quad \begin{cases} z + x \leqslant y \leqslant 1, \\ 0 \leqslant x \leqslant 1 - z, \\ 0 \leqslant z \leqslant 1. \end{cases}$$

由此又得到两种顺序的三次累次积分表示四面体 Ω 的体积:

$$V = \iiint_{\Omega} \mathrm{d}x\mathrm{d}y\mathrm{d}z = \int_0^1 \mathrm{d}x \int_0^{1-x} \mathrm{d}z \int_{z+x}^1 \mathrm{d}y,$$

$$V = \iiint_{\Omega} \mathrm{d}x\mathrm{d}y\mathrm{d}z = \int_0^1 \mathrm{d}z \int_0^{1-z} \mathrm{d}x \int_{z+x}^1 \mathrm{d}y.$$

四面体 Ω 沿 x 轴方向仍正则, 又可由下列两种不等式组界定:

$$\begin{cases} 0 \leqslant x \leqslant y - z, \\ 0 \leqslant z \leqslant y, \\ 0 \leqslant y \leqslant 1 \end{cases} \quad \text{或} \quad \begin{cases} 0 \leqslant x \leqslant y - z, \\ z \leqslant y \leqslant 1, \\ 0 \leqslant z \leqslant 1. \end{cases}$$

由此又得到两种顺序的三次累次积分表示四面体 Ω 的体积:

$$V = \iiint_{\Omega} \mathrm{d}x\mathrm{d}y\mathrm{d}z = \int_0^1 \mathrm{d}y \int_0^y \mathrm{d}z \int_0^{y-z} \mathrm{d}x.$$

$$V = \iiint_{\Omega} \mathrm{d}x\mathrm{d}y\mathrm{d}z = \int_0^1 \mathrm{d}z \int_z^1 \mathrm{d}y \int_0^{y-z} \mathrm{d}x.$$

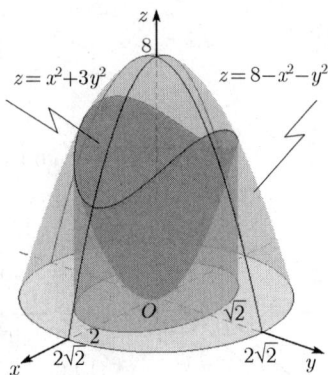

图 7.24　例 7.2.2 的图示

例 7.2.2　试求曲面 $z = x^2 + 3y^2$ 和 $z = 8 - x^2 - y^2$ 所围成的区域 Ω 的体积.

解　椭圆抛物面 $z = x^2 + 3y^2$ 以原点为顶点, 开口向上, 旋转抛物面 $z = 8 - x^2 - y^2$ 的顶点在 $(0, 0, 8)$, 开口向下. 它们的交线位于椭圆柱面 $x^2 + 2y^2 = 4$ 上, 如图 7.24 所示. 因此 Ω 沿 z 轴正则, 并由下列不等式组界定:

$$\begin{cases} x^2 + 3y^2 \leqslant z \leqslant 8 - x^2 - y^2, \\ -\sqrt{\dfrac{4 - x^2}{2}} \leqslant y \leqslant \sqrt{\dfrac{4 - x^2}{2}}, \\ -2 \leqslant x \leqslant 2. \end{cases}$$

于是得到

$$V = \iiint_\Omega \mathrm{d}x\mathrm{d}y\mathrm{d}z$$

$$= \int_{-2}^2 \mathrm{d}x \int_{-\sqrt{(4-x^2)/2}}^{\sqrt{(4-x^2)/2}} \mathrm{d}y \int_{x^2+3y^2}^{8-x^2-y^2} \mathrm{d}z$$

$$= \int_{-2}^2 \mathrm{d}x \int_{-\sqrt{(4-x^2)/2}}^{\sqrt{(4-x^2)/2}} (8 - 2x^2 - 4y^2)\,\mathrm{d}y$$

$$= \int_{-2}^2 \left[(8 - 2x^2)y - \frac{4}{3}y^3 \right]_{-\sqrt{(4-x^2)/2}}^{\sqrt{(4-x^2)/2}} \mathrm{d}x$$

$$= \int_{-2}^2 \left[2(8 - 2x^2)\left(\frac{4-x^2}{2}\right)^{\frac{1}{2}} - \frac{8}{3}\left(\frac{4-x^2}{2}\right)^{\frac{3}{2}} \right] \mathrm{d}x$$

$$= \frac{4\sqrt{2}}{3} \int_{-2}^2 (4 - x^2)^{\frac{3}{2}}\,\mathrm{d}x.$$

令 $x = 2\sin t$, 利用换元法得到所求体积

$$V = \frac{4\sqrt{2}}{3} \int_{-\frac{\pi}{2}}^{\frac{\pi}{2}} 16\cos^4 t\,\mathrm{d}t = 8\pi\sqrt{2}.$$

7.2.3 三重积分的变量替换

仿照二重积分的变量替换公式, 我们直接给出三重积分的变量替换公式.

设函数 $f(x, y, z)$ 在 $O\text{-}xyz$ 空间里的区域 Ω 上可积, 在 $O'\text{-}uvw$ 空间的区域 Ω' 上定义的函数组

$$x = x(u, v, w), \quad y = y(u, v, w), \quad z = z(u, v, w) \tag{7.2.5}$$

建立了 Ω 与 Ω' 之间的一一对应. 如果这些函数在 Ω' 上存在连续的偏导数, 且它们的 Jacobi 行列式在 Ω' 上恒不为零, 即

$$\frac{\partial(x, y, z)}{\partial(u, v, w)} = \begin{vmatrix} \dfrac{\partial x}{\partial u} & \dfrac{\partial x}{\partial v} & \dfrac{\partial x}{\partial w} \\ \dfrac{\partial y}{\partial u} & \dfrac{\partial y}{\partial v} & \dfrac{\partial y}{\partial w} \\ \dfrac{\partial z}{\partial u} & \dfrac{\partial z}{\partial v} & \dfrac{\partial z}{\partial w} \end{vmatrix} \neq 0, \quad (u, v, w) \in \Omega',$$

则有以下三重积分的变量替换公式:

$$\iiint_\Omega f(x, y, z)\,\mathrm{d}x\mathrm{d}y\mathrm{d}z$$

$$= \iiint_{\Omega'} f[x(u, v, w), y(u, v, w), z(u, v, w)] \left| \frac{\partial(x, y, z)}{\partial(u, v, w)} \right| \mathrm{d}u\mathrm{d}v\mathrm{d}w, \tag{7.2.6}$$

其中 $\left| \dfrac{\partial(x,y,z)}{\partial(u,v,w)} \right|$ 称为变量替换 (7.2.5) 下的**体积元素的膨胀系数**, 表示不同空间里两种体积元素之间的关系

$$\mathrm{d}x\mathrm{d}y\mathrm{d}z = \left| \frac{\partial(x,y,z)}{\partial(u,v,w)} \right| \mathrm{d}u\mathrm{d}v\mathrm{d}w.$$

以下介绍两类经常使用的变量替换 ——**柱坐标变换**和**球坐标变换**.

1. 柱坐标变换

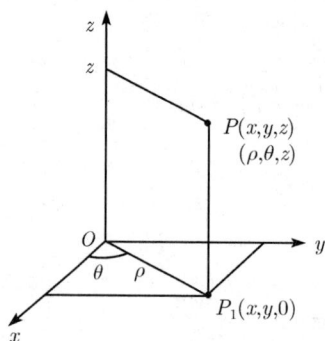

图 7.25　直角坐标与柱坐标的关系

设空间点 $P(x,y,z)$ 在 $O\text{-}xy$ 平面上的投影点 $P_1(x,y,0)$ 的极坐标为 ρ, θ, 则三元有序实数组 (ρ, θ, z) 称为点 P 的**柱坐标**. 柱坐标的取值范围, 一般要求

$$0 \leqslant \rho < +\infty,$$

$$0 \leqslant \theta \leqslant 2\pi,$$

$$-\infty < z < +\infty.$$

如图 7.25 所示, 点 P 的直角坐标与柱坐标之间满足

$$x = \rho\cos\theta, \quad y = \rho\sin\theta, \quad z = z. \tag{7.2.7}$$

注意到

$$\frac{\partial(x,y,z)}{\partial(\rho,\theta,z)} = \begin{vmatrix} \cos\theta & -\rho\sin\theta & 0 \\ \sin\theta & \rho\cos\theta & 0 \\ 0 & 0 & 1 \end{vmatrix} = \rho,$$

由式 (7.2.6) 得到三重积分在柱坐标变换式 (7.2.7) 下的换元公式

$$\iiint_\Omega f(x,y,z)\,\mathrm{d}x\mathrm{d}y\mathrm{d}z = \iiint_{\Omega'} f(\rho\cos\theta, \rho\sin\theta, z)\rho\,\mathrm{d}\rho\mathrm{d}\theta\mathrm{d}z, \tag{7.2.8}$$

其中 Ω' 是 $O'\text{-}\rho\theta z$ 空间中在柱坐标变换公式 (7.2.7) 的作用下与 Ω 相对应的区域.

如图 7.26 的右图所示, 在 $O\text{-}xyz$ 空间里两个以 z 轴为旋转轴的圆柱面 ($\rho = a_1, \rho = a_2$), 两个以 z 轴为边缘的半平面 ($\theta = b_1, \theta = b_2$), 两个和 xy 平面平行的平面 ($z = c_1, z = c_2$) 所围成的曲面六面体 Ω, 呈柱体状, 母线与 z 轴平行, 底面为两扇形之差. 在柱坐标变换 (7.2.7) 的逆映射作用下, Ω 与 $O'\text{-}\rho\theta z$ 空间中的长方体区域 Ω'(如图 7.26 的左图所示) 相对应. 此时, 长方体区域 Ω' 可以由下列简单的不等式组界定:

$$\Omega': \quad b_1 \leqslant \theta \leqslant b_2,\ a_1 \leqslant \rho \leqslant a_2,\ c_1 \leqslant z \leqslant c_2,$$

如果借助换元公式 (7.2.8) 计算 Ω' 上三重积分, 就会得到一个计算简便的三次累次积分.

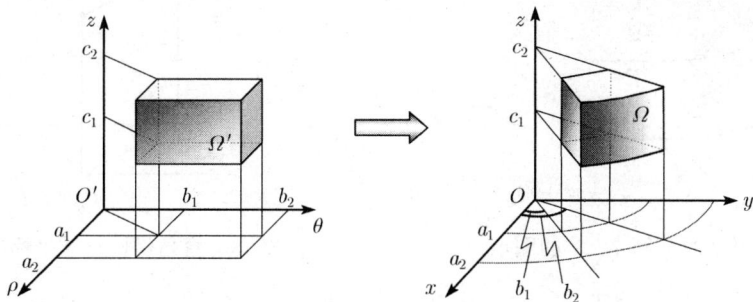

图 7.26 柱坐标映射下 Ω' 到 Ω 的变化

例 7.2.3 计算三重积分 $\iiint_{\Omega} z \,\mathrm{d}x\mathrm{d}y\mathrm{d}z$, 其中 Ω 由上半球面 $x^2 + y^2 + z^2 = 4$ 和旋转抛物面 $x^2 + y^2 = 3z$ 所围成.

解 上半球面 $x^2 + y^2 + z^2 = 4$ 和旋转抛物面 $x^2 + y^2 = 3z$ 的交线方程为

$$\begin{cases} x^2 + y^2 + z^2 = 4, \\ x^2 + y^2 = 3z, \end{cases}$$

即

$$\begin{cases} x^2 + y^2 = 3, \\ z = 1. \end{cases}$$

如图 7.27 所示, Ω 是沿 z 轴方向正则的区域, 由下列 x, y, z 的不等式组界定:

$$\begin{cases} \dfrac{1}{3}(x^2 + y^2) \leqslant z \leqslant \sqrt{4 - x^2 - y^2}, \\ -\sqrt{3 - x^2} \leqslant y \leqslant \sqrt{3 - x^2}, \\ -\sqrt{3} \leqslant x \leqslant \sqrt{3}. \end{cases}$$

在柱坐标变换下, 区域 Ω' 由下列 ρ, θ, z 的不等式组界定:

$$\begin{cases} \dfrac{1}{3}\rho^2 \leqslant z \leqslant \sqrt{4 - \rho^2}, \\ 0 \leqslant \rho \leqslant \sqrt{3}, \\ 0 \leqslant \theta \leqslant 2\pi. \end{cases}$$

利用式 (7.2.8), 再将 Ω' 上的三重积分化成三次累次积分便得到

$$\iiint_{\Omega} z \,\mathrm{d}x\mathrm{d}y\mathrm{d}z = \iiint_{\Omega'} z\rho \,\mathrm{d}\rho\mathrm{d}\theta\mathrm{d}z = \int_0^{2\pi} \mathrm{d}\theta \int_0^{\sqrt{3}} \mathrm{d}\rho \int_{\frac{1}{3}\rho^2}^{\sqrt{4-\rho^2}} z\rho \,\mathrm{d}z = \frac{13}{4}\pi.$$

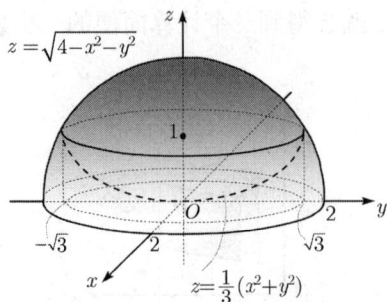

图 7.27   例 7.2.3 的图示

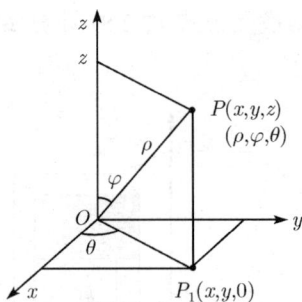

图 7.28   直角坐标与球坐标的关系

2. 球坐标变换

设空间点 $P(x, y, z)$ 在 $O\text{-}xy$ 平面上的投影点为 $P_1(x, y, 0)$, 记 O, P 两点的距离为 ρ; z 轴的正方向与 $\overrightarrow{OP}$ 的夹角为 φ; 由 z 轴的正方向往 z 轴的负方向望去, 从 x 轴的正半轴按照逆时针的方向旋转到 $\overrightarrow{OP_1}$ 的角记作 θ. 称三元有序实数组 (ρ, φ, θ) 为点 P 的**球坐标**. 球坐标的取值范围, 一般要求

$$0 \leqslant \rho < +\infty, \quad 0 \leqslant \varphi \leqslant \pi, \quad 0 \leqslant \theta \leqslant 2\pi.$$

如图 7.28 所示, 利用几何的方法不难证明, 点 P 的直角坐标与球坐标之间满足

$$x = \rho \sin\varphi \cos\theta, \quad y = \rho \sin\varphi \sin\theta, \quad z = \rho \cos\varphi. \tag{7.2.9}$$

注意到

$$\frac{\partial(x, y, z)}{\partial(\rho, \varphi, \theta)} = \begin{vmatrix} \sin\varphi\sin\theta & \rho\cos\varphi\cos\theta & -\rho\sin\varphi\sin\theta \\ \sin\varphi\cos\theta & \rho\cos\varphi\sin\theta & \rho\sin\varphi\cos\theta \\ \cos\varphi & -\rho\sin\varphi & 0 \end{vmatrix} = \rho^2 \sin\varphi,$$

由式 (7.2.6) 得到三重积分在球坐标变换下 (7.2.9) 的换元公式:

$$\iiint_{\Omega} f(x, y, z)\, \mathrm{d}x\mathrm{d}y\mathrm{d}z$$
$$= \iiint_{\Omega'} f(\rho\sin\varphi\cos\theta, \rho\sin\varphi\sin\theta, \rho\cos\varphi)\rho^2\sin\varphi\, \mathrm{d}\rho\mathrm{d}\varphi\mathrm{d}\theta. \tag{7.2.10}$$

其中 Ω' 为 $O'\text{-}\rho\varphi\theta$ 空间中在球坐标变换公式 (7.2.9) 的作用下与 Ω 相对应的区域.

如图 7.29 的右图所示, 在 $O\text{-}xyz$ 空间里, 区域 Ω 是由两个以原点 O 为球心的球面 ($\rho = a_1, \rho = a_2$), 两个以 z 轴为对称轴的圆锥面 ($\varphi = b_1, \varphi = b_2$), 两个以 z 轴为边缘的半平面 ($\theta = c_1, \theta = c_2$) 所围成的曲面六面体. 在球坐标变换 (7.2.9) 的逆映射作用下, Ω 与 $O'\text{-}\rho\varphi\theta$ 空间中的长方体区域 Ω' (如图 7.29 的左图所示) 相对应.

此时, 长方体区域 Ω' 可以由下列简单的不等式组界定:

$$\Omega' : \quad a_1 \leqslant \rho \leqslant a_2, \quad b_1 \leqslant \varphi \leqslant b_2, \quad c_1 \leqslant \theta \leqslant c_2,$$

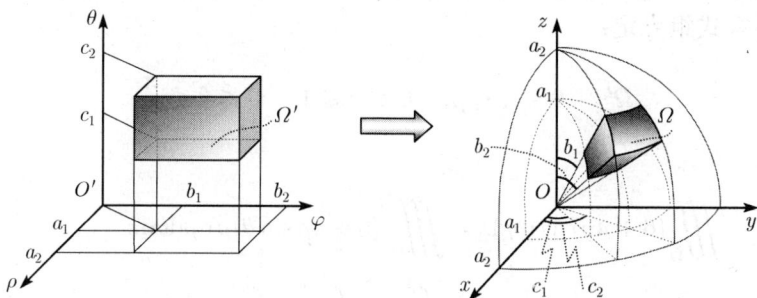

图 7.29 球坐标映射下 Ω' 到 Ω 的变化

如果借助换元公式 (7.2.10) 计算 Ω' 上三重积分的话, 就会得到一个计算简便的三次累次积分.

例 7.2.4 试分别在直角坐标系, 柱坐标系和球坐标系下将三重积分

$$\iiint_{\Omega} (6 + 4y)\,\mathrm{d}x\mathrm{d}y\mathrm{d}z$$

写成三次累次积分的形式, 并比较在后两种形式下计算过程的繁简, 其中 Ω 在第一卦限, 由锥面 $z = \sqrt{x^2 + y^2}$, 圆柱面 $x^2 + y^2 = 1$ 和三个坐标平面所围成.

解 圆柱面 $x^2 + y^2 = 1$ 和锥面 $z = \sqrt{x^2 + y^2}$ 的交线为

$$\begin{cases} x^2 + y^2 = 1, \\ z = \sqrt{x^2 + y^2}, \end{cases}$$

即

$$\begin{cases} x^2 + y^2 = 1, \\ z = 1. \end{cases}$$

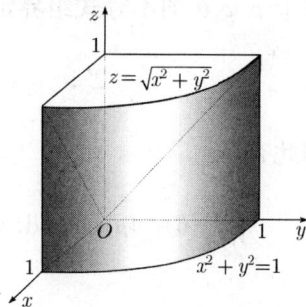

图 7.30 例 7.2.4 的图示

如图 7.30 所示, Ω 是沿 z 轴方向正则的区域, 由 x, y, z 的下列不等式组界定

$$\begin{cases} 0 \leqslant z \leqslant \sqrt{x^2 + y^2}, \\ 0 \leqslant y \leqslant \sqrt{1 - x^2}, \\ 0 \leqslant x \leqslant 1. \end{cases}$$

因此有

$$\iiint_{\Omega} (6 + 4y)\,\mathrm{d}x\mathrm{d}y\mathrm{d}z = \int_0^1 \mathrm{d}x \int_0^{\sqrt{1-x^2}} \mathrm{d}y \int_0^{\sqrt{x^2+y^2}} (6 + 4y)\,\mathrm{d}z.$$

由于锥面 $z = \sqrt{x^2 + y^2}$ 在柱坐标系下的方程为 $z = \rho$, 因此, Ω' 可由下列关于 ρ, θ, z 的不等式组界定:

$$\Omega': \quad 0 \leqslant z \leqslant \rho, \quad 0 \leqslant \rho \leqslant 1, \quad 0 \leqslant \theta \leqslant \frac{\pi}{2}.$$

因此有

$$\begin{aligned}
\iiint_{\Omega} (6 + 4y)\,\mathrm{d}x\mathrm{d}y\mathrm{d}z &= \iiint_{\Omega'} (6 + 4\rho \sin \theta)\rho\,\mathrm{d}\rho\mathrm{d}\theta\mathrm{d}z \\
&= \int_0^{\frac{\pi}{2}} \mathrm{d}\theta \int_0^1 \mathrm{d}\rho \int_0^{\rho} (6 + 4\rho \sin \theta)\rho\,\mathrm{d}z \\
&= \int_0^{\frac{\pi}{2}} \mathrm{d}\theta \int_0^1 \rho^2(6 + 4\rho \sin \theta)\,\mathrm{d}\rho \\
&= \int_0^{\frac{\pi}{2}} (2\rho^3 + \rho^4 \sin \theta)\Big|_0^1 \,\mathrm{d}\theta \\
&= \int_0^{\frac{\pi}{2}} (2 + \sin \theta)\,\mathrm{d}\theta = \pi + 1.
\end{aligned}$$

由于圆柱面 $x^2 + y^2 = 1$ 在球坐标系下的方程为 $\rho = \csc \varphi$, 因此, Ω' 可由下列关于 ρ, φ, θ 的不等式组界定:

$$\Omega': \quad 0 \leqslant \rho \leqslant \csc \varphi, \quad \frac{\pi}{4} \leqslant \varphi \leqslant \frac{\pi}{2}, \quad 0 \leqslant \theta \leqslant \frac{\pi}{2}.$$

因此有

$$\begin{aligned}
\iiint_{\Omega} (6 + 4y)\,\mathrm{d}x\mathrm{d}y\mathrm{d}z &= \iiint_{\Omega'} (6 + 4\rho \sin \varphi \sin \theta)\rho^2 \sin \varphi\,\mathrm{d}\rho\mathrm{d}\varphi\mathrm{d}\theta \\
&= \int_0^{\frac{\pi}{2}} \mathrm{d}\theta \int_{\frac{\pi}{4}}^{\frac{\pi}{2}} \sin \varphi\,\mathrm{d}\varphi \int_0^{\csc \varphi} (6 + 4\rho \sin \varphi \sin \theta)\rho^2\,\mathrm{d}\rho \\
&= \int_0^{\frac{\pi}{2}} \mathrm{d}\theta \int_{\frac{\pi}{4}}^{\frac{\pi}{2}} \csc^2 \varphi(2 + \sin \theta)\,\mathrm{d}\varphi \\
&= \int_0^{\frac{\pi}{2}} (2 + \sin \theta)\,\mathrm{d}\theta \int_{\frac{\pi}{4}}^{\frac{\pi}{2}} \csc^2 \varphi\,\mathrm{d}\varphi = \pi + 1.
\end{aligned}$$

可以看出, 本例以柱坐标系下的累次积分计算最简便, 在确定使用何种坐标系计算三重积分时, 应根据积分区域的形状和被积函数的形式来决定.

例 7.2.5 试求椭球体 $\Omega : \dfrac{x^2}{a^2} + \dfrac{y^2}{b^2} + \dfrac{z^2}{c^2} \leqslant 1$ $(a, b, c > 0)$ 的体积.

解 给出以下广义球坐标变换

$$x = a\rho \sin\varphi \cos\theta, \quad y = b\rho \sin\varphi \sin\theta, \quad z = c\rho \cos\varphi.$$

不难计算出相应的 Jacobi 行列式为

$$\frac{\partial(x, y, z)}{\partial(\rho, \varphi, \theta)} = abc\rho^2 \sin\varphi.$$

椭球体 Ω 在 $\rho\varphi\theta$ 空间里的相应区域 Ω' 可由下列 ρ, φ, θ 所满足的不等式组界定:

$$\Omega' : 0 \leqslant \rho \leqslant 1, \quad 0 \leqslant \varphi \leqslant \pi, \quad 0 \leqslant \theta \leqslant 2\pi.$$

由式 (7.2.6) 知所求椭球体体积为

$$\iiint_\Omega \mathrm{d}x\mathrm{d}y\mathrm{d}z = \iiint_{\Omega'} abc\rho^2 \sin\varphi\, \mathrm{d}\rho\mathrm{d}\varphi\mathrm{d}\theta$$

$$= \int_0^{2\pi} \mathrm{d}\theta \int_0^\pi \sin\varphi\, \mathrm{d}\varphi \int_0^1 abc\rho^2\, \mathrm{d}\rho = \frac{4}{3}abc\pi.$$

7.2.4 若干应用

三重积分在经典物理学中有重要的应用, 我们来介绍物体质心和转动惯量的概念.

1. 质心

静力学的知识告诉我们, 由 n 个质量分别为 $m_1, m_2, \cdots, m_n$ 的质点 $P_1(x_1, y_1, z_1)$, $P_2(x_2, y_2, z_2), \cdots, P_n(x_n, y_n, z_n)$ 组成的质点组, 其**质心坐标**为

$$\left(\frac{\sum\limits_{i=1}^n x_i m_i}{\sum\limits_{i=1}^n m_i}, \quad \frac{\sum\limits_{i=1}^n y_i m_i}{\sum\limits_{i=1}^n m_i}, \quad \frac{\sum\limits_{i=1}^n z_i m_i}{\sum\limits_{i=1}^n m_i} \right). \tag{7.2.11}$$

由此出发, 给出质量连续分布的立体 Ω 的质心计算公式.

设 Ω 为三维空间的有界闭区域, 在 Ω 上定义了连续的质量密度函数 $\mu(x, y, z)$. 将 Ω 划分成 n 个子区域, 每一个子区域 Δv_i 被看作一个质点, 其位置设在 Δv_i 内的某一点 (x_i, y_i, z_i), 其质量近似看作

$$\mu(x_i, y_i, z_i)\Delta v_i,$$

其中 Δv_i 被看作子区域 Δv_i 自身的体积. 这样一来, 质量连续分布的 Ω 被离散化为一个质点组, 而这个质点组由式 (7.2.11) 所确定的质心

$$\left(\frac{\sum\limits_{i=1}^{n} x_i \mu(x_i, y_i, z_i) \Delta v_i}{\sum\limits_{i=1}^{n} \mu(x_i, y_i, z_i) \Delta v_i}, \quad \frac{\sum\limits_{i=1}^{n} y_i \mu(x_i, y_i, z_i) \Delta v_i}{\sum\limits_{i=1}^{n} \mu(x_i, y_i, z_i) \Delta v_i}, \quad \frac{\sum\limits_{i=1}^{n} z_i \mu(x_i, y_i, z_i) \Delta v_i}{\sum\limits_{i=1}^{n} \mu(x_i, y_i, z_i) \Delta v_i} \right),$$

便可作为 Ω 的近似质心.

当上述分划越来越细, 这些子区域直径的最大值 $\lambda \to 0$ 时, 上述质点组质心的极限位置便被看作 Ω 的**质心**, 其坐标为

$$\bar{x} = \frac{1}{M} \iiint_{\Omega} x \mu(x, y, z) \mathrm{d}v, \quad \bar{y} = \frac{1}{M} \iiint_{\Omega} y \mu(x, y, z) \mathrm{d}v,$$

$$\bar{z} = \frac{1}{M} \iiint_{\Omega} z \mu(x, y, z) \mathrm{d}v, \tag{7.2.12}$$

其中 $M = \iiint_{\Omega} \mu(x, y, z) \mathrm{d}v$, 表示 Ω 的质量.

当 Ω 的质量均匀分布亦即 $\mu(x, y, z) = $ 常数时, 上述式 (7.2.12) 所表示的质心又被称作**形心**. 此时式 (7.2.12) 可以简化成

$$\bar{x} = \frac{1}{V} \iiint_{\Omega} x \mathrm{d}v, \quad \bar{y} = \frac{1}{V} \iiint_{\Omega} y \mathrm{d}v, \quad \bar{z} = \frac{1}{V} \iiint_{\Omega} z \mathrm{d}v, \tag{7.2.13}$$

其中 V 表示 Ω 的体积.

例 7.2.6　设 Ω 由圆锥面和球面所围成, 球面的球心在圆锥面的顶点处. 若圆锥面的半顶角为 α, Ω 的质量密度函数为 $\mu(x, y, z) = 1$, 试求 Ω 的质心.

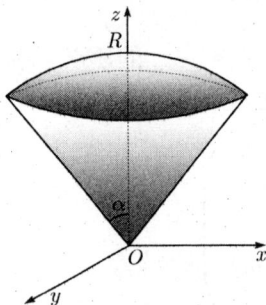

图 7.31　例 7.2.6 的图示

解　以球心为原点, 圆锥面的对称轴为 z 轴建立如图 7.31 的直角坐标系 $O\text{-}xyz$. 由于 Ω 的对称性, 所求质心一定在 z 轴上, 记其坐标为 $(0, 0, \bar{z})$.

在球坐标系下 Ω 由下列不等式组界定:

$$0 \leqslant \rho \leqslant R, \quad 0 \leqslant \varphi \leqslant \alpha, \quad 0 \leqslant \theta \leqslant 2\pi.$$

由球坐标的换元公式 (7.2.10) 得到

$$V = \iiint_{\Omega} \mathrm{d}x \mathrm{d}y \mathrm{d}z = \int_0^{2\pi} \mathrm{d}\theta \int_0^{\alpha} \mathrm{d}\varphi \int_0^R \rho^2 \sin\varphi \mathrm{d}\rho$$

$$= \frac{2}{3} \pi R^3 (1 - \cos\alpha),$$

$$\iiint_{\Omega} z\,\mathrm{d}x\mathrm{d}y\mathrm{d}z = \int_0^{2\pi}\mathrm{d}\theta\int_0^{\alpha}\mathrm{d}\varphi\int_0^R \rho^3\cos\varphi\sin\varphi\mathrm{d}\rho = \frac{\pi R^4}{4}\sin^2\alpha.$$

于是, 由式 (7.2.13) 得到

$$\overline{z} = \frac{\dfrac{\pi R^4}{4}\sin^2\alpha}{\dfrac{2}{3}\pi R^3(1-\cos\alpha)} = \frac{3R}{8}(1+\cos\alpha),$$

由此可见所求质心为 $\left(0,0,\dfrac{3R}{8}(1+\cos\alpha)\right)$.

仿照式 (7.2.12), 还可得到质量密度函数为 $\mu(x,y)$ 的平面区域 D 的质心公式:

$$\overline{x} = \frac{1}{M}\iint_D x\mu(x,y)\,\mathrm{d}\sigma, \quad \overline{y} = \frac{1}{M}\iint_D y\mu(x,y)\,\mathrm{d}\sigma,$$

其中 $M = \iint_D \mu(x,y)\,\mathrm{d}\sigma$, 表示平面区域 D 的质量.

当平面区域 D 质量均匀时, 还可得到平面区域 D 类似式 (7.2.13) 的形心公式:

$$\overline{x} = \frac{1}{S}\iint_D x\,\mathrm{d}\sigma, \quad \overline{y} = \frac{1}{S}\iint_D y\,\mathrm{d}\sigma,$$

其中 S 表示图形 D 的面积.

例 7.2.7 设 D 是介于两个圆 $\rho = a\cos\theta$ 与 $\rho = b\cos\theta$ $(0 < a < b)$ 之间的均匀薄片, 试求其形心 (图 7.32).

解 区域 D 关于 x 轴对称, 因此形心必在 x 轴上, 于是 $\overline{y} = 0$, 只需求出 $\overline{x} = \dfrac{1}{S}\iint_D x\,\mathrm{d}\sigma$ 即可.

由于 S 表示图形 D 的面积, 因此, $S = \pi\left(\dfrac{b}{2}\right)^2 - \pi\left(\dfrac{a}{2}\right)^2 = \dfrac{\pi}{4}(b^2 - a^2)$.

在极坐标系下, 区域 D 可由下列不等式组界定[①]:

$$-\frac{\pi}{2} \leqslant \theta \leqslant \frac{\pi}{2}, \quad a\cos\theta \leqslant \rho \leqslant b\cos\theta.$$

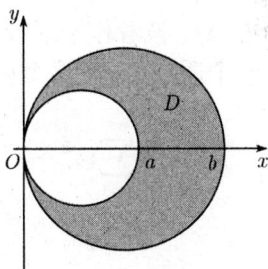

图 7.32 例 7.2.7 的图示

因此有

$$\iint_D x\,\mathrm{d}\sigma = \int_{-\frac{\pi}{2}}^{\frac{\pi}{2}}\mathrm{d}\theta\int_{a\cos\theta}^{b\cos\theta}\rho^2\cos\theta\,\mathrm{d}\rho$$

---

① 极角 θ 的变化范围只要不超过 2π, 总是允许的! 可以尝试选用另外的取值范围, 而保证得到同样的结果.

$$= \int_{-\frac{\pi}{2}}^{\frac{\pi}{2}} \frac{1}{3}(b^3 - a^3) \cos^4 \theta \, \mathrm{d}\theta$$

$$= \frac{2}{3}(b^3 - a^3) \int_0^{\frac{\pi}{2}} \cos^4 \theta \, \mathrm{d}\theta = \frac{\pi}{8}(b^3 - a^3).$$

于是得到平面图形的形心坐标

$$\overline{x} = \frac{1}{S} \iint_D x \, \mathrm{d}\sigma = \frac{\frac{\pi}{8}(b^3 - a^3)}{\frac{\pi}{4}(b^2 - a^2)} = \frac{b^2 + ab + a^2}{2(a+b)}, \quad \overline{y} = 0.$$

2. 转动惯量

由物理学知, 质量分别为 $m_1, m_2, \cdots, m_n$ 的质点 $P_1(x_1, y_1, z_1)$, $P_2(x_2, y_2, z_2)$, $\cdots$, $P_n(x_n, y_n, z_n)$ 所组成的质点组关于直线 l 的**转动惯量J_l** 应等于

$$J_l = \sum_{i=1}^n m_i r_i^2, \tag{7.2.14}$$

其中 r_i 表示点 $P_i(x_i, y_i, z_i)$ 到直线 l 的距离.

由此出发, 给出质量连续分布的立体 Ω 的**转动惯量**的计算公式.

设 Ω 为三维空间的有界闭区域, 在 Ω 上定义了连续的质量密度函数 $\mu(x, y, z)$. 将 Ω 划分成 n 个子区域, 每一个子区域 Δv_i 被看作一个质点, 其位置设在 Δv_i 内的某一点 (x_i, y_i, z_i), 其质量近似看作

$$\mu(x_i, y_i, z_i)\Delta v_i,$$

其中 Δv_i 被看作子区域 Δv_i 自身的体积. 这样一来, 质量连续分布的 Ω 被离散化为一个质点组, 而这个质点组关于 x 轴, y 轴和 z 轴由式 (7.2.14) 所确定的转动惯量

$$\sum_{i=1}^n (y_i^2 + z_i^2)\mu(x_i, y_i, z_i)\Delta v_i, \quad \sum_{i=1}^n (z_i^2 + x_i^2)\mu(x_i, y_i, z_i)\Delta v_i,$$

$$\sum_{i=1}^n (x_i^2 + y_i^2)\mu(x_i, y_i, z_i)\Delta v_i,$$

便可作为 Ω 关于 x 轴, y 轴和 z 轴的转动惯量的近似值.

当上述分划越来越细, 这些子区域直径的最大值 $\|\Delta\| \to 0$ 时, 上述质点组关于 x 轴, y 轴和 z 轴的转动惯量的极限值便被看作 Ω 的关于 x 轴, y 轴和 z 轴的**转动惯量 J_x, J_y, J_z**, 即

$$J_x = \iiint_\Omega (y^2 + z^2)\mu(x, y, z)\mathrm{d}v, \tag{7.2.15}$$

$$J_y = \iiint_\Omega (z^2 + x^2)\mu(x, y, z)\mathrm{d}v, \tag{7.2.16}$$

$$J_z = \iiint_\Omega (x^2 + y^2)\mu(x, y, z)\mathrm{d}v. \tag{7.2.17}$$

例 7.2.8 已知母线长 $2h$, 截面圆半径为 R 的圆柱体 Ω, 其质量分布均匀, $\mu(x, y, z) = 1$. 试求该圆柱体关于中间位置的截面圆某直径的转动惯量.

解 以圆柱体的旋转轴为 z 轴, 中间位置的截面圆已知直径为 x 轴建立直角坐标系. 所求转动惯量应为

$$J_x = \iiint_\Omega (y^2 + z^2)\,\mathrm{d}x\mathrm{d}y\mathrm{d}z.$$

积分区域 Ω 在柱坐标系下可用以下不等式组界定:

$$0 \leqslant \theta \leqslant 2\pi, \quad 0 \leqslant \rho \leqslant R, \quad -h \leqslant z \leqslant h.$$

于是上述三重积分可通过三次累次积分解得

$$
\begin{aligned}
J_x &= \int_0^{2\pi} \mathrm{d}\theta \int_0^R \mathrm{d}\rho \int_{-h}^h (\rho^2 \sin^2\theta + z^2)\rho\,\mathrm{d}z \\
&= \int_0^{2\pi} \mathrm{d}\theta \int_0^R \left(2h\rho^3 \sin^2\theta + \frac{2}{3}h^3\rho\right)\mathrm{d}\rho = \int_0^{2\pi} \left(\frac{R^4 h}{2}\sin^2\theta + \frac{R^2 h^3}{3}\right)\mathrm{d}\theta \\
&= \left(\frac{\pi R^4 h}{2} + \frac{2\pi R^2 h^3}{3}\right) = \pi R^2 h\left(\frac{R^2}{2} + \frac{2h^2}{3}\right).
\end{aligned}
$$

习 题 7.2

1. 画出下列不等式组所界定的空间区域 V, 另给出界定 V 的其他形式:

(1) $0 \leqslant z \leqslant 1 - x - y,\ 0 \leqslant y \leqslant 1 - x,\ 0 \leqslant x \leqslant 1$;

(2) $0 \leqslant z \leqslant 1,\ 0 \leqslant y \leqslant 1 - x,\ 0 \leqslant x \leqslant 1$;

(3) $\sqrt{x^2 + y^2} \leqslant z \leqslant 1,\ -\sqrt{1 - x^2} \leqslant y \leqslant \sqrt{1 - x^2},\ -1 \leqslant x \leqslant 1$.

2. 将三重积分 $\iiint_\Omega f(x, y, z)\mathrm{d}v$ 化为三次累次积分, 其中 Ω 分别为:

(1) 由曲面 $z = x^2 + y^2$ 及平面 $x = 0, x = 1, y = 0, y = 1, z = 0$ 所围成;

(2) 由平面 $z = x + y, x + y = 1, x = 0, y = 0, z = 0$ 所围成;

(3) 由曲面 $z = xy$ 及平面 $x + y = 1, z = 0$ 所围成;

(4) 由曲面 $z = x^2 + 2y^2$ 及 $z = 2 - x^2$ 所围成;

(5) 由曲面 $z = x^2 + y^2, y = x^2$ 及平面 $y = 1, z = 0$ 所围成;

(6) 由曲面 $y = x^2$ 及平面 $y + z = 1, z = 0$ 所围成.

3. 若 $f(x, y, z) = \varphi_1(x)\varphi_2(y)\varphi_3(z)$, 则

$$\iiint_\Omega f(x, y, z)\,\mathrm{d}v = \int_a^b \varphi_1(x)\mathrm{d}x \int_c^d \varphi_2(y)\mathrm{d}y \int_m^n \varphi_3(z)\mathrm{d}z,$$

其中 $\Omega = \{(x,y,z)|a \leqslant x \leqslant b, c \leqslant y \leqslant d, m \leqslant z \leqslant n\}$.

4. 计算下列三重积分:

(1) $\iiint_\Omega x\,\mathrm{d}x\mathrm{d}y\mathrm{d}z$, 其中 Ω 是平面 $x + 2y + z = 1, x = 0, y = 0, z = 0$ 所围成的闭区域;

(2) $\iiint_\Omega \dfrac{\mathrm{d}x\mathrm{d}y\mathrm{d}z}{(1+x+y+z)^3}$, 其中 Ω 是由平面 $x + y + z = 1, x = 0, y = 0, z = 0$ 所围成的闭区域.

5. 计算下列三重积分:

(1) $\iiint_\Omega xy^2z^3\,\mathrm{d}x\mathrm{d}y\mathrm{d}z$, 其中 Ω 是由 $z = xy, y = x, z = 0, x = 1$ 所围成的闭区域;

(2) $\iiint_\Omega y\cos(x+z)\,\mathrm{d}x\mathrm{d}y\mathrm{d}z$, 其中 Ω 是由 $y = \sqrt{x}, y = 0, z = 0, x + z = \dfrac{\pi}{2}$ 所围成的闭区域;

(3) $\iiint_\Omega xz\,\mathrm{d}x\mathrm{d}y\mathrm{d}z$, 其中 Ω 是由 $y = x^2, z = y, z = 0, y = 1$ 所围成的闭区域;

(4) $\iiint_\Omega xyz\,\mathrm{d}x\mathrm{d}y\mathrm{d}z$, 其中 Ω 是由 $x^2 + y^2 + z^2 = 1, x = 0, y = 0, z = 0$ 所围成的在第一卦限内的闭区域.

6. 计算下列三重积分:

(1) $\iiint_\Omega z\,\mathrm{d}x\mathrm{d}y\mathrm{d}z$, 其中 Ω 是由锥面 $z = \dfrac{h}{R}\sqrt{x^2+y^2}$ 与平面 $z = h(R > 0, h > 0)$ 所围成的闭区域;

(2) $\iiint_\Omega z\,\mathrm{d}x\mathrm{d}y\mathrm{d}z$, 其中 Ω 为椭球体 $\dfrac{x^2}{a^2} + \dfrac{y^2}{b^2} + \dfrac{z^2}{c^2} \leqslant 1$ 在 $O\text{-}xy$ 平面上方的部分.

7. 利用柱坐标计算下列三重积分:

(1) $\iiint_\Omega (x^2 + y^2 + z)\,\mathrm{d}x\mathrm{d}y\mathrm{d}z$, 其中 Ω 是由曲线 $\begin{cases} y^2 = 2z, \\ x = 0, \end{cases}$ 绕 z 轴旋转一周而成的曲面与平面 $z = 4$ 所围成的立体;

(2) $\iiint_\Omega x^2y^2\,\mathrm{d}x\mathrm{d}y\mathrm{d}z$, 其中 Ω 是由曲面 $x^2 + y^2 = 2z$ 与平面 $z = 2$ 所围成的闭区域.

8. 利用球坐标计算下列三重积分:

(1) $\iiint_\Omega (x^2 + y^2 + z^2)\,\mathrm{d}x\mathrm{d}y\mathrm{d}z$, 其中 $\Omega = \{(x,y,z)|x^2 + y^2 + z^2 \leqslant 1\}$;

(2) $\iiint_\Omega \dfrac{\cos(\sqrt{x^2+y^2+z^2})}{\sqrt{x^2+y^2+z^2}}\,\mathrm{d}x\mathrm{d}y\mathrm{d}z$, 其中 $\Omega = \{(x,y,z)|\pi^2 \leqslant x^2 + y^2 + z^2 \leqslant 4\pi^2, z \geqslant 0\}$.

9. 选用适当的坐标计算下列三重积分:

(1) $\iiint_\Omega (x^2 + y^2 + z)\,\mathrm{d}x\mathrm{d}y\mathrm{d}z$, 其中 Ω 是由柱面 $x^2 + y^2 = 1$ 与平面 $z = 2, z = 0$ 所围成的闭区域;

(2) $\iiint_\Omega xy\,\mathrm{d}x\mathrm{d}y\mathrm{d}z$, 其中 Ω 是由柱面 $x^2 + y^2 = 1$ 与平面 $z = 1, x = 0, y = 0, z = 0$ 所围

成的在第一卦限内的闭区域;

(3) $\iiint_\Omega \sqrt{x^2 + y^2 + z^2}\, \mathrm{d}x\mathrm{d}y\mathrm{d}z$, 其中 Ω 是由球面 $x^2 + y^2 + z^2 = z$ 所围成的闭区域.

10. 求由下列曲面所围立体的体积:

(1) 抛物面 $z = 6 - x^2 - y^2$ 与锥面 $z = \sqrt{x^2 + y^2}$ 所围成的立体;

(2) 柱面 $x^2 + y^2 = 4$ 与平面 $z = 0, y + z = 4$ 所围成的立体;

(3) 球面 $x^2 + y^2 + z^2 = 4$ 与柱面 $x^2 + y^2 = 1$ 所围成且位于柱面内的立体.

11. 设有曲面 $z = \dfrac{x^2 + y^2}{2}$ 及平面 $z = 2x$ 所围成的体积, 当质量密度 $\mu = \sqrt{x^2 + y^2}$ 时, 试求其质量.

12. 试求下列质量均匀分布的立体 Ω 的质心:

(1) Ω 由 $\dfrac{x^2}{a^2} + \dfrac{y^2}{b^2} + \dfrac{z^2}{c^2} = 1$ 及 $x = 0, y = 0, z = 0$ 所围成的第一卦限部分;

(2) Ω 由 $z = x^2 + y^2$ 及 $z = 1$ 所围成.

13. 求下列区域的形心:

(1) 以 x 轴和 $y = \sqrt{1 - x^2}$ 为边界的半圆区域;

(2) 由柱面 $x^2 + y^2 = 1$, 抛物面 $z = x^2 + y^2$ 及平面 $z = 0$ 所围成的区域.

14. 设 Ω 是质量密度为常数 $\mu(x, y, z) = a$ 的立体, Ω 由曲面 $z = x^2 + y^2$ 及平面 $x = 1, x = -1, y = 1, y = -1, z = 0$ 所围成, 试求 Ω 关于 z 轴的转动惯量.

15. 已知母线长 $2h$, 截面圆的半径为 R 的圆柱体 Ω, 质量分布均匀 $\mu(x, y, z) = \mu_0$(常数), 试求该圆柱体关于圆柱体旋转轴的转动惯量.

16. 设 Ω 由圆柱面 $x^2 + y^2 = 1, x^2 + y^2 = 4$ 及平面 $z = 0, z = h(h > 0)$ 所围成, 质量密度函数 $\mu(x, y) = \sqrt{x^2 + y^2}$, 试求 Ω 关于 z 轴的转动惯量.

复 习 题 七

1. 选择以下各题中给出的四个结论中一个正确的结论:

(1) 设 $I_1 = \iint_D \cos\sqrt{x^2 + y^2}\, \mathrm{d}\sigma, I_2 = \iint_D \cos(x^2 + y^2)\, \mathrm{d}\sigma, I_3 = \iint_D \cos(x^2 + y^2)^2\, \mathrm{d}\sigma$, 其中 $D = \{(x, y)|x^2 + y^2 \leqslant 1\}$, 则____.

A. $I_3 > I_2 > I_1$ B. $I_1 > I_2 > I_3$

C. $I_2 > I_1 > I_3$ D. $I_3 > I_1 > I_2$

(2) 设 $f(x, y)$ 为连续函数, 则 $\int_0^{\frac{\pi}{2}} \mathrm{d}\theta \int_0^{\cos\theta} f(\rho\cos\theta, \rho\sin\theta)\rho\, \mathrm{d}\rho$ 可以写成____.

A. $\int_0^1 \mathrm{d}y \int_0^{\sqrt{y - y^2}} f(x, y)\, \mathrm{d}x$ B. $\int_0^1 \mathrm{d}y \int_0^{\sqrt{1 - y^2}} f(x, y)\, \mathrm{d}x$

C. $\int_0^1 \mathrm{d}y \int_0^1 f(x, y)\, \mathrm{d}x$ D. $\int_0^1 \mathrm{d}x \int_0^{\sqrt{x - x^2}} f(x, y)\, \mathrm{d}y$

(3) 设 D 是 xOy 平面上以 $(1, 1), (-1, 1), (-1, -1)$ 为顶点的三角形区域, D_1 是 D 的第一象限部分, 则 $\iint_D (xy + \cos x \sin y)\, \mathrm{d}x\, \mathrm{d}y$ 等于____.

A. $2\iint_{D_1}\cos x\sin y\,\mathrm{d}x\,\mathrm{d}y$　　　　　　B. $2\iint_{D_1}xy\,\mathrm{d}x\,\mathrm{d}y$

C. $4\iint_{D_1}(xy+\cos x\sin y)\,\mathrm{d}x\,\mathrm{d}y$　　　D. $4\iint_{D_1}xy\,\mathrm{d}x\,\mathrm{d}y$

(4) 设有空间区域 $\Omega_1:x^2+y^2+z^2\leqslant R^2,z\leqslant 0,\Omega_2:x^2+y^2+z^2\leqslant R^2,x\leqslant 0,y\leqslant 0,z\leqslant 0,$
则____.

A. $\iiint_{\Omega_1}x\,\mathrm{d}v=4\iiint_{\Omega_2}x\,\mathrm{d}v$　　　　B. $\iiint_{\Omega_1}y\,\mathrm{d}v=4\iiint_{\Omega_2}y\,\mathrm{d}v$

C. $\iiint_{\Omega_1}z\,\mathrm{d}v=4\iiint_{\Omega_2}z\,\mathrm{d}v$　　　　D. $\iiint_{\Omega_1}xyz\,\mathrm{d}v=4\iiint_{\Omega_2}xyz\,\mathrm{d}v$

2. 计算下列二重积分:

(1) $\displaystyle\iint_D y\,\mathrm{d}x\,\mathrm{d}y$, 其中 $D=\{(x,y)|0\leqslant y\leqslant\sin x,0\leqslant x\leqslant\pi\}$;

(2) $\displaystyle\iint_D 3y^3\mathrm{e}^{xy}\,\mathrm{d}x\,\mathrm{d}y$, 其中 $D=\{(x,y)|0\leqslant x\leqslant y^2,0\leqslant y\leqslant 1\}$;

(3) $\displaystyle\iint_D\frac{4\sqrt{x^2+y^2}}{1+x^2+y^2}\,\mathrm{d}x\,\mathrm{d}y$, 其中 $D=\{(x,y)|x^2+y^2\leqslant 1\}$;

(4) $\displaystyle\iint_D xy\,\mathrm{d}x\,\mathrm{d}y$, 其中 $D=\{(x,y)|x^2+y^2\leqslant 2x,y\geqslant 0\}$.

3. 利用对称性计算下列二重积分:

(1) $\displaystyle\iint_D x(x^2+\cos xy)\,\mathrm{d}x\,\mathrm{d}y$, 其中 D 是由抛物线 $y=x^2$ 与直线 $y=1$ 所围成的平面区域;

(2) $\displaystyle\iint_D y(1+x\mathrm{e}^{\frac{1}{2}(x^2+y^2)})\,\mathrm{d}x\,\mathrm{d}y$, 其中 D 是直线 $y=x,y=-1$, 及 $x=1$ 所围成的平面区域;

(3) $\displaystyle\iint_D(\sqrt{x^2+y^2}+y)\,\mathrm{d}x\,\mathrm{d}y$, 其中 D 是由圆 $x^2+y^2=4$ 与 $(x+1)^2+y^2=1$ 所围成的平面区域;

(4) $\displaystyle\iint_D\frac{1+xy}{1+x^2+y^2}\,\mathrm{d}x\,\mathrm{d}y$, 其中 D 是由圆 $x^2+y^2=1$ 与 $y=0$ 所围成的平面区域.

4. 计算下列三重积分:

(1) $\displaystyle\iiint_\Omega(x+y+z+1)\,\mathrm{d}x\,\mathrm{d}y\,\mathrm{d}z$, 其中 Ω 是由 $x=1,y=1,z=1$ 以及三个坐标面所围成的位于第一卦限的正方体;

(2) $\displaystyle\iiint_\Omega z\sqrt{x^2+y^2}\,\mathrm{d}x\,\mathrm{d}y\,\mathrm{d}z$, 其中 Ω 是由柱面 $y=\sqrt{2x-x^2}$ 以及平面 $z=0,z=a$ 所围成的闭区域;

(3) $\displaystyle\iiint_\Omega(x+z)\,\mathrm{d}x\,\mathrm{d}y\,\mathrm{d}z$, 其中 Ω 是抛物面 $z=\sqrt{x^2+y^2}$ 以及 $z=\sqrt{1-x^2-y^2}$ 所围成的闭区域.

5. 证明 $\displaystyle\int_0^a\mathrm{d}y\int_0^y\mathrm{e}^{m(a-x)}f(x)\,\mathrm{d}x=\int_0^a(a-x)\mathrm{e}^{m(a-x)}f(x)\,\mathrm{d}x$.

6. 设 $f(x,y) = \begin{cases} x^2 y, & 0 \leqslant y \leqslant x, 1 \leqslant x \leqslant 2, \\ 0, & \text{其他.} \end{cases}$ 试求二重积分 $\iint\limits_D f(x,y)\,\mathrm{d}x\,\mathrm{d}y$, 其中 $D = \{(x,y) \mid x^2 + y^2 \geqslant 2x\}$.

7. 试求由心脏线 $\rho = 1 + \cos\theta$ 之内, 圆 $\rho = 1$ 之外围成区域的面积.

8. 设 Ω 是由 $z = x^2 + y^2$ 与 $z = 2 - \sqrt{x^2 + y^2}$ 围成的区域, 试求 Ω 的体积和表面积.

9. 匀质立体 Ω 是由 $x^2 + y^2 + z^2 = 1, x^2 + y^2 + z^2 = 4$ 以及 $z = \sqrt{x^2 + y^2}$ 所围成 (含 z 轴部分), 试求该立体的质心.

10. 在以原点为球心, a 为半径的均匀半球体的圆面处拼接一个半径为 a 且材料相同的圆柱体, 为使拼接后的整个立体重心位于球心, 试问圆柱体的长度 L 应为多少?

11. 设 Ω 是由 $O\text{-}xy$ 平面上的曲线 $y^2 = 2x$ 绕 x 轴旋转而成的曲面与平面 $x = 2$ 所围成的闭区域, 该立体的质量密度为 $\mu(x,y,z) = 1$, 试求其对于 x 轴的转动惯量.

12. 设直线 $l \parallel l_0$, 直线 l_0 通过某物体的质心 O, 若该物体的质量为 M, l 与 l_0 的距离为 d, 试证明该物体关于 l 的转动惯量 J_l 等于关于 l_0 的转动惯量 J_{l_0} 加 Md^2, 即

$$J_l = J_{l_0} + Md^2.$$

第 8 章   曲线积分与曲面积分

在本章, 我们将继续拓广积分的定义, 使其展布在一条曲线或是一块曲面上, 成为所谓的**曲线积分**和**曲面积分**. 这种拓广使多元函数积分学在更为广阔的领域里得到应用, 并由此得到一系列重要结论.

§8.1   曲 线 积 分

设空间曲线 Γ 的参数方程为

$$x = \varphi(t), \quad y = \psi(t), \quad z = \chi(t) \quad (\alpha \leqslant t \leqslant \beta). \tag{8.1.1}$$

当函数 φ, ψ, χ 在 $[\alpha, \beta]$ 上连续时, 称 Γ 为**连续曲线**; 当曲线 Γ 没有**自交点**亦即 Γ 上的每个点对应一个参数时, 称为**简单曲线**[①].

若曲线 Γ 的方程 (8.1.1) 满足下列条件:

(i) 函数 $\varphi(t), \psi(t), \chi(t)$ 在 $[\alpha, \beta]$ 上有连续导数,

(ii) $[\varphi'(t)]^2 + [\psi'(t)]^2 + [\chi'(t)]^2 \neq 0 \ (t \in [\alpha, \beta])$,

称 Γ 为**光滑曲线**. 若干条光滑曲线首尾相连接而成的曲线称为**分段光滑曲线**. 本章主要在分段光滑曲线的范围内讨论问题.

8.1.1   第一型曲线积分

1. 曲线段的质量

设有以 A, B 为端点的空间曲线段 Γ, 其质量线密度为 $\mu(x, y, z) \ (\geqslant 0)$, 试计算曲线段 Γ 的质量.

在 Γ 上端点 A, B 之间插入 $n - 1$ 个分点 $M_1, M_2, \cdots, M_{n-1}$, 成为 Γ 的一个分划 (图 8.1), 并记 $M_0 = A, M_n = B$. 以 M_{i-1}, M_i 为端点的小弧段的弧长记作 $\Delta s_i \ (i = 1, 2, \cdots, n)$. 将该弧段的质量分布看作是均匀的, 其密度为该弧段上任意取定的点 $P_i(\xi_i, \eta_i, \zeta_i)$ 处的质量线密度 $\mu(\xi_i, \eta_i, \zeta_i)$. 于是, 该弧段的质量可近似看成 $\mu(\xi_i, \eta_i, \zeta_i) \, \Delta s_i \ (i = 1, 2, \cdots, n)$. 曲线段 Γ 的质量 M 近似看作

$$M \approx \sum_{i=1}^{n} \mu(\xi_i, \eta_i, \zeta_i) \Delta s_i.$$

将上述分划的分点逐渐增多, 并令分划的模 $\lambda = \max_{1 \leqslant i \leqslant n} \{\Delta s_i\} \to 0$, 如果存在极限

---

① 有一个例外, 当曲线 Γ 的两个端点相重合而成为一个闭曲线时, 仍被看作简单曲线.

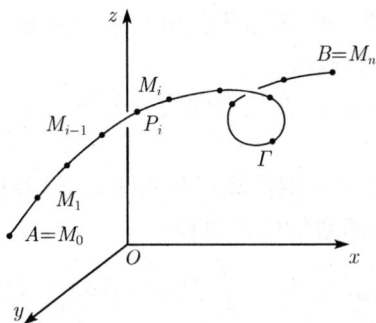

图 8.1 空间曲线 Γ 的分划

$$\lim_{\lambda \to 0} \sum_{i=1}^{n} \mu(\xi_i, \eta_i, \zeta_i) \Delta s_i,$$

且与分点插入的方式以及点 P_i 的位置无关, 则称此极限为曲线段 Γ 的质量 M.

上述曲线段质量的定义, 实际上重复了前面多次使用的积分的方法, 下面给出第一型曲线积分的抽象定义.

2. 第一型曲线积分的定义和性质

设 Γ 是以 A, B 为端点的光滑曲线, 函数 $f(x, y, z)$ 在 Γ 上有界. 在曲线 Γ 上 A, B 之间插入 $n-1$ 个分点 M_i $(i = 1, 2, \cdots, n-1)$ 并记 $M_0 = A, M_n = B$. 设第 i 个小弧段 $\overset{\frown}{M_{i-1}M_i}$ 的弧长为 Δs_i $(i = 1, 2, \cdots, n)$. 在此弧段上任取点 $P_i(\xi_i, \eta_i, \zeta_i)$, 作和式

$$\sum_{i=1}^{n} f(\xi_i, \eta_i, \zeta_i) \Delta s_i.$$

如果当分划的模 $\lambda = \max\limits_{1 \leqslant i \leqslant n} \Delta s_i \to 0$, 极限

$$\lim_{\lambda \to 0} \sum_{i=1}^{n} f(\xi_i, \eta_i, \zeta_i) \Delta s_i = I$$

存在且与分划的方式以及点 P_i 所在的位置无关, 则称 I 为函数 $f(x, y, z)$ 在 Γ 上的**第一型曲线积分**或**关于弧长的积分**,记作

$$\int_{\Gamma} f(x, y, z) \, \mathrm{d}s, \tag{8.1.2}$$

其中 $f(x, y, z)$ 称为**被积函数**, $\mathrm{d}s$ 称为**弧长元素**, Γ 称为**积分路径**.

根据上述定义, 质量线密度为 $\mu(x, y, z)$ 的曲线段 Γ 的质量可写成形如式 (8.1.2) 的第一型曲线积分:

$$M = \int_{\Gamma} \mu(x, y, z) \, \mathrm{d}s.$$

由定义不难看出, 当第一型曲线积分 (8.1.2) 的被积函数 $f(x, y, z) = 1$ 时, 式 (8.1.2) 应表示积分路径 Γ 的弧长.

可以证明, 当函数 $f(x, y, z)$ 在光滑曲线或分段光滑曲线 Γ 上连续时, 第一型曲线积分 (8.1.2) 一定存在.

以下略去证明直接给出第一型曲线积分的性质, 这些性质可以从定义出发直接证明, 性质中所涉及的被积函数均假定可积.

(1) $\displaystyle\int_{\Gamma} [f(x, y, z) + g(x, y, z)] \, \mathrm{d}s = \int_{\Gamma} f(x, y, z) \, \mathrm{d}s + \int_{\Gamma} g(x, y, z) \, \mathrm{d}s.$

(2) $\displaystyle\int_{\Gamma} k f(x, y, z) \, \mathrm{d}s = k \int_{\Gamma} f(x, y, z) \, \mathrm{d}s$　(k 为常数).

(3) $\displaystyle\int_{\Gamma_1 + \Gamma_2} f(x, y, z) \, \mathrm{d}s = \int_{\Gamma_1} f(x, y, z) \, \mathrm{d}s + \int_{\Gamma_2} f(x, y, z) \, \mathrm{d}s.$

其中 $\Gamma_1 + \Gamma_2$ 表示由光滑曲线 Γ_1, Γ_2 首尾相连而成的分段光滑曲线.

(4) $\displaystyle\int_{\Gamma_{AB}} f(x, y, z) \, \mathrm{d}s = \int_{\Gamma_{BA}} f(x, y, z) \, \mathrm{d}s.$

其中 Γ_{AB} 表示以 A 为起点, B 为终点的有向曲线段, 而 Γ_{BA} 表示以 B 为起点, A 为终点的有向曲线段.

本性质说明第一型曲线积分与积分路径的方向无关. 这一点明显地与定积分不同. 只要注意到, 积分和式中的 Δs_i 的符号并不受积分路径方向的改变而改变, 性质 (4) 的结论便不难理解.

3. 第一型曲线积分的计算

定理 8.1.1　设曲线 Γ 为光滑曲线, 其参数方程为

$$x = \varphi(t), \quad y = \psi(t), \quad z = \chi(t) \quad (\alpha \leqslant t \leqslant \beta). \tag{8.1.1}$$

若函数 $f(x, y, z)$ 在 Γ 上连续, 则第一型曲线积分 (8.1.2) 存在, 且

$$\int_{\Gamma} f(x, y, z) \, \mathrm{d}s = \int_{\alpha}^{\beta} f(\varphi(t), \psi(t), \chi(t)) \sqrt{[\varphi'(t)]^2 + [\psi'(t)]^2 + [\chi'(t)]^2} \, \mathrm{d}t. \tag{8.1.3}$$

证明　不妨设曲线 Γ 的端点 A, B 分别对应着参数 α, β. 如果在 Γ 上端点 A, B 之间顺序插入 $n - 1$ 个分点 M_i $(i = 1, 2, \cdots, n - 1)$, 则相当于给闭区间 $[\alpha, \beta]$ 一个分划, 在 α, β 之间插入分点

$$\alpha = t_0 < t_1 < \cdots < t_{n-1} < t_n = \beta.$$

这样一来, 第 i 个小弧段 $\overset{\frown}{M_{i-1} M_i}$ 的弧长 Δs_i 可用弧长公式表示并利用积分中值定理得到

$$\Delta s_i = \int_{t_{i-1}}^{t_i} \sqrt{[\varphi'(t)]^2 + [\psi'(t)]^2 + [\chi'(t)]^2}\, \mathrm{d}t$$

$$= \sqrt{[\varphi'(\tau_i)]^2 + [\psi'(\tau_i)]^2 + [\chi'(\tau_i)]^2}\, \Delta t_i,$$

其中 $\tau_i \in [t_{i-1}, t_i]$, $\Delta t_i = t_i - t_{i-1}$.

记 $\xi_i = \varphi(\tau_i)$, $\eta_i = \psi(\tau_i)$, $\zeta_i = \chi(\tau_i)$. 在第 i 个小弧段 $\overparen{M_{i-1}M_i}$ 上取点 $P_i(\xi_i, \eta_i, \zeta_i)$, 作出积分和

$$\sum_{i=1}^n f(\xi_i, \eta_i, \zeta_i) \Delta s_i = \sum_{i=1}^n f(\varphi(\tau_i), \psi(\tau_i), \chi(\tau_i)) \sqrt{[\varphi'(\tau_i)]^2 + [\psi'(\tau_i)]^2 + [\chi'(\tau_i)]^2}\, \Delta t_i.$$

当闭区间 $[\alpha, \beta]$ 上分划的模趋于零时, 曲线上最大小弧段的长度 $\max\limits_{1 \leqslant i \leqslant n} \Delta s_i \to 0$, 上式左端的极限为第一型曲线积分

$$\int_\Gamma f(x, y, z)\, \mathrm{d}s, \tag{8.1.2}$$

右式的极限为定积分

$$\int_\alpha^\beta f(\varphi(t), \psi(t), \chi(t)) \sqrt{[\varphi'(t)]^2 + [\psi'(t)]^2 + [\chi'(t)]^2}\, \mathrm{d}t.$$

式 (8.1.3) 由此得证.

应该指出, 式 (8.1.3) 中定积分的上下限要满足条件 $\alpha < \beta$. 这是因为, 上述证明过程里小弧段的长度 $\Delta s_i > 0$, 进而 $\Delta t_i > 0$, $t_{i-1} < t_i$, 所以 $\alpha < \beta$.

当曲线 Γ 位于平面 $O\text{-}xy$ 上, 成为平面曲线时, 其参数方程为

$$x = \varphi(t), \quad y = \psi(t) \quad (\alpha \leqslant t \leqslant \beta).$$

如果二元函数 $f(x, y)$ 在 Γ 连续, 则得到第一型平面曲线积分的计算公式:

$$\int_\Gamma f(x, y)\, \mathrm{d}s = \int_\alpha^\beta f(\varphi(t), \psi(t)) \sqrt{[\varphi'(t)]^2 + [\psi'(t)]^2}\, \mathrm{d}t. \tag{8.1.4}$$

当平面曲线 Γ 用显式方程 $y = y(x)$ $(a \leqslant x \leqslant b)$ 表示时, 式 (8.1.4) 变形为

$$\int_\Gamma f(x, y)\, \mathrm{d}s = \int_a^b f(x, y(x)) \sqrt{1 + [y'(x)]^2}\, \mathrm{d}x. \tag{8.1.5}$$

例 8.1.1 计算第一型曲线积分

$$\int_\Gamma (x^2 + y^2 + z^2)\, \mathrm{d}s,$$

其中 Γ 为圆柱螺线

$$x = a\cos t, \quad y = a\sin t, \quad z = bt$$

上点 $(a, 0, 2b\pi)$ 与点 $(a, 0, 0)$ 之间的一段弧.

解 点 $(a, 0, 2b\pi)$ 与点 $(a, 0, 0)$ 分别对应参数 $t = 2\pi$ 与 $t = 0$. 先来计算 Γ 上的弧微分

$$\mathrm{d}s = \sqrt{(-a\sin t)^2 + (a\cos t)^2 + b^2}\mathrm{d}t = \sqrt{a^2 + b^2}\mathrm{d}t.$$

由式 (8.1.3) 得到

$$\int_\Gamma (x^2 + y^2 + z^2)\,\mathrm{d}s = \int_0^{2\pi}[(a\cos t)^2 + (a\sin t)^2 + (bt)^2]\sqrt{a^2 + b^2}\,\mathrm{d}t$$

$$= \sqrt{a^2 + b^2}\int_0^{2\pi}(a^2 + b^2 t^2)\,\mathrm{d}t = \frac{2\pi}{3}\sqrt{a^2 + b^2}(3a^2 + 4b^2\pi^2).$$

利用第一型曲线积分, 可以将平面图形或空间图形的质心公式以及转动惯量公式都推广到曲线上来.

设曲线 Γ 的质量线密度为 $\mu(x, y, z)$ $(\geqslant 0)$, 则 Γ 的质心坐标由下式给出:

$$\overline{x} = \frac{\displaystyle\int_\Gamma x\mu(x, y, z)\,\mathrm{d}s}{\displaystyle\int_\Gamma \mu(x, y, z)\,\mathrm{d}s}, \quad \overline{y} = \frac{\displaystyle\int_\Gamma y\mu(x, y, z)\,\mathrm{d}s}{\displaystyle\int_\Gamma \mu(x, y, z)\,\mathrm{d}s}, \quad \overline{z} = \frac{\displaystyle\int_\Gamma z\mu(x, y, z)\,\mathrm{d}s}{\displaystyle\int_\Gamma \mu(x, y, z)\,\mathrm{d}s}.$$

曲线 Γ 关于 x 轴和原点 O 的转动惯量为

$$J_x = \int_\Gamma (y^2 + z^2)\mu(x, y, z)\,\mathrm{d}s, \quad J_O = \int_\Gamma (x^2 + y^2 + z^2)\mu(x, y, z)\,\mathrm{d}s.$$

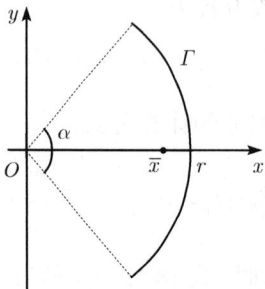

例 8.1.2 试求半径为 r, 中心角为 2α 的质量均匀分布的圆弧 Γ 的质心.

解 不妨设 Γ 的质量线密度为 $\mu(x, y) \equiv 1$. 以圆弧 Γ 的圆心为原点, 圆弧的对称轴为 x 轴, 如图 8.2 所示, 建立平面直角坐标系 $O\text{-}xy$. 由于 Γ 为平面曲线, 且以 x 轴为对称轴, 因此所求质心在 x 轴上, 即 $\overline{y} = 0$.

由于 Γ 的参数方程为

图 8.2 平面曲线 Γ 的质心

$$x = r\cos t, \quad y = r\sin t \quad (-\alpha \leqslant t \leqslant \alpha),$$

$$\mathrm{d}s = \sqrt{[-r\sin t]^2 + [r\cos t]^2}\,\mathrm{d}t = r\,\mathrm{d}t,$$

因此有

$$\int_\Gamma \mu(x, y)\,\mathrm{d}s = \int_{-\alpha}^{\alpha} r\,\mathrm{d}t = 2r\alpha.$$

$$\int_\Gamma x\mu(x, y)\,\mathrm{d}s = \int_{-\alpha}^{\alpha} r^2\cos t\,\mathrm{d}t = r^2\sin t\big|_{-\alpha}^{\alpha} = 2r^2\sin\alpha.$$

于是得到

$$\overline{x} = \frac{2r^2 \sin\alpha}{2r\alpha} = \frac{r\sin\alpha}{\alpha}, \quad \overline{y} = 0,$$

即质心为 $\left(\dfrac{r\sin\alpha}{\alpha}, 0 \right)$.

8.1.2　第二型曲线积分

1. 变力沿曲线所做的功

设有向量值函数

$$\boldsymbol{F}(x, y, z) = P(x, y, z)\boldsymbol{i} + Q(x, y, z)\boldsymbol{j} + R(x, y, z)\boldsymbol{k}, \tag{8.1.6}$$

表示的力场, 试确定在此力场作用下, 质点 M 沿曲线 $\varGamma$ 从 A 移动到 B 时所做的功 W(图 8.3).

当 $\boldsymbol{F}$ 为常力, 曲线段 $\varGamma$ 成为直线段 AB(严格地说是有向线段 AB) 时, $\boldsymbol{F}$ 所做的功应该等于 $\boldsymbol{F}$ 与 $\overrightarrow{AB}$ 的数量积. 现在 $\boldsymbol{F}$ 为变力, $\varGamma$ 成为有向的曲线段, 该如何求所做的功呢? 我们仍然要求助于积分的方法.

在 $\varGamma$ 上端点 A, B 之间插入 $n-1$ 个分点, 则点

$$A = M_0, M_1, M_2, \cdots, M_{n-1}, M_n = B$$

成为 $\varGamma$ 的一个分划. 点 M 沿着小弧段 $\overparen{M_{i-1}M_i}$ 从 M_{i-1} 移动到 M_i 时, $\boldsymbol{F}$ 所做的功可以近似地看作常力 $\boldsymbol{F}(\xi_i, \eta_i, \zeta_i)$ 与向量 $\overrightarrow{M_{i-1}M_i}$ 的数量积

$$\boldsymbol{F}(\xi_i, \eta_i, \zeta_i) \cdot \overrightarrow{M_{i-1}M_i},$$

其中 (ξ_i, η_i, ζ_i) 是小弧段 $\overparen{M_{i-1}M_i}$ 上任意取定的一点.

图 8.3　变力 $\boldsymbol{F}$ 沿 $\varGamma$ 所做的功

如果记点 M_i 的坐标为 $M_i(x_i, y_i, z_i)$ $(i = 0, 1, 2, \cdots, n)$, 且

$$\Delta x_i = x_i - x_{i-1}, \quad \Delta y_i = y_i - y_{i-1}, \quad \Delta z_i = z_i - z_{i-1} \quad (1 \leqslant i \leqslant n),$$

则 $\overrightarrow{M_{i-1}M_i} = \{\Delta x_i, \Delta y_i, \Delta z_i\}$. 于是, 力 $\boldsymbol{F}$ 沿曲线 $\varGamma$ 从 A 移动到 B 时所做的功 W 可近似看成所有上述小弧段上近似功之和, 即

$$\sum_{i=1}^{n} \boldsymbol{F}(\xi_i, \eta_i, \zeta_i) \cdot \overrightarrow{M_{i-1}M_i}$$

$$= \sum_{i=1}^{n} [P(\xi_i, \eta_i, \zeta_i)\Delta x_i + Q(\xi_i, \eta_i, \zeta_i)\Delta y_i + R(\xi_i, \eta_i, \zeta_i)\Delta z_i]. \tag{8.1.7}$$

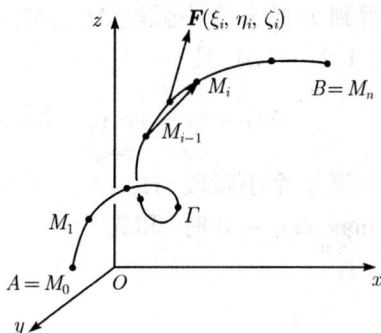

记第 i 个小弧段的弧长为 Δs_i $(i = 1, 2, \cdots, n)$, 最大小弧段的长度为 $\lambda = \max\limits_{1 \leqslant i \leqslant n} \Delta s_i$. 如果当 $\lambda \to 0$ 时, 上述和式 (8.1.7) 存在极限

$$\lim_{\lambda \to 0} \sum_{i=1}^{n} \boldsymbol{F}(\xi_i, \eta_i, \zeta_i) \cdot \overrightarrow{M_{i-1}M_i},$$

且不依赖于分划的方式以及点 (ξ_i, η_i, ζ_i) 的位置, 则称此极限为所求的功 W 是合理的.

上述变力沿曲线做功的计算方法, 仍然重复了积分的方法, 以此为背景我们给出第二型曲线积分的定义.

2. 第二型曲线积分的定义和性质

设 Γ 是以 A 为始点, B 为终点的有向光滑曲线段, 为强调始点与终点的位置有时又记作 Γ_{AB}. 函数 $f(x, y, z)$ 在 Γ 上有界. 在 Γ 上 A, B 之间插入 $n-1$ 个分点

$$A = M_0, M_1, M_2, \cdots, M_{n-1}, M_n = B,$$

得到 Γ 的 n 个小弧段 $\overparen{M_{i-1}M_i}$ $(i = 1, 2, \cdots, n)$. 记 M_i 的坐标为 $M_i(x_i, y_i, z_i)$ $(i = 0, 1, 2, \cdots, n)$, 且

$$\Delta x_i = x_i - x_{i-1}, \quad \Delta y_i = y_i - y_{i-1}, \quad \Delta z_i = z_i - z_{i-1} \quad (1 \leqslant i \leqslant n).$$

在第 i 个小弧段 $\overparen{M_{i-1}M_i}$ 上任取点 (ξ_i, η_i, ζ_i), 如果各小弧段弧长的最大值 $\lambda = \max\limits_{1 \leqslant i \leqslant n} \Delta s_i \to 0$ 时, 和式

$$\sum_{i=1}^{n} f(\xi_i, \eta_i, \zeta_i) \Delta x_i \tag{8.1.8}$$

存在极限, 且此极限不依赖于分划的方式以及点 (ξ_i, η_i, ζ_i) 的位置, 则称此极限为**函数 $f(x, y, z)$ 在 Γ_{AB} 上对坐标 x 的第二型曲线积分**, 记作

$$\int_{\Gamma_{AB}} f(x, y, z) \, \mathrm{d}x = \lim_{\lambda \to 0} \sum_{i=1}^{n} f(\xi_i, \eta_i, \zeta_i) \Delta x_i. \tag{8.1.9}$$

类似地还可定义函数 $f(x, y, z)$ 在 Γ_{AB} 上对坐标 y, z 的第二型曲线积分, 并分别记作

$$\int_{\Gamma_{AB}} f(x, y, z) \, \mathrm{d}y = \lim_{\lambda \to 0} \sum_{i=1}^{n} f(\xi_i, \eta_i, \zeta_i) \Delta y_i, \tag{8.1.10}$$

$$\int_{\Gamma_{AB}} f(x, y, z) \, \mathrm{d}z = \lim_{\lambda \to 0} \sum_{i=1}^{n} f(\xi_i, \eta_i, \zeta_i) \Delta z_i. \tag{8.1.11}$$

按照上述定义, 式 (8.1.7) 右端的极限 —— 变力 $\boldsymbol{F}(x,y,z)$ 沿 Γ_{AB} 所做功 W —— 可以表示成三个第二型曲线积分的和, 我们直接写成

$$W = \int_{\Gamma_{AB}} P(x,y,z)\,\mathrm{d}x + Q(x,y,z)\,\mathrm{d}y + R(x,y,z)\,\mathrm{d}z,$$

或者写成更为简略的形式

$$W = \int_{\Gamma_{AB}} \boldsymbol{F} \cdot \mathrm{d}\boldsymbol{r} = \int_{\Gamma_{AB}} P(x,y,z)\,\mathrm{d}x + Q(x,y,z)\,\mathrm{d}y + R(x,y,z)\,\mathrm{d}z.$$

上式左端中只要视 $\mathrm{d}\boldsymbol{r} = \{\mathrm{d}x, \mathrm{d}y, \mathrm{d}z\}$, 则左端被积表达式里的数量积 $\boldsymbol{F} \cdot \mathrm{d}\boldsymbol{r}$ 自然便是右端积分里的被积表达式.

可以证明, 当 $f(x,y,z)$ 在光滑曲线或分段光滑曲线 Γ_{AB} 上连续时, 第二型曲线积分 (8.1.9) ~ (8.1.11) 一定都存在.

以关于坐标 x 的第二型曲线积分 (8.1.9) 为例, 直接给出第二型曲线积分的下列性质. 这些性质可从定义出发加以证明, 性质中涉及的被积函数假定均可积.

(1) $\displaystyle\int_{\Gamma} [f(x,y,z) + g(x,y,z)]\,\mathrm{d}x = \int_{\Gamma} f(x,y,z)\,\mathrm{d}x + \int_{\Gamma} g(x,y,z)\,\mathrm{d}x.$

(2) $\displaystyle\int_{\Gamma} kf(x,y,z)\,\mathrm{d}x = k\int_{\Gamma} f(x,y,z)\,\mathrm{d}x$　(k 为常数).

(3) $\displaystyle\int_{\Gamma_1+\Gamma_2} f(x,y,z)\,\mathrm{d}x = \int_{\Gamma_1} f(x,y,z)\,\mathrm{d}x + \int_{\Gamma_2} f(x,y,z)\,\mathrm{d}x,$

其中 $\Gamma_1 + \Gamma_2$ 表示当 Γ_1 的终点与 Γ_2 的始点相重合时, 以 Γ_1 的始点为始点, Γ_2 的终点为终点所形成的有向分段光滑曲线.

(4) $\displaystyle\int_{\Gamma_{AB}} f(x,y,z)\,\mathrm{d}x = -\int_{\Gamma_{BA}} f(x,y,z)\,\mathrm{d}x,$

其中 Γ_{AB} 是以 A 为始点, B 为终点的有向光滑曲线段, 而 Γ_{BA} 表示以 B 为起点, A 为终点的反方向有向曲线.

本性质说明第二型曲线积分与积分路径的方向有关. 这一点明显地与第一型曲线积分不同. 只要注意到, 积分和式中 Δx_i 的符号直接受积分路径方向的影响, 性质 (4) 的结论便不难理解. 本段开始所介绍的变力沿曲线做功的例子可以直接印证这一结论, 实际上 $\boldsymbol{F}$ 沿 Γ_{AB} 所做的功与沿 Γ_{BA} 所做的功恰好异号.

3. 第二型曲线积分的计算

定理 8.1.2　设曲线 Γ 为有向光滑曲线, 其参数方程为

$$x = \varphi(t), \quad y = \psi(t), \quad z = \chi(t) \quad (\alpha \leqslant t \leqslant \beta). \tag{8.1.1}$$

Γ 的端点 A, B 分别对应参数 α, β. 若函数 $f(x,y,z)$ 在 Γ_{AB} 上连续, 则 $f(x,y,z)$ 关于坐标 x, y, z 的第二型曲线积分 (8.1.9) ~ (8.1.11) 均存在, 且

$$\int_{\Gamma_{AB}} f(x,y,z)\,\mathrm{d}x = \int_\alpha^\beta f(\varphi(t),\psi(t),\chi(t))\varphi'(t)\,\mathrm{d}t. \tag{8.1.12}$$

$$\int_{\Gamma_{AB}} f(x,y,z)\,\mathrm{d}y = \int_\alpha^\beta f(\varphi(t),\psi(t),\chi(t))\psi'(t)\,\mathrm{d}t. \tag{8.1.13}$$

$$\int_{\Gamma_{AB}} f(x,y,z)\,\mathrm{d}z = \int_\alpha^\beta f(\varphi(t),\psi(t),\chi(t))\chi'(t)\,\mathrm{d}t. \tag{8.1.14}$$

证明　仅就式 (8.1.12) 证明, (8.1.13), (8.1.14) 两式的证明仿式 (8.1.12) 进行.

在 Γ 上端点 A, B 之间依次插入 $n-1$ 个分点 M_i $(i=1,2,\cdots,n-1)$, 并记 $M_0 = A, M_n = B$. 设点 M_i $(i=1,2,\cdots,n)$ 对应的参数为 t_i $(i=1,2,\cdots,n)$, 则 t_i 同时确定了 $[\alpha,\beta]$ 的一个分划:

$$\alpha = t_0 < t_1 < \cdots < t_{n-1} < t_n = \beta.$$

由题设条件知, 点 M_i 的坐标为 $M_i(\varphi(t_i),\psi(t_i),\chi(t_i))$ $(i=0,1,2,\cdots,n)$. 利用微分中值定理可将积分和式 (8.1.8) 中的 Δx_i 改写成

$$\Delta x_i = x_i - x_{i-1} = \varphi(t_i) - \varphi(t_{i-1}) = \varphi'(\tau_i)(t_i - t_{i-1}) = \varphi'(\tau_i)\Delta t_i,$$

其中 $\tau_i \in (t_{i-1},t_i)$. 取 $\xi_i = \varphi(\tau_i), \eta_i = \psi(\tau_i), \zeta_i = \chi(\tau_i)$, 则点 $(\xi_i,\eta_i,\zeta_i) \in \overparen{M_{i-1}M_i}$. 作形如式 (8.1.8) 的积分和

$$\sum_{i=1}^n f(\xi_i,\eta_i,\zeta_i)\Delta x_i = \sum_{i=1}^n f(\varphi(\tau_i),\psi(\tau_i),\chi(\tau_i))\varphi'(\tau_i)\Delta t_i.$$

由于 Γ 为光滑曲线, 知 $\max\limits_{1\leqslant i\leqslant n}\{\Delta t_i\} \to 0$ 时, $\lambda = \max\limits_{1\leqslant i\leqslant n}\{\Delta s_i\} \to 0$. 此时, 上式左端的极限为关于坐标 x 的第二型曲线积分 $\int_{\Gamma_{AB}} f(x,y,z)\,\mathrm{d}x$. 右端极限为定积分

$$\int_\alpha^\beta f(\varphi(t),\psi(t),\chi(t))\varphi'(t)\,\mathrm{d}t.$$

由此知式 (8.1.12) 得证.

根据上述定理的结论, 变力

$$\boldsymbol{F}(x,y,z) = P(x,y,z)\boldsymbol{i} + Q(x,y,z)\boldsymbol{j} + R(x,y,z)\boldsymbol{k} \tag{8.1.6}$$

沿有向光滑曲线 Γ_{AB}

$$x = \varphi(t), \quad y = \psi(t), \quad z = \chi(t) \quad (\alpha \leqslant t \leqslant \beta) \tag{8.1.1}$$

所做的功可以通过下列定积分计算:

$$W = \int_{\Gamma_{AB}} \boldsymbol{F}\cdot\mathrm{d}\boldsymbol{r} = \int_{\Gamma_{AB}} P(x,y,z)\,\mathrm{d}x + Q(x,y,z)\,\mathrm{d}y + R(x,y,z)\,\mathrm{d}z$$

$$= \int_\alpha^\beta \big[P(\varphi(t),\psi(t),\chi(t))\varphi'(t) + Q(\varphi(t),\psi(t),\chi(t))\psi'(t)$$

$$+ R(\varphi(t), \psi(t), \chi(t))\chi'(t)\big]\,\mathrm{d}t. \tag{8.1.15}$$

应该强调, 式 (8.1.12)∼ 式 (8.1.15) 右端定积分的下限 α 和上限 β 分别是对应积分路径 Γ_{AB} 始点和终点的参数. 如果求变力 $\boldsymbol{F}(x, y, z)$ 沿反方向的光滑曲线 Γ_{BA} 所做的功, 则应为

$$W = \int_{\Gamma_{BA}} \boldsymbol{F}\cdot\mathrm{d}\boldsymbol{r} = \int_{\beta}^{\alpha} \big[P(\varphi(t), \psi(t), \chi(t))\varphi'(t) + Q(\varphi(t), \psi(t), \chi(t))\psi'(t)$$
$$+ R(\varphi(t), \psi(t), \chi(t))\chi'(t)\big]\,\mathrm{d}t.$$

当 Γ_{AB} 位于平面 $O\text{-}xy$ 上, 成为平面有向光滑曲线时, 其参数方程为

$$x = \varphi(t), \quad y = \psi(t) \quad (\alpha \leqslant t \leqslant \beta).$$

如果二元向量值函数 $\boldsymbol{F}(x, y) = P(x, y)\boldsymbol{i} + Q(x, y)\boldsymbol{j}$ 在 Γ_{AB} 上连续, 则得到第二型平面曲线积分的计算公式

$$\int_{\Gamma_{AB}} \boldsymbol{F}\cdot\mathrm{d}\boldsymbol{r} = \int_{\Gamma_{AB}} P(x, y)\,\mathrm{d}x + Q(x, y)\,\mathrm{d}y$$
$$= \int_{\alpha}^{\beta} \big[P(\varphi(t), \psi(t))\varphi'(t) + Q(\varphi(t), \psi(t))\psi'(t)\big]\,\mathrm{d}t. \tag{8.1.16}$$

例 8.1.3 试求积分 $I = \displaystyle\int_{\Gamma} x\,\mathrm{d}y - y\,\mathrm{d}x$, 其中的积分路径 Γ 为:

(1) 半径为 a, 圆心在原点, 逆时针方向的上半圆周.

(2) 从点 $(a, 0)$ 到点 $(-a, 0)$ 的直线段 (图 8.4).

解 (1) Γ 的参数方程为

$$\Gamma: \ x = a\cos t, \quad y = a\sin t \quad (0 \leqslant t \leqslant \pi).$$

由式 (8.1.16) 得到

$$I = \int_0^{\pi} (a^2\cos^2 t + a^2\sin^2 t)\,\mathrm{d}t = a^2 \int_0^{\pi} \mathrm{d}t = \pi a^2.$$

(2) Γ 的参数方程为 $x = t, y = 0\ (-a \leqslant t \leqslant a)$. 由式 (8.1.16) 得到 $I = 0$.

本例说明, 存在这样的曲线积分, 即使积分路径具有同样的起点和终点, 积分值还与积分的路径有关.

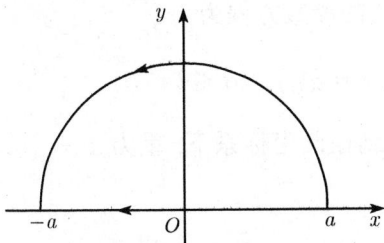

图 8.4 例 8.1.3 的图示

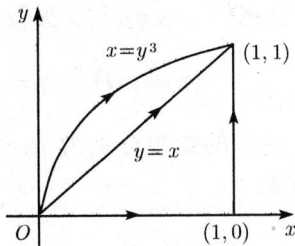

图 8.5 例 8.1.4 的图示

例 8.1.4　试求积分 $I = \int_{\Gamma} (x+y)\,\mathrm{d}x + (x-y)\,\mathrm{d}y$, 其中的积分路径 Γ 为

(1) 直线 $y = x$ 上从原点到点 $(1,1)$ 的直线段.

(2) 三次抛物线 $x = y^3$ 上从原点到点 $(1,1)$ 的有向曲线段.

(3) 从原点到点 $(1,0)$ 再到点 $(1,1)$ 的折线 (图 8.5).

解　(1) 以 x 为参数, Γ 的参数方程为 $x = x, y = x$ $(0 \leqslant x \leqslant 1)$, 由式 (8.1.16) 得到

$$I = \int_0^1 2x\,\mathrm{d}x = x^2 \big|_0^1 = 1.$$

(2) 以 y 为参数, Γ 的参数方程为 $x = y^3, y = y$ $(0 \leqslant y \leqslant 1)$, 由式 (8.1.16) 得到

$$I = \int_0^1 \left[(y^3 + y)3y^2 + (y^3 - y) \right]\mathrm{d}y = \int_0^1 (3y^5 + 4y^3 - y)\,\mathrm{d}y$$
$$= \left[\frac{1}{2}y^6 + y^4 - \frac{1}{2}y^2 \right]_0^1 = 1.$$

(3) 从原点到点 $(1,0)$ 的直线段记作 Γ_1, 从点 $(1,0)$ 再到点 $(1,1)$ 的直线段记作 Γ_2, 则

$$\int_{\Gamma_1} (x+y)\,\mathrm{d}x + (x-y)\,\mathrm{d}y = \int_0^1 x\,\mathrm{d}x = \frac{1}{2}x^2 \Big|_0^1 = \frac{1}{2}.$$
$$\int_{\Gamma_2} (x+y)\,\mathrm{d}x + (x-y)\,\mathrm{d}y = \int_0^1 (1-y)\,\mathrm{d}y = \left[y - \frac{1}{2}y^2 \right]_0^1 = \frac{1}{2}.$$

由此可见

$$I = \int_{\Gamma} (x+y)\,\mathrm{d}x + (x-y)\,\mathrm{d}y = \frac{1}{2} + \frac{1}{2} = 1.$$

本例说明, 存在这样的积分, 积分值只与积分路径的始点和终点有关, 而与连接始点和终点的路径无关!

例 8.1.5　已知一质量为 m 的质点沿一条光滑的空间曲线 Γ, 从 A 点移至 B 点, 试求重力所做的功 W.

解　建立 z 轴铅直向下的空间直角坐标系 $O\text{-}xyz$, 点 A 的坐标记作 (x_1, y_1, z_1), 点 B 的坐标记作 (x_2, y_2, z_2). 另设曲线 Γ 的参数方程为

$$x = \varphi(t), \quad y = \psi(t), \quad z = \chi(t) \quad (\alpha \leqslant t \leqslant \beta),$$

且点 A, B 对应的参数分别为 α, β. 注意到在此坐标系下, 重力 $\boldsymbol{F} = \{0, 0, mg\}$, 由式 (8.1.15) 知

$$W = \int_{\Gamma} \boldsymbol{F} \cdot \mathrm{d}\boldsymbol{r} = \int_{\Gamma} mg\,\mathrm{d}z = \int_{\alpha}^{\beta} mg\,\chi'(t)\,\mathrm{d}t = mg\,\chi(t) \Big|_{\alpha}^{\beta} = mg\,(z_2 - z_1).$$

上述结果表明重力所做的功只与被移动质点的初始与最终位置有关而与质点运动的路径无关. 这种力场在物理学中称为**保守场**.

例 8.1.6 一质量为 m 的质点 M, 除受重力作用外还受到指向原点 O 的弹性力影响, 其大小与线段 OM 的长度成正比. 试求将点 M 沿螺旋线

$$\Gamma: x = a\cos t, \quad y = a\sin t, \quad z = \frac{h}{2\pi}t,$$

从点 $(a, 0, 0)$ 开始提升一周 $(0 \leqslant t \leqslant 2\pi)$ 所做的功.

解 质点 $M(x, y, z)$ 首先受到重力 $\boldsymbol{F}_1$ 的作用, 且 $\boldsymbol{F}_1 = \{0, 0, -mg\}$.

质点 $M(x, y, z)$ 还受到的弹力 $\boldsymbol{F}_2$ 的作用. 由于 $\overrightarrow{OM} = \{x, y, z\}$, $|\overrightarrow{OM}| = \sqrt{x^2 + y^2 + z^2}$, 因此有 $\boldsymbol{F}_2 = \{-\lambda x, -\lambda y, -\lambda z\}$, 其中 λ 为正常数. 由此知质点 M 所受力 $\boldsymbol{F}$ 为以上二力的合力, 即

$$\boldsymbol{F} = \{-\lambda x, -\lambda y, -\lambda z - mg\}.$$

利用式 (8.1.15) 得到所求功

$$W = \int_\Gamma \boldsymbol{F} \cdot \mathrm{d}\boldsymbol{r} = \int_\Gamma -\lambda x \, \mathrm{d}x - \lambda y \, \mathrm{d}y - (\lambda z + mg) \, \mathrm{d}z$$
$$= \int_0^{2\pi} \left(-\frac{\lambda h}{2\pi}t - mg \right) \frac{h}{2\pi} \, \mathrm{d}t = -\frac{1}{2}\lambda h^2 - mgh.$$

8.1.3 两类曲线积分之间的关系

设曲线 Γ 为有向光滑曲线, 其参数方程为

$$x = \varphi(t), \quad y = \psi(t), \quad z = \chi(t) \quad (\alpha \leqslant t \leqslant \beta), \tag{8.1.1}$$

其中函数 φ, ψ, χ 在 $[\alpha, \beta]$ 上连续可导, 且 $[\varphi'(t)]^2 + [\psi'(t)]^2 + [\chi'(t)]^2 \neq 0$ $(t \in [\alpha, \beta])$. 不妨假定 Γ 的始点与终点 A, B 分别对应参数 α, β[①]. 设向量值函数

$$\boldsymbol{F}(x, y, z) = P(x, y, z)\boldsymbol{i} + Q(x, y, z)\boldsymbol{j} + R(x, y, z)\boldsymbol{k} \tag{8.1.6}$$

在 Γ 上有定义且连续, 按照式 (8.1.15), 有

$$\int_\Gamma \boldsymbol{F} \cdot \mathrm{d}\boldsymbol{r} = \int_\Gamma P(x, y, z) \, \mathrm{d}x + Q(x, y, z) \, \mathrm{d}y + R(x, y, z) \, \mathrm{d}z.$$
$$= \int_\alpha^\beta \big[P(\varphi(t), \psi(t), \chi(t))\varphi'(t) + Q(\varphi(t), \psi(t), \chi(t))\psi'(t)$$
$$+ R(\varphi(t), \psi(t), \chi(t))\chi'(t) \big] \, \mathrm{d}t. \tag{8.1.15}$$

---

① 若 Γ 的始点与终点 A, B 分别对应参数 β, α 时 $(\beta > \alpha)$, 令新参数 $s = -t$, 则端点 A, B 分别对应的新参数分别为 $s = -\beta$ 和 $s = -\alpha$, 且 $-\beta < -\alpha$. 这就是说, 通过参数的选择, 总可以将有向曲线段的正方向符合参数由小到大的变化.

注意到曲线 Γ 沿着从 A 到 B 的指定方向, 在参数 t 处的单位切向量的方向余弦应为

$$\cos\alpha = \frac{\varphi'(t)}{\sqrt{[\varphi'(t)]^2 + [\psi'(t)]^2 + [\chi'(t)]^2}},$$

$$\cos\beta = \frac{\psi'(t)}{\sqrt{[\varphi'(t)]^2 + [\psi'(t)]^2 + [\chi'(t)]^2}},$$

$$\cos\gamma = \frac{\chi'(t)}{\sqrt{[\varphi'(t)]^2 + [\psi'(t)]^2 + [\chi'(t)]^2}},$$

且曲线 Γ 的弧微分为

$$\mathrm{d}s = \sqrt{[\varphi'(t)]^2 + [\psi'(t)]^2 + [\chi'(t)]^2}\,\mathrm{d}t,$$

因此又有

$$\int_{\Gamma}\big[P(x,y,z)\cos\alpha + Q(x,y,z)\cos\beta + R(x,y,z)\cos\gamma\big]\mathrm{d}s$$

$$= \int_{\alpha}^{\beta}\bigg\{P[\varphi(t),\psi(t),\chi(t)]\frac{\varphi'(t)}{\sqrt{[\varphi'(t)]^2 + [\psi'(t)]^2 + [\chi'(t)]^2}}$$

$$+ Q[\varphi(t),\psi(t),\chi(t)]\frac{\psi'(t)}{\sqrt{[\varphi'(t)]^2 + [\psi'(t)]^2 + [\chi'(t)]^2}}$$

$$+ R[\varphi(t),\psi(t),\chi(t)]\frac{\chi'(t)}{\sqrt{[\varphi'(t)]^2 + [\psi'(t)]^2 + [\chi'(t)]^2}}\bigg\}$$

$$\times\sqrt{[\varphi'(t)]^2 + [\psi'(t)]^2 + [\chi'(t)]^2}\,\mathrm{d}t$$

$$= \int_{\alpha}^{\beta}\big[P(\varphi(t),\psi(t),\chi(t))\varphi'(t) + Q(\varphi(t),\psi(t),\chi(t))\psi'(t)$$

$$+ R(\varphi(t),\psi(t),\chi(t))\chi'(t)\big]\,\mathrm{d}t.$$

这说明两类曲线积分都可用同一个定积分表示, 因此得到两类曲线积分的以下关系式

$$\int_{\Gamma}P(x,y,z)\,\mathrm{d}x + Q(x,y,z)\,\mathrm{d}y + R(x,y,z)\,\mathrm{d}z$$

$$= \int_{\Gamma}\big[P(x,y,z)\cos\alpha + Q(x,y,z)\cos\beta + R(x,y,z)\cos\gamma\big]\mathrm{d}s, \qquad (8.1.17)$$

其中 α, β, γ 是有向曲线段 Γ 上切向量的方向角.

式 (8.1.17) 的左端是沿着 Γ 给定方向的第二型曲线积分, 右端的积分虽然形式上是第一型曲线积分, 但被积表达式中的 α, β, γ 仍然要沿着 Γ 的给定方向.

如记有向曲线段 Γ 上的单位切向量为 $\boldsymbol{\tau} = \{\cos\alpha, \cos\beta, \cos\gamma\}$, 则式 (8.1.17) 的右端的被积函数可以写成 $\boldsymbol{F}\cdot\boldsymbol{\tau}$, 因此两类曲线积分的关系式 (8.1.17) 可以简略地写成

$$\int_\Gamma \boldsymbol{F}\cdot \mathrm{d}\boldsymbol{r} = \int_\Gamma \boldsymbol{F}\cdot \boldsymbol{\tau}\,\mathrm{d}s. \tag{8.1.18}$$

8.1.4 格林公式

在介绍格林 (Green) 公式之前, 先来扩展一下平面连通区域的概念.

若连通区域 D 内任意一条闭曲线所围的部分仍然属于区域 D, 则称 D 为**平面单连通区域**. 从直观上看平面单连通区域是一个不包含 "空洞" 的连通区域, 或者说区域 D 内任意一条闭曲线都可以不通过边界而连续 "收缩" 为区域 D 内的一个点. 显然, O-xy 平面上的正则区域一定是单连通区域. 不是单连通的连通区域称为**平面复连通区域**. 平面复连通区域 D 内一定存在一条闭曲线 L, 它所围的部分并不都属于区域 D, 也就是说复连通区域 D 内至少含有一个 "空洞", 如图 8.6 所示.

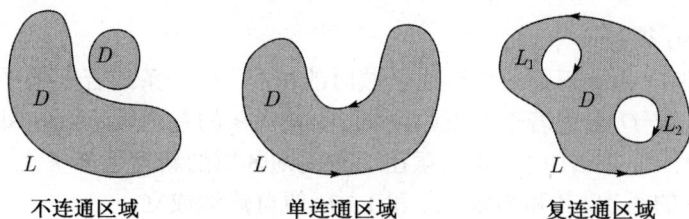

图 8.6 不连通区域, 单连通区域, 复连通区域

对于平面连通区域 D 的边界闭曲线 L 来说, 规定以下方向为其**正方向**, 当我们沿此方向行进时, 区域 D 的内部始终在我们的左侧. 对于平面复连通区域 D 来说, 其边界曲线的正方向仍按上述方式规定, 它的边界曲线不只一条, 如图 8.6 的右图所示, L, L_1, L_2 均是 D 的边界曲线, 它们的正方向如图中标注所示.

定理 8.1.3(Green 公式)   设函数 $P(x,y), Q(x,y)$ 在平面连通区域 D 及其分段光滑的边界曲线 L 上有定义且有连续的偏导数, 则有以下公式成立:

$$\iint_D \left(\frac{\partial Q}{\partial x} - \frac{\partial P}{\partial y}\right)\mathrm{d}x\mathrm{d}y = \oint_L P\,\mathrm{d}x + Q\,\mathrm{d}y, \tag{8.1.19}$$

其中右端的积分符号 $\oint$ 为沿着区域 D 的正向边界闭曲线 L 上的曲线积分.

证明   先来考虑 D 为正则区域的情况, 此时 D 可以用下列不等式组界定

$$\varphi_1(x) \leqslant y \leqslant \varphi_2(x), \quad a \leqslant x \leqslant b.$$

由于 $\dfrac{\partial P}{\partial y}$ 在 D 上连续 (图 8.7), 则二重积分

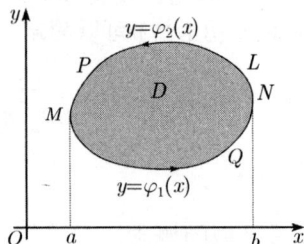

图 8.7　D 为正则区域时 Green
　　　　公式的证明

$$\iint_D \frac{\partial P}{\partial y}\,\mathrm{d}x\mathrm{d}y = \int_a^b \mathrm{d}x \int_{\varphi_1(x)}^{\varphi_2(x)} \frac{\partial P}{\partial y}\,\mathrm{d}y$$

$$= \int_a^b P[x,\varphi_2(x)]\mathrm{d}x - \int_a^b P[x,\varphi_1(x)]\,\mathrm{d}x$$

$$= \int_{\overset{\frown}{MPN}} P(x,y)\mathrm{d}x - \int_{\overset{\frown}{MQN}} P(x,y)\,\mathrm{d}x$$

$$= -\left[\int_{\overset{\frown}{NPM}} P(x,y)\mathrm{d}x + \int_{\overset{\frown}{MQN}} P(x,y)\mathrm{d}x\right]$$

$$= -\oint_L P(x,y)\,\mathrm{d}x.$$

类似地还可证明

$$\iint_D \frac{\partial Q}{\partial x}\,\mathrm{d}x\mathrm{d}y = \oint_L Q(x,y)\,\mathrm{d}y.$$

于是式 (8.1.19) 得证.

　　再来考虑 D 为非正则的单连通区域时的情况. 用一条或若干条平行于坐标轴的直线段将区域 D 分为若干个正则区域 (如图 8.8 的左图所示). 在每个正则区域上使用式 (8.1.19) 并相加, 只要注意在这些正则区域的新增边界 l 上, 曲线积分要进行方向相反的两次, 其和为零. 式 (8.1.19) 便自然地成立.

　　最后考虑 D 为复连通区域时的情况. 用若干条光滑曲线段将 D 分为若干个单连通区域 (图 8.8 的右图). 在每个单连通区域上使用公式 (8.1.19) 并相加, 只要注意在这些单连通区域的新增边界 l 上, 曲线积分要进行方向相反的两次, 其和为零. 式 (8.1.19) 便被自然地推广到 D 为复连通区域的情况.

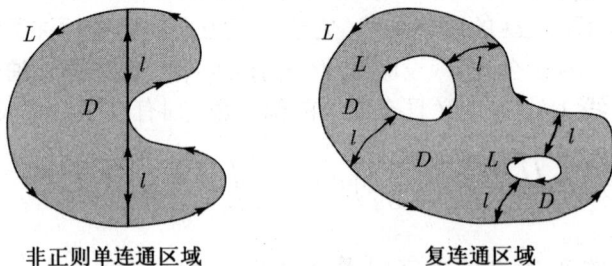

非正则单连通区域　　　　　　复连通区域

图 8.8　Green 公式在非正则单连通区域, 复连通区域证明的示意图

　　至此我们证明了 Green 公式对一切连通区域都是成立的. Green 公式 (8.1.19) 的左端是 D 上的二重积分, 而右端则是 D 的边界 L 上的曲线积分. 这就是说, 二

维区域上的积分可以用其边界 L 上的积分表示.

类似地, Newton-Leibniz 公式的作用也是将某个区间 (一维) 上的积分转换成区间端点处的函数值来确定. 相比之下, 二者十分相似, 只是 Green 公式在空间的维数上有了提升.

当 $\dfrac{\partial Q}{\partial x} - \dfrac{\partial P}{\partial y} = 1$ 时, 式 (8.1.19) 左端的二重积分表示区域 D 的面积 A, 由此得到利用曲线积分计算平面图形面积的一系列公式:

如令 $P = 0, Q = x$, 则 $A = \iint_D \mathrm{d}x\mathrm{d}y = \oint_L x\,\mathrm{d}y$.

如令 $P = -y, Q = 0$, 则 $A = \iint_D \mathrm{d}x\mathrm{d}y = -\oint_L y\,\mathrm{d}x$.

如将上述两式相加并被 2 除, 还可得到常用的面积计算公式:

$$A = \frac{1}{2} \oint_L x\,\mathrm{d}y - y\,\mathrm{d}x. \tag{8.1.20}$$

例 8.1.7 利用 Green 公式计算星形线

$$x = a\cos^3 t, \quad y = a\sin^3 t \quad (0 \leqslant t \leqslant 2\pi)$$

所围平面图形的面积 A.

解 由式 (8.1.20) 知

$$
\begin{aligned}
A &= \frac{1}{2} \oint_L x\,\mathrm{d}y - y\,\mathrm{d}x \\
&= \frac{1}{2} \int_0^{2\pi} \left[a\cos^3 t \cdot 3a\sin^2 t \cos t + a\sin^3 t \cdot 3a\cos^2 t \sin t \right] \mathrm{d}t \\
&= \frac{3a^2}{2} \int_0^{2\pi} \sin^2 t \cos^2 t\,\mathrm{d}t = \frac{3}{8}\pi a^2.
\end{aligned}
$$

例 8.1.8 计算 $\oint_L \dfrac{x\,\mathrm{d}y - y\,\mathrm{d}x}{x^2 + y^2}$, 其中 L 是不通过原点且分段光滑的简单闭曲线, 其方向为逆时针方向 (图 8.9).

解 由于 $P = \dfrac{-y}{x^2 + y^2}, Q = \dfrac{x}{x^2 + y^2}$, 只要 $x^2 + y^2 \neq 0$, 便有

$$\frac{\partial Q}{\partial x} = \frac{\partial}{\partial x}\left(\frac{x}{x^2 + y^2}\right) = \frac{y^2 - x^2}{(x^2 + y^2)^2}, \quad \frac{\partial P}{\partial y} = \frac{\partial}{\partial y}\left(\frac{-y}{x^2 + y^2}\right) = \frac{y^2 - x^2}{(x^2 + y^2)^2}.$$

(i) 设 L 所包围的平面闭区域为 D, 且原点 $O \notin D$, 如图 8.9(a) 所示. 由于在 D 及其边界 L 上恒有 $\dfrac{\partial Q}{\partial x} - \dfrac{\partial P}{\partial y} = 0$, 由式 (8.1.19) 知有

$$\oint_L \frac{x\,\mathrm{d}y - y\,\mathrm{d}x}{x^2 + y^2} = \iint_D 0\,\mathrm{d}x\mathrm{d}y = 0.$$

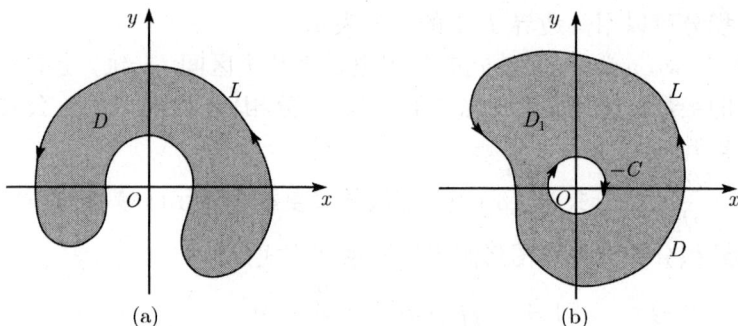

图 8.9　例 8.1.8 的图示

(ii) 设原点 $O \in D$. 则一定存在 $\varepsilon > 0$, 使得以原点 O 为圆心, ε 为半径的圆周 C 被 L 所包围, 如图 8.9(b) 所示. 如记 C 的方向为逆时针方向, 则以 $L + (-C)$ 为边界的平面区域 D_1 是一复连通域. 在 D_1 及其边界上函数 $P(x, y), Q(x, y)$ 仍然有连续偏导数, 且 $\dfrac{\partial Q}{\partial x} - \dfrac{\partial P}{\partial y} = 0$. 利用式 (8.1.19) 得到

$$\oint_{L+(-C)} \frac{x\,\mathrm{d}y - y\,\mathrm{d}x}{x^2 + y^2} = \iint_{D_1} 0\,\mathrm{d}x\mathrm{d}y = 0,$$

即

$$\oint_L \frac{x\,\mathrm{d}y - y\,\mathrm{d}x}{x^2 + y^2} = \oint_C \frac{x\,\mathrm{d}y - y\,\mathrm{d}x}{x^2 + y^2}.$$

注意到圆周 C 的参数方程为

$$x = \varepsilon\cos t, \quad y = \varepsilon\sin t \quad (0 \leqslant t \leqslant 2\pi),$$

因此有

$$\oint_L \frac{x\,\mathrm{d}y - y\,\mathrm{d}x}{x^2 + y^2} = \oint_C \frac{x\,\mathrm{d}y - y\,\mathrm{d}x}{x^2 + y^2} = \int_0^{2\pi} \frac{\varepsilon^2\sin^2 t + \varepsilon^2\cos^2 t}{\varepsilon^2}\,\mathrm{d}t = 2\pi.$$

8.1.5　平面曲线积分与路径无关的条件

8.1.2 节给出了曲线积分的值只与积分路径的端点有关而与积分路径本身无关的例 8.1.4 和例 8.1.5, 同时指出满足这种条件的力场称为**保守场**. 这在物理学中是一个非常重要的概念. 现在, 我们给出平面曲线积分中与路径无关的确切含义.

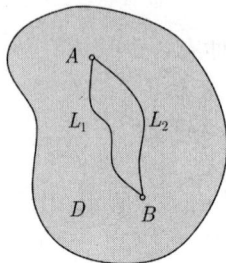

图 8.10　曲线积分与
路径无关的图示

设 D 是平面单连通区域, A, B 是 D 内的任意两点, 用 D 内任意一条分段光滑的曲线 L 将 A, B 两点连结起来, 见图 8.10, 如果平面曲线积分

$$\int_L P\,\mathrm{d}x + Q\,\mathrm{d}y$$

只与 L 的端点 A, B 有关, 而与积分路径 L 无关, 则称上

述曲线积分在 D 内与路径无关.

定理 8.1.4 设函数 $P(x,y), Q(x,y)$ 在平面单连通区域 D 上有定义且存在连续偏导数, 则以下命题等价:

(1) 曲线积分 $\int_L P\,\mathrm{d}x + Q\,\mathrm{d}y$ 在 D 内与路径无关.

(2) 在 D 内存在函数 $u(x,y)$, 使得 $\mathrm{d}u = P\,\mathrm{d}x + Q\,\mathrm{d}y$.

(3) 对 D 内任意点 (x,y) 来说恒有

$$\frac{\partial P}{\partial y} = \frac{\partial Q}{\partial x}. \tag{8.1.21}$$

(4) 对 D 内任意分段光滑的闭曲线 L 来说, 恒有

$$\oint_L P\,\mathrm{d}x + Q\,\mathrm{d}y = 0. \tag{8.1.22}$$

证明 $(1) \Longrightarrow (2)$

如图 8.11 所示, 在 D 内任取定点 $A(x_0, y_0)$ 和动点 $B(x,y)$, 由 (1) 知曲线积分 $\int_{\overset{\frown}{AB}} P\,\mathrm{d}x + Q\,\mathrm{d}y$ 在 D 内与路径无关, 因此该积分只依赖于点 $B(x,y)$, 进而得到函数

$$u(x,y) = \int_{(x_0, y_0)}^{(x,y)} P\,\mathrm{d}x + Q\,\mathrm{d}y. \tag{8.1.23}$$

给 x 以增量 Δx, 并认为 $C(x + \Delta x, y)$ 仍在区域 D 内. 此时函数 $u(x,y)$ 得到偏增量

$$\Delta u = u(x + \Delta x, y) - u(x,y)$$
$$= \int_{(x_0, y_0)}^{(x+\Delta x, y)} P\,\mathrm{d}x + Q\,\mathrm{d}y - \int_{(x_0, y_0)}^{(x,y)} P\,\mathrm{d}x + Q\,\mathrm{d}y$$
$$= \int_{(x,y)}^{(x+\Delta x, y)} P\,\mathrm{d}x + Q\,\mathrm{d}y.$$

由于曲线积分在 D 内与路径无关, 上述积分的路径选择直线段 BC, 于是 Δu 可以表示成定积分

$$\Delta u = \int_x^{x+\Delta x} P(x,y)\,\mathrm{d}x.$$

利用积分中值定理得到

$$\Delta u = P(x + \theta \Delta x, y)\Delta x \quad (0 < \theta < 1).$$

由于函数 $P(x,y)$ 在 D 上连续, 知存在极限

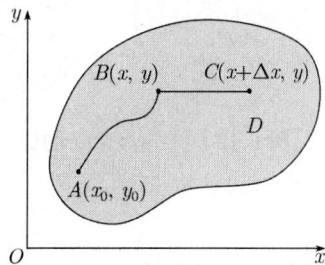

图 8.11 $(1) \Longrightarrow (2)$ 的证明图示

$$\lim_{\Delta x \to 0} \frac{\Delta u}{\Delta x} = \lim_{\Delta x \to 0} P(x + \theta \Delta x, y) = P(x, y),$$

即 $\dfrac{\partial u}{\partial x} = P(x, y)$. 同理还可类似证明 $\dfrac{\partial u}{\partial y} = Q(x, y)$. 于是得到

$$\mathrm{d}u = P\,\mathrm{d}x + Q\,\mathrm{d}y.$$

$(2) \Longrightarrow (3)$

由 (2) 知 $\dfrac{\partial u}{\partial x} = P(x, y)$, $\dfrac{\partial u}{\partial y} = Q(x, y)$, 因此有

$$\frac{\partial P}{\partial y} = \frac{\partial}{\partial y}\left(\frac{\partial u}{\partial x}\right) = \frac{\partial^2 u}{\partial x \partial y}, \quad \frac{\partial Q}{\partial x} = \frac{\partial}{\partial x}\left(\frac{\partial u}{\partial y}\right) = \frac{\partial^2 u}{\partial y \partial x}.$$

而 $P(x, y), Q(x, y)$ 在 D 内偏导数连续, 则 $\dfrac{\partial^2 u}{\partial x \partial y} = \dfrac{\partial^2 u}{\partial y \partial x}$, 即在 D 内恒有

$$\frac{\partial P}{\partial y} = \frac{\partial Q}{\partial x}.$$

$(3) \Longrightarrow (4)$

若记 D 内任意分段光滑闭曲线 L 所包围的平面区域为 D_1, 则由格林公式知

$$\oint_L P\,\mathrm{d}x + Q\,\mathrm{d}y = \iint_{D_1} \left(\frac{\partial Q}{\partial x} - \frac{\partial P}{\partial y}\right)\mathrm{d}x\mathrm{d}y.$$

而 $D_1 \subseteq D$, 在 D_1 恒有 $\dfrac{\partial P}{\partial y} = \dfrac{\partial Q}{\partial x}$, 故知

$$\oint_L P\,\mathrm{d}x + Q\,\mathrm{d}y = 0.$$

$(4) \Longrightarrow (1)$

在 D 内的任选两点 A, B, 用 D 内任意两条分段光滑曲线 L_1 与 L_2 将 A, B 两点连结起来, 如图 8.12 的左图所示. 当 L_1 与 L_2 除 A, B 之外再无公共点时, $L_1 + (-L_2)$ 便成为 D 内分段光滑的闭曲线, 由 (4) 知

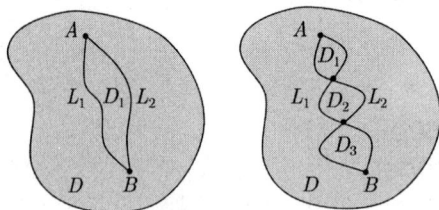

图 8.12　$(4) \Longrightarrow (1)$ 的证明图示

$$\oint_{L_1 + (-L_2)} P\,\mathrm{d}x + Q\,\mathrm{d}y = 0,$$

亦即

$$\int_{L_1} P\,\mathrm{d}x + Q\,\mathrm{d}y = \int_{L_2} P\,\mathrm{d}x + Q\,\mathrm{d}y.$$

当 L_1 与 L_2 除 A, B 之外还有其他的公共点时, $L_1 + (-L_2)$ 可划分成 D 内若干条分段光滑的闭曲线, 如图 8.12 的右图所示. 在每一个闭曲线上重复上述证明便可得到结论: 在 D 内曲线积分

$$\int_L P \, \mathrm{d}x + Q \, \mathrm{d}y$$

与路径无关.

我们从物理学的角度对上述等价条件作一些简单说明.

设 $\boldsymbol{F}(x, y) = P(x, y)\boldsymbol{i} + Q(x, y)\boldsymbol{j}$ 是平面单连通区域 D 上定义的向量函数. 其中 $P(x, y), Q(x, y)$ 在 D 上有连续偏导数.

如果在 D 内存在函数 $u(x, y)$, 使得 $\mathrm{d}u = P \, \mathrm{d}x + Q \, \mathrm{d}y$, 则称 $\boldsymbol{F}(x, y)$ 为 D 上的**有势场**, 并称函数 $u(x, y)$ 为向量场 $\boldsymbol{F}(x, y)$ 的**势函数**.

这样一来, 定理 8.1.4 还可用场论的语言叙述成:

定理 8.1.4′ 设 $\boldsymbol{F}(x, y)$ 为平面单连通区域 D 上定义的向量函数, 其中 $P(x, y)$, $Q(x, y)$ 在 D 上有连续偏导数, 则以下 4 个命题等价:

(1) $\boldsymbol{F}$ 在 D 内为保守场.

(2) $\boldsymbol{F}$ 在 D 内为有势场.

(3) 在 D 内恒有 $\dfrac{\partial P}{\partial y} = \dfrac{\partial Q}{\partial x}$.

(4) 对 D 内任意分段光滑的闭曲线 L 来说, 恒有

$$\oint_L P \, \mathrm{d}x + Q \, \mathrm{d}y = 0. \tag{8.1.22}$$

应该指出, 定理 8.1.4 中 (1) $\Longrightarrow$ (2) 的证明, 是一种 "构造性" 的证明方法, 根据已知条件首先 "构造" 出函数

$$u(x, y) = \int_{(x_0, y_0)}^{(x, y)} P \, \mathrm{d}x + Q \, \mathrm{d}y. \tag{8.1.23}$$

再证明 $\mathrm{d}u = P \, \mathrm{d}x + Q \, \mathrm{d}y$, 即 $u(x, y)$ 为 $\boldsymbol{F}(x, y)$ 的势函数.

由于积分 (8.1.23) 与路径无关, 为使计算更加便捷, 往往选择平行于坐标轴的折线作为积分路径. 沿图 8.13 中所示的两条折线积分, 可以得到以下两种用定积分计算 $u(x, y)$ 的公式:

$$u(x, y) = \int_{x_0}^{x} P(x, y_0) \, \mathrm{d}x + \int_{y_0}^{y} Q(x, y) \, \mathrm{d}y$$
$$= \int_{y_0}^{y} Q(x_0, y) \, \mathrm{d}y + \int_{x_0}^{x} P(x, y) \, \mathrm{d}x.$$

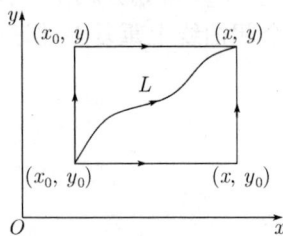

图 8.13　计算势函数时便捷的
　　　　积分路径

例 8.1.9　证明向量函数

$$\boldsymbol{F}(x,y) = \mathrm{e}^x \cos y\, \boldsymbol{i} - \mathrm{e}^x \sin y\, \boldsymbol{j}$$

是一个有势场, 并求其势函数 $u(x,y)$.

解　记 $P(x,y) = \mathrm{e}^x \cos y$, $Q(x,y) = -\mathrm{e}^x \sin y$, 则

$$\frac{\partial P}{\partial y} = -\mathrm{e}^x \sin y, \quad \frac{\partial Q}{\partial x} = -\mathrm{e}^x \sin y.$$

由此知在全平面上条件 (8.1.21) 成立, 故 $\boldsymbol{F}(x,y)$ 为有势场.

为求其势函数 $u(x,y)$ 使用公式 (8.1.23), 取 $x_0 = y_0 = 0$, 并选定从点 $(0,0)$ 到点 $(x,0)$ 再到点 (x,y) 的折线作为积分路径, 于是得到

$$u(x,y) = \int_{(0,0)}^{(x,y)} P\,\mathrm{d}x + Q\,\mathrm{d}y$$

$$= \int_0^x \mathrm{e}^x\,\mathrm{d}x - \int_0^y \mathrm{e}^x \sin y\,\mathrm{d}y = \mathrm{e}^x \cos y - 1.$$

注意, 积分路径起始点可以选择原点 $(0,0)$ 以外的其他点, 所得到的势函数会相差一个常数.

习　题　8.1

1. 计算下列第一型曲线积分:

(1) $\displaystyle\int_L (x+y)\mathrm{d}s$, 其中 L 是以 $(0,0), (1,0), (0,1)$ 为顶点的三角形;

(2) $\displaystyle\int_L xy\mathrm{d}s$, 其中 L 是曲线 $x = 3t, y = 3t^2, z = 2t^3$ 上从原点到 $(3,3,2)$ 的一段;

(3) $\displaystyle\int_L \sqrt{x^2+y^2}\mathrm{d}s$, 其中 L 表示圆周 $x^2 + y^2 = ax$;

(4) $\displaystyle\int_L (x^{\frac{4}{3}} + y^{\frac{4}{3}})\mathrm{d}s$, 其中 L 表示内摆线 $x = a\cos^3 t, y = a\sin^3 t \left(0 \leqslant t \leqslant \dfrac{\pi}{2}\right)$ 上的一段;

(5) $\displaystyle\int_L (x^2+y^2)\mathrm{d}s$, 其中 L 表示曲线 $x = a(\cos t + t\sin t), y = a(\sin t - t\cos t) \left(0 \leqslant t \leqslant \dfrac{\pi}{2}\right)$ 上的一段;

(6) $\displaystyle\int_L z\mathrm{d}s$, 其中 L 表示圆锥螺线 $x = t\cos t, y = t\sin t, z = t(0 \leqslant t \leqslant a)$ 上的一段;

(7) $\displaystyle\int_L y^2\mathrm{d}s$, 其中 L 为摆线上的一拱: $x = a(t - \sin t), y = a(1 - \cos t)(0 \leqslant t \leqslant 2\pi, a > 0)$;

(8) $\displaystyle\int_L \mathrm{e}^{\sqrt{x^2+y^2}}\mathrm{d}s$, 其中 L 为第一象限内 $x^2 + y^2 = a^2, y = x, y = 0$ 所围成的扇形的边界.

2. 已知曲线段 $x = e^t \cos t, y = e^t \sin t, z = e^t (0 \leqslant t \leqslant 2)$ 上点 (x, y, z) 处的线密度与该点到原点的距离平方成反比, 且在 $(1, 0, 1)$ 处的线密度为 1, 试求此曲线段的质量.

3. 求摆线 $x = a(t - \sin t), y = a(1 - \cos t)(0 \leqslant t \leqslant \pi)$ 当线密度为常数时的质心坐标.

4. 设圆柱螺线 $x = a \cos t, y = a \sin t, z = \dfrac{h}{2\pi} t (0 \leqslant t \leqslant 2\pi)$ 具有线密度 $\rho(x, y, z) = x^2 + y^2 + z^2$, 试求它关于 z 轴的转动惯量.

5. 求八分之一的球面 $x^2 + y^2 + z^2 = R^2 (x \geqslant 0, y \geqslant 0, z \geqslant 0)$ 的边界曲线的质心 (曲线段的线密度 $\rho(x, y, z) = 1$).

6. 计算下列第二型曲线积分:

(1) $\displaystyle\int_L (x^2 + y^2)\mathrm{d}x + (x^2 - y^2)\mathrm{d}y$, 其中 L 表示折线 $y = 1 - |1 - x|$ 上自 $x = 0$ 到 $x = 2$ 的一段;

(2) $\displaystyle\int_L x\mathrm{d}x + y\mathrm{d}y + (x + y - 1)\mathrm{d}z$, 其中 L 是从点 $(1, 1, 1,)$ 上到点 $(2, 3, 4)$ 的直线段;

(3) $\displaystyle\int_L (y^2 - z^2)\mathrm{d}x + 2yz\mathrm{d}y - x^2\mathrm{d}z$, 其中 L 是曲线 $x = t, y = t^2, z = t^3$ 上由 $t = 0$ 到 $t = 1$ 的一段;

(4) $\displaystyle\oint_L y\mathrm{d}x + z\mathrm{d}y + x\mathrm{d}z$, 其中 L 表示闭曲线 $x = R \sin\alpha \cos t, y = R \sin\alpha \sin t, z = R \cos\alpha$ $(R, \alpha$ 均为常数, 且 $0 < \alpha < \dfrac{\pi}{2})$, 其方向从 z 轴正方向往负方向看去是顺时针的;

(5) $\displaystyle\oint_L (y - z)\mathrm{d}x + (z - x)\mathrm{d}y + (x - y)\mathrm{d}z$, 其中 L 表示椭圆: $x^2 + y^2 = 1, x + z = 1$, 其方向若从 x 轴的正方向往负方向看去是顺时针的;

(6) $\displaystyle\oint_L (z - y)\mathrm{d}x + (x - z)\mathrm{d}y + (y - x)\mathrm{d}z$, 其中 L 是曲线 $\begin{cases} x^2 + y^2 = 1, \\ x - y + z = 2, \end{cases}$ 其方向从 z 轴的正方向往负方向看去是顺时针的.

7. 设原点处系一弹簧, 则弹力 $\boldsymbol{F}$ 的方向指向原点, 其大小与受力点到原点的距离成正比, 当受力点沿椭圆 $\dfrac{x^2}{a^2} + \dfrac{y^2}{b^2} = 1$ 由 $(a, 0)$ 移至 $(0, b)$ (沿逆时针方向) 时, 求弹力 $\boldsymbol{F}$ 所做的功.

8. 在变力 $\boldsymbol{F} = \{yz, zx, xy\}$ 作用下, 质点从原点沿直线移到椭球面 $\dfrac{x^2}{a^2} + \dfrac{y^2}{b^2} + \dfrac{z^2}{c^2} = 1$ 上第一卦限的点 $M(\xi, \eta, \varsigma)$. 试求 $\boldsymbol{F}$ 所做功是多少? ξ, η, ς 取何值时, 此功为最大值?

9. 利用曲线积分计算下列曲线所围成图形的面积:

(1) $x = a \cos^3 t, y = b \sin^3 t (0 \leqslant t \leqslant 2\pi)$;

(2) $\rho = 4 \sin\varphi (0 \leqslant \varphi \leqslant \pi)$;

(3) $9x^2 + 16y^2 = 144$.

10. 利用格林公式求下列曲线积分:

(1) $\displaystyle\oint_L (x - 2y)\mathrm{d}x + x\mathrm{d}y$, 其中 L 表示圆周 $x^2 + y^2 = a^2$ 的正方向;

(2) $\displaystyle\oint_L e^x[(1 - \cos x)\mathrm{d}x - y\mathrm{d}y]$, 其中 L 表示区域 $0 \leqslant x \leqslant \pi, 0 \leqslant y \leqslant \sin x$ 的正方向边界;

(3) $\oint_L (x^2 + xy)\mathrm{d}x + (x^2 + y^2)\mathrm{d}y$, 其中 L 表示由 $x = \pm 1, y = \pm 1$ 上所围成的正方形的正向边界;

(4) $\int_L (\mathrm{e}^x \sin y - m)\mathrm{d}x + (\mathrm{e}^x \cos y - m)\mathrm{d}y$, 其中 L 表示上半圆周 $y = \sqrt{ax - x^2}$ 从 $(a, 0)$ 到 $(0, 0)$ 一段有向圆弧;

(5) $\oint_L \dfrac{x}{x^2 + y^2}\mathrm{d}y - \dfrac{y}{x^2 + y^2}\mathrm{d}x$, 其中 L 表示闭曲线 $|x| + |y| = 1$ 的正方向.

11. 验证下列曲线积分与路径无关, 并计算曲线积分的值:

(1) $\int_{(1,0)}^{(2,1)} (2xy - y^4 - 3)\mathrm{d}x + (x^2 - 4xy^3)\mathrm{d}y$;

(2) $\int_{(0,0)}^{(a,b)} \mathrm{e}^x \cos y \, \mathrm{d}x - \mathrm{e}^x \sin y \, \mathrm{d}y$;

(3) $\int_{(0,0)}^{(\frac{\pi}{2},1)} (2xy^3 - y^2 \cos x)\mathrm{d}x + (1 - 2y \sin x + 3x^2 y^2)\mathrm{d}y$;

(4) $\int_{(1,1)}^{(2,1)} \dfrac{1 + 2y}{x^3}\mathrm{d}x - \dfrac{1 + x^2}{x^2}\mathrm{d}y$.

12. 确定 λ 的值, 使曲线积分

$$\int_{(0,0)}^{(1,2)} (x^4 + 4xy^\lambda)\mathrm{d}x + (6x^{\lambda-1}y^2 - 5y^4)\mathrm{d}y$$

与路径无关, 并求积分的值.

13. 证明下列矢函数是平面保守场, 并求其势函数:

(1) $\boldsymbol{F} = (2x + 3y)\boldsymbol{i} + (3x - 4y)\boldsymbol{j}$;

(2) $\boldsymbol{F} = (3x^2 - 2xy + y^2)\boldsymbol{i} - (x^2 - 2xy + 3y^2)\boldsymbol{j}$;

(3) $\boldsymbol{F} = \mathrm{e}^x[\mathrm{e}^y(x - y + 2) + y]\boldsymbol{i} + \mathrm{e}^x[\mathrm{e}^y(x - y) + 1]\boldsymbol{j}$;

(4) $\boldsymbol{F} = (x + \mathrm{e}^{-y})\boldsymbol{i} + (y - x\mathrm{e}^{-y})\boldsymbol{j}$.

§8.2　曲面积分

若曲面 Σ 具有连续变化的法线或切平面, 则称 Σ 为**光滑曲面**, 由有限多块光滑曲面连结而成的曲面 (连结处为分段光滑曲线) 称为**分片光滑曲面**.

如果曲面 Σ 的方程为

$$F(x, y, z) = 0,$$

只要 F 具有连续偏导数 F_x, F_y, F_z, 且不全为零, 曲面 Σ 便是光滑的.

本节将在分片光滑曲面上继续研究积分的拓广和应用, 并假定所研究的曲面有界, 而曲面的边界为分段光滑的闭曲线.

8.2.1　第一型曲面积分

8.1 节, 在曲线段质量的研究基础上给出了第一型曲线积分的概念. 类似地, 对曲面块质量的研究则将导致第一型曲面积分概念的产生. 我们略去计算曲面块质量的繁琐过程, 直接给出第一型曲面积分的定义.

1. 第一型曲面积分的定义和性质

设 Σ 是光滑曲面, $f(x, y, z)$ 是 Σ 上定义的有界函数. 将 Σ 划分成 n 个小曲面块 ΔS_i, 并用 ΔS_i 表示自身的面积. 记 ΔS_i 的直径[①] 为 d_i, 且 $\lambda = \max\limits_{1 \leqslant i \leqslant n} \{d_i\}$. 在 ΔS_i $(i = 1, 2, \cdots, n)$ 上任意选取点 $P(\xi_i, \eta_i, \zeta_i)$, 作和式

$$\sum_{i=1}^{n} f(\xi_i, \eta_i, \zeta_i) \Delta S_i.$$

如果当 $\lambda \to 0$ 时, 上述和式存在极限

$$\lim_{\lambda \to 0} \sum_{i=1}^{n} f(\xi_i, \eta_i, \zeta_i) \Delta S_i = I,$$

且与 Σ 被分划的方式以及点 $P(\xi_i, \eta_i, \zeta_i)$ 的位置无关, 则称极限 I 为**函数 $f(x, y, z)$ 在 Σ 上的第一型曲面积分** 或称**对面积的曲面积分**, 记作

$$\iint_{\Sigma} f(x, y, z) \, \mathrm{d}S = \lim_{\lambda \to 0} \sum_{i=1}^{n} f(\xi_i, \eta_i, \zeta_i) \Delta S_i = I, \tag{8.2.1}$$

其中 $f(x, y, z)$ 称为**被积函数**, Σ 称为**积分曲面**, $\mathrm{d}S$ 称为**曲面面积元素**.

可以证明, 只要 $f(x, y, z)$ 在 Σ 上连续, 第一型曲面积分 (8.2.1) 就一定存在.

当光滑曲面 Σ 的面密度 $\mu(x, y, z)$ $(\geqslant 0)$ 连续时, 曲面 Σ 的质量 M 可以表示成 $\mu(x, y, z)$ 在 Σ 上对面积的曲面积分

$$M = \iint_{\Sigma} \mu(x, y, z) \, \mathrm{d}S.$$

不难证明第一型曲面积分的以下线性性质:

(1) $\iint_{\Sigma} [f_1(x, y, z) + f_2(x, y, z)] \, \mathrm{d}S = \iint_{\Sigma} f_1(x, y, z) \, \mathrm{d}S + \iint_{\Sigma} f_2(x, y, z) \, \mathrm{d}S.$

(2) $\iint_{\Sigma} k f(x, y, z) \, \mathrm{d}S = k \iint_{\Sigma} f(x, y, z) \, \mathrm{d}S$, k 为常数.

如果分片光滑曲面 Σ 是由光滑曲面 Σ_1, Σ_2 连结而成, 则记 $\Sigma = \Sigma_1 + \Sigma_2$. 由定义可直接证明第一型曲面积分的以下可加性:

(3) $\iint_{\Sigma_1 + \Sigma_2} f(x, y, z) \, \mathrm{d}S = \iint_{\Sigma_1} f(x, y, z) \, \mathrm{d}S + \iint_{\Sigma_2} f(x, y, z) \, \mathrm{d}S.$

---

① ΔS_i 的直径系指 ΔS_i 上任意两点距离的最大值.

当被积函数 $f(x, y, z) = 1$ 时, 第一型曲面积分 (8.1.1) 表示积分曲面 Σ 的面积 S, 即

(4)
$$\iint_{\Sigma} dS = S.$$

2. 第一型曲面积分的计算

设光滑曲面 Σ 由显函数

$$z = z(x, y), \quad (x, y) \in D_{xy}$$

表示, 其中 D_{xy} 为曲面 Σ 在 $O\text{-}xy$ 平面上的投影 (图 8.14). 另设函数 $f(x, y, z)$ 在 Σ 上连续, 我们给出 $f(x, y, z)$ 在 Σ 上的第一型曲面积分 (8.1.1) 的计算公式.

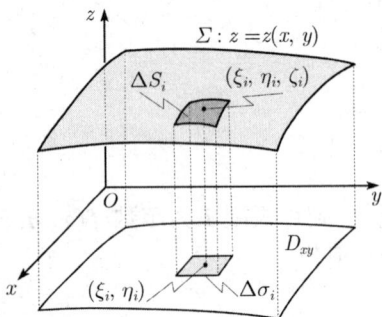

图 8.14　第一型曲面积分计算
公式的图示

根据定义, 首先将 Σ 划分成 n 个小曲面块 ΔS_i, 并用 ΔS_i 表示自身的面积. 当 Σ 投影到 $O\text{-}xy$ 平面上成为 D_{xy} 时, 这些小曲面块 ΔS_i 的投影分别记作 $\Delta \sigma_i$, 同样用 $\Delta \sigma_i$ 表示自身的面积. 由曲面面积公式知

$$\Delta S_i = \iint_{\Delta \sigma_i} \sqrt{1 + p^2 + q^2}\, d\sigma \quad (i = 1, 2, \cdots, n),$$

其中 $p = \dfrac{\partial z}{\partial x}$, $q = \dfrac{\partial z}{\partial y}$ 均为 D_{xy} 上的连续函数. 利用重积分的中值定理, 知存在 $(\xi_i, \eta_i) \in \Delta \sigma_i$, 使得

$$\Delta S_i = \sqrt{1 + [p(\xi_i, \eta_i)]^2 + [q(\xi_i, \eta_i)]^2}\, \Delta \sigma_i \quad (i = 1, 2, \cdots, n).$$

在小曲面块 ΔS_i 上, 选取点 $P_i(\xi_i, \eta_i, \zeta_i,)$, 其中 $\zeta_i = z(\xi_i, \eta_i)$, 这样一来, 式 (8.2.1) 右端的积分和为

$$\sum_{i=1}^{n} f(\xi_i, \eta_i, \zeta_i) \Delta S_i = \sum_{i=1}^{n} f(\xi_i, \eta_i, z(\xi_i, \eta_i)) \sqrt{1 + [p(\xi_i, \eta_i)]^2 + [q(\xi_i, \eta_i)]^2}\, \Delta \sigma_i.$$

设 $\Delta \sigma_i$ 的直径为 δ_i, $\mu = \max\limits_{1 \leqslant i \leqslant n} \{\delta_i\}$. 当 ΔS_i 的最大直径 $\lambda = \max\limits_{1 \leqslant i \leqslant n} \{d_i\} \to 0$ 时, $\mu = \max\limits_{1 \leqslant i \leqslant n} \{\delta_i\} \to 0$, 上述等式右端的极限为 D_{xy} 上的二重积分, 其被积函数为 $f[x, y, z(x, y)] \sqrt{1 + p^2 + q^2}$. 而上述等式左端的极限为第一型曲面积分 (8.2.1), 于是得到第一型曲面积分化作二重积分的计算公式

$$\iint_{\Sigma} f(x, y, z)\, dS = \iint_{D_{xy}} f[x, y, z(x, y)] \sqrt{1 + p^2 + q^2}\, dxdy. \tag{8.2.2}$$

不难看出, 由上式左端的 dS 恰为右端的曲面面积元素 $\sqrt{1 + p^2 + q^2}\, dxdy$. 使用

式 (8.1.2) 计算第一型曲面积 $\iint_\Sigma f(x,y,z)\,\mathrm{d}S$ 时, 只要将积分曲面的方程 $z(x,y)$ 代入被积函数, 将 $\mathrm{d}S$ 看作曲面面积元素 $\sqrt{1+p^2+q^2}\,\mathrm{d}x\mathrm{d}y$, 然后再求二重积分即可.

当 Σ 用显函数

$$y = y(z,x) \quad \text{或} \quad x = x(y,z)$$

表示时, 第一型曲面积分 (8.2.1) 还可写成另外两种形式的二重积分. 此处略去公式, 请读者自行补充.

例 8.2.1 计算质量面密度为 $\mu(x,y,z) = z$ 的旋转抛物面 Σ: $z = \dfrac{1}{2}(x^2 + y^2)(0 \leqslant z \leqslant 1)$ 的质量.

解 由于曲面 Σ 的面积元素为

$$\mathrm{d}S = \sqrt{1+p^2+q^2}\,\mathrm{d}x\mathrm{d}y = \sqrt{1+x^2+y^2}\,\mathrm{d}x\mathrm{d}y,$$

因此, 所求质量为

$$M = \iint_\Sigma z\,\mathrm{d}S = \iint_{D_{xy}} \frac{1}{2}(x^2+y^2)\sqrt{1+x^2+y^2}\,\mathrm{d}x\mathrm{d}y,$$

其中 D_{xy} 表示 Σ: $z = \dfrac{1}{2}(x^2+y^2)$ $(0 \leqslant z \leqslant 1)$ 在 $O\text{-}xy$ 平面上的投影, 以原点为圆心 $\sqrt{2}$ 为半径的圆域 (图 8.15). 在极坐标系下 D_{xy} 由下列不等式组界定:

$$D_{xy}: 0 \leqslant \rho \leqslant \sqrt{2}, \quad 0 \leqslant \theta \leqslant 2\pi.$$

于是得到

$$M = \int_0^{2\pi} \mathrm{d}\theta \int_0^{\sqrt{2}} \frac{1}{2}\rho^3 \sqrt{1+\rho^2}\,\mathrm{d}\rho = \left(\frac{4}{5}\sqrt{3} + \frac{2}{15}\right)\pi.$$

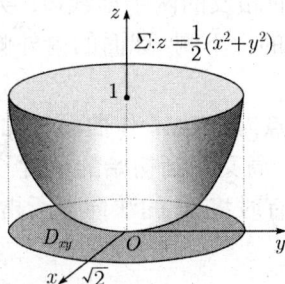

图 8.15 例 8.2.1 的图示　　图 8.16 例 8.2.2 的图示

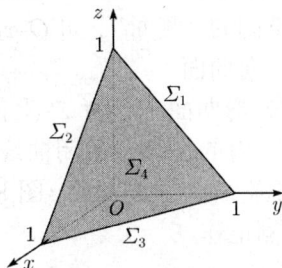

例 8.2.2 计算 $\oiint_\Sigma xy\,\mathrm{d}S$, 其中 Σ 是由平面 $x+y+z=1, x=0, y=0, z=0$ 所围成的四面体的边界曲面 (图 8.16). 符号 $\oiint_\Sigma$ 表示闭曲面 Σ 上的曲面积分.

解　闭曲面 Σ 由 4 部分平面块组成, 分别记作 $\Sigma_1, \Sigma_2, \Sigma_3, \Sigma_4$ (图 8.16). 它们的方程分别为

$$\Sigma_1: x = 0, \quad \Sigma_2: y = 0, \quad \Sigma_3: z = 0, \quad \Sigma_4: x + y + z = 1.$$

由第一型曲面积分的性质知

$$\oiint_{\Sigma} xy\,\mathrm{d}S = \iint_{\Sigma_1} xy\,\mathrm{d}S + \iint_{\Sigma_2} xy\,\mathrm{d}S + \iint_{\Sigma_3} xy\,\mathrm{d}S + \iint_{\Sigma_4} xy\,\mathrm{d}S.$$

由于在 Σ_1, Σ_2 上被积函数 $xy = 0$, 因此有

$$\iint_{\Sigma_1} xy\,\mathrm{d}S = \iint_{\Sigma_2} xy\,\mathrm{d}S = 0.$$

在 Σ_3 上, $\mathrm{d}S = \mathrm{d}x\mathrm{d}y$, 因此有

$$\iint_{\Sigma_3} xy\,\mathrm{d}S = \iint_{D_{xy}} xy\,\mathrm{d}x\mathrm{d}y = \int_0^1 x\,\mathrm{d}x \int_0^{1-x} y\,\mathrm{d}y$$

$$= \frac{1}{2} \int_0^1 x(1-x)^2\,\mathrm{d}x = \frac{1}{24}.$$

在 Σ_4 上, $z = 1 - x - y$, $\mathrm{d}S = \sqrt{3}\mathrm{d}x\mathrm{d}y$, 因此有

$$\iint_{\Sigma_4} xy\,\mathrm{d}S = \iint_{D_{xy}} xy\sqrt{3}\,\mathrm{d}x\mathrm{d}y = \sqrt{3} \iint_{D_{xy}} xy\,\mathrm{d}x\mathrm{d}y = \frac{\sqrt{3}}{24}.$$

由此得到

$$\oiint_{\Sigma} xy\,\mathrm{d}S = \frac{1}{24}(\sqrt{3} + 1).$$

8.2.2　第二型曲面积分

已经知道, 有向曲线 Γ_{AB} 与 Γ_{BA} 是方向相反的两个曲线段. 类似地, 如果曲面也能够区分不同的 "侧面", 如 $O\text{-}xy$ 平面的上下侧, 球面的内外侧等, 则也可以称这种曲面为有向曲面.

设 Σ 是一光滑曲面, M 为 Σ 上任意一点, 过点 M 作曲面 Σ 的法向量, 如果让点 M 沿着 Σ 内的任意一条闭曲线移动一周又回到初始的位置, 法向量的方向不发生改变, 则称 Σ 为**双侧曲面** (图 8.17). 有时将 Σ 的法向量所指的曲面一侧记作 Σ^+, 而另一侧记作 Σ^-.

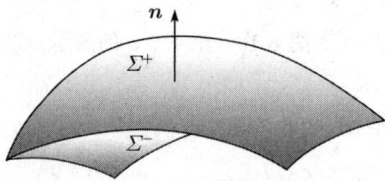

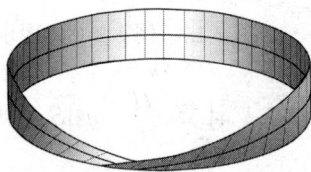

图 8.17　双侧曲面　　　　图 8.18　单侧曲面 —— Möbius 带

值得注意的是, 并非所有的曲面都是双侧曲面. 一些无法区分两种侧面的曲面称为**单侧曲面**. 著名的**莫比乌斯带** (Möbius) 就是单侧曲面的例子. 将长方形的纸条一端扭转 180° 后与另一端粘合在一起就做成了 Möbius 带. 在这种曲面上, 如果沿着图 8.18 上的闭曲线移动一周, 曲面的法向量就会改变方向, 变成初始位置法向量的反方向.

1. 通过曲面给定一侧的流量计算

设有不可压缩的稳定流体形成了流速场

$$\boldsymbol{V}(x,y,z) = P(x,y,z)\boldsymbol{i} + Q(x,y,z)\boldsymbol{j} + R(x,y,z)\boldsymbol{k}.$$

Σ 为流速场内的一块光滑的双侧曲面, 函数 $P(x,y,z), Q(x,y,z), R(x,y,z)$ 在 Σ 上连续, 我们来求在单位时间内流速场通过 Σ 指定一侧的流体的总量——流量.

将曲面 Σ 划分成 n 个小曲面块 $\Delta S_i (i = 1, 2, \cdots, n)$, 并以 ΔS_i 同时代表自身的面积. 首先考虑流速场通过小曲面块 ΔS_i 的流量. 在 ΔS_i 上任取点 $M_i(x_i, y_i, z_i)$, 记点 $M_i(x_i, y_i, z_i)$ 处曲面 Σ 的单位法向量为

$$\boldsymbol{n}_i = \boldsymbol{n}(x_i, y_i, z_i) = \cos \alpha_i \, \boldsymbol{i} + \cos \beta_i \, \boldsymbol{j} + \cos \gamma_i \, \boldsymbol{k},$$

其中 $\alpha_i, \beta_i, \gamma_i$ 为 $\boldsymbol{n}_i$ 的方向角.

以点 $M_i(x_i, y_i, z_i)$ 处的流速

$$\boldsymbol{V}_i = \boldsymbol{V}(x_i, y_i, z_i) = P(x_i, y_i, z_i)\boldsymbol{i} + Q(x_i, y_i, z_i)\boldsymbol{j} + R(x_i, y_i, z_i)\boldsymbol{k}$$

作为小曲面块 ΔS_i 上每一点的流速, 以 $\boldsymbol{n}_i = \boldsymbol{n}(x_i, y_i, z_i)$ 作为小曲面块 ΔS_i 上每一点的单位法向量, 则通过小曲面块 ΔS_i 的流量可以近似看成

$$\boldsymbol{V}_i \cdot \boldsymbol{n}_i \Delta S_i \quad (i = 1, 2, \cdots, n).$$

显然, 这一近似流量是一个代数数:

当 $\langle \boldsymbol{V}_i, \boldsymbol{n}_i \rangle < \dfrac{\pi}{2}$ 时, 流量为正;

当 $\langle \boldsymbol{V}_i, \boldsymbol{n}_i \rangle > \dfrac{\pi}{2}$ 时, 流量为负;

当 $\langle \boldsymbol{V}_i, \boldsymbol{n}_i \rangle = \dfrac{\pi}{2}$ 时, 流量为零.

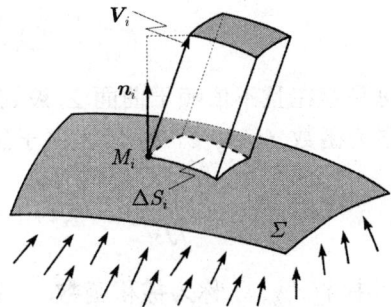

图 8.19　流速场通过 ΔS_i 流量的图示

而它的绝对值则是图 8.19 中所显示的柱体体积.

将上述 n 个这样的通过小曲面块的流量相加, 便得到流速场通过曲面 Σ 指定一侧的近似流量:

$$\sum_{i=1}^{n} \boldsymbol{V}_i \cdot \boldsymbol{n}_i \Delta S_i = \sum_{i=1}^{n} \left[P(x_i, y_i, z_i) \cos \alpha_i + Q(x_i, y_i, z_i) \cos \beta_i \right.$$

$$+R(x_i, y_i, z_i)\cos\gamma_i\big]\Delta S_i.$$

在上式中分别将 $\Delta S_i\cos\alpha_i$, $\Delta S_i\cos\beta_i$, $\Delta S_i\cos\gamma_i$ 称为 ΔS_i 在 $O\text{-}yz$ 平面, $O\text{-}zx$ 平面, $O\text{-}xy$ 平面上的**投影**[①], 并记作

$$(\Delta S_i)_{yz} = \Delta S_i\cos\alpha_i, \quad (\Delta S_i)_{zx} = \Delta S_i\cos\beta_i, \quad (\Delta S_i)_{xy} = \cos\gamma_i\Delta S_i.$$

这样一来, 上述近似流量还可写成

$$\sum_{i=1}^{n} \boldsymbol{V}_i \cdot \boldsymbol{n}_i\Delta S_i = \sum_{i=1}^{n}\big[P(x_i, y_i, z_i)(\Delta S_i)_{yz} + Q(x_i, y_i, z_i)(\Delta S_i)_{zx}$$
$$+R(x_i, y_i, z_i)(\Delta S_i)_{xy}\big].$$

如果仍以 λ 表示 n 个小曲面块 ΔS_i 直径的最大值, 并令 $\lambda \to 0$, 上述流量近似值的极限便是所求的流量, 即

$$\lim_{\lambda\to 0}\sum_{i=1}^{n}\big[P(x_i, y_i, z_i)(\Delta S_i)_{yz} + Q(x_i, y_i, z_i)(\Delta S_i)_{zx} + R(x_i, y_i, z_i)(\Delta S_i)_{xy}\big].$$

2. 第二型曲面积分的定义

设 Σ 为光滑的有向曲面, 函数 $f(x, y, z)$ 在 Σ 上有定义且有界. 将曲面 Σ 划分成 n 个小曲面块 ΔS_i, 并以 ΔS_i 同时代表自身的面积. 记 $(\Delta S_i)_{xy}$ 为 ΔS_i 在 $O\text{-}xy$ 平面上的投影, λ 为 n 个小曲面块 ΔS_i 直径的最大值. 在 ΔS_i 内任取点 (ξ_i, η_i, ζ_i), 如果当 $\lambda \to 0$ 时,

$$\lim_{\lambda\to 0}\sum_{i=1}^{n}f(\xi_i, \eta_i, \zeta_i)(\Delta S_i)_{xy}$$

总是存在且不依赖于曲面 Σ 被划分的方式以及点 (ξ_i, η_i, ζ_i) 的选取位置, 则称此极限为函数 $f(x, y, z)$ 在 Σ 上**关于坐标 x, y 的第二型曲面积分**, 记作

$$\iint_{\Sigma} f(x, y, z)\,\mathrm{d}x\mathrm{d}y = \lim_{\lambda\to 0}\sum_{i=1}^{n}f(\xi_i, \eta_i, \zeta_i)(\Delta S_i)_{xy}. \tag{8.2.3}$$

其中 $f(x, y, z)$ 称为**被积函数**, Σ 称为**积分曲面**.

类似地还可定义函数 $f(x, y, z)$ **在 Σ 上关于坐标 y, z 的第二型曲面积分**以及在 Σ **上关于坐标 z, x 的第二型曲面积分**, 并分别记作

$$\iint_{\Sigma} f(x, y, z)\,\mathrm{d}y\mathrm{d}z = \lim_{\lambda\to 0}\sum_{i=1}^{n}f(\xi_i, \eta_i, \zeta_i)(\Delta S_i)_{yz}. \tag{8.2.4}$$

[①] 这里的投影是一个**代数数**, 而不是在几何意义下所有投影点构成的集合. ΔS_i 在 $O\text{-}yz$ 平面, $O\text{-}zx$ 平面, $O\text{-}xy$ 平面上几何意义下的投影是这些坐标平面上的平面图形, 而 $\Delta S_i\cos\alpha_i$, $\Delta S_i\cos\beta_i$, $\Delta S_i\cos\gamma_i$ 的绝对值恰为这些平面图形的面积, 它们的符号则依赖于法向量 $\boldsymbol{n}_i$ 与 x 轴, y 轴, z 轴的夹角是锐角还是钝角.

$$\iint_{\Sigma} f(x, y, z)\,\mathrm{d}z\mathrm{d}x = \lim_{\lambda \to 0} \sum_{i=1}^{n} f(\xi_i, \eta_i, \zeta_i)(\Delta S_i)_{zx}. \tag{8.2.5}$$

可以证明, 当函数 $f(x, y, z)$ 在光滑曲面 Σ 上连续时, 第二型曲面积分 (8.2.3),
(8.2.4), (8.2.5) 一定存在.

按照上述定义, 流速场 $\boldsymbol{V}(x, y, z) = P(x, y, z)\boldsymbol{i} + Q(x, y, z)\boldsymbol{j} + R(x, y, z)\boldsymbol{k}$ 通过有
向曲面 Σ 指定一侧的流量可以写成三种第二型曲面积分和的形式:

$$\iint_{\Sigma} P(x, y, z)\,\mathrm{d}y\mathrm{d}z + \iint_{\Sigma} Q(x, y, z)\,\mathrm{d}z\mathrm{d}x + \iint_{\Sigma} R(x, y, z)\,\mathrm{d}x\mathrm{d}y.$$

也可简略地写成

$$\iint_{\Sigma} P(x, y, z)\,\mathrm{d}y\mathrm{d}z + Q(x, y, z)\,\mathrm{d}z\mathrm{d}x + R(x, y, z)\,\mathrm{d}x\mathrm{d}y, \tag{8.2.6}$$

或者是向量的形式

$$\iint_{\Sigma} \boldsymbol{V} \cdot \mathrm{d}\boldsymbol{S},$$

其中 $\mathrm{d}\boldsymbol{S} = \{\mathrm{d}y\mathrm{d}z, \mathrm{d}z\mathrm{d}x, \mathrm{d}x\mathrm{d}y\}$.

第二型曲面积分具有和第二型曲线积分类似的以下性质, 我们仅以对坐标 x, y
的第二型曲面积分为例作如下介绍, 并假定所涉及的被积函数均在 Σ 上连续.

(1) $\iint_{\Sigma} [f(x, y, z) + g(x, y, z)]\,\mathrm{d}x\,\mathrm{d}y = \iint_{\Sigma} f(x, y, z)\,\mathrm{d}x\,\mathrm{d}y + \iint_{\Sigma} g(x, y, z)\,\mathrm{d}x\,\mathrm{d}y.$

(2) $\iint_{\Sigma} kf(x, y, z)\,\mathrm{d}x\,\mathrm{d}y = k\iint_{\Sigma} f(x, y, z)\,\mathrm{d}x\,\mathrm{d}y$ (k 为常数).

(3) $\iint_{\Sigma_1 + \Sigma_2} f(x, y, z)\,\mathrm{d}x\,\mathrm{d}y = \iint_{\Sigma_1} f(x, y, z)\,\mathrm{d}x\,\mathrm{d}y + \iint_{\Sigma_2} f(x, y, z)\,\mathrm{d}x\,\mathrm{d}y,$
其中 $\Sigma_1 + \Sigma_2$ 为有向光滑曲面 Σ_1 与 Σ_2 的并集, 并假定 $\Sigma_1 + \Sigma_2$ 是有向分片光滑
曲面.

(4) $\iint_{\Sigma^+} f(x, y, z)\,\mathrm{d}x\,\mathrm{d}y = -\iint_{\Sigma^-} f(x, y, z)\,\mathrm{d}x\,\mathrm{d}y,$ 其中 Σ^+ 与 Σ^- 是有向光滑
曲面 Σ 的两个不同侧面.

本性质说明第二型曲面积分与积分曲面的侧面选取有关. 这一点与第一型曲
面积分明显不同. 实际上, 流速场 $\boldsymbol{V}(x, y, z)$ 通过 Σ^+ 的流量与通过另一侧 Σ^- 的
流量自然相差一个负号, 也就是说, 从 $\boldsymbol{n}$ 看去流进的流体, 从 $-\boldsymbol{n}$ 看去当然是流出
的流体!

3. 两类曲面积分的关系

在第二型曲面积分的定义中, 若记 Σ 在点 (ξ_i, η_i, ζ_i) 处的单位法向量为

$$\boldsymbol{n}_i = \{\cos\alpha_i, \cos\beta_i, \cos\gamma_i\},$$

则式 (8.2.3) 右端的 $(\Delta S_i)_{xy}$ 可以用 $\Delta S_i \cos \gamma_i$ 近似, 取极限后得

$$\lim_{\lambda \to 0} \sum_{i=1}^{n} f(\xi_i, \eta_i, \zeta_i)(\Delta S_i)_{xy} = \lim_{\lambda \to 0} \sum_{i=1}^{n} f(\xi_i, \eta_i, \zeta_i) \cos \gamma_i \Delta S_i.$$

而上式右端恰为函数 $f(x, y, z) \cos \gamma$ 在 Σ 上的第一型曲面积分, 于是得

$$\iint_{\Sigma} f(x, y, z) \, \mathrm{d}x\mathrm{d}y = \iint_{\Sigma} f(x, y, z) \cos \gamma \, \mathrm{d}S. \tag{8.2.7}$$

类似地, 从式 (8.2.4) 和式 (8.2.5) 还可得到

$$\iint_{\Sigma} f(x, y, z) \, \mathrm{d}y\mathrm{d}z = \iint_{\Sigma} f(x, y, z) \cos \alpha \, \mathrm{d}S. \tag{8.2.8}$$

$$\iint_{\Sigma} f(x, y, z) \, \mathrm{d}z\mathrm{d}x = \iint_{\Sigma} f(x, y, z) \cos \beta \, \mathrm{d}S. \tag{8.2.9}$$

利用这些结论, 第二型曲面积分 (8.2.6) 可以写成

$$\iint_{\Sigma} P(x, y, z) \, \mathrm{d}y\mathrm{d}z + Q(x, y, z) \, \mathrm{d}z\mathrm{d}x + R(x, y, z) \, \mathrm{d}x\mathrm{d}y$$

$$= \iint_{\Sigma} \left[P(x, y, z) \cos \alpha + Q(x, y, z) \cos \beta + R(x, y, z) \cos \gamma \right] \mathrm{d}S. \tag{8.2.10}$$

注意到式 (8.2.7)~ 式 (8.2.10) 的左端均为第二型曲面积分, 而右端均为第一型曲面积分, 因此被看作**两类曲面积分的关系**.

应该指出, 这些关系式的左端是有向曲面 Σ 指定一侧的第二型曲面积分; 而右端的积分从形式上看, 是与 Σ 的侧面选择没有关系的第一型曲面积分, 不过在被积表达式中的 α, β, γ 表明, 曲面 Σ 实际上只能是指定的一侧.

鉴于 $\boldsymbol{n} = \{\cos \alpha, \cos \beta, \cos \gamma\}$, $\boldsymbol{V} = \{P(x, y, z), Q(x, y, z), R(x, y, z)\}$, 式 (8.2.10) 还可写成

$$\iint_{\Sigma} \boldsymbol{V} \cdot \mathrm{d}\boldsymbol{S} = \iint_{\Sigma} \boldsymbol{V} \cdot \boldsymbol{n} \, \mathrm{d}S. \tag{8.2.10'}$$

如果说在第一型曲面积分里, 称 $\mathrm{d}S$ 为曲面面积元素的话, 现在则不妨称 $\mathrm{d}\boldsymbol{S} = \boldsymbol{n}\,\mathrm{d}S$ 为**有向曲面面积元素**, 而 $\mathrm{d}y\mathrm{d}z, \mathrm{d}z\mathrm{d}x, \mathrm{d}x\mathrm{d}y$ 无非是 $\mathrm{d}\boldsymbol{S}$ 这一形式向量在坐标平面上的投影.

既然已经掌握了第一型曲面积分的计算方法, 利用上述关系 (8.2.10) 我们可以将某些第二型曲面积分转化成第一型曲面积分之后再计算, 这不失为计算第二型曲面积分的一条途径.

例 8.2.3　试求第二型曲面积分

$$I = \iint_{\Sigma} x^2 \, \mathrm{d}y\mathrm{d}z + y^2 \, \mathrm{d}z\mathrm{d}x + xyz \, \mathrm{d}x \, \mathrm{d}y,$$

其中 Σ 为图8.20中的两个有向矩形区域 Σ_1 和 Σ_2 的并集.

解 记 $\boldsymbol{F} = \{x^2, y^2, xyz\}$, 由式 (8.2.10′) 和曲面积分的线性性质知有

$$I = \iint_{\Sigma} \boldsymbol{F} \cdot \mathrm{d}\boldsymbol{S} = \iint_{\Sigma} \boldsymbol{F} \cdot \boldsymbol{n} \, \mathrm{d}S = \iint_{\Sigma_1} \boldsymbol{F} \cdot \boldsymbol{n}_1 \, \mathrm{d}S + \iint_{\Sigma_2} \boldsymbol{F} \cdot \boldsymbol{n}_2 \, \mathrm{d}S,$$

其中 $\boldsymbol{n}_1$, $\boldsymbol{n}_2$ 分别是 Σ_1, Σ_2 的单位法向量.

根据图8.20所示, Σ_1 的方程为 $x = a$, $\boldsymbol{n}_1 = \{1, 0, 0\}$, Σ_1 在 $O\text{-}yz$ 平面上的投影区域为 $D_{yz} = \{(y, z) | 0 \leqslant y \leqslant b, \ 0 \leqslant z \leqslant c\}$. 因此有

$$\iint_{\Sigma_1} \boldsymbol{F} \cdot \boldsymbol{n}_1 \, \mathrm{d}S = \iint_{\Sigma_1} x^2 \, \mathrm{d}S = \iint_{D_{yz}} a^2 \, \mathrm{d}y\mathrm{d}z = a^2 bc.$$

类似地, Σ_2 的方程为 $z = c$, $\boldsymbol{n}_2 = \{0, 0, 1\}$, Σ_2 在 $O\text{-}xy$ 平面上的投影区域为 $D_{xy} = \{(x, y) | 0 \leqslant x \leqslant a, \ 0 \leqslant y \leqslant b\}$. 因此有

$$\iint_{\Sigma_2} \boldsymbol{F} \cdot \boldsymbol{n}_2 \, \mathrm{d}S = \iint_{\Sigma_2} xyz \, \mathrm{d}S = \iint_{D_{xy}} cxy \, \mathrm{d}x\mathrm{d}y = c \int_0^a x \, \mathrm{d}x \int_0^b y \, \mathrm{d}y = \frac{1}{4} a^2 b^2 c.$$

由此可见,

$$I = a^2 bc + \frac{1}{4} a^2 b^2 c = \frac{1}{4} a^2 bc (4 + b).$$

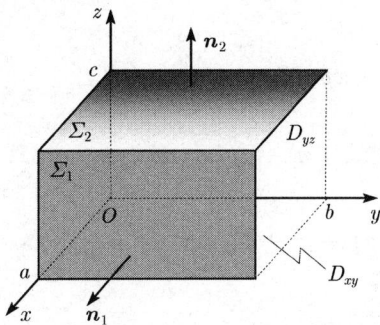

图 8.20　例 8.2.3 的图示　　　　图 8.21　例 8.2.4 的图示

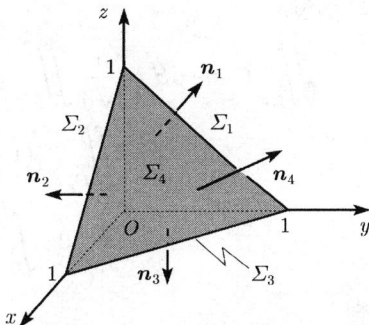

例 8.2.4 试求第二型曲面积分

$$I = \oiint_{\Sigma} yz \, \mathrm{d}y\mathrm{d}z + zx \, \mathrm{d}z\mathrm{d}x + xy \, \mathrm{d}x \, \mathrm{d}y,$$

其中 Σ 为图8.21中的四面体 $\{(x, y, z) | x \geqslant 0, \ y \geqslant 0, \ z \geqslant 0, \ x + y + z \leqslant 1\}$ 的边界曲面的外侧.

解 如图 8.21 所示, 曲面 Σ 由四个部分 $\Sigma_1, \Sigma_2, \Sigma_3, \Sigma_4$ 组成, 如记 $\boldsymbol{F} = \{yz, zx, xy\}$, 由式 (8.2.10′) 和积分的线性性质知有

$$I = \iint_{\Sigma} \boldsymbol{F} \cdot \mathrm{d}\boldsymbol{S} = \iint_{\Sigma} \boldsymbol{F} \cdot \boldsymbol{n} \, \mathrm{d}S$$

$$= \iint_{\Sigma_1} \boldsymbol{F} \cdot \boldsymbol{n}_1 \, \mathrm{d}S + \iint_{\Sigma_2} \boldsymbol{F} \cdot \boldsymbol{n}_2 \, \mathrm{d}S + \iint_{\Sigma_3} \boldsymbol{F} \cdot \boldsymbol{n}_3 \, \mathrm{d}S + \iint_{\Sigma_4} \boldsymbol{F} \cdot \boldsymbol{n}_4 \, \mathrm{d}S,$$

其中 $\boldsymbol{n}_1, \boldsymbol{n}_2, \boldsymbol{n}_3, \boldsymbol{n}_4$ 分别是曲面 $\Sigma_1, \Sigma_2, \Sigma_3, \Sigma_4$ 的单位法向量.

由于 Σ_1 的方程为 $x = 0$, $\boldsymbol{n}_1 = \{-1, 0, 0\}$, Σ_1 在 $O\text{-}yz$ 平面上的投影为三角形区域: $D_{yz} = \{(y, z) | 0 \leqslant z \leqslant 1 - y, \ 0 \leqslant y \leqslant 1\}$. 利用第一型曲面积分的计算公式得

$$\iint_{\Sigma_1} \boldsymbol{F} \cdot \boldsymbol{n}_1 \, \mathrm{d}S = -\iint_{\Sigma_1} yz \mathrm{d}S = -\iint_{D_{yz}} yz \, \mathrm{d}y \mathrm{d}z$$

$$= -\int_0^1 y \, \mathrm{d}y \int_0^{1-y} z \, \mathrm{d}z = -\frac{1}{24}.$$

由对称性可知

$$\iint_{\Sigma_2} \boldsymbol{F} \cdot \boldsymbol{n}_2 \, \mathrm{d}S = \iint_{\Sigma_3} \boldsymbol{F} \cdot \boldsymbol{n}_3 \, \mathrm{d}S = -\frac{1}{24}.$$

由于 Σ_4 的方程为 $z = 1 - x - y$, $\boldsymbol{n}_4 = \left\{ \dfrac{1}{\sqrt{3}}, \dfrac{1}{\sqrt{3}}, \dfrac{1}{\sqrt{3}} \right\}$, Σ_4 在 $O\text{-}xy$ 平面上的投影为三角形区域: $D_{xy} = \{(x, y) | 0 \leqslant y \leqslant 1 - x, \ 0 \leqslant x \leqslant 1\}$. 利用第一型曲面积分的计算公式得

$$\iint_{\Sigma_4} \boldsymbol{F} \cdot \boldsymbol{n}_2 \, \mathrm{d}S = \frac{1}{\sqrt{3}} \iint_{\Sigma_4} (yz + zx + xy) \mathrm{d}S$$

$$= \iint_{D_{xy}} \left[(1 - x - y)(x + y) + xy \right] \mathrm{d}x \mathrm{d}y$$

$$= \int_0^1 \mathrm{d}x \int_0^{1-x} (y - xy - y^2 + x - x^2) \, \mathrm{d}y = \frac{1}{8}.$$

由此得到

$$I = -\frac{1}{24} - \frac{1}{24} - \frac{1}{24} + \frac{1}{8} = 0.$$

4. 第二型曲面积分的计算

第二型曲面积分的计算并不是非要通过第一型曲面积分不可, 我们可以给出将第二型曲面积分直接表示成二重积分的公式.

设有向光滑曲面 Σ 由显函数 $z = z(x, y) \ (x, y) \in D_{xy}$ 表示, 则曲面上的单位法向量可表示为

$$\cos \alpha = \frac{\mp p}{\sqrt{1 + p^2 + q^2}}, \quad \cos \beta = \frac{\mp q}{\sqrt{1 + p^2 + q^2}}, \quad \cos \gamma = \frac{\pm 1}{\sqrt{1 + p^2 + q^2}},$$

其中 $p = \dfrac{\partial z}{\partial x}$, $q = \dfrac{\partial z}{\partial y}$, 第一种正负号表示 Σ 的上侧, 第二种正负号表示 Σ 的下侧. 注意到 Σ 上的曲面面积元素为

$$\mathrm{d}S = \sqrt{1 + p^2 + q^2}\, \mathrm{d}x\mathrm{d}y,$$

因此式 (8.2.10) 的右端可以变形为

$$\iint_{\Sigma} \big[P(x, y, z)\cos\alpha + Q(x, y, z)\cos\beta + R(x, y, z)\cos\gamma \big]\,\mathrm{d}S$$

$$= \iint_{D_{xy}} \Bigg[P(x, y, z(x,y)) \frac{\mp p}{\sqrt{1 + p^2 + q^2}} + Q(x, y, z(x,y)) \frac{\mp q}{\sqrt{1 + p^2 + q^2}}$$

$$+ R(x, y, z(x,y)) \frac{\pm 1}{\sqrt{1 + p^2 + q^2}} \Bigg] \sqrt{1 + p^2 + q^2}\, \mathrm{d}x\mathrm{d}y$$

$$= \pm \iint_{D_{xy}} \Big[P(x, y, z(x,y))(-p) + Q(x, y, z(x,y))(-q) + R(x, y, z(x,y)) \Big]\,\mathrm{d}x\mathrm{d}y.$$

于是我们得到一个很难记住的复杂公式:

$$\iint_{\Sigma} P(x, y, z)\,\mathrm{d}y\mathrm{d}z + Q(x, y, z)\,\mathrm{d}z\mathrm{d}x + R(x, y, z)\,\mathrm{d}x\mathrm{d}y$$

$$= \pm \iint_{D_{xy}} \Big[P(x, y, z(x,y))(-p) + Q(x, y, z(x,y))(-q)$$

$$+ R(x, y, z(x,y)) \Big]\,\mathrm{d}x\mathrm{d}y. \tag{8.2.11}$$

式 (8.2.11) 虽然比较复杂, 如果在式中 $P(x, y, z) = Q(x, y, z) = 0$, 那就立刻变得简洁而明了, 即

$$\iint_{\Sigma} R(x, y, z)\,\mathrm{d}x\mathrm{d}y = \pm \iint_{D_{xy}} R(x, y, z(x,y))\,\mathrm{d}x\mathrm{d}y, \tag{8.2.12}$$

其中的 "$\pm$" 号分别对应于积分曲面 Σ 的上侧和下侧.

同样, 当有向光滑曲面 Σ 由显函数 $y = y(z, x)$ $(z, x) \in D_{zx}$ 表示时, 也可得到类似的公式

$$\iint_{\Sigma} Q(x, y, z)\,\mathrm{d}z\mathrm{d}x = \pm \iint_{D_{zx}} Q(x, y(z, x), z)\,\mathrm{d}z\mathrm{d}x, \tag{8.2.13}$$

其中的 "$\pm$" 号分别对应于积分曲面 Σ 的右侧和左侧. 当有向光滑曲面 Σ 由显函数 $x = x(y, z)$ $(y, z) \in D_{yz}$ 表示时, 还可得到

$$\iint_{\Sigma} P(x, y, z)\,\mathrm{d}y\mathrm{d}z = \pm \iint_{D_{yz}} P(x(y, z), y, z)\,\mathrm{d}y\mathrm{d}z, \tag{8.2.14}$$

其中的 "$\pm$" 号分别对应于积分曲面 Σ 的前侧和后侧.

例 8.2.5   计算曲面积分

$$I = \iint_{\Sigma} (2y + z)\,\mathrm{d}z\mathrm{d}x + z\,\mathrm{d}x\mathrm{d}y,$$

其中 Σ 为曲面 $z = x^2 + y^2$ $(0 \leqslant z \leqslant 1)$ 的下侧, 亦即法向量 $\boldsymbol{n}$ 与 z 轴的正方向夹钝角的一侧.

解   为避免使用式 (8.2.11), 可以分别计算

$$I_1 = \iint_{\Sigma} (2y + z)\,\mathrm{d}z\mathrm{d}x, \quad I_2 = \iint_{\Sigma} z\,\mathrm{d}x\mathrm{d}y.$$

先计算 I_1. 将 Σ 位于 $O\text{-}zx$ 平面右方部分记作 Σ_1, 左方部分记作 Σ_2, 则

$$\Sigma_1 : \ y = \sqrt{z - x^2},$$
$$\Sigma_2 : \ y = -\sqrt{z - x^2}.$$

Σ_1 的法向量 $\boldsymbol{n}_1$ 与 y 轴的正方向夹锐角, Σ_2 的法向量 $\boldsymbol{n}_2$ 与 y 轴的正方向夹钝角. Σ_1 与 Σ_2 在 $O\text{-}zx$ 平面上的投影同为区域, 见图 8.22

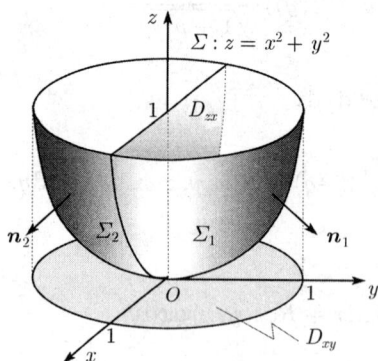

图 8.22   例 8.2.5 的图示

$$D_{zx} : \ x^2 \leqslant z \leqslant 1, \quad -1 \leqslant x \leqslant 1.$$

由式 (8.2.14) 得

$$I_1 = \iint_{\Sigma_1} (2y + z)\,\mathrm{d}z\mathrm{d}x + \iint_{\Sigma_2} (2y + z)\,\mathrm{d}z\mathrm{d}x$$

$$= \iint_{D_{zx}} (2\sqrt{z - x^2} + z)\,\mathrm{d}z\mathrm{d}x - \iint_{D_{zx}} (-2\sqrt{z - x^2} + z)\,\mathrm{d}z\mathrm{d}x$$

$$= 4\iint_{D_{zx}} \sqrt{z - x^2}\,\mathrm{d}z\mathrm{d}x = 4\int_{-1}^{1} \mathrm{d}x \int_{x^2}^{1} \sqrt{z - x^2}\,\mathrm{d}z$$

$$= \frac{8}{3}\int_{-1}^{1} (1 - x^2)^{\frac{3}{2}}\,\mathrm{d}x = \pi.$$

再来求 I_2. 由于 Σ 的方程为 $z = x^2 + y^2$, 其法向量与 z 轴的正方向夹钝角, Σ 在 $O\text{-}xy$ 平面上的投影区域 D_{xy} 单位圆面, 由式 (8.2.12) 得

$$I_2 = \iint_{\Sigma} z\,\mathrm{d}x\mathrm{d}y = -\iint_{D_{xy}} (x^2 + y^2)\,\mathrm{d}x\mathrm{d}y = -\int_{0}^{2\pi} \mathrm{d}\theta \int_{0}^{1} \rho^3\,\mathrm{d}\rho = -\frac{\pi}{2}.$$

由此可见

$$I = I_1 + I_2 = \pi - \frac{\pi}{2} = \frac{\pi}{2}.$$

应该指出, 本例直接利用式 (8.2.11) 同样可以计算 I.

8.2.3 斯托克斯公式

Green 公式建立了平面闭曲线上的曲线积分与闭曲线所包围的平面区域上二重积分的关系, 现在将此结论加以推广, 我们来讨论空间闭曲线上的曲线积分和以此闭曲线为边界的曲面上曲面积分之间的关系.

为叙述上的方便与确定起见, 规定有向曲面 Σ 的正侧与其边界曲线 Γ 的正方向符合右手法则的匹配关系, 即如果右手四指握拳的方向符合 Γ 的正方向, 则右手拇指指向曲面 Σ 的正侧.

1. 斯托克斯 (Stokes) 公式的证明

定理 8.2.1(Stokes 公式) 设 Σ 是分片光滑的有向曲面, 其边界曲线 Γ 分段光滑, Σ 的正侧与 Γ 的正方向符合右手法则的匹配关系. 如果函数 $P(x,y,z)$, $Q(x,y,z),R(x,y,z)$ 在 Σ 及其边界 Γ 上有定义并且具有连续偏导数, 则

$$\oint_{\Gamma} P\,\mathrm{d}x + Q\,\mathrm{d}y + R\,\mathrm{d}z = \iint_{\Sigma}\left(\frac{\partial R}{\partial y} - \frac{\partial Q}{\partial z}\right)\mathrm{d}y\mathrm{d}z$$
$$+ \left(\frac{\partial P}{\partial z} - \frac{\partial R}{\partial x}\right)\mathrm{d}z\mathrm{d}x + \left(\frac{\partial Q}{\partial x} - \frac{\partial P}{\partial y}\right)\mathrm{d}x\mathrm{d}y. \quad (8.2.15)$$

证明 首先证明

$$\oint_{\Gamma} P\,\mathrm{d}x = \iint_{\Sigma}\frac{\partial P}{\partial z}\,\mathrm{d}z\mathrm{d}x - \frac{\partial P}{\partial y}\,\mathrm{d}x\mathrm{d}y. \quad (*)$$

不妨假定 Σ 与平行于 z 轴的直线至多有一个交点[①]. 此时, Σ 可由方程 $z = z(x,y)\ [(x,y) \in D_{xy}]$ 表示, 其中 D_{xy} 表示 Σ 在 $O\text{-}xy$ 平面上的投影. 若记 D_{xy} 的边界为 L, 则 L 同时又是 Γ 在 $O\text{-}xy$ 平面上的投影. 不妨认为 Σ 的单位法向量与 z 轴的正方向夹锐角, 则 Γ 与 L 的正向如图 8.24 所示.

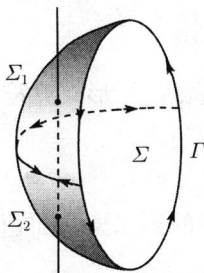

图 8.23 关于本页脚注的图示   图 8.24 Stokes 公式证明的图示

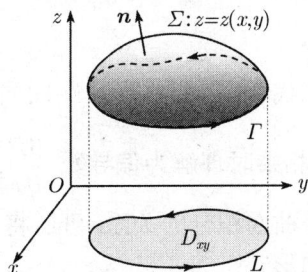

---

① 当 Σ 与平行于 z 轴的直线多于一个交点时, 可将 Σ 划分成若干个小曲面块, 而每个小曲面块与平行于 z 轴的直线不再多于一个交点. 在每个小曲面块上应用已经证明的 Stokes 公式, 然后相加, 由于沿着一条曲线上两个不同方向的曲线积分之和为零, 便可将 Stokes 公式推广到 Σ 与平行于 z 轴的直线多于一个交点的情况.

利用曲线积分的计算公式, 可以证明式 (∗) 左端的积分可变形为

$$\oint_{\Gamma} P(x, y, z)\,\mathrm{d}x = \oint_{L} P(x, y, z(x, y))\,\mathrm{d}x,$$

(自行证明). 由于上式右端为平面曲线 L 上的曲线积分, 利用 Green 公式得到

$$\oint_{\Gamma} P(x, y, z)\,\mathrm{d}x = \oint_{L} P(x, y, z(x, y))\,\mathrm{d}x$$

$$= -\iint_{D_{xy}} \frac{\partial}{\partial y}\big[P(x, y, z(x, y))\big]\,\mathrm{d}x\mathrm{d}y = -\iint_{D_{xy}} \left(\frac{\partial P}{\partial y} + \frac{\partial P}{\partial z}\cdot\frac{\partial z}{\partial y}\right)\mathrm{d}x\mathrm{d}y.$$

由公式 (8.2.11) 知式 (∗) 右端的曲面积分也可化成上述二重积分:

$$\iint_{\Sigma} \frac{\partial P}{\partial z}\,\mathrm{d}z\mathrm{d}x - \frac{\partial P}{\partial y}\,\mathrm{d}x\mathrm{d}y = \iint_{D_{xy}} \left[\frac{\partial P}{\partial z}\cdot\left(-\frac{\partial z}{\partial y}\right) - \frac{\partial P}{\partial y}\right]\mathrm{d}x\mathrm{d}y.$$

由此式 (∗) 得证. 仿此可同样证明

$$\oint_{\Gamma} Q\,\mathrm{d}y = \iint_{\Sigma} \frac{\partial Q}{\partial x}\,\mathrm{d}x\mathrm{d}y - \frac{\partial Q}{\partial z}\,\mathrm{d}y\mathrm{d}z,$$

$$\oint_{\Gamma} R\,\mathrm{d}z = \iint_{\Sigma} \frac{\partial R}{\partial y}\,\mathrm{d}y\mathrm{d}z - \frac{\partial R}{\partial x}\,\mathrm{d}z\mathrm{d}x,$$

Stokes 公式 (8.2.15) 至此得到证明.

为方便记忆, 式 (8.2.15) 往往写成以下形式:

$$\oint_{\Gamma} P\,\mathrm{d}x + Q\,\mathrm{d}y + R\,\mathrm{d}z = \iint_{\Sigma} \begin{vmatrix} \mathrm{d}y\mathrm{d}z & \mathrm{d}z\mathrm{d}x & \mathrm{d}x\mathrm{d}y \\ \dfrac{\partial}{\partial x} & \dfrac{\partial}{\partial y} & \dfrac{\partial}{\partial z} \\ P & Q & R \end{vmatrix}, \qquad (8.2.16)$$

其中的行列式代表式 (8.2.15) 右端曲面积分的被积表达式, 形式算符 $\dfrac{\partial}{\partial x}, \dfrac{\partial}{\partial y}, \dfrac{\partial}{\partial z}$ 与函数 P, Q, R 相乘时理解为偏导数 $\dfrac{\partial P}{\partial x}, \dfrac{\partial Q}{\partial y}, \dfrac{\partial R}{\partial z}, \cdots$.

利用两类曲面积分的关系, 可以将 (8.2.16) 右端的第二型曲面积分改写成第一型曲面积分的形式:

$$\oint_{\Gamma} P\,\mathrm{d}x + Q\,\mathrm{d}y + R\,\mathrm{d}z = \iint_{\Sigma} \begin{vmatrix} \cos\alpha & \cos\beta & \cos\gamma \\ \dfrac{\partial}{\partial x} & \dfrac{\partial}{\partial y} & \dfrac{\partial}{\partial z} \\ P & Q & R \end{vmatrix} \mathrm{d}S. \qquad (8.2.17)$$

当曲面 Σ 位于 O-xy 平面时, Σ 蜕化成平面图形, 其单位法向量 $\boldsymbol{n} = \{0, 0, 1\}$, 由式 (8.2.17) 不难看到, 这时的 Stokes 公式变成 Green 公式, 由此可见, Stokes 公式是 Green 公式的推广.

2. 利用旋度简化 Stokes 公式的表述

我们引进物理学中的一个重要概念——**旋度**, 用来进一步简化 Stokes 公式 (8.2.15) 的表示方法, 至于旋度本身的物理意义我们放到本节的最后一段介绍.

向量函数 $\boldsymbol{F}(x, y, z) = P(x, y, z)\boldsymbol{i} + Q(x, y, z)\boldsymbol{j} + R(x, y, z)\boldsymbol{k}$ 的**旋度**记作 $\mathbf{rot}\,\boldsymbol{F}$, 定义为以下向量

$$\mathbf{rot}\,\boldsymbol{F} = \begin{vmatrix} \boldsymbol{i} & \boldsymbol{j} & \boldsymbol{k} \\ \dfrac{\partial}{\partial x} & \dfrac{\partial}{\partial y} & \dfrac{\partial}{\partial z} \\ P & Q & R \end{vmatrix} \tag{8.2.18}$$

$$= \left(\frac{\partial R}{\partial y} - \frac{\partial Q}{\partial z}\right)\boldsymbol{i} + \left(\frac{\partial P}{\partial z} - \frac{\partial R}{\partial x}\right)\boldsymbol{j} + \left(\frac{\partial Q}{\partial x} - \frac{\partial P}{\partial y}\right)\boldsymbol{k}.$$

利用旋度的概念和符号可以将 Stokes 公式 (8.2.15) 表示成更为简洁的形式

$$\oint_{\Gamma} \boldsymbol{F} \cdot \mathrm{d}\boldsymbol{r} = \iint_{\Sigma} \mathbf{rot}\,\boldsymbol{F} \cdot \mathrm{d}\boldsymbol{S}. \tag{8.2.19}$$

例 8.2.6　设向量函数 $\boldsymbol{F} = \{y, z, x\}$, 曲面 Σ 为球面 $x^2 + y^2 + z^2 = a^2$ 在第一卦限内部分的外侧, Σ 的边界为三段 圆弧 l_1, l_2, l_3, 其方向如图 8.25 所示. 试求 $\displaystyle\oint_{l_1+l_2+l_3} \boldsymbol{F} \cdot \mathrm{d}\boldsymbol{r}$ 与 $\displaystyle\iint_{\Sigma} \mathbf{rot}\,\boldsymbol{F} \cdot \mathrm{d}\boldsymbol{S}$, 并比较两积分的值以验证 Stokes 公式.

解　(1) 由于圆弧 l_1 的参数方程为

$$x = 0, \quad y = a\cos t, \quad z = a\sin t \quad \left(0 \leqslant t \leqslant \frac{\pi}{2}\right),$$

因此

$$\int_{l_1} \boldsymbol{F} \cdot \mathrm{d}\boldsymbol{r} = \int_{l_1} y\,\mathrm{d}x + z\,\mathrm{d}y + x\,\mathrm{d}z = -\int_0^{\frac{\pi}{2}} a^2 \sin^2 t\,\mathrm{d}t = -\frac{\pi a^2}{4}.$$

类似地还有

$$\int_{l_2} \boldsymbol{F} \cdot \mathrm{d}\boldsymbol{r} = \int_{l_3} \boldsymbol{F} \cdot \mathrm{d}\boldsymbol{r} = -\frac{\pi a^2}{4},$$

于是得到

$$\oint_{l_1+l_2+l_3} \boldsymbol{F} \cdot \mathrm{d}\boldsymbol{r} = -\frac{3\pi a^2}{4}.$$

(2) 利用 (8.2.18) 式先求向量函数 $\boldsymbol{F}$ 的旋度

$$\operatorname{rot} \boldsymbol{F} = \begin{vmatrix} \boldsymbol{i} & \boldsymbol{j} & \boldsymbol{k} \\ \dfrac{\partial}{\partial x} & \dfrac{\partial}{\partial y} & \dfrac{\partial}{\partial z} \\ y & z & x \end{vmatrix} = -\boldsymbol{i} - \boldsymbol{j} - \boldsymbol{k}.$$

若记 Σ 在 $O\text{-}yz,\ O\text{-}zx,\ O\text{-}xy$ 平面内的投影分别为 D_{yz}, D_{zx}, D_{xy}, 利用式 (8.2.12)~ 式 (8.2.14) 得

$$\iint_{\Sigma} \operatorname{rot} \boldsymbol{F} \cdot \mathrm{d}\boldsymbol{S} = \iint_{\Sigma} -\mathrm{d}y\mathrm{d}z - \mathrm{d}z\mathrm{d}x - \mathrm{d}x\mathrm{d}y$$

$$= -\iint_{D_{yz}} \mathrm{d}y\mathrm{d}z - \iint_{D_{zx}} \mathrm{d}z\mathrm{d}x - \iint_{D_{xy}} \mathrm{d}x\mathrm{d}y = -\frac{3\pi a^2}{4}.$$

Stokes 公式得以验证.

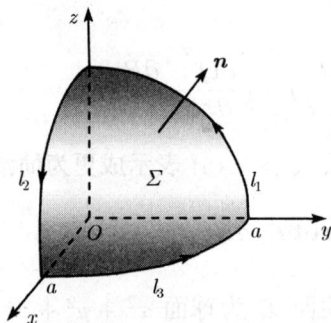

图 8.25　例 8.2.6 的图示　　　　图 8.26　例 8.2.7 的图示

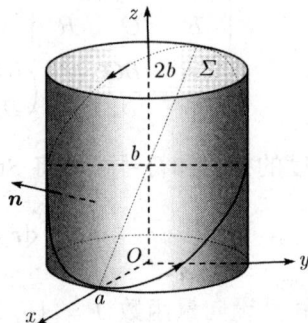

例 8.2.7　设椭圆 Γ 为圆柱面 $x^2 + y^2 = a^2$ 与平面 $bx + az = ab\,(a > 0, b > 0)$ 的交线, 从 x 轴的正方向往负方向看去 Γ 沿逆时针方向, 试计算曲线积分

$$\oint_{\Gamma} (y - z)\,\mathrm{d}x + (z - x)\,\mathrm{d}y + (x - y)\,\mathrm{d}z.$$

解　记椭圆 Γ 所围之椭圆面为 Σ, 显然, Σ 位于平面 $bx + az = ab\,(a > 0, b > 0)$ 内, 而 Σ 在 $O\text{-}xy$ 平面内的投影区域 D_{xy} 是半径为 a 的圆面 (图 8.26); Σ 在 $O\text{-}yz$ 平面内的投影区域 D_{yz} 仍为一椭圆面

$$\frac{(z - b)^2}{b^2} + \frac{y^2}{a^2} \leqslant 1, \quad x = 0.$$

另记 $\boldsymbol{F} = \{y - z, z - x, x - y\}$, 则

$$\operatorname{rot} \boldsymbol{F} = \begin{vmatrix} \boldsymbol{i} & \boldsymbol{j} & \boldsymbol{k} \\ \dfrac{\partial}{\partial x} & \dfrac{\partial}{\partial y} & \dfrac{\partial}{\partial z} \\ y - z & z - x & x - y \end{vmatrix} = -2\boldsymbol{i} - 2\boldsymbol{j} - 2\boldsymbol{k}.$$

利用 Stokes 公式 (8.2.15) 得

$$\oint_{\Gamma} \boldsymbol{F} \cdot \mathrm{d}\boldsymbol{r} = \iint_{\Sigma} \mathbf{rot}\, \boldsymbol{F} \cdot \mathrm{d}\boldsymbol{S} = -2 \iint_{\Sigma} \mathrm{d}y\mathrm{d}z + \mathrm{d}z\mathrm{d}x + \mathrm{d}x\mathrm{d}y.$$

由于 Σ 的法向量与 x 轴, z 轴均夹锐角, 与 y 轴垂直, 因而

$$\iint_{\Sigma} \mathrm{d}y\mathrm{d}z = \iint_{D_{yz}} \mathrm{d}y\mathrm{d}z = \pi ab, \qquad \iint_{\Sigma} \mathrm{d}z\mathrm{d}x = 0,$$

$$\iint_{\Sigma} \mathrm{d}x\mathrm{d}y = \iint_{D_{xy}} \mathrm{d}x\mathrm{d}y = \pi a^2.$$

由此得到

$$\oint_{\Gamma} \boldsymbol{F} \cdot \mathrm{d}\boldsymbol{r} = \iint_{\Sigma} \mathbf{rot}\, \boldsymbol{F} \cdot \mathrm{d}\boldsymbol{S} = -2(\pi ab + 0 + \pi a^2) = -2\pi a(a+b).$$

3. 空间曲线积分与路径无关的充要条件 *

在 8.1 节, 从 Green 公式出发讨论了平面曲线积分与路径无关的充要条件, 现在则可以从 Stokes 公式出发讨论了空间曲线积分与路径无关的充要条件.

首先将平面单连通区域的概念推广到空间.

设 Ω 是 $\mathbf{R}^3$ 中的连通区域, 如果对 Ω 中的任一条闭曲线都可以连续收缩为 Ω 中的一点, 则称 Ω 为 $\mathbf{R}^3$ 中的**线单连通区域**, 也称作**一维单连通区域**. 此时, 对于 Ω 内的任意一条闭曲线 Γ 总可以看成 Ω 内某个曲面的边界, 或者更直观地说成: 在 Ω 内总可以用闭曲线 Γ 作为边界 "蒙" 上一片曲面.

按照上述规定, 球体就是 $\mathbf{R}^3$ 中的线单连通区域, 两个同心球面之间的三维区域也是这种线单连通区域.

不难看出, $\mathbf{R}^3$ 中的线单连通区域, 可能像球体那样不包含三维的 "空洞", 也可能像两个同心球面之间的三维区域那样包含着三维的 "空洞"! $\mathbf{R}^3$ 中那些不包含三维 "空洞" 的连通区域 Ω, 称为**面单连通区域**, 或**二维单连通区域**. 在这种连通区域 Ω 内, 如果给定一个闭曲面, 它所包围的区域应该全部属于 Ω.

前面提到的球体既是 $\mathbf{R}^3$ 中的线单连通区域, 也是面单连通区域. 圆环面所包围的三维区域是 $\mathbf{R}^3$ 中的面单连通区域, 但并不是 $\mathbf{R}^3$ 中的线单连通区域.

设 Ω 是 $\mathbf{R}^3$ 中的线单连通区域, A, B 是 Ω 内的任意两点, Γ_{AB} 是 Ω 内 A 为起点, B 为终点的任意分段光滑曲线, 如果曲线积分 $\displaystyle\int_{\Gamma_{AB}} \boldsymbol{F} \cdot \mathrm{d}\boldsymbol{r}$ 对取定的 A, B 而言恒为常数, 则称此空间曲线积分**在 Ω 上与路径无关**.

和定理 8.1.4 类似, 我们有以下结论:

定理 8.2.2 设函数 $P(x,y,z), Q(x,y,z), R(x,y,z)$ 在空间线单连通区域 Ω 上有定义且存在连续偏导数, 则以下命题等价:

(1) 曲线积分 $\displaystyle\int_{\Gamma_{AB}} P\,\mathrm{d}x + Q\,\mathrm{d}y + R\,\mathrm{d}z$ 在 Ω 内与路径无关.

(2) 在 Ω 内存在函数 $u(x,y,z)$, 使得 $\mathrm{d}u = P\,\mathrm{d}x + Q\,\mathrm{d}y + R\,\mathrm{d}z$.

(3) 对 Ω 内任意点 (x,y,z) 来说恒有

$$\frac{\partial R}{\partial y} = \frac{\partial Q}{\partial z}, \quad \frac{\partial P}{\partial z} = \frac{\partial R}{\partial x}, \quad \frac{\partial Q}{\partial x} = \frac{\partial P}{\partial y}.$$

(4) 对 Ω 内任意分段光滑的闭曲线 Γ 来说, 恒有

$$\oint_\Gamma P\,\mathrm{d}x + Q\,\mathrm{d}y + R\,\mathrm{d}z = 0.$$

本定理的证明仿照定理 8.1.4 进行, 只要用 Stokes 公式代替那里的 Green 公式即可.

在 8.1 节介绍平面曲线积分与路径无关时, 为了寻求平面有势场的位势函数, 我们曾经沿着一条平行于坐标轴的折线作平面曲线积分. 现在, 当空间曲线积分 $\displaystyle\int_\Gamma \boldsymbol{F}\cdot\mathrm{d}\boldsymbol{r}$ 在 Ω 内与路径无关时, 有势场 $\boldsymbol{F}$ 在 Ω 内的位势函数

$$u(x,y,z) = \int_{(x_0,y_0,z_0)}^{(x,y,z)} P\,\mathrm{d}x + Q\,\mathrm{d}y + R\,\mathrm{d}z$$

也可以沿图 8.27 中的空间折线进行, 这样一来, 位势函数 $u(x,y,z)$ 便可表示成以下定积分

$$u(x,y,z) = \int_{x_0}^{x} P(x,y_0,z_0)\,\mathrm{d}x + \int_{y_0}^{y} Q(x,y,z_0)\,\mathrm{d}y + \int_{z_0}^{z} R(x,y,z)\,\mathrm{d}z,$$

其中 $M_0(x_0,y_0,z_0)$ 为 Ω 内的一定点, $M(x,y,z)$ 为 Ω 内的一动点.

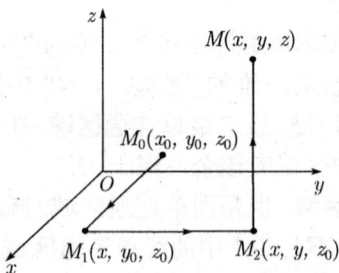

图 8.27　求势函数的积分路径　　　图 8.28　Gauss 公式的证明 (1)

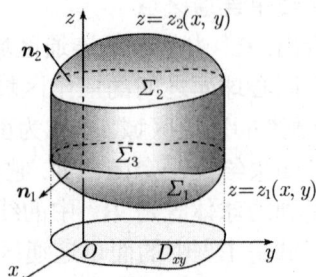

8.2.4　高斯公式

Green 公式和 Stokes 公式都是研究二维区域和一维边界上积分之间的关系. 仿此, 可以进一步研究三维区域和二维边界上积分的关系, 这就是以下高斯 (Gauss) 公式要回答的问题.

定理 8.2.3(Gauss 公式) 设函数 $P(x,y,z), Q(x,y,z), R(x,y,z)$ 在空间区域 Ω 上具有连续偏导数, 若 Σ 是 Ω 的边界闭曲面的外侧且分片光滑, 则有

$$\iiint_\Omega \left(\frac{\partial P}{\partial x} + \frac{\partial Q}{\partial y} + \frac{\partial R}{\partial z}\right) \mathrm{d}x\mathrm{d}y\mathrm{d}z = \oiint_\Sigma P\,\mathrm{d}y\mathrm{d}z + Q\,\mathrm{d}z\mathrm{d}x + R\,\mathrm{d}x\mathrm{d}y. \tag{8.2.20}$$

证明 先考虑 Ω 是正则区域的情况, 此时, 通过 Ω 的任一内点作坐标轴的平行线与 Ω 的边界曲面恰有两个交点.

在这种情况下, Ω 的边界闭曲面 Σ 可分成三个部分, 如图 8.28 所示的 $\Sigma_1, \Sigma_2, \Sigma_3$. 其中 Σ_1 与 Σ_2 的方程分别为 $z = z_1(x,y), z = z_2(x,y)$, 它们都是 Ω 在 $O\text{-}xy$ 平面上的投影区域 D_{xy} 上具有连续偏导数的函数. Σ_1 的外法线方向与 z 轴夹锐角, Σ_2 的外法线方向与 z 轴夹钝角. Σ_3 一般是以 z 轴为母线方向的柱面, 特殊情况下可退化为 Σ_1 与 Σ_2 的交线.

由三重积分的定义和 Newton-Leibniz 公式知有

$$\begin{aligned}
\iiint_\Omega \frac{\partial R}{\partial z}\,\mathrm{d}x\mathrm{d}y\mathrm{d}z &= \iint_{D_{xy}} \left[\int_{z_1(x,y)}^{z_2(x,y)} \frac{\partial R}{\partial z}\,\mathrm{d}z\right] \mathrm{d}x\mathrm{d}y \\
&= \iint_{D_{xy}} R[x,y,z_2(x,y)]\,\mathrm{d}x\mathrm{d}y - \iint_{D_{xy}} R[x,y,z_1(x,y)]\,\mathrm{d}x\mathrm{d}y \\
&= \iint_{\Sigma_2} R(x,y,z)\,\mathrm{d}x\mathrm{d}y + \iint_{\Sigma_1} R(x,y,z)\,\mathrm{d}x\mathrm{d}y.
\end{aligned}$$

由于 $\iint_{\Sigma_3} R(x,y,z)\,\mathrm{d}x\mathrm{d}y = 0$, 则有

$$\iiint_\Omega \frac{\partial R}{\partial z}\,\mathrm{d}x\mathrm{d}y\mathrm{d}z = \iint_\Sigma R(x,y,z)\,\mathrm{d}x\mathrm{d}y.$$

同理可证

$$\iiint_\Omega \frac{\partial P}{\partial x}\,\mathrm{d}x\mathrm{d}y\mathrm{d}z = \iint_\Sigma P(x,y,z)\,\mathrm{d}y\mathrm{d}z.$$

$$\iiint_\Omega \frac{\partial Q}{\partial y}\,\mathrm{d}x\mathrm{d}y\mathrm{d}z = \iint_\Sigma Q(x,y,z)\,\mathrm{d}z\mathrm{d}x.$$

于是式 (8.2.20) 得证.

当 Ω 是不含 "洞" 的非正则区域时, 可仿照 Green 公式证明中所采用过的方法, 用光滑曲面 S 将 Ω 分割成若干部分, 使每一部分都是正则区域, 并在每一部分上使用式 (8.2.20) 结论, 由于在 S 的不同侧面上积分两次, 其和为零, 故式 (8.2.20) 仍然成立, Gauss 公式得证, 参见图 8.29.

当 Ω 是包含 "洞" 的连通区域时, 如图 8.30 所示, 可使用光滑曲面 S 将 Ω 分成两个部分 Ω_1 和 Ω_2, 每一个部分都满足式 (8.2.20), 同样由于在 S 的不同侧面上积分两次, 其和为零, 故 Gauss 公式 (8.2.20) 仍然成立.

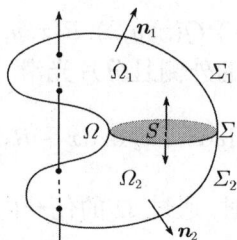

图 8.29　Gauss 公式的证明 (2)　　图 8.30　Gauss 公式的证明 (3)

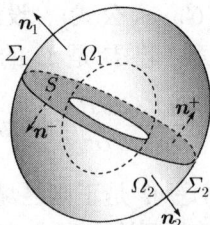

在上一段, 我们引进旋度的概念简化了 Stokes 公式的表述, 现在我们再引入**散度**的概念简化 Gauss 公式 (8.2.20) 的表述. 散度的物理意义也放到本节的最后介绍.

向量函数 $F(x, y, z) = P(x, y, z)\boldsymbol{i} + Q(x, y, z)\boldsymbol{j} + R(x, y, z)\boldsymbol{k}$ 的**散度**记作 $\operatorname{div} \boldsymbol{F}$, 定义为以下实数

$$\operatorname{div} \boldsymbol{F} = \frac{\partial P}{\partial x} + \frac{\partial Q}{\partial y} + \frac{\partial R}{\partial z}. \tag{8.2.21}$$

利用散度的概念和符号可以将 Gauss 公式 (8.2.20) 表示成更为简洁的形式:

$$\iiint_{\Omega} \operatorname{div} \boldsymbol{F} \, \mathrm{d}v = \oiint_{\Sigma} \boldsymbol{F} \cdot \mathrm{d}\boldsymbol{S}. \tag{8.2.22}$$

例 8.2.8　已知 $F(x, y, z) = (y^2 - x)\boldsymbol{i} + (z^2 - y)\boldsymbol{j} + (x^2 - z)\boldsymbol{k}$, 试求曲面积分 $\iint_{\Sigma} \boldsymbol{F} \cdot \mathrm{d}\boldsymbol{S}$, 其中 Σ 为曲面 $z = 2 - x^2 - y^2$ $(1 \leqslant z \leqslant 2)$ 的上侧 (图 8.31).

解　记平面 $z = 1$ 被 Σ 所截得的圆面的下侧为 S, 则 $\Sigma + S$ 构成一个外法线方向的闭曲面, 另记 $\Sigma + S$ 所包围的立体为 Ω. 由于

$$\operatorname{div} \boldsymbol{F} = \frac{\partial}{\partial x}(y^2 - x) + \frac{\partial}{\partial y}(z^2 - y) + \frac{\partial}{\partial z}(x^2 - z) = -3,$$

由 Gauss 公式得到

$$\iint_{\Sigma + S} \boldsymbol{F} \cdot \mathrm{d}\boldsymbol{S} = \iiint_{\Omega} \operatorname{div} \boldsymbol{F} \mathrm{d}v = -3 \iiint_{\Omega} \mathrm{d}v.$$

在柱坐标系下, Ω 由下列不等式组界定

$$\Omega : 1 \leqslant z \leqslant 2 - \rho^2, \quad 0 \leqslant \rho \leqslant 1, \quad 0 \leqslant \theta \leqslant 2\pi.$$

因此得到

$$\iint_{\Sigma + S} \boldsymbol{F} \cdot \mathrm{d}\boldsymbol{S} = -3 \int_0^{2\pi} \mathrm{d}\theta \int_0^1 \rho \, \mathrm{d}\rho \int_1^{2 - \rho^2} \mathrm{d}z = -\frac{3}{2}\pi,$$

$$\iint_{\Sigma} \boldsymbol{F} \cdot \mathrm{d}\boldsymbol{S} = -\frac{3}{2}\pi - \iint_{S} \boldsymbol{F} \cdot \mathrm{d}\boldsymbol{S}.$$

注意到 S 的方程为 $z = 1$, 单位法向量为 $\boldsymbol{n} = \{0, 0, -1\}$, S 在 $O\text{-}xy$ 平面上的投影 D_{xy} 为单位圆面, 因此有

$$\iint_S \boldsymbol{F} \cdot \mathrm{d}\boldsymbol{S} = \iint_S \boldsymbol{F} \cdot \boldsymbol{n}\, \mathrm{d}S = -\iint_S (x^2 - z)\, \mathrm{d}S$$

$$= \iint_{D_{xy}} (1 - x^2)\, \mathrm{d}x\mathrm{d}y = \int_0^{2\pi} \mathrm{d}\theta \int_0^1 (1 - \rho^2 \cos^2 \theta)\rho\, \mathrm{d}\rho = \frac{3}{4}\pi.$$

由此得到

$$\iint_\Sigma \boldsymbol{F} \cdot \mathrm{d}\boldsymbol{S} = -\frac{3}{2}\pi - \frac{3}{4}\pi = -\frac{9}{4}\pi.$$

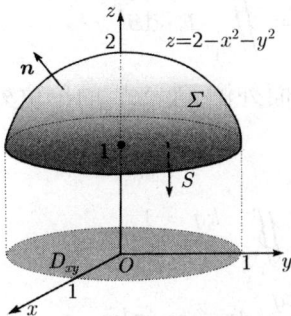

图 8.31 例 8.2.8 的图示   图 8.32 例 8.2.9 的图示

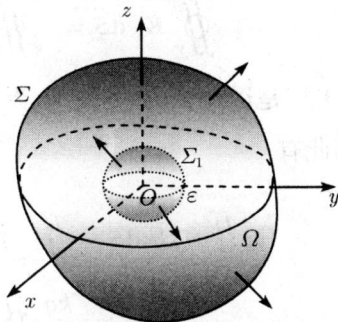

例 8.2.9 在原点 O 处放置点电荷 q 个单位, 由此产生一电场, 见图 8.32. 点 $P(x, y, z)$ 处的电场强度为 $\boldsymbol{E} = \dfrac{kq}{r^3}\boldsymbol{r}$, 其中 $\boldsymbol{r} = x\boldsymbol{i} + y\boldsymbol{j} + z\boldsymbol{k}, |\boldsymbol{r}| = \sqrt{x^2 + y^2 + z^2} = r, k$ 为常数. 设 Σ 为一光滑闭曲面, 并由其外法线方向确定所指定的一侧. 试证明:

(1) 当原点 O 在 Σ 的外部时, 通过 Σ 的电量为 $\oiint_\Sigma \boldsymbol{E} \cdot \mathrm{d}\boldsymbol{S} = 0$.

(2) 当原点 O 在 Σ 的内部时, 通过 Σ 的电量为 $\oiint_\Sigma \boldsymbol{E} \cdot \mathrm{d}\boldsymbol{S} = 4\pi kq$.

解 (1) 当原点 O 在 Σ 的外部时, 电场强度

$$\boldsymbol{E} = \frac{kq}{r^3}\boldsymbol{r} = \frac{kq}{r^3}(x\boldsymbol{i} + y\boldsymbol{j} + z\boldsymbol{k})$$

在 Σ 及其所包围的内部有定义且具有连续的偏导数. 由于

$$\mathrm{div}\boldsymbol{E} = \frac{\partial}{\partial x}\left(\frac{kq}{r^3}x\right) + \frac{\partial}{\partial y}\left(\frac{kq}{r^3}y\right) + \frac{\partial}{\partial z}\left(\frac{kq}{r^3}z\right)$$

$$= \frac{kq}{r^5}(-3x^2 + r^2) + \frac{kq}{r^5}(-3y^2 + r^2) + \frac{kq}{r^5}(-3z^2 + r^2) = 0,$$

由 Gauss 公式知

$$\oiint_{\Sigma} \boldsymbol{E} \cdot \mathrm{d}\boldsymbol{S} = \iiint_{\Omega} \operatorname{div} \boldsymbol{F} \mathrm{d}v = \iiint_{\Omega} 0 \, \mathrm{d}v = 0.$$

(2) 当原点 O 在 Σ 的内部时, 存在 $\varepsilon > 0$, 使得对于以原点 O 为球心, ε 为半径的小球面 Σ_1 被 Σ 所包含. 记 Σ_1 的外侧为 Σ_1^+, 内侧为 Σ_1^-. 不难看出, 在 $\Sigma + \Sigma_1^-$ 所围的区域 Ω_1 上使用 Gauss 定理, 便可得到

$$\oiint_{\Sigma + \Sigma_1^-} \boldsymbol{E} \cdot \mathrm{d}\boldsymbol{S} = \iiint_{\Omega_1} \operatorname{div} \boldsymbol{F} \mathrm{d}v = \iiint_{\Omega} 0 \, \mathrm{d}v = 0.$$

进而得到

$$\oiint_{\Sigma} \boldsymbol{E} \cdot \mathrm{d}\boldsymbol{S} = -\oiint_{\Sigma_1^-} \boldsymbol{E} \cdot \mathrm{d}\boldsymbol{S} = \oiint_{\Sigma_1^+} \boldsymbol{E} \cdot \mathrm{d}\boldsymbol{S}.$$

由于 Σ_1^+ 是以原点为球心, ε 为半径的球面外侧, 则 Σ_1^+ 的单位外法线向量 $\boldsymbol{n} = \dfrac{1}{r}\boldsymbol{r}$, 因此有

$$\oiint_{\Sigma_1^+} \boldsymbol{E} \cdot \mathrm{d}\boldsymbol{S} = \oiint_{\Sigma_1^+} \boldsymbol{E} \cdot \boldsymbol{n} \mathrm{d}S = \oiint_{\Sigma_1^+} \frac{kq}{r^3} \boldsymbol{r} \cdot \frac{1}{r}\boldsymbol{r} \mathrm{d}S$$

$$= \frac{kq}{\varepsilon^2} \oiint_{\Sigma_1^+} \mathrm{d}S = \frac{kq}{\varepsilon^2} \cdot 4\pi\varepsilon^2 = 4\pi kq.$$

由此得到通过 Σ 的电量为 $\oiint_{\Sigma} \boldsymbol{E} \cdot \mathrm{d}\boldsymbol{S} = 4\pi kq.$

<h2 style="text-align:center">习 题 8.2</h2>

1. 计算下列第一型曲面积分:

(1) $\iint_{\Sigma}(6x + 4y + 3z)\mathrm{d}S$, 其中 Σ 表示平面 $\dfrac{x}{2} + \dfrac{y}{3} + \dfrac{z}{4} = 1$ 在第 I 卦限中的部分;

(2) $\oiint_{\Sigma} \dfrac{\mathrm{d}S}{(1 + x + y)^2}$, 其中 Σ 表示平面 $x + y + z = 1, x = 0, y = 0, z = 0$ 所围四面体的边界曲面.

2. 已知上半球面 $z = \sqrt{R^2 - x^2 - y^2}(R > 0)$ 的质量面密度为 $\rho(x, y, z) = x^2 y^2$, 试求此半球面质量.

3. 已知质量面密度为常数的抛物面 $z = \dfrac{1}{2}(x^2 + y^2)(0 \leqslant z \leqslant 1)$, 试求它关于 z 轴的转动惯量.

4. 计算第二型曲面积分:

(1) $\oiint_{\Sigma}(x + y + z)\mathrm{d}x\mathrm{d}y + (y - z)\mathrm{d}y\mathrm{d}z$, 其中 Σ 是由 $x = 0, x = 1, y = 0, y = 1, z = 0, z = 1$ 所围成的立体表面的外侧;

(2) $\oiint_{\Sigma} yz\mathrm{d}y\mathrm{d}z + zx\mathrm{d}z\mathrm{d}x + xy\mathrm{d}x\mathrm{d}y$, 其中 Σ 是由平面 $x + y + z = a(a > 0), x = 0, y = 0, z = 0$ 所围四面体的表面外侧;

(3) $\iint_{\Sigma} x^3\mathrm{d}y\mathrm{d}z$, 其中 Σ 是椭球面 $\dfrac{x^2}{a^2} + \dfrac{y^2}{b^2} + \dfrac{z^2}{c^2} = 1$ 在 xy 平面下方的下侧;

(4) $\iint_{\Sigma} (y - z)\mathrm{d}y\mathrm{d}z + (z - x)\mathrm{d}z\mathrm{d}x + (x - y)\mathrm{d}x\mathrm{d}y$, 其中 Σ 表示圆锥面 $z^2 = x^2 + y^2 (0 \leqslant z \leqslant h)$ 的外侧.

5. 设 Σ 表示椭球面 $\dfrac{x^2}{a^2} + \dfrac{y^2}{b^2} + \dfrac{z^2}{c^2} = 1$ 在 xy 平面上方的部分, l, m, n 表示它的外侧法线的方向余弦, 试求曲面积分

$$\iint_{\Sigma} z\left(\frac{lx}{a^2} + \frac{my}{b^2} + \frac{nz}{c^2}\right)\mathrm{d}S$$

的值.

6. 已知流速场 $\boldsymbol{F} = xy\boldsymbol{i} + yz\boldsymbol{j} + zx\boldsymbol{k}$, 求通过单位球面 $x^2 + y^2 + z^2 = 1$ 在第一卦限部分外法线方向的流量.

7. 利用 Stokes 公式计算下列曲线积分:

(1) $\oint_{L} (z - y)\mathrm{d}x + (x - z)\mathrm{d}y + (y - x)\mathrm{d}z$, 其中 L 为平面 $\dfrac{x}{a} + \dfrac{y}{b} + \dfrac{z}{c} = 1(a, b, c > 0)$ 与坐标平面 $x = 0, y = 0, z = 0$ 的交线所围成的三角形闭折线, 从 z 轴的正方向往负方向看去逆时针旋转为其正方向;

(2) $\oint_{L} y\mathrm{d}x + z\mathrm{d}y + x\mathrm{d}z$, 其中 L 为球面 $x^2 + y^2 + z^2 = a^2$ 与平面 $x + y + z = 0$ 相交的圆周, 从 x 轴的正方向往负方向看去逆时针旋转为其正方向;

(3) $\oint_{L} (y^2 - z^2)\mathrm{d}x + (z^2 - x^2)\mathrm{d}y + (x^2 - y^2)\mathrm{d}z$, 其中 L 为平面 $x + y + z = \dfrac{3}{2}a$ 截立方体 $0 \leqslant x \leqslant a, 0 \leqslant y \leqslant a, 0 \leqslant z \leqslant a$ 的表面所得交线, 从 x 轴的正方向往负方向看去逆时针旋转为其正方向;

(4) $\int_{\overset{\frown}{AB}} (x^2 - yz)\mathrm{d}x + (y^2 - xz)\mathrm{d}y + (z^2 - xy)\mathrm{d}z$, 其中 $\overset{\frown}{AB}$ 是螺线 $x = a\cos\varphi, y = a\sin\varphi, z = \dfrac{h}{2\pi}\varphi \ (a > 0, h > 0)$ 上从 $A(a, 0, 0)$ 到 $B(a, 0, h)$ 的曲线段.

8. 证明下列曲线积分与路径无关, 并求积分的值:

(1) $\int_{(0,0,0)}^{(x,y,z)} (x^2 - 2yz)\mathrm{d}x + (y^2 - 2xz)\mathrm{d}y + (z^2 - 2xy)\mathrm{d}z$;

(2) $\int_{(0,0,0)}^{(x,y,z)} yz(2x + y + z)\mathrm{d}x + zx(x + 2y + z)\mathrm{d}y + xy(x + y + 2z)\mathrm{d}z.$

9. 利用 Gauss 定理计算下列曲面积分:

(1) $\oiint_{\Sigma} x^2\mathrm{d}y\mathrm{d}z + y^2\mathrm{d}z\mathrm{d}x + z^2\mathrm{d}x\mathrm{d}y$, 其中 Σ 表示正方体 $0 \leqslant x \leqslant a, 0 \leqslant y \leqslant a, 0 \leqslant z \leqslant a$ 的表面外侧;

(2) $\oiint_{\Sigma} xz^2\mathrm{d}y\mathrm{d}z + (x^2y - z^3)\mathrm{d}z\mathrm{d}x + (2xy + y^2z)\mathrm{d}x\mathrm{d}y$, 其中 Σ 是上半球体 $x^2 + y^2 + z^2 \leqslant a^2, z \geqslant 0$ 的表面外侧;

(3) $\iint_{\Sigma} (2x + z)\mathrm{d}y\mathrm{d}z + z\mathrm{d}x\mathrm{d}y$, 其中 Σ 为有向曲面 $z = x^2 + y^2 (0 \leqslant z \leqslant 1)$ 的上侧;

(4) $\oiint_{\Sigma} 2xz\mathrm{d}y\mathrm{d}z + yz\mathrm{d}z\mathrm{d}x - z^2\mathrm{d}x\mathrm{d}y$, 其中 Σ 是由曲面 $z = \sqrt{x^2 + y^2}$ 与 $z = \sqrt{2 - x^2 - y^2}$ 所围立体的表面外侧.

10. 证明若 Σ 是光滑的闭曲面, α 是任意非零常向量, 则

$$\oiint_{\Sigma} \cos(\boldsymbol{n}, \alpha)\mathrm{d}S = 0,$$

其中 $\boldsymbol{n}$ 是曲面 Σ 的外法线单位矢量.

11. 设有流速场 $\boldsymbol{F} = xz^2\boldsymbol{i} + yx^2\boldsymbol{j} + zy^2\boldsymbol{k}$, 求单位时间内流过曲面 $\Sigma : x^2 + y^2 + z^2 = 2z(y \geqslant 0)$ 的右侧的流量.

12. 设函数 $F(x, y, z)$ 满足拉普拉斯方程 $\dfrac{\partial^2 F}{\partial x^2} + \dfrac{\partial^2 F}{\partial y^2} + \dfrac{\partial^2 F}{\partial z^2} = 0$, 则

$$\iiint_V \left[\left(\frac{\partial F}{\partial x} \right)^2 + \left(\frac{\partial F}{\partial y} \right)^2 + \left(\frac{\partial F}{\partial z} \right)^2 \right] \mathrm{d}v = \iint_{\Sigma} F \frac{\partial F}{\partial \boldsymbol{n}}\mathrm{d}S,$$

其中 V 为闭曲面 Σ 所围的空间区域, $\dfrac{\partial F}{\partial \boldsymbol{n}}$ 是 F 沿 Σ 的外法线方向 $\boldsymbol{n}$ 的方向导数.

*§8.3　场 论 初 步

场是物理学中的一个重要概念, 用以描述某种物理量在时空中的分布. 从数学上看, 可以用数值函数

$$u = f(x, y, z, t)$$

表示的称为**数量场**. 可以用向量函数

$$\boldsymbol{F}(x, y, z, t) = P(x, y, z, t)\boldsymbol{i} + Q(x, y, z, t)\boldsymbol{j} + R(x, y, z, t)\boldsymbol{k} \tag{8.3.1}$$

表示的称为**向量场**. 其中 x, y, z 表示空间点的坐标, t 表示时间. 为简化起见, 本节只研究与时间 t 无关的**定常场**.

第 6 章里介绍的**梯度**以及本章介绍的**旋度**和**散度**是场论里的三个重要概念. 本节将介绍旋度和散度的物理背景, 性质和有关场的一些结论.

8.3.1　旋度

设向量函数 (8.3.1) 在 $\mathbf{R}^3$ 中的区域 Ω 内有定义且具有连续偏导数, 按照 8.2 节规定, $\boldsymbol{F}$ 的**旋度**定义为向量

$$\mathbf{rot}\,\boldsymbol{F} = \left(\frac{\partial R}{\partial y} - \frac{\partial Q}{\partial z} \right)\boldsymbol{i} + \left(\frac{\partial P}{\partial z} - \frac{\partial R}{\partial x} \right)\boldsymbol{j} + \left(\frac{\partial Q}{\partial x} - \frac{\partial P}{\partial y} \right)\boldsymbol{k}. \tag{8.3.2}$$

当 F 被解释为流速场时, 我们来说明 F 的旋度 rot F 所具有的物理意义.

沿光滑闭曲线 Γ 指定方向的曲线积分

$$\oint_\Gamma F \cdot \mathrm{d}r$$

称为流速场 F 沿曲线 Γ 的**环流量**, 又称作**循环量**或**环量**. 环流量的绝对值应该表示沿着闭曲线 Γ 的流量的大小, 而它的符号表明环流量的方向.

设 M_0 是区域 Ω 内的任意取定一点, n_0 是任意取定的单位向量, 在 Ω 内作一块光滑有向曲面 Σ, 使之过点 M_0, 且以 n_0 为 Σ 在点 M_0 处的法向量. 在曲面 Σ 内, 取一个包围点 M_0 的光滑曲线 Γ, 并使 Γ 的正方向与 n_0 符合右手法则的匹配关系 (图 8.33). Σ 上被 Γ 所围的部分有向曲面记作 S, 其方向仍由法向量 n_0 所指定.

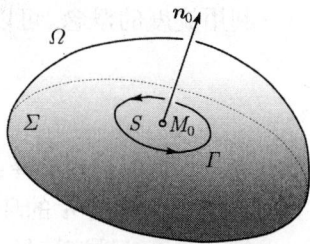

图 8.33 旋度的物理解释

在 S 及其边界 Γ 上使用 Stokes 公式 (8.2.19)

$$\oint_\Gamma F \cdot \mathrm{d}r = \iint_S \mathrm{rot}\, F \cdot \mathrm{d}S = \iint_S \mathrm{rot}\, F \cdot n \,\mathrm{d}S,$$

其中 n 表示 S 上的单位法向量. 由曲面积分的中值定理知, 存在 S 上的点 M, 使得

$$\iint_S \mathrm{rot}\, F \cdot n \,\mathrm{d}S = (\mathrm{rot}\, F \cdot n)_M S,$$

其中 S 表示自身的面积, 于是

$$(\mathrm{rot}\, F \cdot n)_M = \frac{1}{S} \oint_\Gamma F \cdot \mathrm{d}r. \tag{8.3.3}$$

由于 $\oint_\Gamma F \cdot \mathrm{d}r$ 表示流速场 F 沿 Γ 的环流量, 则式 (8.3.3) 右端表示通过曲面块 S 上单位面积的平均环流量.

若将闭曲线 Γ 逐渐收缩至点 M_0 的变化过程记作 $\Gamma \to M_0$, 并设 (8.3.3) 右端存在极限

$$\lim_{\Gamma \to M_0} \frac{1}{S} \oint_\Gamma F \cdot \mathrm{d}r, \tag{8.3.4}$$

则称此极限为向量函数 F 在点 M_0 处绕方向 n_0 的**环流量的面密度**或**涡旋量**. 它表示流速场 F 在点 M_0 处绕方向 n_0 的环流量的大小. 注意到当 $\Gamma \to M_0$ 时, 有

$$M \to M_0, \quad n(M) \to n(M_0) = n_0, \quad \mathrm{rot}\, F(M) \to \mathrm{rot}\, F(M_0),$$

因此式 (8.3.3) 左端的极限为 rot $F(M_0) \cdot n_0$, 于是得到

$$\mathrm{rot}\, F(M_0) \cdot n_0 = \lim_{\Gamma \to M_0} \frac{1}{S} \oint_\Gamma F \cdot \mathrm{d}r. \tag{8.3.5}$$

式 (8.3.5) 说明 F 在点 M_0 处的旋度 $\mathrm{rot}\, F(M_0)$ 在 n_0 上的投影等于 F 在点 M_0 处绕方向 n_0 的涡旋量. 这就说明旋度 $\mathrm{rot}\, F(M_0)$ 表示这样一个向量, 它的模是 F 在点 M_0 处的最大涡旋量, 它的方向恰为达到最大涡旋量时所沿的方向.

还应该指出, 从旋度的定义式 (8.3.2) 看, 旋度应依赖于坐标系的选择, 但由上述物理解释知, 实际上旋度与坐标系的选择是无关的, 我们可以直接由它的物理背景出发给出旋度的定义, 然后导出它在给定坐标系下的表达式 (8.3.2).

利用旋度的概念, 可以对 Stokes 公式

$$\oint_\Gamma F \cdot \mathrm{d}r = \iint_\Sigma \mathrm{rot}\, F \cdot n\, \mathrm{d}S$$

作出更为直观的物理解释: 流速场沿闭曲线 Γ 的环流量等于以 Γ 为边界的曲面 Σ 上每个点沿法向量 n 的环流量密度 (或涡旋量) 的积分.

例 8.3.1　设流流速场 $v(M)$ 由角速度为常向量 $\omega = \{\omega_1, \omega_2, \omega_3\}$ 的转动和速度为常向量 $v_0 = \{a, b, c\}$ 的平移所合成, 试求 $\mathrm{rot}\, v(M)$.

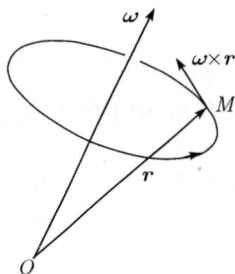

解　设 $M(x, y, z)$ 为流速场 $v(M)$ 中任给一点, 则

$$v(M) = v_0 + \omega \times r,$$

其中 $r = \overrightarrow{OM} = xi + yj + zk$(图 8.34). 由于

$$\omega \times r = \begin{vmatrix} i & j & k \\ \omega_1 & \omega_2 & \omega_3 \\ x & y & z \end{vmatrix} = \{z\omega_2 - y\omega_3,\ x\omega_3 - z\omega_1,\ y\omega_1 - x\omega_2\},$$

图 8.34　例 8.3.1 的图示

则

$$v(M) = \{\, a + z\omega_2 - y\omega_3,\ b + x\omega_3 - z\omega_1,\ c + y\omega_1 - x\omega_2 \,\}.$$

由此得到

$$\mathrm{rot}\, v(M) = \begin{vmatrix} i & j & k \\ \dfrac{\partial}{\partial x} & \dfrac{\partial}{\partial y} & \dfrac{\partial}{\partial z} \\ a + z\omega_2 - y\omega_3 & b + x\omega_3 - z\omega_1 & c + y\omega_1 - x\omega_2 \end{vmatrix}$$
$$= 2\omega_1 i + 2\omega_2 j + 2\omega_3 k,$$

即 $\mathrm{rot}\, v(M) = 2\omega$. 这说明流速场 $v(M)$ 的旋度恰好等于角速度向量的 2 倍.

利用定义, 可以证明旋度的下列性质:

(1) $\mathrm{rot}\, cF = c\,\mathrm{rot}\, F$　(c 为常数).

(2) $\mathrm{rot}\, (F_1 + F_2) = \mathrm{rot}\, F_1 + \mathrm{rot}\, F_2$.

(3) $\mathrm{rot}\, (uF) = u\,\mathrm{rot}\, F + \mathrm{grad}\, u \times F$ (u 为数值函数, 可偏导).

(4) **rot** (**grad** u) = **0** (u 为数值函数, 存在二阶偏导数).

以上性质读者可自行验证.

8.3.2 散度

利用 8.3.1 节类似的方法说明向量函数

$$\boldsymbol{F}(x, y, z) = P(x, y, z)\boldsymbol{i} + Q(x, y, z)\boldsymbol{j} + R(x, y, z)\boldsymbol{k}$$

的散度 $\operatorname{div} \boldsymbol{F} = \dfrac{\partial P}{\partial x} + \dfrac{\partial Q}{\partial y} + \dfrac{\partial R}{\partial z}$ 的物理意义.

设 $\boldsymbol{F}$ 是 $\mathbf{R}^3$ 内具有连续偏导数的向量函数, 点 $M_0 \in \mathbf{R}^3$. 若 Ω 是包含点 M_0 的三维有界区域, 且具有光滑的边界闭曲面 Σ, 由 Gauss 公式知有

$$\iiint_\Omega \operatorname{div} \boldsymbol{F} \, \mathrm{d}v = \oiint_\Sigma \boldsymbol{F} \cdot \mathrm{d}\boldsymbol{S}.$$

利用三重积分的中值定理, 知存在 $M \in \Omega$, 使得

$$\iiint_\Omega \operatorname{div} \boldsymbol{F} \, \mathrm{d}v = \operatorname{div} \boldsymbol{F}(M) V,$$

其中 V 表示区域 Ω 的体积. 于是得到

$$\operatorname{div} \boldsymbol{F}(M) = \frac{1}{V} \oiint_\Sigma \boldsymbol{F} \cdot \mathrm{d}\boldsymbol{S}. \tag{8.3.6}$$

当 $\boldsymbol{F}$ 表示流速场时, $\oiint_\Sigma \boldsymbol{F} \cdot \mathrm{d}\boldsymbol{S}$ 表示通过闭曲面 Σ 外侧的流量, 而式 (8.3.6) 右端则表示区域 Ω 内平均单位体积内通过 Σ 的流量.

若将 Ω 逐渐收缩至点 M_0 的变化过程记作 $\Omega \to M_0$, 并设式 (8.3.6) 右端存在极限

$$\lim_{\Omega \to M_0} \frac{1}{V} \oiint_\Sigma \boldsymbol{F} \cdot \mathrm{d}\boldsymbol{S}, \tag{8.3.7}$$

则此极限应表示点 M_0 处流量 "发散" 的程度: 当式 (8.3.7) 大于零时, 说明点 M_0 是能够渗出流体的 "**源**"; 当式 (8.3.7) 小于零时, 说明点 M_0 是能够吸收流体的 "**洞**"; 当式 (8.3.7) 等于零时, 说明点 M_0 处既不渗出流体也不吸收流体.

注意到 $\Omega \to M_0$ 时, $M \to M_0$, $\operatorname{div} \boldsymbol{F}(M) \to \operatorname{div} \boldsymbol{F}(M_0)$, 因此有

$$\operatorname{div} \boldsymbol{F}(M_0) = \lim_{\Omega \to M_0} \frac{1}{V} \oiint_\Sigma \boldsymbol{F} \cdot \mathrm{d}\boldsymbol{S}. \tag{8.3.8}$$

由此可见, 称 $\operatorname{div} \boldsymbol{F}(M_0)$ 为流速场 $\boldsymbol{F}$ 在 M_0 处的**发散度**是极其合理的.

散度的定义可以借助式 (8.3.7) 直接给出, 这种定义本身与坐标系的选择无关, 一旦选定坐标系, 可以证明, 散度的计算公式仍不改变.

利用定义, 可以直接证明散度的下列性质:

(1) $\mathrm{div}\,(c\boldsymbol{F}) = c\,\mathrm{div}\,\boldsymbol{F}$ (c 为常数).

(2) $\mathrm{div}\,(\boldsymbol{F}_1 + \boldsymbol{F}_2) = \mathrm{div}\,\boldsymbol{F}_1 + \mathrm{div}\,\boldsymbol{F}_2$.

(3) $\mathrm{div}\,(u\boldsymbol{F}) = u\,\mathrm{div}\,\boldsymbol{F} + \mathbf{grad}\,u \cdot \boldsymbol{F}$ (u 为数值函数, 可偏导).

(4) $\mathrm{div}\,(\mathbf{rot}\,u) = 0$.

(5) $\mathrm{div}\,(\boldsymbol{F}_1 \times \boldsymbol{F}_2) = \boldsymbol{F}_2 \cdot \mathbf{rot}\,\boldsymbol{F}_1 - \boldsymbol{F}_1 \cdot \mathbf{rot}\,\boldsymbol{F}_2$.

以上性质读者可自行验证.

8.3.3 哈密顿算子

在给定的直角坐标系下, 以下形式向量构成的微分算子

$$\nabla = \frac{\partial}{\partial x}\boldsymbol{i} + \frac{\partial}{\partial y}\boldsymbol{j} + \frac{\partial}{\partial z}\boldsymbol{k}, \tag{8.3.9}$$

称为 Hamilton 算子, 符号 ∇ 读作 Nabla.

当 ∇ 与数值函数 $u(x, y, z)$ 作数乘运算时, 得到

$$\nabla u = \frac{\partial u}{\partial x}\boldsymbol{i} + \frac{\partial u}{\partial y}\boldsymbol{j} + \frac{\partial u}{\partial z}\boldsymbol{k} = \mathbf{grad}\,u. \tag{8.3.10}$$

当 ∇ 与向量函数 $\boldsymbol{F}$ 作数量积与向量积运算时, 得到

$$\nabla \cdot \boldsymbol{F} = \frac{\partial P}{\partial x} + \frac{\partial Q}{\partial y} + \frac{\partial R}{\partial z} = \mathrm{div}\,\boldsymbol{F}, \tag{8.3.11}$$

$$\nabla \times \boldsymbol{F} = \begin{vmatrix} \boldsymbol{i} & \boldsymbol{j} & \boldsymbol{k} \\ \dfrac{\partial}{\partial x} & \dfrac{\partial}{\partial y} & \dfrac{\partial}{\partial z} \\ P & Q & R \end{vmatrix} = \mathbf{rot}\,\boldsymbol{F}, \tag{8.3.12}$$

其中 P, Q, R 是向量函数 $\boldsymbol{F}$ 的坐标.

以上结果表明, 梯度, 散度和旋度均可利用 ∇ 表示, 这样一来, 梯度, 散度和旋度的很多性质以及 Gauss 公式, Stokes 公式等便都可用 ∇ 简洁地表示出来.

由梯度、散度和旋度所具有线性性质, 得到 ∇ 算子的下列线性性质:

$$\nabla(c_1 u + c_2 v) = c_1 \nabla u + c_2 \nabla v. \tag{8.3.13}$$

$$\nabla \cdot (c_1 \boldsymbol{F}_1 + c_2 \boldsymbol{F}_2) = c_1 \nabla \cdot \boldsymbol{F}_1 + c_2 \nabla \cdot \boldsymbol{F}_2. \tag{8.3.14}$$

$$\nabla \times (c_1 \boldsymbol{F}_1 + c_2 \boldsymbol{F}_2) = c_1 \nabla \times \boldsymbol{F}_1 + c_2 \nabla \times \boldsymbol{F}_2. \tag{8.3.15}$$

∇ 算子是由微分算子构成的形式向量, 因而还具有微分运算的某些特征, 例如

$$\nabla(uv) = u\nabla v + v\nabla u. \tag{8.3.16}$$

$$\nabla \cdot (u\boldsymbol{F}) = \nabla u \cdot \boldsymbol{F} + u(\nabla \cdot \boldsymbol{F}). \tag{8.3.17}$$

$$\nabla \times (u\boldsymbol{F}) = \nabla u \times \boldsymbol{F} + u(\nabla \times \boldsymbol{F}). \tag{8.3.18}$$

上述性质都可从 ∇ 算子的定义出发自行验证.

两次使用 ∇ 算子的运算, 可以表述梯度, 散度和旋度的其他一些性质. 例如

$$\nabla(\nabla \cdot \boldsymbol{F}) = \mathbf{grad}\,(\operatorname{div}\boldsymbol{F}). \tag{8.3.19}$$

$$\nabla \times (\nabla u) = \mathbf{rot}\,(\mathbf{grad}\,u) = \mathbf{0}. \tag{8.3.20}$$

$$\nabla \cdot (\nabla \times \boldsymbol{F}) = \operatorname{div}(\mathbf{rot}\,\boldsymbol{F}) = 0. \tag{8.3.21}$$

在下列两次使用 ∇ 算子的运算

$$\nabla \cdot (\nabla u) = \nabla \cdot \mathbf{grad}\,u = \operatorname{div}(\mathbf{grad}\,u) = \frac{\partial^2 u}{\partial x^2} + \frac{\partial^2 u}{\partial y^2} + \frac{\partial^2 u}{\partial z^2} \tag{8.3.22}$$

中, 引入另一个被称作**拉普拉斯** (Laplace) **算子**的 Δ, 定义

$$\Delta = \nabla \cdot \nabla = \frac{\partial^2}{\partial x^2} + \frac{\partial^2}{\partial y^2} + \frac{\partial^2}{\partial z^2}. \tag{8.3.23}$$

这样一来, 式 (8.3.22) 便可简洁地写成

$$\nabla \cdot (\nabla u) = (\nabla \cdot \nabla)u = \Delta u. \tag{8.3.24}$$

8.3.4　无旋场

设向量函数

$$\boldsymbol{F}(x, y, z) = P(x, y, z)\boldsymbol{i} + Q(x, y, z)\boldsymbol{j} + R(x, y, z)\boldsymbol{k}$$

在空间线单连通区域 Ω 上有定义, 且具有连续偏导数. 若对 Ω 上的任意点 M 来说, 恒有 $\mathbf{rot}\,\boldsymbol{F}(M) = \mathbf{0}$, 则称 $\boldsymbol{F}$ 是 Ω 上的**无旋场**.

若对 Ω 上的任意分段光滑闭曲线 Γ 来说, $\boldsymbol{F}(x, y, z)$ 沿 Γ 的曲线积分恒为零, 即

$$\oint_{\Gamma} \boldsymbol{F} \cdot \mathrm{d}\boldsymbol{r} = 0,$$

则称 $\boldsymbol{F}$ 为 Ω 上的**保守场**.

若存在函数 $u(x, y, z)$, 使得 $\mathrm{d}u = P\mathrm{d}x + Q\mathrm{d}y + R\mathrm{d}z$ 在 Ω 上恒成立, 则称 $\boldsymbol{F}$ 为 Ω 上的**有势场**, 函数 $u(x, y, z)$ 称为 $\boldsymbol{F}$ 的**势函数**. 由于

$$P = \frac{\partial u}{\partial x}, \quad Q = \frac{\partial u}{\partial y}, \quad R = \frac{\partial u}{\partial z},$$

则 $\boldsymbol{F}$ 还可写成

$$\boldsymbol{F} = \frac{\partial u}{\partial x}\boldsymbol{i} + \frac{\partial u}{\partial y}\boldsymbol{j} + \frac{\partial u}{\partial z}\boldsymbol{k} = \mathbf{grad}\,u.$$

由此可见, 当 F 是有势场时, 实际上又是一个**梯度场**. 反之, 如果 F 是一个梯度场, 即 $F = \text{grad } u$, 则函数 $u(x, y, z)$ 必是 F 的势函数, 即 F 一定为有势场.

在上述有关场的概念下, 定理 8.2.2 的结论可以重新复述为以下定理.

定理 8.3.1　设 F 是 $\mathbf{R}^3$ 的线单连通区域 Ω 上具有连续偏导数的向量函数, 则以下 4 个命题等价:

(1) F 是 Ω 上的无旋场.

(2) F 是 Ω 上的保守场.

(3) F 是 Ω 上的有势场或梯度场.

(4) F 的曲线积分在 Ω 上与路径无关.

本定理实际上给出了无旋场的三个充要条件 (2), (3), (4).

例 8.3.2　质量为 M 的质点 $M(a, b, c)$ 形成一引力场, 单位质量的质点 $P(x, y, z)$ 所受的引力为

$$F = \frac{km}{r^2}\left(\frac{a-x}{r}i + \frac{b-y}{r}j + \frac{c-z}{r}k\right),$$

其中 $r = |\overrightarrow{PM}| = \sqrt{(a-x)^2 + (b-y)^2 + (c-z)^2}$. 试证明 F 为有势场, 并求其势函数 $u(x, y, z)$.

解　由于旋度 $\text{rot } F$ 在 x 轴上的投影为

$$(\text{rot } F)_x = \frac{\partial}{\partial y}\left[\frac{km(a-x)}{r^3}\right] - \frac{\partial}{\partial z}\left[\frac{km(b-y)}{r^3}\right] = 0,$$

类似地, 在 y 轴和 z 轴上的投影也为零, 即

$$(\text{rot } F)_y = (\text{rot } F)_z = 0,$$

因此知 $\text{rot } F = 0$, 即 F 为有势场.

F 的势函数 $u(x, y, z)$ 可通过以下与路径无关的曲线积分得到

$$
\begin{aligned}
u(x, y, z) &= \int_{(x_0, y_0, z_0)}^{(x, y, z)} \frac{km(a-x)}{r^3}\,\mathrm{d}x + \frac{km(b-y)}{r^3}\,\mathrm{d}y + \frac{km(c-z)}{r^3}\,\mathrm{d}z \\
&= km\left(\frac{1}{r} - \frac{1}{r_0}\right) \quad (\text{此处积分过程自行补充完整}),
\end{aligned}
$$

其中 $P_0(x_0, y_0, z_0)$ 是任意取定的点, 而

$$r_0 = |\overrightarrow{P_0M}| = \sqrt{(a-x_0)^2 + (b-y_0)^2 + (c-z_0)^2}.$$

以上结论说明 F 的势函数依赖于 P_0 点的选择, 这些势函数彼此相差一个常数. 若令 P_0 点远离原点, 即 $r_0 \to +\infty$, 则 $\dfrac{1}{r_0} \to 0$. 此时的势函数为

$$u(x, y, z) = \frac{km}{r} = \frac{km}{\sqrt{(a-x)^2 + (b-y)^2 + (c-z)^2}}.$$

8.3.5 无源场

设向量函数

$$\boldsymbol{F}(x, y, z) = P(x, y, z)\boldsymbol{i} + Q(x, y, z)\boldsymbol{j} + R(x, y, z)\boldsymbol{k}$$

在空间面单连通区域 Ω 上有定义, 且具有连续偏导数. 不妨将 $\boldsymbol{F}$ 理解为流速场, 若对 Ω 上的任意点 M 来说, 恒有 $\operatorname{div}\boldsymbol{F}(M) = 0$, 则称 $\boldsymbol{F}$ 是 Ω 上的**无源场**.

如果区域 Ω 内的曲线 Γ 上每一点的切线均与 $\boldsymbol{F}$ 在该点向量的方向一致, 便称此曲线 Γ 为 $\boldsymbol{F}$ 的**向量线** 或**流线**, 由流线构成的管状曲面称为**向量管**, 如图 8.35 所示.

任取 $\boldsymbol{F}$ 在 Ω 内的一个向量管, S_1, S_2 是它的两个截面, 且 S_1, S_2 作为有向曲面的方向与 $\boldsymbol{F}$ 的指向一致. 若 $\boldsymbol{F}$ 通过 S_1 和 S_2 的流量相等, 即

图 8.35　管形场的图示

$$\iint_{S_1} \boldsymbol{F} \cdot \mathrm{d}\boldsymbol{S} = \iint_{S_2} \boldsymbol{F} \cdot \mathrm{d}\boldsymbol{S},$$

则称 $\boldsymbol{F}$ 为**管形场**.

如果存在 Ω 上定义的向量函数 $\boldsymbol{G}$, 使得 $\boldsymbol{F} = \operatorname{\mathbf{rot}}\boldsymbol{G}$, 则称 $\boldsymbol{G}$ 为 $\boldsymbol{F}$ 的**向量势函数**, 简称向量势, 称 $\boldsymbol{F}$ 为 Ω 上**旋度场**.

在上述定义下, 我们有以下结论.

定理 8.3.2 设 $\boldsymbol{F}$ 为 $\mathbf{R}^3$ 内面单连通区域 Ω 上定义的具有连续偏导数的向量函数, 则以下 4 个命题等价:

(1) $\boldsymbol{F}$ 是 Ω 上的无源场.

(2) $\boldsymbol{F}$ 是 Ω 上的管形场.

(3) $\boldsymbol{F}$ 是 Ω 上的旋度场.

(4) $\boldsymbol{F}$ 通过 Ω 内任意光滑闭曲面 Σ 的流量为零, 即

$$\oiint_{\Sigma} \boldsymbol{F} \cdot \mathrm{d}\boldsymbol{S} = 0.$$

本定理实际上给出了无源场的三个充要条件 $(2), (3), (4)$, 其中 (4) 的必要性证明已由 Gauss 定理给出, 充分性证明留给读者自行完成. 以下给出 (2) 的必要性证明 (充分性证明也留给读者自行完成) 以及 (3) 的充要性证明.

证明 $(1) \Longrightarrow (2)$

任给 $\boldsymbol{F}$ 的一个向量管, S_1, S_2 是这个向量管的任意两个截面, 且 S_1, S_2 的正侧与 $\boldsymbol{F}$ 的方向一致. 另记向量管上被 S_1, S_2 所截得的一段曲面为 S_3, 且 S_3 的正侧指向向量管的外部. 如图 8.35 所示, 由 S_1^-, S_2, S_3 组成了分段光滑的闭曲面 Σ, 外侧

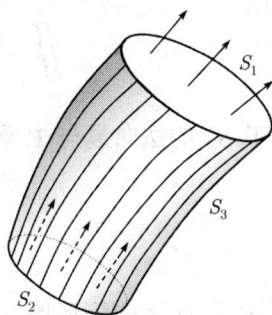

为其正侧, 记 Σ 所包围的区域为 $\Omega_1\,(\subset \Omega)$. 由于 F 是 Ω 上的无源场, 根据 Gauss 公式知有

$$\oiint_{\Sigma} F \cdot \mathrm{d}S = \iiint_{\Omega_1} \operatorname{div} F \,\mathrm{d}v = 0,$$

亦即

$$\oiint_{S_1^-} F \cdot \mathrm{d}S + \oiint_{S_2} F \cdot \mathrm{d}S + \oiint_{S_3} F \cdot \mathrm{d}S = 0.$$

由于 S_3 的法向量与 F 垂直, $\oiint_{S_3} F \cdot \mathrm{d}S = 0$, 因此有

$$\oiint_{S_1} F \cdot \mathrm{d}S = \oiint_{S_2} F \cdot \mathrm{d}S,$$

即 F 是 Ω 上的管形场.

(3)$\Longrightarrow$(1)

设 F 是 Ω 上的旋度场, 则存在向量势函数 G, 使得 $F = \operatorname{rot} G$, 由散度的性质式 (8.3.21) 知

$$\nabla \cdot (\nabla \times G) = \operatorname{div}(\operatorname{rot} G) = 0,$$

即 $\operatorname{div} F = 0$, 可见 F 是 Ω 上的无源场.

(1)$\Longrightarrow$(3)

设 F 是 Ω 上的无源场, 现在来证明存在向量势函数 G, 使得 $F = \operatorname{rot} G$. 如果记

$$F = P\,i + Q\,j + R\,k, \quad G = X\,i + Y\,j + Z\,k,$$

则只要能够找到一组函数 X, Y, Z 使其满足

$$\begin{cases} \dfrac{\partial Z}{\partial y} - \dfrac{\partial Y}{\partial z} = P, \\[2mm] \dfrac{\partial X}{\partial z} - \dfrac{\partial Z}{\partial x} = Q, \\[2mm] \dfrac{\partial Y}{\partial x} - \dfrac{\partial X}{\partial y} = R \end{cases} \qquad (8.3.25)$$

即可[①]. 令 $Z = 0$, 由方程组 (8.3.25) 的第一个方程得到

$$Y(x, y, z) = -\int_{z_0}^{z} P(x, y, z)\,\mathrm{d}z + f(x, y),$$

[①] 实际上, (8.3.25) 是 X, Y, Z 所满足的一阶偏微分方程组, 它有无穷多组解. 在这里, 我们只要能够解出其中的一组解就够了.

其中 $f(x, y)$ 为待定函数. 从 (8.3.25) 的第二个方程得到

$$X(x, y, z) = -\int_{z_0}^{z} Q(x, y, z)\, \mathrm{d}z.$$

将以上两个结果代入 (8.3.25) 的第二个方程得到

$$-\int_{z_0}^{z} \left(\frac{\partial P}{\partial x} + \frac{\partial Q}{\partial y}\right) \mathrm{d}z + \frac{\partial f}{\partial x} = R.$$

由于 $\boldsymbol{F}$ 是 Ω 上的无源场, $\operatorname{div} \boldsymbol{F} = \dfrac{\partial P}{\partial x} + \dfrac{\partial Q}{\partial y} + \dfrac{\partial R}{\partial z} = 0$, 因此有

$$\int_{z_0}^{z} \frac{\partial R}{\partial z}\, \mathrm{d}z + \frac{\partial f}{\partial x} = R,$$

$$R(x, y, z) - R(x, y, z_0) + \frac{\partial f}{\partial x} = R(x, y, z),$$

$$\frac{\partial f}{\partial x} = R(x, y, z_0).$$

两边积分, 得到

$$f(x, y) = \int_{z_0}^{z} R(x, y, z_0)\, \mathrm{d}z.$$

至此, 我们已经找到一组满足 (8.3.25) 的函数

$$X(x, y, z) = -\int_{z_0}^{z} Q(x, y, z)\, \mathrm{d}z,$$

$$Y(x, y, z) = -\int_{z_0}^{z} P(x, y, z)\, \mathrm{d}z + \int_{z_0}^{z} R(x, y, z_0)\, \mathrm{d}z,$$

$$Z(x, y, z) = 0.$$

问题得到证明.

习 题 8.3

1. 已知矢量场 $\boldsymbol{F} = -y\boldsymbol{i} + x\boldsymbol{j} - z\boldsymbol{k}$, 试求:

(1) 沿 xy 平面上的圆周 $(x-a)^2 + (y-b)^2 = \varepsilon^2$ 的循环量 (从 z 轴的正向往负向看去, 圆周上逆时针的旋转方向为其正方向);

(2) 沿曲线 $x^2 + y^2 + z^2 = \varepsilon^2, x = z$ 的循环量 (从 x 轴的正向往负向看去, 曲线上逆时针的旋转方向为其正方向);

(3) 矢量场在点 $(a, b, 0)$ 处的旋度 $\operatorname{rot}\boldsymbol{F}$;

(4) $\boldsymbol{F}$ 分别沿方向 $\boldsymbol{n} = \boldsymbol{k}$ 和 $\boldsymbol{n} = \boldsymbol{i} - \boldsymbol{k}$ 在点 $(a, b, 0)$ 处的涡旋量.

2. 试证明式 (8.3.17), (8.3.18), (8.3.19), (8.3.20).

3. 试证明：$\mathrm{div}(\boldsymbol{F}_1 \times \boldsymbol{F}_2) = \boldsymbol{F}_2 \cdot \mathrm{rot}\,\boldsymbol{F}_1 - \boldsymbol{F}_1 \cdot \mathrm{rot}\,\boldsymbol{F}_2$.

4. 已知 $\boldsymbol{F} = 3xz^2\boldsymbol{i} - yz\boldsymbol{j} + (x + 2z)\boldsymbol{k}$，求 $\mathrm{rot}(\mathrm{rot}\,\boldsymbol{F})$.

5. 已知 $u = \ln(x^2 + y^2 + z^2)$，求 $\mathrm{div}(\mathbf{grad}\,u)$.

6. 设 $\boldsymbol{r} = x\boldsymbol{i} + y\boldsymbol{j} + z\boldsymbol{k}, r = |\boldsymbol{r}|, \boldsymbol{e}$ 为单位常矢量，试证明：

(1) $\mathrm{div}\left(\dfrac{\boldsymbol{r}}{r}\right) = \dfrac{2}{r}$;　　　　　(2) $\mathrm{rot}\left(\dfrac{\boldsymbol{r}}{r}\right) = 0$;

(3) $\mathrm{div}[(\boldsymbol{e} \cdot \boldsymbol{r})\boldsymbol{e}] = 1$;　　　　(4) $\mathrm{rot}[(\boldsymbol{e} \cdot \boldsymbol{r})\boldsymbol{e}] = 0$;

(5) $\mathrm{div}[(\boldsymbol{e} \times \boldsymbol{r}) \times \boldsymbol{e}] = 2$;　　(6) $\mathrm{rot}[(\boldsymbol{e} \times \boldsymbol{r}) \times \boldsymbol{e}] = 0$.

7. 设 $\boldsymbol{r} = x\boldsymbol{i} + y\boldsymbol{j} + z\boldsymbol{k}, r = |\boldsymbol{r}|, \alpha$ 为一常矢量，f 是二阶可导函数，试证明：

(1) $\nabla r = \left(\dfrac{\boldsymbol{r}}{r}\right)$;　　　　　(2) $\nabla(\alpha \cdot \boldsymbol{r}) = \alpha$;

(3) $\nabla \cdot (\alpha \times \boldsymbol{r}) = 0$;　　(4) $\nabla \times (\alpha \times \boldsymbol{r}) = 2\alpha$.

8. 判断下列矢量场是否为有势场，如果是，试求其势函数：

(1) $\boldsymbol{F} = (z^3 - 4xy)\boldsymbol{i} + (6y - 2x^2)\boldsymbol{j} + (3xz^2 + 1)\boldsymbol{k}$;

(2) $\boldsymbol{F} = 2x\mathrm{e}^{-y}\boldsymbol{i} + (\cos z - x^2\mathrm{e}^{-y})\boldsymbol{j} - y\sin z\boldsymbol{k}$.

9. 验证重力场 $\boldsymbol{F} = -mg\boldsymbol{k}$ 沿任一有向闭曲线 L 所做的功 $\oint_L \boldsymbol{F} \cdot d\boldsymbol{r}$ 均为零，从而说明 $\boldsymbol{F}$ 是保守场.

10. 设 $\boldsymbol{F}$ 是单连通区域 V 上具有连续偏导数的矢函数，且 $\boldsymbol{F}$ 通过 V 内任意有向光滑闭曲面 S 的流量为零，即

$$\oiint_S \boldsymbol{F} \cdot d\boldsymbol{S} = 0,$$

试证明 $\boldsymbol{F}$ 是 V 上的无源场，即 $\mathrm{div}\,\boldsymbol{F} = 0$.

11. 设 V 是单连通区域，$\boldsymbol{F}$ 是 V 上的无源场. 若 $\boldsymbol{G}$ 和 $\boldsymbol{H}$ 都是 $\boldsymbol{F}$ 的矢量势函数，则存在可偏导函数 u，使

$$\boldsymbol{H} = \boldsymbol{G} + \mathbf{grad}\,u.$$

12. 判断下列矢量场是否为无源场，如果是，试求其矢量势：

(1) $\boldsymbol{F} = (xy + 1)\boldsymbol{i} + z\boldsymbol{j} - yz\boldsymbol{k}$;

(2) $\boldsymbol{F} = y\sin x\boldsymbol{i} - y\mathrm{e}^z\boldsymbol{j} + (\mathrm{e}^z - yz\cos x)\boldsymbol{k}$.

复 习 题 八

1. 设 l 为椭圆 $\dfrac{x^2}{4} + \dfrac{y^2}{3} = 1$，其周长记为 a，试求 $\oint_l(2xy + 3x^2 + 4y^2)\mathrm{d}s$.

2. 证明：$\dfrac{x\mathrm{d}x + y\mathrm{d}y}{x^2 + y^2}$ 在整个 xOy 平面上半平面的某个区域 G 内是某个二元函数的全微分，并求出一个这样的二元函数.

3. 设 $u(x, y)$ 是保守场 $P(x, y)\boldsymbol{i} + Q(x, y)\boldsymbol{j}$ 在单连通域 D 内的势函数，试证明

$$\int_{(x_1, y_1)}^{(x_2, y_2)} P\mathrm{d}x + Q\mathrm{d}y = u(x_2, y_2) - u(x_1, y_1),$$

其中 $(x_i, y_i)(i = 1, 2)$ 是 D 内的点.

4. 计算曲线积分

$$I = \oint_L \frac{x\mathrm{d}y - y\mathrm{d}x}{4x^2 + y^2},$$

其中 L 是以点 $(1, 0)$ 为中心, R 为半径的圆周 $(R > 1)$, 取逆时针方向.

5. 设 Σ 是锥面 $z = \sqrt{x^2 + y^2}(0 \leqslant z \leqslant 1)$ 的下侧, 求

$$\iint_\Sigma x\mathrm{d}y\mathrm{d}z + 2y\mathrm{d}z\mathrm{d}x + 3(z - 1)\mathrm{d}x\mathrm{d}y.$$

6. 设 S 为椭球面 $\dfrac{x^2}{2} + \dfrac{y^2}{2} + z^2 = 1$ 的上半部分, 点 $P(x, y, z) \in S$, π 为 S 在点 P 处的切平面, $\rho(x, y, z)$ 为点 $O(0, 0, 0)$ 到平面 π 的距离, 求第一型曲面积分

$$\iint_S \frac{z}{\rho(x, y, z)}\mathrm{d}S.$$

7. 计算曲面积分

$$\iint_\Sigma \frac{ax\mathrm{d}y\mathrm{d}z + (z + a)^2\mathrm{d}x\mathrm{d}y}{(x^2 + y^2 + z^2)^{\frac{1}{2}}},$$

其中曲面 Σ 为下半球面 $z = -\sqrt{a^2 - x^2 - y^2}$ 的上侧, α 为大于零的常数.

8. 设对于半空间 $x > 0$ 内任意光滑有向闭曲面 S, 都有

$$\oiint_S xf(x)\mathrm{d}y\mathrm{d}z - xyf(x)\mathrm{d}z\mathrm{d}x - \mathrm{e}^{2x}z\mathrm{d}x\mathrm{d}y = 0,$$

其中函数 $f(x)$ 在 $(0, +\infty)$ 内具有连续的一阶导数, 且 $\lim\limits_{x \to 0^+} f(x) = 1$, 求 $f(x)$.

第9章 无穷级数

无穷多个数相加与有限多个数相加有很大区别. 有时, 无穷多个数相加有"和",
例如

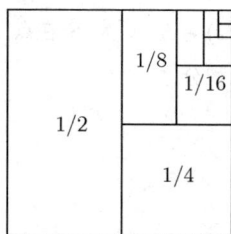

图 9.1 作为无限和的正方形面积

$$\frac{1}{2} + \frac{1}{4} + \frac{1}{8} + \frac{1}{16} + \cdots = 1,$$

参见图 9.1 中的集合说明. 有时, 无穷多个数相加并没有"和", 例如:

$$\frac{1}{1} + \frac{1}{2} + \frac{1}{3} + \frac{1}{4} + \frac{1}{5} + \cdots,$$

$$1 - 1 + 1 - 1 + 1 - 1 + \cdots.$$

为什么会有这么大的区别? 这一问题曾经困惑了数学家们长达几个世纪之久. 无穷级数理论的建立不仅回答了这一问题, 而且为我们寻找强有力的计算工具奠定了基础.

无穷级数作为微积分的一个重要组成部分, 本章将介绍三个内容: 数项级数, 幂级数与傅里叶 (Fourier) 级数.

§9.1 数 项 级 数

9.1.1 数项级数的基本概念

给定一个数列

$$u_1, \ u_2, \ u_3, \ \cdots, \ u_n, \ \cdots$$

用加号或连加号把它们连接起来的形式和

$$\sum_{n=1}^{\infty} u_n = u_1 + u_2 + u_3 + \cdots + u_n + \cdots \tag{9.1.1}$$

称为**无穷级数**, 简称**级数**. 其中的 u_n 称为级数的**一般项**或**通项**.

为强调级数 (9.1.1) 的各项均为常数, 又称 (9.1.1) 为**常数项级数**, 简称为**数项级数**, 以便和下一节里用 $u_n(x)$ 代替 u_n 所作成的**函数项级数**相区分.

级数 (9.1.1) 的前 n 项和用 S_n 表示, 称为级数 (9.1.1) 的**部分和**. 当 n 依次取自然数时, 有

$$S_1 = u_1, \quad S_2 = u_1 + u_2, \quad S_3 = u_1 + u_2 + u_3, \cdots$$

$$S_n = u_1 + u_2 + \cdots + u_n, \cdots$$

于是得到一个数列 $\{S_n\}$, 称其为级数 (9.1.1) 的**前 n 项和数列**.

反过来, 任给一个数列 $\{S_n\}$, 令

$$u_1 = S_1, \quad u_2 = S_2 - S_1, \quad u_3 = S_3 - S_2, \quad \cdots, \quad u_n = S_n - S_{n-1}, \quad \cdots$$

便又得到一个无穷级数 $\sum\limits_{n=1}^{\infty} u_n$, 它以 $\{S_n\}$ 为前 n 项和数列. 由此可见, 无穷级数与其前 n 项和数列紧密相关.

到目前为止, 级数 (9.1.1) 仍是一种形式上的符号, 它所代表的实际含义可以由它的前 n 项和数列给出.

定义 9.1.1 如果级数 (9.1.1) 的部分和数列 $\{S_n\}$ 存在有限极限 S, 即

$$\lim_{n \to \infty} S_n = S,$$

则称级数 (9.1.1)**收敛**, 且称 S 为级数 (9.1.1) 的**和**, 记作

$$\sum_{n=1}^{\infty} u_n = u_1 + u_2 + u_3 + \cdots + u_n + \cdots = S.$$

如果数列 $\{S_n\}$ 的极限不存在, 则称级数 (9.1.1)**发散**.

定义中无穷级数的和实际上是借助极限对有限和概念的推广.

在级数 (9.1.1) 中自第 $n+1$ 项开始的和式

$$\sum_{k=n+1}^{\infty} u_k = u_{n+1} + u_{n+2} + u_{n+3} + \cdots$$

称为级数 (9.1.1) 的**余项**, 记作 r_n. 当级数 (9.1.1) 收敛时 $\lim\limits_{n \to \infty} r_n = 0$.

例 9.1.1 判定无穷级数

$$\sum_{n=1}^{\infty} \frac{1}{n(n+1)} = \frac{1}{1 \cdot 2} + \frac{1}{2 \cdot 3} + \cdots + \frac{1}{n(n+1)} + \cdots$$

是否收敛?

解 由于 $u_n = \dfrac{1}{n(n+1)} = \dfrac{1}{n} - \dfrac{1}{n+1}$, 则级数的前 n 项和为

$$S_n = \frac{1}{1 \cdot 2} + \frac{1}{2 \cdot 3} + \cdots + \frac{1}{n(n+1)}$$

$$= \left(1 - \frac{1}{2}\right) + \left(\frac{1}{2} - \frac{1}{3}\right) + \cdots + \left(\frac{1}{n} - \frac{1}{n+1}\right) = 1 - \frac{1}{n+1},$$

注意到 $\lim\limits_{n\to\infty} S_n = \lim\limits_{n\to\infty}\left(1 - \dfrac{1}{n+1}\right) = 1$, 知级数收敛, 且

$$\sum_{n=1}^{\infty} \frac{1}{n(n+1)} = 1.$$

例 9.1.2 试证明无穷级数

$$\sum_{n=1}^{\infty} (-1)^{n-1} = 1 - 1 + 1 - 1 + \cdots + (-1)^{n-1} + \cdots$$

一定发散.

证明 由于级数前 n 项和 $S_n = \begin{cases} 1, & n\text{为奇数}, \\ 0, & n\text{为偶数}. \end{cases}$ 知数列 $\{S_n\}$ 发散, 进而级

数 $\sum\limits_{n=1}^{\infty} (-1)^{n-1}$ 发散.

例 9.1.3 试讨论由等比数列构成的**几何级数**

$$\sum_{n=1}^{\infty} ar^{n-1} = a + ar + ar^2 + \cdots + ar^n + \cdots \quad (a \neq 0) \tag{9.1.2}$$

的收敛性, 其中 r 称为几何级数的**公比**.

解 注意到当 $|r| \neq 1$ 时, 有

$$S_n = \sum_{k=1}^{n} ar^{k-1} = a + ar + ar^2 + \cdots + ar^{k-1} = \frac{a(1-r^n)}{1-r}.$$

当 $|r| < 1$ 时, $\lim\limits_{n\to\infty} r^n = 0$, 因此

$$\lim_{n\to\infty} S_n = \lim_{n\to\infty} \frac{a(1-r^n)}{1-r} = \frac{a}{1-r},$$

几何级数 (9.1.2) 收敛于和 $\dfrac{a}{1-r}$.

当 $|r| > 1$ 时, $\lim\limits_{n\to\infty} r^n = \infty$, 因此级数 (9.1.2) 发散.

当 $r = 1$ 时, $S_n = na$, 级数 (9.1.2) 发散.

当 $r = -1$ 时, $S_n = \sum\limits_{n=1}^{n} (-1)^{n-1} a = \begin{cases} a, & n\text{为奇数}, \\ 0, & n\text{为偶数}, \end{cases}$ 级数 (9.1.2) 发散.

9.1.2 收敛级数的性质

由级数收敛的定义知道, 发散无穷级数只是一种形式的符号, 不存在 "和" 的概念. 应该指出, 即使对于收敛的无穷级数来说, 与有限和的性质也不完全相同, 下面我们来介绍收敛级数的一些性质.

性质 9.1.1 设级数 $\sum\limits_{n=1}^{\infty} u_n$ 收敛, λ 为一常数, 则级数 $\sum\limits_{n=1}^{\infty} \lambda u_n$ 也收敛, 且

$$\sum_{n=1}^{\infty} \lambda u_n = \lambda \sum_{n=1}^{\infty} u_n.$$

性质 9.1.2 设级数 $\sum\limits_{n=1}^{\infty} u_n$, $\sum\limits_{n=1}^{\infty} v_n$ 均收敛, 则级数 $\sum\limits_{n=1}^{\infty} (u_n + v_n)$ 也收敛, 且

$$\sum_{n=1}^{\infty} (u_n + v_n) = \sum_{n=1}^{\infty} u_n + \sum_{n=1}^{\infty} v_n.$$

实际上, 由乘法对有限和的分配律以及有限和的交换律和结合律, 知有

$$\sum_{k=1}^{n} \lambda u_k = \lambda \sum_{k=1}^{n} u_k, \quad \sum_{k=1}^{n} (u_k + v_k) = \sum_{k=1}^{n} u_k + \sum_{k=1}^{n} v_k.$$

令 $n \to \infty$ 时, 在上述等式两端分别求极限, 性质 9.1.1 和性质 9.1.2 自然得证.

性质 9.1.3 在级数 $\sum\limits_{n=1}^{\infty} u_n$ 中删减, 增加或更改有限多项, 不会改变级数的收敛与发散.

证明 如果能证明**删减**级数**最前面**的有限多项, 不会改变级数的收敛与发散, 当然也就证明了**增加**级数**最前面**的有限多项, 也不会改变级数的收敛与发散, 于是**更改**级数**最前面**的有限多项, 同样不会改变级数的收敛与发散. 至于在级数任意位置处删减, 增加或更改有限多项, 也就不会改变级数的收敛与发散.

假定在级数

$$\sum_{n=1}^{\infty} u_n = u_1 + u_2 + \cdots + u_k + u_{k+1} + u_{k+2} + \cdots + u_{k+n} + \cdots$$

中删减了前 k 项, 成为

$$u_{k+1} + u_{k+2} + u_{k+3} + \cdots + u_{k+n} + \cdots, \tag{9.1.3}$$

则 (9.1.3) 的前 n 项和 S'_n 等于 (9.1.1) 的前 $n + k$ 项和 S_{n+k} 与前 k 项和 S_k 之差, 即

$$S'_n = S_{n+k} - S_k.$$

注意到 S_k 是与 n 无关的常数, 因此, 数列 $\{S_{n+k}\}$ 的收敛与发散决定了数列 $\{S'_n\}$ 的收敛与发散, 问题得证.

　　收敛无穷级数作为无限和与有限和的性质有相同的地方. 例如, 有限和满足**加法结合律**, 对于收敛的无穷级数来说, 无限多个数相加在不打乱原有顺序的情况下任意分组加括号也不会改变和的大小.

　　性质 9.1.4　　收敛级数 $\sum\limits_{n=1}^{\infty} u_n$ 加括号后所得新的级数

$$(u_1 + u_2 + \cdots + u_{n_1}) + (u_{n_1+1} + u_{n_1+2} + \cdots + u_{n_2}) + \cdots$$
$$+ (u_{n_{k-1}+1} + u_{n_{k-1}+2} + \cdots + u_{n_k}) + \cdots \tag{9.1.4}$$

仍然收敛于原来的和.

　　证明　　记加括号后所得新的级数 (9.1.4) 的各项分别为

$$v_1 = u_1 + u_2 + \cdots + u_{n_1},$$
$$v_2 = u_{n_1+1} + u_{n_1+2} + \cdots + u_{n_2},$$
$$\cdots\cdots$$
$$v_k = u_{n_{k-1}+1} + u_{n_{k-1}+2} + \cdots + u_{n_k},$$
$$\cdots\cdots$$

则级数 (9.1.4) 还可以写成 $\sum\limits_{k=1}^{\infty} v_k$.

　　令 $S_n = \sum\limits_{i=1}^{n} u_i$, $S'_k = \sum\limits_{i=1}^{k} v_i$, 分别表示级数 $\sum\limits_{n=1}^{\infty} u_n$ 和 $\sum\limits_{k=1}^{\infty} v_k$ 的前 n 项和与前 k 项和. 显然, $S'_k = S_{n_k}$, 这说明数列 $\{S'_k\}$ 是数列 $\{S_n\}$ 的子数列. 已知级数 $\sum\limits_{n=1}^{\infty} u_n$ 收敛, 则数列 $\{S_n\}$ 收敛, 作为子数列的 $\{S'_k\}$ 当然要收敛于同一极限, 问题得证.

　　应该指出, 性质 9.1.4 只是说明收敛级数可以加括号, 并没有说明收敛级数可以减括号! 例如, 级数

$$(1 - 1) + (1 - 1) + (1 - 1) + \cdots$$

收敛于零, 但级数的各项减去括号后所得到的级数

$$1 - 1 + 1 - 1 + 1 - 1 + \cdots$$

却发散. 这说明性质 9.1.4 的逆命题不真. 同时也说明在无穷级数收敛的条件下, 有限和的加法结合律并不能完整地推广到无限和中去.

　　利用性质 9.1.4 可以证明以下一个重要结论.

例 9.1.4 证明调和级数 $\sum\limits_{n=1}^{\infty} \dfrac{1}{n} = 1 + \dfrac{1}{2} + \dfrac{1}{3} + \cdots + \dfrac{1}{n} + \cdots$ 发散.

证明 反证法 假定调和级数 $\sum\limits_{n=1}^{\infty} \dfrac{1}{n}$ 收敛, 由性质 9.1.4 知, 对调和级数按以下方式加括号后得到的级数:

$$\left(1 + \frac{1}{2}\right) + \left(\frac{1}{3} + \frac{1}{4}\right) + \left(\frac{1}{5} + \cdots + \frac{1}{8}\right) + \cdots + \left(\frac{1}{2^{k-1}+1} + \cdots + \frac{1}{2^k}\right) + \cdots$$

仍然收敛. 记

$$v_1 = 1 + \frac{1}{2}, \quad v_k = \frac{1}{2^{k-1}+1} + \cdots + \frac{1}{2^k} \quad (k = 2, 3, \cdots),$$

在级数 $\sum\limits_{k=1}^{\infty} v_k$ 的前 n 项和中, 将其每项缩小, 得到

$$\sum_{k=1}^{n} v_k = \left(1 + \frac{1}{2}\right) + \left(\frac{1}{3} + \frac{1}{4}\right) + \left(\frac{1}{5} + \cdots + \frac{1}{8}\right) + \cdots + \left(\frac{1}{2^{n-1}+1} + \cdots + \frac{1}{2^n}\right)$$

$$> \frac{1}{2} + \frac{2}{2^2} + \frac{2^2}{2^3} + \cdots + \frac{2^{n-1}}{2^n} = \frac{1}{2} + \cdots + \frac{1}{2} = \frac{n}{2},$$

由此知 $\lim\limits_{n \to \infty} \sum\limits_{k=1}^{n} v_k = \infty$, 这便与 $\sum\limits_{n=1}^{\infty} v_n$ 收敛的假定矛盾. 结论得证.

性质 9.1.5 (级数收敛的必要条件) 收敛级数 $\sum\limits_{n=1}^{\infty} u_n$ 的一般项趋于零, 即

$$\lim_{n \to \infty} u_n = 0.$$

证明 设 $S_n = \sum\limits_{k=1}^{n} u_k$, 由已知条件知 $\lim\limits_{n \to \infty} S_n = \sum\limits_{n=1}^{\infty} u_n = S$, 因此得到

$$\lim_{n \to \infty} u_n = \lim_{n \to \infty} (S_n - S_{n-1}) = \lim_{n \to \infty} S_n - \lim_{n \to \infty} S_{n-1} = S - S = 0.$$

当级数的一般项不趋于零时, 根据性质 9.1.5 可以断定级数一定发散. 但是, 一般项趋于零并不是级数收敛的充分条件. 前面介绍的调和级数发散, 一般项却趋于零, 即 $\lim\limits_{n \to \infty} \dfrac{1}{n} = 0$.

9.1.3 正项级数的判敛法

由于数项级数的收敛与发散依赖于它的部分和数列的收敛与发散, 因此数列极限的判敛法, 如单调有界数列的收敛准则、Cauchy 收敛准则等, 均可移植到数项级数中来, 成为数项级数的判敛准则. 为避免重复, 此处不再复述.

数项级数 $\sum\limits_{n=1}^{\infty} u_n$ 的一般项 $u_n \geqslant 0$ 时, 称为**正项级数**. 首先给出正项级数收敛的一个重要结论.

定理 9.1.1　正项级数 $\sum\limits_{n=1}^{\infty} u_n$ 的部分和数列 $\{S_n\}$ 有上界时一定收敛, 上方无界时发散至 $+\infty$.

证明　由于 $u_n \geqslant 0, (n = 1, 2, \cdots)$, 知

$$S_{n+1} = S_n + u_{n+1} \geqslant S_n \quad (n = 1, 2, \cdots)$$

这说明部分和数列 $\{S_n\}$ 单调递增, 即

$$S_1 \leqslant S_2 \leqslant \cdots \leqslant S_n \leqslant \cdots$$

如果 $\{S_n\}$ 上方有界, 由单调有界数列的收敛准则, 知 $\{S_n\}$ 一定收敛, 进而正项级数 $\sum\limits_{n=1}^{\infty} u_n$ 也一定收敛.

如果 $\{S_n\}$ 上方无界, 则对任给的 $M > 0$, 总存在自然数 N, 使得 $S_N > M$. 由于数列 $\{S_n\}$ 单调递增, 当 $n > N$ 时, $S_n \geqslant S_N > M$, 由此可见, $\lim\limits_{n \to \infty} S_n = +\infty$, 即正项级数 $\sum\limits_{n=1}^{\infty} u_n$ 发散至 $+\infty$.

注意到上述定理的结论以及收敛数列的有界性, 立刻得到以下充要条件:

$$\text{正项级数 } \sum_{n=1}^{\infty} u_n \text{ 收敛} \iff \text{部分和数列 } \{S_n\} \text{ 有界.}$$

例 9.1.5　试讨论 p 级数 $\sum\limits_{n=1}^{\infty} \dfrac{1}{n^p}$ 的收敛性.

解　p 级数又称为**广义调和级数,** 这是因为当 $p = 1$ 时 p 级数就是发散的调和级数.

当 $p \leqslant 1$ 时, p 级数的前 n 项部分和满足以下不等式

$$
\begin{aligned}
\sum_{k=1}^{n} \frac{1}{k^p} &= 1 + \frac{1}{2^p} + \frac{1}{3^p} + \cdots + \frac{1}{n^p} \geqslant 1 + \frac{1}{2} + \frac{1}{3} + \cdots + \frac{1}{n} \\
&= \int_1^2 \mathrm{d}x + \int_2^3 \frac{1}{2}\,\mathrm{d}x + \cdots + \int_n^{n+1} \frac{1}{n}\,\mathrm{d}x \\
&> \int_1^{n+1} \frac{1}{x}\,\mathrm{d}x = \ln(n+1).
\end{aligned}
$$

此时, p 级数的前 n 项部分和数列无界, 由上述充要条件知 p 级数发散 (图 9.2).

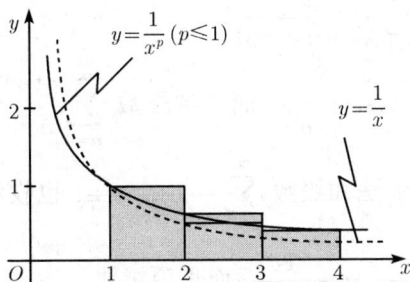

图 9.2 $p \leqslant 1$ 时 p 级数发散的图示

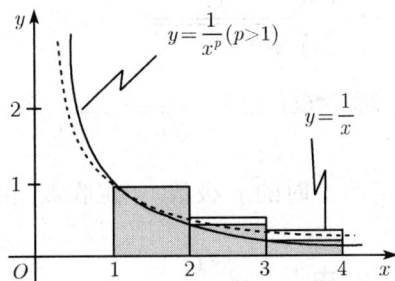

图 9.3 $p > 1$ 时 p 级数收敛的图示

当 $p > 1$ 时, p 级数的前 n 项部分和满足以下不等式

$$
\sum_{k=1}^{n} \frac{1}{k^p} = 1 + \frac{1}{2^p} + \frac{1}{3^p} + \cdots + \frac{1}{n^p}
$$

$$
= 1 + \int_1^2 \frac{1}{2^p} \, \mathrm{d}x + \cdots + \int_{n-1}^{n} \frac{1}{n^p} \, \mathrm{d}x < 1 + \int_1^n \frac{1}{x^p} \, \mathrm{d}x
$$

$$
= 1 + \frac{1}{p-1} \left(1 - \frac{1}{n^{p-1}} \right) < \frac{p}{p-1}.
$$

此时, p 级数的前 n 项部分和数列有界, 由上述充要条件知 p 级数收敛 (图 9.3).

以下定理是判定正项级数是否收敛的最基本方法.

定理 9.1.2 (比较判敛法) 设 $\sum\limits_{n=1}^{\infty} u_n$ 与 $\sum\limits_{n=1}^{\infty} v_n$ 均为正项级数, 且 $u_n \leqslant v_n (n = 1, 2, \cdots)$, 则

(1) 当 $\sum\limits_{n=1}^{\infty} v_n$ 收敛时, $\sum\limits_{n=1}^{\infty} u_n$ 也收敛.

(2) 当 $\sum\limits_{n=1}^{\infty} u_n$ 发散时, $\sum\limits_{n=1}^{\infty} v_n$ 也发散.

证明 (1) 记 $S_n = \sum\limits_{k=1}^{n} u_k$, $\Omega_n = \sum\limits_{k=1}^{n} v_k$. 由于 $u_n \leqslant v_n (n = 1, 2, \cdots)$, 且 $\sum\limits_{n=1}^{\infty} v_n$ 收敛, 则有 $S_n \leqslant \Omega_n \leqslant \sum\limits_{n=1}^{\infty} v_n$ $(n = 1, 2, \cdots)$. 这说明级数 $\sum\limits_{n=1}^{\infty} u_n$ 的部分和有上界, 由上述定理知一定收敛.

(2) 若 $\sum\limits_{n=1}^{\infty} v_n$ 不发散, 则一定收敛. 由 (1) 知 $\sum\limits_{n=1}^{\infty} u_n$ 也收敛, 这便与已知矛盾, 结论得证.

例 9.1.6　试判定下列级数的收敛与发散:

(1) $\displaystyle\sum_{n=1}^{\infty} \frac{1}{\sqrt{n(n^2+1)}}$;　　　　　(2) $\displaystyle\sum_{n=1}^{\infty} \frac{1}{\sqrt{n(n+10)}}$.

解　(1) 由于 $\dfrac{1}{\sqrt{n(n^2+1)}} < \dfrac{1}{\sqrt{n(n^2+0)}} = \dfrac{1}{n^{\frac{3}{2}}}$, 而正项级数 $\displaystyle\sum_{n=1}^{\infty} \frac{1}{n^{\frac{3}{2}}}$ 作为

$p = \dfrac{3}{2} > 1$ 时的 p 级数, 一定收敛, 由比较判敛法知级数 $\displaystyle\sum_{n=1}^{\infty} \frac{1}{\sqrt{n(n^2+1)}}$ 也收敛.

(2) 由于 $\dfrac{1}{\sqrt{n(n+10)}} > \dfrac{1}{\sqrt{(n+10)(n+10)}} = \dfrac{1}{n+10}$, 而正项级数

$$\sum_{n=1}^{\infty} \frac{1}{n+10} = \frac{1}{11} + \frac{1}{12} + \frac{1}{13} + \cdots$$

发散, 由比较判敛法知级数 $\displaystyle\sum_{n=1}^{\infty} \frac{1}{\sqrt{n(n+10)}}$ 也发散.

从上面的例子可以看出, 使用比较判敛法时要能"预见"到级数的收敛与发散, 这才能够选择一个"合适"的级数用来比较. 为了应用上的更为方便, 我们给出以下比较判敛法的极限形式.

定理 9.1.3 (比较判敛法的极限形式)　已知正项级数 $\displaystyle\sum_{n=1}^{\infty} u_n$ 与 $\displaystyle\sum_{n=1}^{\infty} v_n$, 假定

$$\lim_{n\to\infty} \frac{u_n}{v_n} = l.$$

(1) 当 $0 \leqslant l < +\infty$ 时, 如果 $\displaystyle\sum_{n=1}^{\infty} v_n$ 收敛, 则 $\displaystyle\sum_{n=1}^{\infty} u_n$ 也收敛.

(2) 当 $0 < l \leqslant +\infty$ 时, 如果 $\displaystyle\sum_{n=1}^{\infty} v_n$ 发散, 则 $\displaystyle\sum_{n=1}^{\infty} u_n$ 也发散.

证明　(1) 当 $0 \leqslant l < +\infty$ 时, 由于 $\displaystyle\lim_{n\to\infty} \frac{u_n}{v_n} = l$, 对给定的 $\varepsilon = 1$ 来说, 存在自然数 N, 当 $n > N$ 时, 有

$$\frac{u_n}{v_n} < l+1, \qquad u_n < (l+1)v_n.$$

如果 $\displaystyle\sum_{n=1}^{\infty} v_n$ 收敛, 由比较判敛法知级数 $\displaystyle\sum_{n=1}^{\infty} u_n$ 也一定收敛.

(2) 当 $0 < l \leqslant +\infty$ 时, 先假定 $0 < l < +\infty$. 对给定的 $\varepsilon = \dfrac{l}{2}$ 来说, 存在自然数 N, 当 $n > N$ 时, 有

$$\frac{l}{2} = l - \frac{l}{2} < \frac{u_n}{v_n}, \quad u_n > \frac{l}{2}v_n.$$

如果 $\sum\limits_{n=1}^{\infty} v_n$ 发散, 由比较判敛法知级数 $\sum\limits_{n=1}^{\infty} u_n$ 也一定发散. 当 $l = +\infty$ 时, 结论 (2) 可类似证明.

比较判敛法的极限形式揭示了判定正项级数收敛的关键在于一般项趋于零的速度. 如果一般项不趋于零, 级数当然发散; 如果一般项只是某个发散级数一般项的同阶或低阶无穷小的话, 级数也发散; 如果一般项是某个收敛级数一般项的同阶或高阶无穷小, 则级数一定收敛.

我们来重新审视例 9.1.6 中两个级数的敛散性, 注意到当 $n \to \infty$ 时, 有

$$\frac{1}{\sqrt{n(n^2+1)}} \sim \frac{1}{n^{\frac{3}{2}}}, \quad \frac{1}{\sqrt{n(n+10)}} \sim \frac{1}{n},$$

而级数 $\sum\limits_{n=1}^{\infty} \frac{1}{n^{\frac{3}{2}}}$ 收敛, 级数 $\sum\limits_{n=1}^{\infty} \frac{1}{n}$ 发散, 由此知道级数 (1) 收敛, 级数 (2) 发散.

例 9.1.7 试判定下列级数的收敛与发散:

(1) $\sum\limits_{n=1}^{\infty} \left(1 - \cos \frac{r}{n}\right)$ (r 为常数);   (2) $\sum\limits_{n=1}^{\infty} \ln \left(\frac{n+2}{n+1}\right)$.

解 (1) 当 $r = 0$ 时, 级数收敛于 0. 当 $r \neq 0$ 时, 由于当 $n \to \infty$ 时, 有

$$\frac{1 - \cos \dfrac{r}{n}}{\dfrac{1}{n^2}} = \frac{r^2 \left(1 - \cos \dfrac{r}{n}\right)}{\left(\dfrac{r}{n}\right)^2} \to \frac{r^2}{2},$$

知 $1 - \cos \dfrac{r}{n}$ 是 $\dfrac{1}{n^2}$ 的同阶无穷小, 而 $\sum\limits_{n=1}^{\infty} \dfrac{1}{n^2}$ 作为 p 级数一定收敛, 故知级数 $\sum\limits_{n=1}^{\infty} \left(1 - \cos \dfrac{r}{n}\right)$ 也收敛.

(2) 由于当 $n \to \infty$ 时, 有

$$\ln \left(\frac{n+2}{n+1}\right) = \ln \left(1 + \frac{1}{n+1}\right) \sim \frac{1}{n+1} \sim \frac{1}{n},$$

而调和级数 $\sum\limits_{n=1}^{\infty} \dfrac{1}{n}$ 发散, 故知 $\sum\limits_{n=1}^{\infty} \ln \left(\dfrac{n+2}{n+1}\right)$ 发散.

使用比较判敛法或是它的极限形式, 往往要选取一个比照的标准, 如几何级数或是 p 级数等. 下面介绍的判敛法表面上看起来并没有从外部引入一个已知敛散性的级数, 但是在证明的过程中就会发现, 实际上仍然是以几何级数作比照标准的.

定理 9.1.4 (比值判敛法, 达朗贝尔 (d'Alembert) 判敛法)　　设 $\displaystyle\sum_{n=1}^{\infty} u_n$ 为正项级数, 如果

$$\lim_{n\to\infty} \frac{u_{n+1}}{u_n} = \rho,$$

则当 $\rho < 1$ 时, $\displaystyle\sum_{n=1}^{\infty} u_n$ 收敛; 当 $\rho > 1$ 或 $\displaystyle\lim_{n\to\infty} \frac{u_{n+1}}{u_n} = \infty$ 时, $\displaystyle\sum_{n=1}^{\infty} u_n$ 发散.

证明　　当 $\rho < 1$ 时, 存在一个小正数 ε, 使得 $\rho + \varepsilon = r < 1$(参见图 9.4 的左图). 由数列极限的定义知存在自然数 m, 当 $n \geqslant m$ 时, 成立不等式

$$\frac{u_{n+1}}{u_n} < \rho + \varepsilon = r.$$

图 9.4　证明 d'Alembert 判敛法的图示

因此有

$$u_{m+1} < ru_m, \quad u_{m+2} < ru_{m+1} < r^2 u_m, \cdots, u_{m+k} < r^k u_m, \cdots$$

由于 $\displaystyle\sum_{k=1}^{\infty} r^k u_m$ 是公比 $r < 1$ 的几何级数, 一定收敛, 由比较判敛法知级数 $\displaystyle\sum_{k=1}^{\infty} u_{m+k}$ 收敛, 进而级数 $\displaystyle\sum_{n=1}^{\infty} u_n$ 也一定收敛.

当 $\rho > 1$ 时, 存在一个小正数 ε, 使得 $\rho - \varepsilon > 1$ (参见图 9.4 的右图). 由数列极限的定义知存在自然数 m, 当 $n \geqslant m$ 时, 成立不等式

$$\frac{u_{n+1}}{u_n} > \rho - \varepsilon > 1,$$

进而有

$$u_{n+1} > u_n.$$

这说明当 $n \geqslant m$ 时, u_n 严格单调递增, $\displaystyle\lim_{n\to\infty} u_n \neq 0$. 因此知级数 $\displaystyle\sum_{n=1}^{\infty} u_n$ 发散.

当 $\displaystyle\lim_{n\to\infty} \frac{u_{n+1}}{u_n} = \infty$ 时, 可类似证明级数 $\displaystyle\sum_{n=1}^{\infty} u_n$ 发散.

应该指出, 上述 d'Alembert 判敛法中, $\rho = 1$ 的情况未被列出, 此时级数 $\displaystyle\sum_{n=1}^{\infty} u_n$ 可能收敛也可能发散, p 级数就是一个典型的例子. 我们注意到, 不论 p 取何值, 总

有

$$\lim_{n \to \infty} \frac{u_{n+1}}{u_n} = \lim_{n \to \infty} \frac{\dfrac{1}{(n+1)^p}}{\dfrac{1}{n^p}} = 1.$$

但是当 $p \leqslant 1$ 时, p 级数发散; 当 $p > 1$ 时, p 级数收敛. 对于 $\rho = 1$ 的情况, 需要更为精细的判敛法去鉴别, 本书不作深入介绍.

例 9.1.8 试判定下列级数的收敛与发散:

(1) $\displaystyle\sum_{n=1}^{\infty} \frac{2^n}{2n-1}$; (2) $\displaystyle\sum_{n=1}^{\infty} \frac{a^n}{n!}(a > 0)$.

解 (1) 由于当 $n \to \infty$ 时, 有

$$\frac{\dfrac{2^{n+1}}{2n+1}}{\dfrac{2^n}{2n-1}} = \frac{2(2n-1)}{2n+1} \to 2 > 1,$$

由 d'Alembert 判敛法知级数 $\displaystyle\sum_{n=1}^{\infty} \frac{2^n}{2n-1}$ 发散.

(2) 由于当 $n \to \infty$ 时, 有

$$\frac{\dfrac{a^{n+1}}{(n+1)!}}{\dfrac{a^n}{n!}} = \frac{a}{n} \to 0 < 1,$$

由 d'Alembert 判敛法知级数 $\displaystyle\sum_{n=1}^{\infty} \frac{a^n}{n!}$ 收敛.

仿照 d'Alembert 判敛法的证明, 可以证明正项级数的另一个判敛法.

定理 9.1.5 (根值判敛法, Cauchy 判敛法) 设 $\displaystyle\sum_{n=1}^{\infty} u_n$ 为正项级数, 若

$$\lim_{n \to \infty} \sqrt[n]{u_n} = \rho,$$

则当 $\rho < 1$ 时, $\displaystyle\sum_{n=1}^{\infty} u_n$ 收敛; 当 $\rho > 1$ 或 $\displaystyle\lim_{n \to \infty} \sqrt[n]{u_n} = \infty$ 时, $\displaystyle\sum_{n=1}^{\infty} u_n$ 发散.

证明 留给读者自行完成.

在 Cauchy 判敛法中, 若 $\rho = 1$, 可仍以 p 级数为例说明级数 $\displaystyle\sum_{n=1}^{\infty} u_n$ 可能收敛也可能发散, 此时要研究级数的敛散性, 同样需要更为精细的判敛法.

例 9.1.9 试判定下列级数的收敛与发散:

(1) $\displaystyle\sum_{n=2}^{\infty}\left(1-\frac{1}{n^2}\right)^{-n^3}$; (2) $\displaystyle\sum_{n=1}^{\infty}\frac{1}{[\ln(n+1)]^n}$.

解 (1) 注意到 $n\to\infty$ 时, 有

$$\sqrt[n]{u_n}=\left[\left(1-\frac{1}{n^2}\right)^{-n^3}\right]^{\frac{1}{n}}=\left(1-\frac{1}{n^2}\right)^{-n^2}\to\mathrm{e}>1,$$

由 Cauchy 判敛法知级数 $\displaystyle\sum_{n=2}^{\infty}\left(1-\frac{1}{n^2}\right)^{-n^3}$ 发散.

(2) 注意到 $n\to\infty$ 时, 有

$$\sqrt[n]{u_n}=\left[\frac{1}{(\ln(n+1))^n}\right]^{\frac{1}{n}}=\frac{1}{\ln(n+1)}\to0<1,$$

由 Cauchy 判敛法知级数 $\displaystyle\sum_{n=1}^{\infty}\frac{1}{(\ln(n+1))^n}$ 收敛.

在本段的最后介绍积分判敛法.

*定理 9.1.6 (积分判敛法) 设 $f(x)$ 是定义在 $[1,+\infty)$ 上单调递减的非负值连续函数, 记 $u_n=f(n)$, 则正项级数 $\displaystyle\sum_{n=1}^{\infty}u_n$ 收敛的充要条件为无穷积分 $\displaystyle\int_1^{+\infty}f(x)\,\mathrm{d}x$ 收敛.

证明 由题设知, 当 $x\in[k,k+1]$ $(k=1,2,\cdots)$ 时, $f(k+1)\leqslant f(x)\leqslant f(k)$, 由此得到

$$\int_k^{k+1}f(k+1)\,\mathrm{d}x\leqslant\int_k^{k+1}f(x)\,\mathrm{d}x\leqslant\int_k^{k+1}f(k)\,\mathrm{d}x\quad(k=1,2,\cdots)$$

将上述不等式取和, 注意到 $\displaystyle\int_1^n f(x)\,\mathrm{d}x=\sum_{k=1}^{n-1}\int_k^{k+1}f(x)\,\mathrm{d}x$, 于是得到

$$\sum_{k=1}^{n-1}f(k+1)\leqslant\int_1^n f(x)\,\mathrm{d}x\leqslant\sum_{k=1}^{n-1}f(k).$$

记 $\displaystyle S_n=\sum_{k=1}^n f(k)$, 则由上式得到

$$S_n-f(1)\leqslant\int_1^n f(x)\,\mathrm{d}x\leqslant S_{n-1}.$$

如果级数 $\sum\limits_{n=1}^{\infty} u_n$ 收敛, 则 $\lim\limits_{n\to\infty} S_n$ 存在, 进而 $\int_1^n f(x)\,\mathrm{d}x$ 有界, 无穷积分 $\int_1^{+\infty} f(x)\,\mathrm{d}x$ 收敛. 反之, 如果无穷积分 $\int_1^{+\infty} f(x)\,\mathrm{d}x$ 收敛, 则 S_n 有界, 进而极限 $\lim\limits_{n\to+\infty} S_n$ 存在, 级数 $\sum\limits_{n=1}^{\infty} u_n$ 收敛.

例 9.1.10 试判定下列级数的收敛与发散:

(1) $\sum\limits_{n=2}^{\infty} \dfrac{1}{n\ln n}$; (2) $\sum\limits_{n=2}^{\infty} \dfrac{1}{n(\ln n)^2}$.

解 (1) 由于

$$\lim_{n\to+\infty} \int_2^n \frac{1}{x\ln x}\,\mathrm{d}x = \lim_{n\to+\infty} \left(\ln\ln n - \ln\ln 2\right) = +\infty,$$

知无穷积分 $\int_2^{+\infty} \dfrac{1}{x\ln x}\,\mathrm{d}x$ 发散, 进而正项级数 $\sum\limits_{n=2}^{\infty} \dfrac{1}{n\ln n}$ 发散.

(2) 由于

$$\lim_{n\to+\infty} \int_2^n \frac{1}{x(\ln x)^2}\,\mathrm{d}x = \lim_{n\to+\infty} \left(\frac{1}{\ln 2} - \frac{1}{\ln n}\right) = \frac{1}{\ln 2},$$

知无穷积分 $\int_2^{+\infty} \dfrac{1}{x(\ln x)^2}\,\mathrm{d}x$ 收敛, 进而正项级数 $\sum\limits_{n=1}^{\infty} \dfrac{1}{n(\ln n)^2}$ 收敛.

9.1.4 任意项级数的判敛法

一般项小于或等于零的数项级数称为**负项级数,** 负项级数的判敛法与正项级数没有大的区别, 包含有限多项负项无限多项正项或者有限多项正项无限多项负项的数项级数都可利用正项级数的判敛法研究它的收敛与发散. 只有既包含无限多项正项又包含无限多项负项的数项级数, 问题才变得复杂, 这时, 称其为**任意项级数.**

1. 交错级数的莱布尼茨判敛法

我们来研究一类特殊的任意项级数, 称其为**交错级数,** 它的所有项正负相间. 交错级数一般可以写成首项为正的形式

$$\sum_{n=1}^{\infty} (-1)^{n-1} u_n \quad (u_n > 0). \tag{9.1.5}$$

对于交错级数, 我们介绍一个重要的判敛法.

定理 9.1.7 (莱布尼茨 (Leibniz) 判敛法) 设交错级数 (9.1.5) 满足下列条件:

(1) $u_n \geqslant u_{n+1}$ $(n = 1, 2, 3, \cdots)$; (2) $\lim\limits_{n\to\infty} u_n = 0$;

则该级数收敛, 其和 $S \leqslant u_1$, 其余项 r_n 的绝对值不超过 u_{n+1}, 即 $|r_n| \leqslant u_{n+1}$.

证明 交错级数 (9.1.5) 的前 $2n$ 项和可以写成

$$S_{2n} = (u_1 - u_2) + (u_3 - u_4) + \cdots + (u_{2n-1} - u_{2n}),$$

由于数列 $\{u_n\}$ 单调递减, 上式中的每一个括号均非负, 因此数列 $\{S_{2n}\}$ 单调递增.

另一方面, S_{2n} 还可以写成

$$S_{2n} = u_1 - (u_2 - u_3) - (u_4 - u_5) - \cdots - (u_{2n-2} - u_{2n-1}) - u_{2n}.$$

因此, $S_{2n} \leqslant u_1$, 即数列 $\{S_{2n}\}$ 有上界, 根据单调有界数列收敛的准则, 知存在 $\lim\limits_{n \to +\infty} S_{2n} = S$, 且 $S \leqslant u_1$.

注意到 $S_{2n+1} = S_{2n} + u_{2n+1}$ 以及条件 $\lim\limits_{n \to \infty} u_n = 0$, 知有

$$\lim_{n \to +\infty} S_{2n+1} = \lim_{n \to +\infty} S_{2n} + \lim_{n \to +\infty} u_{2n+1} = S + 0 = S.$$

由于交错级数 (9.1.5) 的部分和的偶数项子数列和奇数项子数列具有同一极限 S, 因此存在 $\lim\limits_{n \to +\infty} S_n = S$, 即交错级数 (9.1.5) 收敛于 S, 且 $S \leqslant u_1$.

从交错级数 (9.1.5) 中减去 S_n 以后, 所得到的余项 r_n 应为

$$r_n = \pm(u_{n+1} - u_{n+2} + u_{n+3} - \cdots),$$

其中 $\pm$ 的选取: n 为偶数时取 $+$ 号; n 为奇数时取 $-$ 号. 这样一来, 余项 r_n 的绝对值

$$|r_n| = u_{n+1} - u_{n+2} + u_{n+3} - \cdots$$

仍是一个交错级数, 满足两个相应的条件, 按照已证明的结论, 其和不超过第一项, 即 $|r_n| \leqslant u_{n+1}$. 问题得证.

例 9.1.11 试证明交错级数

$$\sum_{n=1}^{\infty} \frac{(-1)^{n-1}}{n} = 1 - \frac{1}{2} + \frac{1}{3} - \cdots + \frac{(-1)^{n-1}}{n} + \cdots \tag{9.1.6}$$

收敛.

证明 由于 $u_n = \dfrac{1}{n}$, 则 $u_{n+1} = \dfrac{1}{n+1} < \dfrac{1}{n} = u_n$, 知 $\{u_n\}$ 单调递减. 且

$$\lim_{n \to \infty} u_n = \lim_{n \to \infty} \frac{1}{n} = 0.$$

根据交错级数的 Leibniz 判敛法, 知交错级数 (9.1.6) 收敛. 如果以

$$S_n = 1 - \frac{1}{2} + \frac{1}{3} - \cdots + \frac{(-1)^{n-1}}{n}$$

近似它的和, 其误差 $|r_n| \leqslant \dfrac{1}{n+1}$.

2. 绝对收敛与条件收敛

如果将任意项级数

$$\sum_{n=1}^{\infty} u_n = u_1 + u_2 + u_3 + \cdots$$

的一般项加上绝对值, 便得到一个正项级数

$$\sum_{n=1}^{\infty} |u_n| = |u_1| + |u_2| + |u_3| + \cdots.$$

当这个正项级数 $\sum_{n=1}^{\infty} |u_n|$ 收敛时, 称级数 $\sum_{n=1}^{\infty} u_n$ **绝对收敛**. 已经知道, 对于有限和而言, 绝对值不等式

$$\left| \sum_{k=1}^{n} u_k \right| \leqslant \sum_{k=1}^{n} |u_k|$$

成立. 这个不等式可以从直观上作出解释, 不等号的左端是先算代数和后取绝对值, 由于可能出现的抵消, 一定不会超过右端先取绝对值再算加法的结果. 这个不等式引发我们的联想: 绝对收敛的级数是否一定收敛?

定理 9.1.8 如果级数 $\sum_{n=1}^{\infty} u_n$ 绝对收敛, 则级数 $\sum_{n=1}^{\infty} u_n$ 本身也一定收敛.

证明 记

$$p_n = \frac{|u_n| + u_n}{2}, \quad q_n = \frac{|u_n| - u_n}{2} \quad (n = 1, 2, 3, \cdots),$$

则 $p_n \geqslant 0$, $q_n \geqslant 0$, 且 $|p_n| \leqslant |u_n|$, $|q_n| \leqslant |u_n|$.

由于 $\sum_{n=1}^{\infty} |u_n|$ 收敛, 根据正项级数的比较判敛法, 知级数 $\sum_{n=1}^{\infty} p_n$, $\sum_{n=1}^{\infty} q_n$ 均收敛. 注意到 $p_n - q_n = u_n$, 进而知级数

$$\sum_{n=1}^{\infty} u_n = \sum_{n=1}^{\infty} (p_n - q_n)$$

也一定收敛, 问题得证.

上述定理的逆命题不真. 交错级数

$$\sum_{n=1}^{\infty} \frac{(-1)^{n-1}}{n} = 1 - \frac{1}{2} + \frac{1}{3} - \cdots + \frac{(-1)^{n-1}}{n} + \cdots \tag{9.1.6}$$

就是一个反例. 虽然交错级数 $\sum\limits_{n=1}^{\infty} \dfrac{(-1)^{n-1}}{n}$ 本身收敛, 但是, 它的一般项添加绝对值以后便成为发散的调和级数

$$\sum_{n=1}^{\infty}\left|\frac{(-1)^{n-1}}{n}\right| = \sum_{n=1}^{\infty}\frac{1}{n} = 1 + \frac{1}{2} + \frac{1}{3} + \cdots + \frac{1}{n} + \cdots$$

这种本身收敛而又不绝对收敛的级数, 称之为**条件收敛**. 上述交错级数 (9.1.6) 就是条件收敛的例子.

　　上述定理证明的过程中, 引入了级数 $\sum\limits_{n=1}^{\infty} p_n$, 实际上, 这是由 $\sum\limits_{n=1}^{\infty} u_n$ 中的正项构成的. 而 $\sum\limits_{n=1}^{\infty} q_n$ 则是由 $\sum\limits_{n=1}^{\infty} u_n$ 中的负项的绝对值构成的. 已经证明

$$级数 \sum_{n=1}^{\infty} u_n \ 绝对收敛 \Longrightarrow 级数 \sum_{n=1}^{\infty} p_n \ 及 \sum_{n=1}^{\infty} q_n \ 均收敛.$$

还可证明 (读者自行完成):

$$级数 \sum_{n=1}^{\infty} u_n \ 条件收敛 \Longrightarrow 级数 \sum_{n=1}^{\infty} p_n \ 及 \sum_{n=1}^{\infty} q_n \ 均发散.$$

例 9.1.12　判定下列级数收敛与发散, 绝对收敛还是条件收敛:

(1) $\sum\limits_{n=1}^{\infty} \dfrac{\sin(na)}{2^n}$; (2) $\sum\limits_{n=1}^{\infty}(-1)^n \dfrac{k+n}{n^2}$ $(k>0)$; (3) $\sum\limits_{n=1}^{\infty}\left(\dfrac{\sin(na)}{n^2} - \dfrac{1}{\sqrt{n}}\right)$.

证明　(1) 由于 $\left|\dfrac{\sin(na)}{2^n}\right| \leqslant \dfrac{1}{2^n}$, 而公比为 $\dfrac{1}{2}$ 的几何级数 $\sum\limits_{n=1}^{\infty} \dfrac{1}{2^n}$ 收敛, 因此 $\sum\limits_{n=1}^{\infty} \dfrac{\sin(na)}{2^n}$ 绝对收敛.

(2) 由于 $\left|(-1)^n \dfrac{k+n}{n^2}\right| = \dfrac{k+n}{n^2} = \dfrac{k}{n^2} + \dfrac{1}{n}$, 而级数 $\sum\limits_{n=1}^{\infty} \dfrac{k}{n^2}$ 收敛, 级数 $\sum\limits_{n=1}^{\infty} \dfrac{1}{n}$ 发散, 因此, 级数 $\sum\limits_{n=1}^{\infty}(-1)^n \dfrac{k+n}{n^2}$ 不绝对收敛. 但是, 易证

$$\frac{k+n}{n^2} > \frac{k+n+1}{(n+1)^2}$$

以及

$$\lim_{n \to +\infty} \frac{k+n}{n^2} = 0,$$

因此由 Leibniz 判敛法知 $\displaystyle\sum_{n=1}^{\infty}(-1)^n\frac{k+n}{n^2}$ 收敛, 由此可见 $\displaystyle\sum_{n=1}^{\infty}(-1)^n\frac{k+n}{n^2}$ 条件收敛.

(3) 由于级数 $\displaystyle\sum_{n=1}^{\infty}\frac{\sin(na)}{n^2}$ 绝对收敛, 级数 $\displaystyle\sum_{n=1}^{\infty}\frac{1}{\sqrt{n}}$ 发散, 因此知级数 $\displaystyle\sum_{n=1}^{\infty}$ $\left(\dfrac{\sin(na)}{n^2}-\dfrac{1}{\sqrt{n}}\right)$ 发散.

3. 绝对收敛级数的一些性质

已经知道, 有限和的一些性质可以推广到无穷和中去, 但是并非有限和所有的性质都能无条件地作这样的推广. 德国数学家黎曼 (Reimann) 曾经证明过一个令人吃惊的结论, 如果一个任意项级数只是条件收敛的话, 那么一定可以重新排列级数各项的顺序, 使它收敛到任意事先给定的实数! 这一结论说明条件收敛的无穷和不满足交换律.

*例 9.1.13 已知交错级数

$$1-\frac{1}{2}+\frac{1}{3}-\frac{1}{4}+\cdots+(-1)^{n-1}\frac{1}{n}+\cdots \tag{9.1.6}$$

收敛于和 S, 试证明:

(1) $S>0$.

(2) 重新排列级数 (9.1.6) 各项的顺序, 使每个正项的后面紧跟着两个负项, 即

$$1-\frac{1}{2}-\frac{1}{4}+\frac{1}{3}-\frac{1}{6}-\frac{1}{8}+\cdots+\frac{1}{2k-1}-\frac{1}{4k-2}-\frac{1}{4k}+\cdots \tag{9.1.7}$$

则级数 (9.1.7) 收敛于 $\dfrac{1}{2}S$.

证明　(1) 由于交错级数 (9.1.6) 收敛, 则按下列方式加括号后, 所得到的级数

$$\left(1-\frac{1}{2}\right)+\left(\frac{1}{3}-\frac{1}{4}\right)+\cdots+\left(\frac{1}{2k-1}-\frac{1}{2k}\right)+\cdots \tag{9.1.6'}$$

仍然收敛于 S. 而级数 (9.1.6') 是首项为 $\dfrac{1}{2}$ 的正项级数, 当然有 $S>0$.

(2) 记级数 (9.1.6) 的前 n 项部分和为 S_n, 级数 (9.1.7) 的前 n 项部分和为 S_n'. 考查级数 (9.1.7) 的前 $3k$ 项部分和为 S_{3k}', 则有

$$\begin{aligned}
S_{3k}'&=\left(1-\frac{1}{2}-\frac{1}{4}\right)+\left(\frac{1}{3}-\frac{1}{6}-\frac{1}{8}\right)+\cdots+\left(\frac{1}{2k-1}-\frac{1}{4k-2}-\frac{1}{4k}\right)\\
&=\left(\frac{1}{2}-\frac{1}{4}\right)+\left(\frac{1}{6}-\frac{1}{8}\right)+\cdots+\left(\frac{1}{4k-2}-\frac{1}{4k}\right)\\
&=\frac{1}{2}\left[\left(1-\frac{1}{2}\right)+\left(\frac{1}{3}-\frac{1}{4}\right)+\cdots+\left(\frac{1}{2k-1}-\frac{1}{2k}\right)\right]=\frac{1}{2}S_{2k}.
\end{aligned}$$

由此可得

$$\lim_{k \to +\infty} S'_{3k} = \lim_{k \to +\infty} \frac{1}{2} S_{2k} = \frac{1}{2} S.$$

同时还有

$$\lim_{k \to +\infty} S'_{3k+1} = \lim_{k \to +\infty} \left(S'_{3k} + \frac{1}{2k+1} \right) = \frac{1}{2} S.$$

$$\lim_{k \to +\infty} S'_{3k+2} = \lim_{k \to +\infty} \left(S'_{3k} + \frac{1}{2k+1} - \frac{1}{4k+2} \right) = \frac{1}{2} S.$$

由此可见, 级数 (9.1.7) 收敛于 $\frac{1}{2} S$.

上述例子出现的问题在绝对收敛的级数中是不会重现的, 也就是说在绝对收敛的条件下有限和的交换律可以推广到无限和.

*定理 9.1.9 (绝对收敛级数的交换律) 绝对收敛的级数 $\sum\limits_{n=1}^{\infty} u_n$ 重新排列各项的顺序后所得到的级数 $\sum\limits_{n=1}^{\infty} u'_n$ 仍然绝对收敛, 且 $\sum\limits_{k=1}^{\infty} u'_n = \sum\limits_{n=1}^{\infty} u_n$.

证明 设 S'_m 是 $\sum\limits_{n=1}^{\infty} |u'_n|$ 的前 m 项部分和, 对任意给定的自然数 m 来说, 存在足够大的自然数 N, 使得 $\{u'_1, u'_2, \cdots, u'_m\} \subset \{u_1, u_2, \cdots, u_N\}$, 由于级数 $\sum\limits_{n=1}^{\infty} u_n$ 绝对收敛, 则有

$$S'_m = \sum_{n=1}^{m} |u'_n| \leqslant \sum_{n=1}^{N} |u_n| \leqslant \sum_{n=1}^{\infty} |u_n|.$$

由此知级数 $\sum\limits_{n=1}^{\infty} |u'_n|$ 收敛, 即 $\sum\limits_{n=1}^{\infty} u'_n$ 绝对收敛且 $\sum\limits_{n=1}^{\infty} |u'_n| \leqslant \sum\limits_{n=1}^{\infty} |u_n|$.

既然 $\sum\limits_{n=1}^{\infty} u'_n$ 绝对收敛, 将 $\sum\limits_{n=1}^{\infty} u_n$ 看作由 $\sum\limits_{n=1}^{\infty} u'_n$ 重新排列各项的顺序后所得到的级数, 于是又有 $\sum\limits_{n=1}^{\infty} |u_n| \leqslant \sum\limits_{n=1}^{\infty} |u'_n|$. 进而得到 $\sum\limits_{n=1}^{\infty} |u'_n| = \sum\limits_{n=1}^{\infty} |u_n|$.

现在来证明在级数 $\sum\limits_{n=1}^{\infty} u_n$ 绝对收敛的条件下 $\sum\limits_{n=1}^{\infty} u'_n = \sum\limits_{n=1}^{\infty} u_n$.

由定理 9.1.8 的证明过程知道, 任意项级数 $\sum\limits_{n=1}^{\infty} u_n$ 绝对收敛时, 可表示成两个收敛正项级数的差:

$$\sum_{n=1}^{\infty} u_n = \sum_{n=1}^{\infty} p_n - \sum_{n=1}^{\infty} q_n,$$

其中

$$p_n = \frac{|u_n| + u_n}{2}, \quad q_n = \frac{|u_n| - u_n}{2} \quad (n = 1, 2, 3, \cdots).$$

前面已经证明, 将 $\sum\limits_{n=1}^{\infty} u_n$ 重新排列各项的顺序后所得到的级数 $\sum\limits_{n=1}^{\infty} u_n'$ 仍然绝

对收敛, 于是 $\sum\limits_{n=1}^{\infty} u_n'$ 同样表示成两个收敛正项级数的差

$$\sum_{n=1}^{\infty} u_n' = \sum_{n=1}^{\infty} p_n' - \sum_{n=1}^{\infty} q_n',$$

其中

$$p_n' = \frac{|u_n'| + u_n'}{2}, \quad q_n' = \frac{|u_n'| - u_n'}{2} \quad (n = 1, 2, 3, \cdots).$$

利用已经证明的结论: $\sum\limits_{n=1}^{\infty} p_n = \sum\limits_{n=1}^{\infty} p_n'$, $\sum\limits_{n=1}^{\infty} q_n = \sum\limits_{n=1}^{\infty} q_n'$, 立刻得到最终结论

$\sum\limits_{n=1}^{\infty} u_n = \sum\limits_{n=1}^{\infty} u_n'$.

下面我们要在无穷级数乘积运算的基础上, 继续介绍绝对收敛的性质.

有限和相乘按照乘法对加法的分配律进行, 例如

$$\begin{aligned}
\Big(\sum_{i=1}^{n} u_i \Big) \cdot \Big(\sum_{j=1}^{n} u_j \Big) = & u_1 v_1 + u_1 v_2 + \cdots + u_1 v_n \\
& + u_2 v_1 + u_2 v_2 + \cdots + u_2 v_n \\
& + \cdots \\
& + u_n v_1 + u_n v_2 + \cdots + u_n v_n.
\end{aligned}$$

无穷级数的乘积也仿此定义为

$$\Big(\sum_{n=1}^{\infty} u_n \Big) \cdot \Big(\sum_{n=1}^{\infty} v_n \Big) = \sum_{i,j=1}^{\infty} u_i v_j, \tag{9.1.8}$$

右端乘积级数的各项为以下所有乘积 $u_i v_j$ $(i = 1, 2, 3, \cdots; j = 1, 2, 3, \cdots)$:

$$u_1 v_1, \ u_1 v_2, \ \cdots, \ u_1 v_n, \ \cdots$$
$$u_2 v_1, \ u_2 v_2, \ \cdots, \ u_2 v_n, \ \cdots$$
$$\cdots \cdots$$
$$u_n v_1, \ u_n v_2, \ \cdots, \ u_n v_n, \ \cdots$$
$$\cdots \cdots$$

可以用不同方式排列这些乘积的顺序再相加, 图 9.5 中列举了两种排序的方法.

(1) 按照对角线法的顺序排列乘积级数的各项时, 有:

第 1 项 $\omega_1 = u_1 v_1,$

第 2 项 $\omega_2 = u_1 v_2 + u_2 v_1,$

第 3 项 $\omega_3 = u_1 v_3 + u_2 v_2 + u_3 v_1, \cdots$

第 k 项 $\omega_k = u_1 v_k + u_2 v_{k-1} + u_3 v_{k-2} + \cdots + u_k v_1, \cdots$

此时, 式 (9.1.8) 右端的乘积级数形如

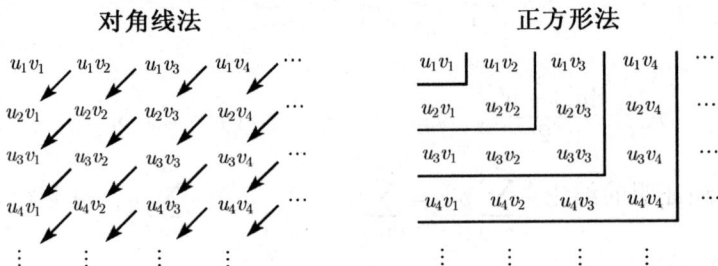

图 9.5　级数相乘时各项的两种排序方法示意图

$$\sum_{i,j=1}^{\infty} u_i v_j = \sum_{k=1}^{\infty} \omega_k = u_1 v_1 + (u_1 v_2 + u_2 v_1) + \cdots$$
$$+ (u_1 v_k + u_2 v_{k-1} + u_3 v_{k-2} + \cdots + u_k v_1) + \cdots \qquad (9.1.9)$$

称其为级数 $\displaystyle\sum_{n=1}^{\infty} u_n$ 与 $\displaystyle\sum_{n=1}^{\infty} v_n$ 的柯西乘积.

(2) 按照正方形法的顺序排列乘积级数的各项时, 有

第 1 项 $\omega_1 = u_1 v_1,$

第 2 项 $\omega_2 = u_1 v_2 + u_2 v_2 + u_2 v_1 = (u_1 + u_2)(v_1 + v_2) - \omega_1,$

第 3 项 $\omega_3 = u_1 v_3 + u_2 v_3 + u_3 v_3 + u_3 v_2 + u_3 v_1$

$\qquad = (u_1 + u_2 + u_3)(v_1 + v_2 + v_3) - \omega_2 - \omega_1, \cdots$

第 k 项 $\omega_k = (u_1 + u_2 + \cdots + u_k)(v_1 + v_2 + \cdots + v_k) - \omega_{k-1} - \omega_{k-2} - \cdots - \omega_1, \cdots$

此时, (9.1.8) 式右端的乘积级数形如

$$\sum_{i,j=1}^{\infty} u_i v_j = \sum_{k=1}^{\infty} \omega_k = u_1 v_1 + (u_1 v_2 + u_2 v_2 + u_2 v_1) + \cdots$$
$$+ (u_1 v_3 + u_2 v_3 + u_3 v_3 + u_3 v_2 + u_3 v_1) + \cdots$$

由此不难证明, 这个级数的前 n 项部分和为

$$S_n = \sum_{k=1}^{n} \omega_k = \Big(\sum_{k=1}^{n} u_k \Big) \cdot \Big(\sum_{k=1}^{n} v_k \Big). \tag{9.1.10}$$

已经知道, 当式 (9.1.8) 右端的乘积级数 $\sum\limits_{i,j=1}^{\infty} u_i v_j$ 不绝对收敛时, 项的排列顺序会直接影响到和的大小; 只有在它绝对收敛时, 项的排列顺序才不会造成影响, 乘积级数 $\sum\limits_{i,j=1}^{\infty} u_i v_j$ 的研究才有真正的意义.

下面的结论给出了乘积级数绝对收敛的条件以及它所收敛的和.

*定理 9.1.10 (绝对收敛级数的乘法) 如果级数 $\sum\limits_{n=1}^{\infty} u_n$ 与 $\sum\limits_{n=1}^{\infty} v_n$ 均绝对收敛, 其和分别为 A, B, 则它们的乘积级数 $\sum\limits_{i,j=1}^{\infty} u_i v_j$ 也一定绝对收敛, 而且

$$\sum_{i,j=1}^{\infty} u_i v_j = A \cdot B.$$

证明 假定 $\sum\limits_{i,j=1}^{\infty} u_i v_j$ 的各项按照以下的顺序排列:

$$u_{i_1} v_{j_1}, \ u_{i_2} v_{j_2}, \cdots, \ u_{i_k} v_{j_k}, \cdots$$

其中 i_k, j_k 均为取定的自然数, 则此乘积级数还可写成 $\sum\limits_{k=1}^{\infty} u_{i_k} v_{j_k}$. 现在来证明它一定绝对收敛.

设 S_m 为级数 $\sum\limits_{k=1}^{\infty} |u_{i_k} v_{j_k}|$ 的前 m 项部分和, 则

$$S_m = |u_{i_1} v_{j_1}| + |u_{i_2} v_{j_2}| + \cdots + |u_{i_m} v_{j_m}|,$$

如记 $M = \max\{i_1, i_2, \cdots, i_m; j_1, j_2, \cdots, j_m\}$, 则有以下不等式成立

$$S_m \leqslant \sum_{i=1}^{M} |u_i| \cdot \sum_{i=1}^{M} |v_j| \leqslant \sum_{i=1}^{\infty} |u_i| \cdot \sum_{i=1}^{\infty} |v_j| \leqslant A \cdot B.$$

由此可见, $\{S_m\}$ 是一个单调递增且有上界的数列, 一定收敛, 于是知 $\sum\limits_{k=1}^{\infty} u_{i_k} v_{j_k}$ 绝对收敛.

既然乘积级数 $\sum\limits_{i,j=1}^{\infty} u_i v_j$ 绝对收敛, 可以按照上述正方形法的顺序重新排列各项的顺序

$$\sum_{i,j=1}^{\infty} u_i v_j = u_1 v_1 + (u_1 v_2 + u_2 v_2 + u_2 v_1) + \cdots$$
$$+ (u_1 v_n + u_2 v_n + \cdots + u_n v_n + u_n v_{n-1} + \cdots + u_n v_1) + \cdots$$

若以每一个括号为一项, 记其前 n 项和为 S_n' 的话, 则有结论 (9.1.10):

$$S_n' = (u_1 + u_2 + \cdots + u_n) \cdot (v_1 + v_2 + \cdots + v_n) = \left(\sum_{k=1}^{n} u_k\right) \cdot \left(\sum_{k=1}^{n} v_k\right).$$

由此得到

$$\sum_{i,j=1}^{\infty} u_i v_j = \lim_{n\to\infty} S_n' = \lim_{n\to\infty} \sum_{k=1}^{n} u_k \cdot \lim_{n\to\infty} \sum_{k=1}^{n} v_k = A \cdot B.$$

例 9.1.14　利用绝对收敛级数的乘法定理证明级数 $\sum\limits_{n=1}^{\infty} n q^{n-1}$ 当 $|q| < 1$ 时收敛, 并求其和.

解　当 $|q| < 1$ 时, 几何级数 $\sum\limits_{n=1}^{\infty} q^{n-1}$ 绝对收敛, 根据定理 9.1.10, 知几何级数 $\sum\limits_{n=1}^{\infty} q^{n-1}$ 与自身的 Cauchy 乘积 $\sum\limits_{k=1}^{\infty} \omega_k$ 一定绝对收敛.

注意到 $\omega_n = q^0 q^{n-1} + q^1 q^{n-2} + \cdots + q^{n-1} q^o = n q^{n-1}$. 因此有

$$\left(\sum_{n=1}^{\infty} q^{n-1}\right) \cdot \left(\sum_{n=1}^{\infty} q^{n-1}\right) = \sum_{n=1}^{\infty} n q^{n-1}.$$

由于 $\sum\limits_{n=1}^{\infty} q^{n-1} = \dfrac{1}{1-q}$, 因此得到

$$\sum_{n=1}^{\infty} n q^{n-1} = \frac{1}{1-q} \cdot \frac{1}{1-q} = \frac{1}{(1-q)^2}.$$

习　题　9.1

1. 根据定义判断下列级数的收敛性:

(1) $\dfrac{1}{1\cdot 6} + \dfrac{1}{6\cdot 11} + \dfrac{1}{11\cdot 16} + \cdots + \dfrac{1}{(5n-4)(5n+1)} + \cdots$;

(2) $1 - 2 + 4 - 8 + \cdots + (-1)^{n-1} 2^{n-1} + \cdots$;

(3) $\displaystyle\sum_{n=1}^{\infty} \sin\frac{n\pi}{6}$;

(4) $\displaystyle\sum_{n=1}^{\infty} \frac{2n+1}{n^2(n+1)^2}$;

(5) $\displaystyle\sum_{n=1}^{\infty} \frac{1}{(2n-1)(2n+1)(2n+3)}$;

(6) $\displaystyle\sum_{n=1}^{\infty} \ln\left(1+\frac{1}{n}\right)$.

2. 判断下列级数的收敛性.

(1) $\displaystyle\sum_{n=1}^{\infty} (-1)^n \frac{1}{4^n}$;

(2) $\displaystyle\sum_{n=1}^{\infty} (\sqrt{2})^n$;

(3) $\displaystyle\sum_{n=1}^{\infty} \left(\frac{8^n}{9^n}-\frac{1}{8^n}\right)$;

(4) $\displaystyle\sum_{n=1}^{\infty} \frac{1}{3n}$;

(5) $\displaystyle\sum_{n=1}^{\infty} \frac{n}{2n-1}$;

(6) $\displaystyle\sum_{n=1}^{\infty} \left(\frac{1}{3}\right)^{\frac{1}{n}}$.

3. 若正项级数 $\displaystyle\sum_{n=1}^{\infty} u_n$ 收敛, 证明 $\displaystyle\sum_{n=1}^{\infty} u_n^2$ 也收敛, 其逆如何?

4. 设级数 $\displaystyle\sum_{n=1}^{\infty} u_n^2$ 及 $\displaystyle\sum_{n=1}^{\infty} v_n^2$ 收敛, 证明级数 $\displaystyle\sum_{n=1}^{\infty} |u_n v_n|$ 及 $\displaystyle\sum_{n=1}^{\infty} \frac{|u_n|}{n}$ 也收敛.

5. 用比较判敛法或其极限形式判断下列级数的收敛性.

(1) $\displaystyle\sum_{n=1}^{\infty} \frac{3n+1}{(n+1)(n+4)}$;

(2) $\displaystyle\sum_{n=1}^{\infty} \sin\frac{\pi}{2^n}$;

(3) $\displaystyle\sum_{n=1}^{\infty} \frac{1+\cos n}{n^2}$;

(4) $\displaystyle\sum_{n=1}^{\infty} \frac{1}{2\sqrt{n}+\sqrt[3]{n}}$;

(5) $\displaystyle\sum_{n=2}^{\infty} \frac{1}{(\ln n)^2}$;

(6) $\displaystyle\sum_{n=1}^{\infty} \frac{1}{1+a^n} (a>0)$.

6. 用比值判敛法判断下列级数的收敛性.

(1) $\displaystyle\sum_{n=1}^{\infty} \frac{n^2}{3^n}$;

(2) $\displaystyle\sum_{n=1}^{\infty} \frac{2^n n!}{n^n}$;

(3) $\displaystyle\sum_{n=1}^{\infty} \frac{(2n)!}{n!n!}$;

(4) $\displaystyle\sum_{n=1}^{\infty} \frac{2\cdot5\cdot8\cdots(3n-1)}{1\cdot5\cdot9\cdots(4n-3)}$.

7. 用根值判敛法判断下列级数的收敛性.

(1) $\displaystyle\sum_{n=1}^{\infty} \left(\frac{n}{2n+1}\right)^n$;

(2) $\displaystyle\sum_{n=2}^{\infty} \frac{n}{(\ln n)^n}$;

(3) $\displaystyle\sum_{n=1}^{\infty} \frac{2+(-1)^n}{2^n}$;

(4) $\displaystyle\sum_{n=2}^{\infty} \frac{n^n}{(\ln n)^{2n}}$.

8. 判断下列级数的收敛性.

(1) $\displaystyle\sum_{n=1}^{\infty} \frac{-2}{n\sqrt{n}}$;

(2) $\displaystyle\sum_{n=1}^{\infty} \sqrt{\frac{n}{n+1}}$;

(3) $\displaystyle\sum_{n=1}^{\infty} \frac{n\ln n}{2^n}$;

(4) $\displaystyle\sum_{n=1}^{\infty} n\left(\frac{3}{4}\right)^n$;

(5) $\displaystyle\sum_{n=1}^{\infty} \frac{n^n}{n!}$;

(6) $\displaystyle\sum_{n=1}^{\infty} n\tan\frac{\pi}{2^{n+1}}$.

9. 应用积分判敛法判断级数 $\displaystyle\sum_{n=1}^{\infty} \frac{1}{n\sqrt{n}}$ 是否收敛.

10. 判断下列级数是否收敛? 如果是收敛的, 是绝对收敛还是条件收敛?

(1) $\displaystyle\sum_{n=1}^{\infty} \frac{(-1)^{n-1}}{n^p}$;

(2) $\displaystyle\sum_{n=2}^{\infty} \frac{(-1)^{n+1}}{\ln n}$;

(3) $\displaystyle\sum_{n=1}^{\infty} (-1)^n n^2 \left(\frac{2}{3}\right)^n$;

(4) $\displaystyle\sum_{n=1}^{\infty} \sin n^2$;

(5) $\displaystyle\sum_{n=2}^{\infty} (-1)^n \frac{n+20}{n(n-1)}$.

11. 证明:

$$\sum_{n=0}^{\infty} \frac{x^n}{n!} \sum_{n=0}^{\infty} \frac{y^n}{n!} = \sum_{n=0}^{\infty} \frac{(x+y)^n}{n!}.$$

§9.2　幂　级　数

9.2.1　函数项级数的一般概念

已知区间 I 上定义的函数列

$$u_1(x), u_2(x), \cdots, u_n(x), \cdots$$

用加号或连加号把它们连接起来的表达式

$$\sum_{n=1}^{\infty} u_n(x) = u_1(x) + u_2(x) + \cdots + u_n(x) + \cdots \tag{9.2.1}$$

称为区间 I 上的**函数项级数**.

取定 $x_0 \in I$, 如果数项级数

$$\sum_{n=1}^{\infty} u_n(x_0) = u_1(x_0) + u_2(x_0) + \cdots + u_n(x_0) + \cdots \tag{9.2.2}$$

收敛, 则称 x_0 为函数项级数 (9.2.1) 的**收敛点**. 如果数项级数 (9.2.2) 发散, 则称 x_0 为函数项级数 (9.2.1) 的**发散点**. 函数项级数 (9.2.1) 的全体收敛点做成的集合称为级数 (9.2.1) 的**收敛域**.

对于收敛域中任意给定的 x, 函数项级数 (9.2.1) 变成一个收敛的数项级数, 进而得到和 S. 随着 x 在收敛域上的变动, 和 S 也随之变动成为 x 的函数, 记作 $S(x)$, 称为函数项级数 (9.2.1) 的**和函数**. 显然,

$$S(x) = \sum_{n=1}^{\infty} u_n(x) = u_1(x) + u_2(x) + \cdots + u_n(x) + \cdots.$$

函数项级数 (9.2.1) 的前 n 项部分和记作 $S_n(x) = \sum_{k=1}^{n} u_k(x)$. 当 x 为收敛点时, $\lim\limits_{n\to\infty} S_n(x) = S(x)$, 称 $R_n(x) = S(x) - S_n(x)$ 为级数 (9.2.1) 的**余项**. 显然

$$\lim_{n\to\infty} R_n(x) = 0.$$

例 9.2.1　将以 x 为公比的几何级数 $\sum\limits_{n=0}^{\infty} x^n$ 看成函数项级数, 试讨论其收敛域以及和函数.

解　由于它的前 n 项和

$$S_n(x) = 1 + x + x^2 + \cdots + x^{n-1} = \begin{cases} \dfrac{1-x^n}{1-x}, & x \neq 1, \\ n, & x = 1. \end{cases}$$

当 $|x| < 1$ 时, $\lim\limits_{n\to\infty} S_n(x) = \dfrac{1}{1-x}$, 级数收敛. 当 $|x| > 1$ 时, $\lim\limits_{n\to\infty} S_n(x) = \infty$, 级数发散. 当 $x = \pm 1$ 时, 级数也发散. 由此可见, $\sum\limits_{n=0}^{\infty} x^n$ 的收敛域为 $(-1,1)$, 其和函数为

$$\sum_{n=0}^{\infty} x^n = 1 + x + x^2 + \cdots + x^{n-1} + \cdots = \frac{1}{1-x} \quad (|x| < 1). \tag{9.2.3}$$

和本例结论类似的还有以 $-x$ 为公比的几何级数 $\sum\limits_{n=0}^{\infty} (-1)^n x^n$, 其收敛域为 $(-1,1)$, 其和函数为

$$\sum_{n=0}^{\infty} (-1)^n x^n = 1 - x + x^2 - \cdots + (-1)^{n-1} x^{n-1} + \cdots = \frac{1}{1+x} \quad (|x| < 1). \tag{9.2.4}$$

例 9.2.2　讨论函数项级数 $\sum\limits_{n=1}^{\infty} \dfrac{1}{1+x^n}$ 的收敛域.

解　当 $|x| > 1$ 时, $\dfrac{|u_{n+1}(x)|}{|u_n(x)|} = \left| \dfrac{1+x^n}{1+x^{n+1}} \right| = \dfrac{\left| \dfrac{1}{x^n} + 1 \right|}{\left| \dfrac{1}{x^n} + x \right|} \to \dfrac{1}{|x|} < 1$, 由比值判敛法知级数绝对收敛, 进而收敛.

当 $|x| < 1$ 时, $u_n(x) = \dfrac{1}{1 + x^n} \to 1$, 知级数发散.

当 $x = 1$ 时, $u_n(x) = \dfrac{1}{2} \to \dfrac{1}{2}$, 知级数发散.

当 $x = -1$ 时, 不在级数的定义域内. 由此可见, 所给函数项级数的收敛域为 $(-\infty, -1) \cup (1, +\infty)$.

例 9.2.3　讨论函数项级数 $\displaystyle\sum_{n=1}^{\infty} \left(\dfrac{1}{x+n} - \dfrac{1}{x+n+1} \right)$ 的收敛域及和函数.

解　所有一般项 $u_n(x) = \dfrac{1}{x+n} - \dfrac{1}{x+n+1}$ 的共同定义域 I 为不取负整数的全体实数, 即 $x \neq -1, -2, -3, \cdots$. 由于

$$S_n(x) = \sum_{k=1}^{n} \left(\frac{1}{x+k} - \frac{1}{x+k+1} \right) = \frac{1}{x+1} - \frac{1}{x+n+1},$$

对 I 内的任意实数 x 来说, 总有

$$\lim_{n \to \infty} S_n(x) = \lim_{n \to \infty} \left(\frac{1}{x+1} - \frac{1}{x+n+1} \right) = \frac{1}{x+1}.$$

可见, 所求的收敛域为 I, 和函数为 $S(x) = \dfrac{1}{x+1}$.

在数项级数的研究中, 有限和所遵循的算律 (结合律或交换律) 不能无条件地推广到无穷和, 如果希望在无穷和的范围里这些算律仍然成立, 就要对这些无穷和给出不同强度的条件, 如收敛或是绝对收敛.

对于连续函数 (可导函数或可积函数) 的有限和来说, 自然会承续原来的连续性 (可导性或可积性). 可是, 对于函数的无穷和来说, 要想承续原有的连续性 (可导性或可积性) 就要对无穷和的收敛性加强条件, 即所谓的**一致收敛**. 有了这种更强的收敛, 可以得到函数项级数一系列重要性质. 这一部分内容, 由于目前教学时数所限, 移至附录 E 介绍, 供读者参考.

9.2.2　幂级数及其收敛性

由幂函数组成的一类常见函数项级数, 称为**幂级数**, 其一般形式为

$$\sum_{n=0}^{\infty} a_n(x - x_0)^n = a_0 + a_1(x - x_0) + \cdots + a_n(x - x_0)^n + \cdots \tag{9.2.5}$$

其中 $a_0, a_1, \cdots, a_n \cdots$ 均为常数, 称其为幂级数 (9.2.1) 的**系数**. 当 $x_0 = 0$ 时, 幂级数 (9.2.5) 变成更为简单的形式

$$\sum_{n=0}^{\infty} a_n x^n = a_0 + a_1 x + \cdots + a_n x^n + \cdots \tag{9.2.6}$$

以下主要研究形如 (9.2.6) 的幂级数.

前面所举的例 9.2.1 就是一个最简单的幂级数

$$\sum_{n=1}^{\infty} x^{n-1} = \frac{1}{1-x}, \quad x \in (-1, 1).$$

将例 9.2.2 和例 9.2.3 中函数项级数的收敛域和例 9.2.1 幂级数的收敛域相比较, 就会发现幂级数的收敛域简单而规范. 对此, 给出一个定理.

定理 9.2.1 (阿贝尔 (Abel) 定理)   如果 $x_0 (\neq 0)$ 是幂级数 (9.2.6) 的收敛点, 则在满足不等式 $|x| < |x_0|$ 的所有 x 处幂级数 (9.2.6) 绝对收敛.

证明   当 $x_0 (\neq 0)$ 是幂级数 (9.2.6) 的收敛点时, 数项级数 $\sum_{n=0}^{\infty} a_n x_0^n$ 收敛, 其一般项以零为极限, 即

$$\lim_{n \to \infty} a_n x_0^n = 0.$$

这时 $\{a_n x_0^n\}$ 便是有界数列, 于是存在 $M > 0$, 对于一切自然数 n 成立不等式

$$|a_n x_0^n| \leqslant M.$$

这样一来, 幂级数 (9.2.6) 一般项的绝对值就满足不等式

$$|a_n x^n| = \left| a_n x_0^n \cdot \frac{x^n}{x_0^n} \right| = |a_n x_0^n| \cdot \left| \frac{x}{x_0} \right|^n \leqslant M \left| \frac{x}{x_0} \right|^n.$$

当 $|x| < |x_0|$ 时, $\left| \frac{x}{x_0} \right| < 1$, 几何级数 $\sum_{n=1}^{\infty} M \left| \frac{x}{x_0} \right|^n$ 收敛, 由比较判敛法知 $\sum_{n=1}^{\infty} |a_n x^n|$ 也收敛, 由此可见, 幂级数 $\sum_{n=1}^{\infty} a_n x^n$ 绝对收敛.

推论   如果 $x_0 (\neq 0)$ 是幂级数 (9.2.6) 的发散点, 则在满足不等式 $|x| > |x_0|$ 的所有 x 处幂级数 (9.2.6) 发散.

实际上, 如级数 (9.2.6) 存在收敛点 x_1, 且 $|x_1| > |x_0|$, 则由 Abel 定理知级数 (9.2.6) 在点 x_0 处也收敛, 这与已知条件矛盾.

利用上述定理与推论可以对幂级数收敛域的特点作以下分析.

首先, $x = 0$ 是幂级数 (9.2.6) 的当然收敛点. 如果幂级数 (9.2.6) 既有 $x = 0$ 以外的收敛点 x_1, 又有发散点 x_2, 则 $|x_1| \leqslant |x_2|$. 此时幂级数 (9.2.6) 的收敛域必定是一个包含区间 $(-|x_1|, |x_1|)$ 的非空实数集合, 且以 $|x_2|$ 为上界. 根据确界存在原理, 这一实数集一定存在上确界 R. 当 $|x| < R$ 时, 幂级数 (9.2.6) 收敛; 当 $|x| > R$ 时, 幂级数 (9.2.6) 发散; 当 $x = \pm R$ 时, 幂级数 (9.2.6) 可能收敛也可能发散.

称上述 R 为幂级数 (9.2.6) 的**收敛半径**, 开区间 $(-R, R)$ 为幂级数 (9.2.6) 的**收敛区间**. 这样一来, 幂级数 (9.2.6) 的收敛域一定是以下 4 个区间的一个.

$$(-R, R), \quad [-R, R), \quad (-R, R], \quad [-R, R].$$

如果幂级数 (9.2.6) 仅有一个收敛点 $x = 0$, 则它的收敛域为单点集 $\{0\}$. 此时也称幂级数 (9.2.6) 的**收敛半径** $R = 0$.

如果全体实数都是幂级数 (9.2.6) 的收敛点, 则它的收敛域是实数集 $\mathbf{R}$. 此时也称幂级数 (9.2.6) 的**收敛半径** $R = \infty$.

例 9.2.4   计算下列幂级数的收敛半径和收敛域:

(1) $\sum\limits_{n=0}^{\infty} \dfrac{x^n}{n!}$;   (2) $\sum\limits_{n=0}^{\infty} n! x^n$.

解   (1) 由 Abel 定理知, 在收敛区间内, 幂级数的收敛都是绝对收敛, 我们来考虑正项级数 $\sum\limits_{n=0}^{\infty} \dfrac{|x^n|}{n!}$ 的收敛性. 只要 $x \neq 0$, 当 $n \to \infty$ 时, 有

$$\frac{\dfrac{|x^{n+1}|}{(n+1)!}}{\dfrac{|x^n|}{n!}} = \frac{|x|}{n} \to 0,$$

利用 d'Alembert 判敛法知, 对于任意 $x \neq 0$, 正项级数 $\sum\limits_{n=0}^{\infty} \dfrac{|x^n|}{n!}$ 收敛, 进而知幂级数 $\sum\limits_{n=0}^{\infty} \dfrac{x^n}{n!}$ 绝对收敛, 可见收敛半径 $R = \infty$, 收敛域为全体实数.

(2) 当 $x \neq 0$ 时, 利用 d'Alembert 判敛法考虑正项级数 $\sum\limits_{n=0}^{\infty} |n! x^n|$ 的收敛性. 由于当 $n \to \infty$ 时, 有

$$\frac{|(n+1)! x^{n+1}|}{|n! x^n|} = (n+1)|x| \to +\infty,$$

对于一切 $x \neq 0$, 正项级数 $\sum\limits_{n=0}^{\infty} |n! x^n|$ 发散, 且对足够大的 n 来说, $|n! x^n|$ 严格单增, $n! x^n \not\to 0$. 可见 $x \neq 0$ 时, 幂级数 $\sum\limits_{n=0}^{\infty} n! x^n$ 发散, 收敛半径 $R = 0$, 收敛域为单点集 $\{0\}$.

上述幂级数寻求收敛半径的方法, 可以总结为一个普遍的有效方法.

定理 9.2.2   设幂级数 $\sum\limits_{n=0}^{\infty} a_n x^n$ 的系数 $a_n \neq 0$ $(n = 1, 2, \cdots)$, 如果存在

$$\lim_{n\to\infty}\left|\frac{a_{n+1}}{a_n}\right| = l, \tag{9.2.7}$$

则该幂级数的收敛半径

$$R = \begin{cases} \dfrac{1}{l}, & l \neq 0, \\ +\infty, & l = 0, \\ 0, & l = +\infty. \end{cases}$$

证明 考虑各项加绝对值后的级数 $\sum\limits_{n=0}^{\infty}|a_n x^n|$. 注意到当 $n\to\infty$ 时, 有

$$\frac{|a_{n+1}x^{n+1}|}{|a_n x^n|} = \left|\frac{a_{n+1}}{a_n}\right| |x| \to l|x|.$$

(1) 若 $l \neq 0$, 由 d'Alembert 判敛法知, 只要 $l|x| < 1$ 即 $|x| < \dfrac{1}{l}$, 级数 $\sum\limits_{n=0}^{\infty}|a_n x^n|$ 就收敛, 进而 $\sum\limits_{n=0}^{\infty}a_n x^n$ 也收敛; 若 $l|x| > 1$, 即 $|x| > \dfrac{1}{l}$, 级数 $\sum\limits_{n=0}^{\infty}|a_n x^n|$ 便发散且从某项开始

$$|a_{n+1}x^{n+1}| > |a_n x^n|,$$

这就说明一般项 $|a_n x^n|$ 不趋于零, 进而 $a_n x^n$ 也不趋于零, 由此知幂级数 $\sum\limits_{n=0}^{\infty}a_n x^n$ 发散. 于是得到 $R = \dfrac{1}{l}$.

(2) 若 $l = 0$, 则对任意 $x \neq 0$, 当 $n\to\infty$ 时, 总有 $\dfrac{|a_{n+1}x^{n+1}|}{|a_n x^n|} \to 0 < 1$, 由 d'Alembert 判敛法知级数 $\sum\limits_{n=0}^{\infty}|a_n x^n|$ 收敛, 进而知幂级数 $\sum\limits_{n=0}^{\infty}a_n x^n$ 在任意 $x \neq 0$ 处绝对收敛, 由此可见 $R = +\infty$.

(3) 若 $l = +\infty$, 则除 $x = 0$ 之外的一切 x 处, 级数 $\sum\limits_{n=0}^{\infty}|a_n x^n|$ 均发散, 且对足够大的 n 来说, $|a_n x^n|$ 严格单增, 进而 $a_n x^n \not\to 0$, 故幂级数 $\sum\limits_{n=0}^{\infty}a_n x^n$ 发散, 因此有 $R = 0$.

有了上述定理的结论, 例 9.2.4 中两个幂级数收敛半径的计算就变得更加简便: 只要直接计算极限 (9.2.7) 即可.

例 9.2.5 计算幂级数 $\sum\limits_{n=1}^{\infty}\dfrac{x^n}{n^p}$ 的收敛半径, 收敛区间和收敛域.

解 首先计算极限 (9.2.7)

$$\lim_{n\to\infty}\frac{\left|\dfrac{1}{(n+1)^p}\right|}{\left|\dfrac{1}{n^p}\right|}=\lim_{n\to\infty}\left(\frac{n}{n+1}\right)^p=1,$$

当 $|x|<1$ 时级数收敛; 当 $|x|>1$ 时级数发散. 由此知收敛半径为 $R=1$, 收敛区间为 $(-1,1)$.

在 $x=1$ 处, $\displaystyle\sum_{n=1}^{\infty}\frac{1}{n^p}$ 为 p 级数, $p>1$ 时收敛; $p\leqslant 1$ 时发散.

在 $x=-1$ 处, $\displaystyle\sum_{n=1}^{\infty}\frac{(-1)^n}{n^p}$ 为交错级数, $p>0$ 时收敛; $p\leqslant 0$ 时发散.

综合以上结果得到结论:

当 $p>1$ 时, 收敛域为 $[-1,1]$; 当 $0<p\leqslant 1$ 时, 收敛域为 $[-1,1)$; 当 $p\leqslant 0$ 时, 收敛域为 $(-1,1)$.

例 9.2.6   计算幂级数 $\displaystyle\sum_{n=1}^{\infty}\frac{(x-2)^{2n}}{n\cdot 4^n}$ 的收敛半径, 收敛区间和收敛域.

解   首先令 $x-2=t$, 则幂级数变形为 $\displaystyle\sum_{n=1}^{\infty}\frac{t^{2n}}{n\cdot 4^n}$. 这是一个缺少奇数次项的幂级数, 无法直接计算极限 (9.2.7), 但是我们可以直接利用 d'Alembert 判敛法寻求收敛半径. 注意到当 $n\to\infty$ 时, 有

$$\frac{\left|\dfrac{t^{2(n+1)}}{(n+1)\cdot 4^{(n+1)}}\right|}{\left|\dfrac{t^{2n}}{n\cdot 4^n}\right|}=\frac{t^2}{4}\cdot\frac{n}{n+1}\to\frac{t^2}{4}.$$

因此, 只要 $\dfrac{t^2}{4}<1$, 即 $t^2<4$, $|t|<2$, 级数 $\displaystyle\sum_{n=1}^{\infty}\frac{t^{2n}}{n\cdot 4^n}$ 便收敛; $|t|>2$ 时, 级数 $\displaystyle\sum_{n=1}^{\infty}\frac{t^{2n}}{n\cdot 4^n}$ 便发散, 故收敛半径为 $R=2$.

由于 $|t|<2$ 相当于 $|x-2|<2$, 因此知原幂级数的收敛区间为 $(0,4)$.

当 $x=0,4$ 时, 原幂级数成为发散的调和级数 $\displaystyle\sum_{n=1}^{\infty}\frac{2^{2n}}{n\cdot 4^n}=\sum_{n=1}^{\infty}\frac{1}{n}$, 因此收敛域仍为 $(0,4)$.

9.2.3   幂级数的运算

1. 幂级数的四则运算

由于幂级数在其收敛区间内绝对收敛, 因此利用数项级数加法, 减法和乘法的

定义, 可以直接得到幂级数的相应运算.

设幂级数

$$\sum_{n=0}^{\infty} a_n x^n = a_0 + a_1 x + \cdots + a_n x^n + \cdots \qquad (9.2.8)$$

$$\sum_{n=0}^{\infty} b_n x^n = b_0 + b_1 x + \cdots + b_n x^n + \cdots \qquad (9.2.9)$$

的收敛半径分别为 R_1, R_2, 则幂级数 (9.2.8) 与 (9.2.9) 的加法和减法的定义分别为

$$\sum_{n=0}^{\infty} a_n x^n \pm \sum_{n=0}^{\infty} b_n x^n = \sum_{n=0}^{\infty} (a_n \pm b_n) x^n$$
$$= (a_0 \pm b_0) + (a_1 \pm b_1) x + \cdots + (a_n \pm b_n) x^n + \cdots, \quad |x| < R.$$

其中 R 为 R_1, R_2 中较小的一个, 即 $R = \min\{R_1, R_2\}$.

幂级数 (9.2.8) 与 (9.2.9) 的乘法定义为这两个幂级数的 Cauchy 乘积

$$\left(\sum_{n=0}^{\infty} a_n x^n \right) \cdot \left(\sum_{n=0}^{\infty} b_n x^n \right) = \sum_{n=0}^{\infty} \left(\sum_{i+j=n} a_i b_j \right) x^n$$
$$= a_0 b_0 + (a_0 b_1 + a_1 b_0) x + \cdots + (a_0 b_n + a_1 b_{n-1} + \cdots + a_n b_0) x^n + \cdots, \quad |x| < R.$$

其中 R 仍为 R_1, R_2 中较小的一个, 即 $R = \min\{R_1, R_2\}$.

幂级数 (9.2.8) 与 (9.2.9) 的除法定义为一个新的幂级数

$$\sum_{n=0}^{\infty} c_n x^n = \frac{a_0 + a_1 x + \cdots + a_n x^n + \cdots}{b_0 + b_1 x + \cdots + b_n x^n + \cdots},$$

这个幂级数满足

$$\sum_{n=0}^{\infty} a_n x^n = \left(\sum_{n=0}^{\infty} b_n x^n \right) \cdot \left(\sum_{n=0}^{\infty} c_n x^n \right).$$

如果假定 $b_0 \neq 0$, 则可以比较上式两端 x 同次幂的系数, 得到关于 $c_0, c_1, c_2, \cdots$ 的关系式:

$$a_0 = b_0 c_0, \quad a_1 = b_1 c_0 + b_0 c_1, \quad a_2 = b_2 c_0 + b_1 c_1 + b_0 c_2, \quad \cdots$$

从中解出 $c_0, c_1, c_2, \cdots$, 便可得到作为商式的幂级数. 不过应该注意, $\sum_{n=0}^{\infty} c_n x^n$ 的收敛半径可能要小于 $R = \min\{R_1, R_2\}$.

2. 幂级数的分析运算

这里的分析运算是指包含求极限, 微分, 积分的运算, 这些运算性质的证明均涉及到幂级数的一致收敛性, 有兴趣的读者可以参阅附录 F, 这里只给出相应的重要结论.

定理 9.2.3 (和函数的连续性)   幂级数 $\sum\limits_{n=0}^{\infty} a_n x^n$ 的和函数 $S(x)$ 在其收敛域 I 上连续.

定理 9.2.4 (和函数的逐项积分)   幂级数 $\sum\limits_{n=0}^{\infty} a_n x^n$ 的和函数 $S(x)$ 在其收敛域 I 上可积, 且有以下逐项积分公式:

$$\int_0^x S(x)\,\mathrm{d}x = \int_0^x \Big(\sum_{n=0}^{\infty} a_n x^n \Big)\,\mathrm{d}x = \sum_{n=0}^{\infty} \int_0^x a_n x^n\,\mathrm{d}x$$

$$= \sum_{n=0}^{\infty} \frac{a_n}{n+1} x^{n+1} \quad (x \in I). \tag{9.2.10}$$

逐项积分后的幂级数 [(9.2.10) 的右端] 和原幂级数具有相同的收敛半径 R.

定理 9.2.5 (和函数的逐项微分)   幂级数 $\sum\limits_{n=0}^{\infty} a_n x^n$ 的和函数 $S(x)$ 在其收敛区间 $(-R,R)$ 内可导, 且有以下逐项求导公式:

$$S'(x) = \Big(\sum_{n=0}^{\infty} a_n x^n \Big)' = \sum_{n=0}^{\infty} (a_n x^n)' = \sum_{n=1}^{\infty} n a_n x^{n-1} \quad (|x| < R). \tag{9.2.11}$$

逐项求导后的幂级数 [(9.2.11) 的右端] 和原幂级数具有相同的收敛半径 R.

例 9.2.7   求幂级数 $\sum\limits_{n=1}^{\infty} n x^n$ 的和函数.

解   由于当 $n \to \infty$ 时, 由

$$\frac{|a_{n+1}|}{|a_n|} = \frac{n+1}{n} \to 1,$$

知幂级数的收敛半径为 $R = 1$, 经验证知收敛区间和收敛域均为 $(-1,1)$. 设其和函数为 $S(x)$, 则

$$S(x) = \sum_{n=1}^{\infty} n x^n = x \sum_{n=1}^{\infty} n x^{n-1}, \quad x \in (-1,1).$$

记 $G(x) = \sum\limits_{n=1}^{\infty} n x^{n-1}$, 在等式两端从 0 到 x 积分, 利用逐项积分公式 (9.2.10)

及关于几何级数的结论 (9.2.3) 得到

$$\int_0^x G(x)\,\mathrm{d}x = \sum_{n=1}^\infty \int_0^x nx^{n-1}\,\mathrm{d}x = \sum_{n=1}^\infty x^n$$

$$= \frac{1}{1-x} - 1 = \frac{x}{1-x}, \quad x \in (-1,1).$$

由此得到

$$G(x) = \left(\frac{x}{1-x}\right)' = \frac{1}{(1-x)^2}.$$

于是有

$$S(x) = xG(x) = \frac{x}{(1-x)^2}, \quad x \in (-1,1).$$

例 9.2.8　求幂级数 $\displaystyle\sum_{n=0}^\infty \frac{x^n}{n+1}$ 的和函数.

解　由于当 $n \to \infty$ 时, 由

$$\frac{|a_{n+1}|}{|a_n|} = \frac{n+1}{n+2} \to 1$$

知幂级数的收敛半径为 $R = 1$. 当 $x = -1$ 时, 级数 $\displaystyle\sum_{n=0}^\infty \frac{(-1)^n}{n+1}$ 收敛; 当 $x = 1$ 时,

调和级数 $\displaystyle\sum_{n=0}^\infty \frac{1}{n+1}$ 发散, 因此所给幂级数的收敛域为 $[-1,1)$.

设所给幂级数的和函数为 $S(x)$, 则 $S(x) = \displaystyle\sum_{n=0}^\infty \frac{x^n}{n+1}$, $x \in [-1,1)$. 于是

$$xS(x) = \sum_{n=0}^\infty \frac{x^{n+1}}{n+1}.$$

在上式两端同时对 x 求导, 并利用逐项求导公式 (9.2.11), 得到

$$(xS(x))' = \sum_{n=0}^\infty \left(\frac{x^{n+1}}{n+1}\right)' = \sum_{n=0}^\infty x^n = \frac{1}{1-x}, \quad |x| < 1.$$

对上式两端从 0 到 x 积分, 得到

$$xS(x) = \int_0^x \frac{1}{1-x}\,\mathrm{d}x = -\ln(1-x), \quad x \in [-1,1). \tag{$*$}$$

上式之所以当 $x = -1$ 时也成立, 是因为函数 $xS(x)$ 在 $[-1,1)$ 上连续, 且函数 $-\ln(1-x)$ 在 $x = -1$ 时同时有定义.

由此可见, 当 $x \in [-1, 0) \cup (0, 1)$ 时, 总有 $S(x) = -\dfrac{\ln(1-x)}{x}$. 当 $x = 0$ 时, 由幂级数本身知 $S(0) = 1$[①].

综上所述知有

$$
S(x) = \begin{cases} -\dfrac{\ln(1-x)}{x}, & x \in [-1, 0) \cup (0, 1), \\[2mm] 1, & x = 0. \end{cases}
$$

9.2.4　函数的幂级数展开

前一段所介绍的问题是已知幂级数求其和函数, 现在要讨论它的反问题: 已知一个函数 $f(x)$, 寻求一个幂级数使它在某个区间内的和函数恰为 $f(x)$. 此时称函数 $f(x)$ 在给定的区间内**可展成幂级数**, 而这样的幂级数称为函数 $f(x)$ 在此区间内的**幂级数展开式**.

1. 函数展成 Taylor 级数的充要条件

在第 2 章 Taylor 公式中, 我们曾经将一个函数表示成它的 Taylor 多项式与某个余项之和, 这与上述反问题有一定的联系.

如果函数 $f(x)$ 在 x_0 的某邻域内具有直到 $(n+1)$ 阶的导数, 则 $f(x)$ 一定可以写成它的 n 次 Taylor 多项式与其余项 $R_n(x)$ 之和, 即

$$
\begin{aligned}
f(x) = & f(x_0) + \frac{f'(x_0)}{1!}(x - x_0) \\
& + \frac{f''(x_0)}{2!}(x - x_0)^2 + \cdots + \frac{f^{(n)}(x_0)}{n!}(x - x_0)^n + R_n(x), \quad (9.2.12)
\end{aligned}
$$

其中 $R_n(x)$ 通常写成 Lagrange 型余项

$$
R_n(x) = \frac{f^{(n+1)}(\xi)}{(n+1)!}(x - x_0)^{(n+1)} \quad (\xi \text{ 位于 } x, x_0 \text{ 之间}).
$$

式 (9.2.12) 称为函数 $f(x)$ 在 x_0 处的 Taylor 公式.

已经知道, 用增大 n 的办法可以提高 n 次 Taylor 多项式

$$
f(x_0) + \frac{f'(x_0)}{1!}(x - x_0) + \frac{f''(x_0)}{2!}(x - x_0)^2 + \cdots + \frac{f^{(n)}(x_0)}{n!}(x - x_0)^n
$$

近似函数 $f(x)$ 的精确度. 由此想到, 当 $f(x)$ 在 x_0 的某邻域内具有任意阶导数时, 能否采用无限制地增加 Taylor 多项式项数的办法达到 "代替" $f(x)$ 的目的. 也就是说, 构造幂级数

---

① 由和函数的连续性也可得到 $S(0) = \lim\limits_{x \to 0} \left[-\dfrac{\ln(1-x)}{x} \right] = 1$.

$$\sum_{k=0}^{\infty} \frac{f^{(k)}(x_0)}{k!}(x - x_0)^k = f(x_0) + \frac{f'(x_0)}{1!}(x - x_0) + \frac{f''(x_0)}{2!}(x - x_0)^2$$

$$+ \cdots + \frac{f^{(n)}(x_0)}{n!}(x - x_0)^n + \cdots, \tag{9.2.13}$$

希望它能在 x_0 的附近收敛到函数 $f(x)$. 我们称幂级数 (9.2.13) 为**函数 $f(x)$ 在 x_0 处的 Taylor 级数**.

当 $x_0 = 0$ 时, 式 (9.2.13) 变形为

$$\sum_{k=0}^{\infty} \frac{f^{(k)}(0)}{k!}x^k = f(0) + \frac{f'(0)}{1!}x + \frac{f''(0)}{2!}x^2 + \cdots + \frac{f^{(n)}(0)}{n!}x^n + \cdots, \tag{9.2.14}$$

则称为**函数 $f(x)$ 的 Maclaurin 级数**.

·应该注意, 虽然在 $x = x_0$ 时, 函数 $f(x)$ 在 x_0 点的 Taylor 级数 (9.2.13) 一定收敛于 $f(x_0)$. 但是并不能保证 Taylor 级数 (9.2.13) 的收敛域与函数 $f(x)$ 的定义域相同, 也不能保证 Taylor 级数 (9.2.13) 在收敛域内所确定的和函数就是 $f(x)$.

例如, 函数 $f(x) = \ln(1 + x)$ 的 Maclaurin 级数

$$\sum_{k=1}^{\infty} (-1)^{n-1} \frac{x^n}{n} = x - \frac{x^2}{2} + \frac{x^3}{3} - \cdots + (-1)^{n-1} \frac{x^n}{n} + \cdots$$

的收敛域为 $(-1, 1]$, 而函数 $f(x) = \ln(1 + x)$ 的定义域却是 $(-1, +\infty)$.

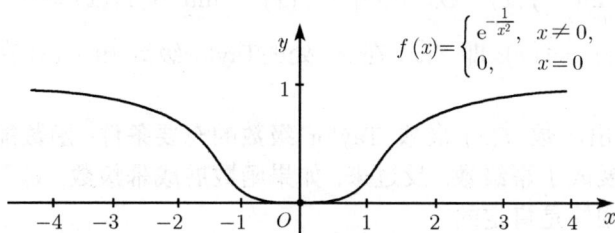

图 9.6　$f(x)$ 的 Taylor 级数虽然收敛并不等于 $f(x)$ 的例子

再如, 图像如图 9.6 所示的函数

$$f(x) = \begin{cases} \mathrm{e}^{-\frac{1}{x^2}}, & x \neq 0, \\ 0, & x = 0, \end{cases}$$

它的 Maclaurin 级数恒为零[1], 即

$$f(0) + \frac{f'(0)}{1!}x + \frac{f''(0)}{2!}x^2 + \cdots + \frac{f^{(n)}(0)}{n!}x^n + \cdots$$

$$= 0 + 0 \cdot x + 0 \cdot x^2 + 0 \cdot x^2 + \cdots + 0 \cdot x^n + \cdots \equiv 0.$$

---

[1] 实际上, 通过计算和归纳证明, 可以得到

$$f'(0) = f''(0) = \cdots = f^{(n)}(0) = \cdots = 0.$$

　　显然, 只要 $x \neq 0$, 上述 Maclaurin 级数并不收敛于 $f(x)$.

　　以下定理给出了函数 $f(x)$ 的 Taylor 级数收敛于 $f(x)$ 本身的充要条件.

　　定理 9.2.6　设函数 $f(x)$ 在 x_0 的某邻域 $U(x_0)$ 内具有任意阶的导数, 则 $f(x)$ 在 x_0 处的 Taylor 级数 (9.2.13) 在点 x 处收敛于 $f(x)$ 的充要条件是余项 $R_n(x)$ 趋于零, 即

$$\lim_{n \to \infty} R_n(x) = 0.$$

　　证明　在式 (9.2.12) 中, 如记

$$S_{n+1}(x) = f(x_0) + \frac{f'(x_0)}{1!}(x - x_0) + \frac{f''(x_0)}{2!}(x - x_0)^2 + \cdots + \frac{f^{(n)}(x_0)}{n!}(x - x_0)^n,$$

则 $f(x) = S_{n+1}(x) + R_n(x)$, 即 $R_n(x) = f(x) - S_{n+1}(x)$.

　　必要性　设 $f(x)$ 在 x_0 处的 Taylor 级数 (9.2.13) 在点 x 处收敛于 $f(x)$, 则有

$$\lim_{n \to \infty} S_{n+1}(x) = f(x),$$

于是得到

$$\lim_{n \to \infty} R_n(x) = f(x) - \lim_{n \to \infty} S_{n+1}(x) = 0.$$

　　充分性　设在 $U(x_0)$ 内的点 x 处 $\lim\limits_{n \to \infty} R_n(x) = 0$. 由于 $R_n(x) = f(x) - S_{n+1}(x)$, 则有

$$\lim_{n \to \infty} \left[f(x) - S_{n+1}(x) \right] = f(x) - \lim_{n \to \infty} S_{n+1}(x) = 0,$$

可见 $\lim\limits_{n \to \infty} S_{n+1}(x) = f(x)$, 即 $f(x)$ 在 x_0 处的 Taylor 级数 (9.2.13) 在点 x 处收敛于 $f(x)$.

　　上述定理给出函数 $f(x)$ 展成 Taylor 级数的充要条件. 函数能够展成 Taylor 级数, 当然也就展成了幂级数, 反过来, 如果函数展成幂级数, 是否就一定是它的 Taylor 级数呢? 回答是肯定的!

　　为了叙述上的方便, 我们以 $x_0 = 0$ 时的幂级数为例给出以下证明. 设 $f(x)$ 在 $x_0 = 0$ 的某邻域 $(-R, R)$ 内展成 x 的幂级数, 即

$$f(x) = a_0 + a_1 x + a_2 x^2 + \cdots + a_n x^n \cdots, \quad x \in (-R, R). \tag{9.2.15}$$

在上式的两端对于 $(-R, R)$ 内的 x 求导 (右端自然是逐项求导), 依次得到

$$f'(x) = a_1 + 2a_2 x + 3a_3 x^2 + \cdots + na_n x^{n-1} + \cdots,$$
$$f''(x) = 2!a_2 + 3 \cdot 2a_3 x + \cdots + n(n-1)a_n x^{n-2} + \cdots,$$
$$f'''(x) = 3!a_3 + \cdots + n(n-1)(n-2)a_n x^{n-3} + \cdots,$$
$$\cdots\cdots$$
$$f^{(n)}(x) = n!a_n + (n+1)n(n-1) \cdots 2a_{n+1} x + \cdots,$$
$$\cdots\cdots$$

将 $x = 0$ 代入以上各式, 便得到

$$a_0 = f(0), \quad a_1 = f'(0), \quad a_2 = \frac{f''(0)}{2!}, \quad \cdots, \quad a_n = \frac{f^{(n)}(0)}{n!}, \quad \cdots$$

这说明幂级数 (9.2.15) 的系数为函数 $f(x)$ 的 Maclaurin 系数, 即 (9.2.15) 就是函数 $f(x)$ 的幂级数.

2. 若干函数的幂级数展开

首先介绍将函数 $f(x)$ 展成 x 的幂级数的**直接展开法**.

先写出函数 $f(x)$ 的各阶导函数 $f^{(n)}(x)$ 以及它们在 $x = 0$ 处的函数值 $f^{(n)}(0)$, 然后按照式 (9.2.14) 写出函数 $f(x)$ 的 Maclaurin 级数并确定其收敛区间, 最后检查在收敛区间或是更小的某个区间上余项 $R_n(x)$ 的极限是否为零? 如果是, 函数 $f(x)$ 便是此区间上它的 Maclaurin 级数的和函数.

例 9.2.9　试将函数 $f(x) = \mathrm{e}^x$ 展成 x 的幂级数.

解　由于 $f^{(n)}(x) = \mathrm{e}^x$, $f^{(n)}(0) = 1$ $(n = 0, 1, 2, \cdots)$, 由式 (9.2.14) 得到函数 $f(x) = \mathrm{e}^x$ 的 Maclaurin 级数为

$$1 + x + \frac{x^2}{2!} + \frac{x^3}{3!} + \cdots + \frac{x^n}{n!} + \cdots,$$

利用定理 9.2.2 可以证明它在全体实数范围内收敛.

对任意实数 x 来说, 余项 $R_n(x)$ 的绝对值满足以下不等式

$$|R_n(x)| = \left| \frac{\mathrm{e}^{\theta x}}{(n+1)!} x^{n+1} \right| \leqslant \mathrm{e}^{|x|} \frac{|x|^{n+1}}{(n+1)!},$$

其中 $0 < \theta < 1$. 利用比值判敛法可以证明对任意实数 x, 级数 $\sum_{n=0}^{\infty} \frac{|x|^{n+1}}{(n+1)!}$ 恒收敛, 进而当 $n \to \infty$ 时, 作为收敛级数一般项的 $\frac{|x|^{n+1}}{(n+1)!}$ 必趋于零. 由此知对任意实数 x 恒有 $\lim\limits_{n \to \infty} R_n(x) = 0$. 于是根据定理 9.2.6 得到

$$\mathrm{e}^x = 1 + x + \frac{x^2}{2!} + \frac{x^3}{3!} + \cdots + \frac{x^n}{n!} + \cdots, \quad x \in (-\infty, +\infty). \tag{9.2.16}$$

例 9.2.10　试将函数 $f(x) = \sin x$ 展成 x 的幂级数.

解　由于 $f^{(n)}(x) = \sin\left(x + \frac{n\pi}{2}\right)$ $(n = 0, 1, 2, \cdots)$, 因此有

$$f(0) = 0, \quad f'(0) = 1, \quad f''(0) = 0, \cdots, \quad f^{(2n-1)}(0) = (-1)^{n-1}, \quad f^{(2n)}(0) = 0, \quad \cdots$$

由式 (9.2.14) 得到函数 $f(x) = \sin x$ 的 Maclaurin 级数为

$$x - \frac{x^3}{3!} + \frac{x^5}{5!} - \cdots + (-1)^{n-1}\frac{x^{2n-1}}{(2n-1)!} + \cdots$$

利用定理 9.2.2 可以证明它在全体实数范围内收敛.

对任意实数 x 来说, 余项 $R_n(x)$ 的绝对值满足以下不等式

$$|R_n(x)| = \left|\frac{\sin\left(\theta x + \dfrac{(n+1)\pi}{2}\right)}{(n+1)!}x^{n+1}\right| \leqslant \frac{|x|^{n+1}}{(n+1)!}$$

其中 $0 < \theta < 1$. 当 $n \to \infty$ 时, $\dfrac{|x|^{n+1}}{(n+1)!} \to 0$, 进而 $\lim\limits_{n\to\infty} R_n(x) = 0$. 于是根据定理 9.2.6 得到

$$\sin x = x - \frac{x^3}{3!} + \frac{x^5}{5!} - \cdots + (-1)^{n-1}\frac{x^{2n-1}}{(2n-1)!} + \cdots, \quad x \in (-\infty, +\infty). \quad (9.2.17)$$

例 9.2.11 试将函数 $f(x) = (1+x)^\alpha$ 展成 x 的幂级数.

解 由于函数 $f(x)$ 的各阶导数依次为

$$f'(x) = \alpha(1+x)^{\alpha-1}, \quad f''(x) = \alpha(\alpha-1)(1+x)^{\alpha-2}, \quad \cdots,$$

$$f^{(n)}(x) = \alpha(\alpha-1)(\alpha-2)\cdots(\alpha-n+1)(1+x)^{\alpha-n}, \quad \cdots.$$

因此有

$$f(0) = 1, \quad f'(0) = \alpha, \quad f''(0) = \alpha(\alpha-1), \quad \cdots,$$

$$f^{(n)}(0) = \alpha(\alpha-1)(\alpha-2)\cdots(\alpha-n+1), \quad \cdots.$$

由式 (9.2.14) 得到函数 $f(x) = (1+x)^\alpha$ 的 Maclaurin 级数为

$$1 + \alpha x + \frac{\alpha(\alpha-1)}{2!}x^2 + \cdots + \frac{\alpha(\alpha-1)(\alpha-2)\cdots(\alpha-n+1)}{n!}x^n + \cdots. \quad (9.2.18)$$

由于当 $n \to \infty$ 时,

$$\left|\frac{a_{n+1}}{a_n}\right| = \left|\frac{\alpha-n}{n+1}\right| \to 1,$$

根据定理 9.2.2 可以判定幂级数 (9.2.18) 的收敛区间为 $(-1, 1)$.

记幂级数 (9.2.18) 在收敛区间 $(-1, 1)$ 内所确定的和函数为 $S(x)$, 则

$$S(x) = 1 + \sum_{n=1}^{\infty} \frac{\alpha(\alpha-1)(\alpha-2)\cdots(\alpha-n+1)}{n!}x^n \quad (|x| < 1). \quad (9.2.19)$$

为回避证明余项趋于零所带来的困难, 我们转来直接证明 $S(x) = (1+x)^\alpha$.

当 $|x| < 1$ 时, 在式 (9.2.19) 两端分别对 x 求导, 利用定理 9.2.5 得到

$$S'(x) = \sum_{n=1}^{\infty} \frac{\alpha(\alpha-1)(\alpha-2)\cdots(\alpha-n+1)}{(n-1)!} x^{n-1} \quad (|x| < 1).$$

同时还有

$$\alpha S(x) = \alpha + \alpha \sum_{n=1}^{\infty} \frac{\alpha(\alpha-1)(\alpha-2)\cdots(\alpha-n+1)}{n!} x^n \quad (|x| < 1).$$

$$x S'(x) = \sum_{n=1}^{\infty} \frac{\alpha(\alpha-1)(\alpha-2)\cdots(\alpha-n+1)}{(n-1)!} x^n \quad (|x| < 1).$$

通过验证, 不难得到

$$S'(x) + x S'(x) = \alpha S(x), \quad S'(x) = \frac{\alpha}{1+x} S(x).$$

从式 (9.2.19) $S(x)$ 的定义中知 $S(0) = 1$. 此条件和 $S(x)$ 所满足的上述方程构成了第 10 章微分方程里将要介绍的初值问题:

$$\begin{cases} S'(x) = \dfrac{\alpha}{1+x} S(x); \\ S(0) = 1. \end{cases}$$

第 10 章我们将介绍这类方程的解法, 直接求出 $S(x) = (1+x)^\alpha$. 本节我们采用另外的方法证明这一结论.

令 $F(x) = \dfrac{S(x)}{(1+x)^\alpha}$, 则 $F(0) = 1$. 对 $F(x)$ 求导, 得到

$$F'(x) = \frac{(1+x)^\alpha S'(x) - \alpha(1+x)^{\alpha-1} S(x)}{(1+x)^{2\alpha}}$$

$$= \frac{(1+x)^{\alpha-1}[(1+x)S'(x) - \alpha S(x)]}{(1+x)^{2\alpha}} = 0.$$

可见, $F(x) = c$ (常数). 但是由于 $F(0) = 1$, 因此 $c = 1$, $F(x) = 1$, 即

$$\frac{S(x)}{(1+x)^\alpha} = 1, \quad S(x) = (1+x)^\alpha.$$

至此, 我们证明了函数 $(1+x)^\alpha$ 可以在 $|x| < 1$ 时展成 x 的幂级数:

$$(1+x)^\alpha = 1 + \alpha x + \frac{\alpha(\alpha-1)}{2!} x^2 + \cdots$$

$$+ \frac{\alpha(\alpha-1)(\alpha-2)\cdots(\alpha-n+1)}{n!} x^n + \cdots \quad (|x| < 1), \quad (9.2.20)$$

并称其为**二项级数**.

应该指出, 上述幂级数的收敛区间为 $(-1, 1)$, 在此区间端点处级数的收敛性依赖于指数 α 的取值. 当 $\alpha = -1$ 时, 式 (9.2.20) 即为熟知的几何级数 (9.2.4)

$$\frac{1}{1+x} = 1 - x + x^2 - \cdots + (-1)^{n-1}x^{n-1} + \cdots \quad (-1 < x < 1). \tag{9.2.4}$$

当 $\alpha = \frac{1}{2}, -\frac{1}{2}$ 时, 二项级数 (9.2.20) 分别为

$$\sqrt{1+x} = 1 + \frac{1}{2}x - \frac{1}{2\cdot 4}x^2 + \frac{1\cdot 3}{2\cdot 4\cdot 6}x^3 - \frac{1\cdot 3\cdot 5}{2\cdot 4\cdot 6\cdot 8}x^4 + \cdots \quad (-1 \leqslant x \leqslant 1).$$

$$\frac{1}{\sqrt{1+x}} = 1 - \frac{1}{2}x + \frac{1\cdot 3}{2\cdot 4}x^2 - \frac{1\cdot 3\cdot 5}{2\cdot 4\cdot 6}x^3 + \frac{1\cdot 3\cdot 5\cdot 7}{2\cdot 4\cdot 6\cdot 8}x^4 - \cdots \quad (-1 < x \leqslant 1).$$

当 α 取正整数时, (9.2.20) 成为 x 的 α 次多项式, 即牛顿二项式定理.

除去上述使用**直接展开**的方法将一个函数展成它的幂级数之外, 以下介绍**间接展开**的方法, 这种方法大多从已知函数的幂级数展开式出发, 利用幂级数的四则运算、求导运算、积分运算、变量代换等, 将所给新的函数展成幂级数.

例 9.2.12   将函数 $f(x) = \cos x$ 展成 x 的幂级数.

解   借助正弦函数 $\sin x$ 的幂级数展开式 (9.2.17), 使用间接展开的方法要比直接展开简单得多. 在式 (9.2.17) 的两端对 x 求导, 并利用定理 9.2.5, 立刻得到

$$\cos x = 1 - \frac{x^2}{2!} + \frac{x^4}{4!} - \cdots + (-1)^n \frac{x^{2n}}{(2n)!} + \cdots, \quad x \in (-\infty, +\infty). \tag{9.2.21}$$

例 9.2.13   将函数 $f(x) = \ln(1+x)$ 展成 x 的幂级数.

解   由几何级数 (9.2.4) 知有

$$\frac{1}{1+x} = 1 - x + x^2 - \cdots + (-1)^n x^n + \cdots = \sum_{n=0}^{\infty} (-1)^n x^n \quad (-1 < x < 1).$$

利用这一结论进一步得到

$$f'(x) = \frac{1}{1+x} = \sum_{n=0}^{\infty} (-1)^n x^n \quad (-1 < x < 1).$$

在上式两端同时对 x 从 0 到 x $(-1 < x < 1)$ 积分, 利用定理 9.2.4, 得到

$$\ln(1+x) = x - \frac{x^2}{2} + \frac{x^3}{3} - \cdots + (-1)^n \frac{x^{n+1}}{n+1} + \cdots$$

$$= \sum_{n=0}^{\infty} (-1)^n \frac{x^{n+1}}{n+1} \quad (-1 < x \leqslant 1). \tag{9.2.22}$$

上式中之所以在 $x = 1$ 时仍成立, 是因为右端幂级数当 $x = 1$ 时收敛, 且左端函数 $\ln(1+x)$ 当 $x = 1$ 时有定义并连续.

例 9.2.14　将函数 $f(x) = \arctan x$ 展成 x 的幂级数.

解　在几何级数 (9.2.4) 中将 x 替换为 x^2, 得到

$$\frac{1}{1+x^2} = 1 - x^2 + x^4 - \cdots + (-1)^n x^{2n} + \cdots = \sum_{n=0}^{\infty} (-1)^n x^{2n} \quad (-1 < x < 1).$$

利用这一结论进一步得到

$$f'(x) = \frac{1}{1+x^2} = \sum_{n=0}^{\infty} (-1)^n x^{2n} \quad (-1 < x < 1).$$

在上式两端同时对 x 从 0 到 x $(-1 < x < 1)$ 积分, 利用定理 9.2.4, 得到

$$\arctan x = x - \frac{x^3}{3} + \frac{x^5}{5} - \cdots + (-1)^n \frac{x^{2n+1}}{2n+1} + \cdots$$
$$= \sum_{n=0}^{\infty} (-1)^n \frac{x^{2n+1}}{2n+1} \quad (-1 \leqslant x \leqslant 1). \tag{9.2.23}$$

上式中之所以在 $x = \pm 1$ 时仍成立, 是因为右端幂级数当 $x = \pm 1$ 时收敛, 且左端函数 $\arctan x$ 当 $x = \pm 1$ 时有定义并连续.

现将 7 个常用基本初等函数的 Maclaurin 级数展开式及其收敛域集中列在下方, 以备方便查阅.

$$\frac{1}{1-x} = 1 + x + x^2 + \cdots + x^{n-1} + \cdots \quad (-1 < x < 1). \tag{9.2.3}$$

$$\frac{1}{1+x} = 1 - x + x^2 - \cdots + (-1)^{n-1} x^{n-1} + \cdots \quad (-1 < x < 1). \tag{9.2.4}$$

$$\mathrm{e}^x = 1 + x + \frac{x^2}{2!} + \frac{x^3}{3!} + \cdots + \frac{x^n}{n!} + \cdots \quad (-\infty < x < +\infty). \tag{9.2.16}$$

$$\sin x = x - \frac{x^3}{3!} + \frac{x^5}{5!} - \cdots + (-1)^{n-1} \frac{x^{2n-1}}{(2n-1)!} + \cdots \quad (-\infty < x < +\infty). \tag{9.2.17}$$

$$\cos x = 1 - \frac{x^2}{2!} + \frac{x^4}{4!} - \cdots + (-1)^n \frac{x^{2n}}{(2n)!} + \cdots \quad (-\infty < x < +\infty). \tag{9.2.21}$$

$$\ln(1+x) = x - \frac{x^2}{2} + \frac{x^3}{3} - \cdots + (-1)^n \frac{x^{n+1}}{n+1} + \cdots \quad (-1 < x \leqslant 1). \tag{9.2.22}$$

$$\arctan x = x - \frac{x^3}{3} + \frac{x^5}{5} - \cdots + (-1)^n \frac{x^{2n+1}}{2n+1} + \cdots \quad (-1 \leqslant x \leqslant 1). \tag{9.2.23}$$

从上述展开式出发可以得到另外一些函数的幂级数展开式.

例 9.2.15 将函数 $f(x) = \sin^2 x$ 展成Maclaurin级数.

解 由于 $f(x) = \sin^2 x = \dfrac{1}{2}(1 - \cos 2x)$, 利用式 (9.2.21) 得到

$$\sin^2 x = \frac{1}{2}\left[1 - \left(1 - \frac{(2x)^2}{2!} + \frac{(2x)^4}{4!} - \cdots + (-1)^n \frac{(2x)^{2n}}{(2n)!} + \cdots\right)\right]$$

$$= \frac{(2x)^2}{2 \cdot 2!} - \frac{(2x)^4}{2 \cdot 4!} + \cdots + (-1)^{n+1} \frac{(2x)^{2n}}{2 \cdot (2n)!} + \cdots$$

$$= \sum_{n=1}^{\infty} (-1)^{n+1} \frac{(2x)^{2n}}{2 \cdot (2n)!} \quad (-\infty < x < +\infty).$$

例 9.2.16 将函数 $f(x) = \dfrac{x}{2 + x - x^2}$ 展成 $x - 1$ 的幂级数.

解 由于

$$f(x) = \frac{x}{2 + x - x^2} = \frac{2}{3} \cdot \frac{1}{2 - x} - \frac{1}{3} \cdot \frac{1}{1 + x}$$

$$= \frac{2}{3} \cdot \frac{1}{1 - (x - 1)} - \frac{1}{6} \cdot \frac{1}{1 + \dfrac{x - 1}{2}},$$

而

$$\frac{2}{3} \cdot \frac{1}{1 - (x - 1)} = \frac{2}{3} \sum_{n=0}^{\infty} (x - 1)^n \quad (0 < x < 2),$$

$$\frac{1}{6} \cdot \frac{1}{1 + \dfrac{x - 1}{2}} = \sum_{n=0}^{\infty} (-1)^n \frac{(x - 1)^n}{6 \cdot 2^n} \quad (-1 < x < 3),$$

则有

$$f(x) = \frac{x}{2 + x - x^2} = \sum_{n=0}^{\infty} \left[\frac{2}{3} - \frac{(-1)^n}{3 \cdot 2^{n+1}}\right](x - 1)^n \quad (0 < x < 2).$$

3. 幂级数展开式的应用举例

利用幂级数展开式可以进行近似计算并从余项中估计误差, 还可以用来进行积分的数值计算, 以下举例说明.

例 9.2.17 计算 e 的近似值 (误差不超过 10^{-4}).

解 在式 (9.2.16) 中令 $x = 1$, 便得到

$$e = 1 + 1 + \frac{1}{2!} + \frac{1}{3!} + \cdots + \frac{1}{n!} + \cdots.$$

以前 $n + 1$ 项作为 e 的近似值

$$e \approx 1 + 1 + \frac{1}{2!} + \frac{1}{3!} + \cdots + \frac{1}{n!}.$$

这一结论早在第 2 章就已经得到, 并用 Lagrange 型余项进行过误差估计. 现在则可以利用更加直接的方式对误差估计如下

$$
\begin{aligned}
r_{n+1} &= \frac{1}{(n+1)!} + \frac{1}{(n+2)!} + \frac{1}{(n+3)!} + \cdots \\
&= \frac{1}{(n+1)!}\left[1 + \frac{1}{n+2} + \frac{1}{(n+2)(n+3)} + \cdots\right] \\
&< \frac{1}{(n+1)!}\left[1 + \frac{1}{n+2} + \frac{1}{(n+2)^2} + \cdots\right] < \frac{1}{n \cdot n!}.
\end{aligned}
$$

为使 $r_{n+1} < 10^{-4}$, 只要 $\dfrac{1}{n \cdot n!} < 10^{-4}$, 取 $n = 7$ 即可. 此时

$$
r_8 < \frac{1}{7 \cdot 7!} = \frac{1}{35280} < 10^{-4}.
$$

所求近似值为

$$
\mathrm{e} \approx 1 + 1 + \frac{1}{2!} + \frac{1}{3!} + \cdots + \frac{1}{7!} \approx 2.7183.
$$

例 9.2.18 计算 $\ln 2$ 的近似值 (误差不超过 10^{-4}).

解 由式 (9.2.22) 知

$$
\ln 2 = 1 - \frac{1}{2} + \frac{1}{3} - \frac{1}{4} + \cdots + (-1)^{n-1}\frac{1}{n} + \cdots,
$$

如以前 n 项和作为 $\ln 2$ 的近似值, 由 Leibniz 判敛法知其误差 $|r_n| \leqslant \dfrac{1}{n+1}$. 为使误差不超过 10^{-4}, 就要取 $n \geqslant 10^4 = 10000$, 计算量非常大, 这说明上述交错级数收敛于 $\ln 2$ 的速度太慢.

为此设法构造一个收敛速度更快的级数. 把幂级数

$$
\ln(1+x) = x - \frac{x^2}{2} + \frac{x^3}{3} - \cdots + (-1)^n \frac{x^{n+1}}{n+1} + \cdots \quad (-1 < x \leqslant 1).
$$

中的 x 替换成 $-x$, 得到

$$
\ln(1-x) = -x - \frac{x^2}{2} - \frac{x^3}{3} - \cdots - \frac{x^{n+1}}{n+1} - \cdots \quad (-1 \leqslant x < 1).
$$

以上两式相减, 得到

$$
\ln(1+x) - \ln(1-x) = \ln\frac{1+x}{1-x} = 2\left(x + \frac{x^3}{3} + \frac{x^5}{5} + \cdots\right).
$$

如果令 $x = \dfrac{1}{2n+1}$, 则 $\dfrac{1+x}{1-x} = \dfrac{n+1}{n}$, $\ln\dfrac{n+1}{n} = \ln(n+1) - \ln n$, 代入上式

后便有

$$\ln(n+1) - \ln n = 2\left[\frac{1}{2n+1} + \frac{1}{3(2n+1)^3} + \frac{1}{5(2n+1)^5} + \cdots\right]. \tag{9.2.24}$$

上式实际上是一个递推式, 只要知道 $\ln n$, 便得到 $\ln(n+1)$. 当 $n=1$ 时, 恰好得到收敛于 $\ln 2$ 级数

$$\ln 2 = 2\left(\frac{1}{1\cdot 3} + \frac{1}{3\cdot 3^3} + \frac{1}{5\cdot 3^5} + \frac{1}{7\cdot 3^7} + \cdots\right). \tag{9.2.25}$$

只要选取上述级数的前 4 项和, 其误差

$$\begin{aligned}
|r_n| &= 2\left(\frac{1}{9\cdot 3^9} + \frac{1}{11\cdot 3^{11}} + \frac{1}{13\cdot 3^{13}} + \cdots\right) \\
&< \frac{2}{3^{11}}\left[1 + \frac{1}{9} + \left(\frac{1}{9}\right)^2 + \cdots\right] \\
&= \frac{2}{3^{11}}\cdot\frac{1}{1-\dfrac{1}{9}} = \frac{1}{4\cdot 3^9} < \frac{1}{70000}
\end{aligned}$$

满足要求. 因此

$$\ln 2 \approx 2\left(\frac{1}{1\cdot 3} + \frac{1}{3\cdot 3^3} + \frac{1}{5\cdot 3^5} + \frac{1}{7\cdot 3^7}\right) \approx 0.6931.$$

例 9.2.19   计算 $\sqrt[5]{245}$ 的近似值 (误差不超过 10^{-4}).

解   由于

$$\sqrt[5]{245} = \sqrt[5]{3^5 + 2} = 3\left(1 + \frac{2}{3^5}\right)^{\frac{1}{5}},$$

利用二项级数 (9.2.20), 得到

$$\begin{aligned}
\sqrt[5]{245} &= 3\left(1 + \frac{2}{3^5}\right)^{\frac{1}{5}} = 3\left[1 + \frac{1}{5}\cdot\frac{2}{3^5} + \frac{1}{5}\left(\frac{1}{5} - 1\right)\frac{1}{2!}\left(\frac{2}{3^5}\right)^2 + \cdots\right] \\
&= 3\left(1 + \frac{2}{5\cdot 3^5} - \frac{4\cdot 4}{5^2\cdot 2\cdot 3^{10}} + \cdots\right).
\end{aligned}$$

作为从第二项开始的交错级数, 如果取前 2 项和作为近似值

$$\sqrt[5]{245} \approx 3\left(1 + \frac{2}{5\cdot 3^5}\right) = 3.0049,$$

其误差满足

$$|r_2| < 3\cdot\frac{4\cdot 4}{5^2\cdot 2\cdot 3^{10}} = \frac{8}{5^2\cdot 3^9} < 10^{-4}.$$

例 9.2.20 利用幂级数计算定积分 $\displaystyle\int_0^a \mathrm{e}^{-x^2}\,\mathrm{d}x$.

解 由式 (9.2.16) 知

$$\mathrm{e}^{-x^2} = 1 - x^2 + \frac{x^4}{2!} - \frac{x^6}{3!} + \cdots + (-1)^n \frac{x^{2n}}{n!} + \cdots,$$

在上式两端从 0 到 a 积分得到

$$\int_0^a \mathrm{e}^{-x^2}\,\mathrm{d}x = \left[x - \frac{x^3}{3\cdot 1!} + \frac{x^5}{5\cdot 2!} - \frac{x^7}{7\cdot 3!} + \cdots + (-1)^n \frac{x^{2n+1}}{(2n+1)\cdot n!} + \cdots \right]_0^a$$

$$= a - \frac{x^3}{3\cdot 1!} + \frac{a^5}{5\cdot 2!} - \frac{a^7}{7\cdot 3!} + \cdots + (-1)^n \frac{a^{2n+1}}{(2n+1)\cdot n!} + \cdots.$$

当 a 确定又给定误差范围时, 可根据上式进行数值计算.

习 题 9.2

1. 求下列幂级数的收敛域:

(1) $\displaystyle\sum_{n=1}^{\infty} \frac{2^n}{n^2+1} x^n$;

(2) $\displaystyle\sum_{n=1}^{\infty} n^n x^n$;

(3) $\displaystyle\sum_{n=1}^{\infty} (\ln n) x^n$;

(4) $\displaystyle\sum_{n=1}^{\infty} \frac{x^n}{2\cdot 4\cdot 6\cdots 2n}$;

(5) $\displaystyle\sum_{n=1}^{\infty} \frac{x^n}{n\sqrt{n}3^n}$;

(6) $\displaystyle\sum_{n=1}^{\infty} \frac{(-1)^n x^n}{\sqrt{n^2+3}}$;

(7) $\displaystyle\sum_{n=1}^{\infty} \frac{2n-1}{2^n} x^{2n-2}$;

(8) $\displaystyle\sum_{n=1}^{\infty} \frac{(x-5)^n}{\sqrt{n}}$.

2. 求下列级数的和函数:

(1) $\displaystyle\sum_{n=1}^{\infty} n^2 x^n$;

(2) $\displaystyle\sum_{n=1}^{\infty} \frac{x^{4n+1}}{4n+1}$;

(3) $\displaystyle\sum_{n=1}^{\infty} \frac{n}{2^n} x^n$;

(4) $\displaystyle\sum_{n=1}^{\infty} \frac{x^n}{n(n+1)}$.

3. 将下列函数展开成 x 的幂级数, 并求展开式成立的区间:

(1) $\dfrac{\mathrm{e}^x + \mathrm{e}^{-x}}{2}$;

(2) a^x;

(3) $\cos^2 x$;

(4) $(1-x)\ln(1-x)$;

(5) $\dfrac{1}{x^2+4x+3}$;

(6) $\dfrac{x}{\sqrt{1+x}}$.

4. 将下列函数展开成 $x-2$ 的幂级数, 并求展开式成立的区间:

(1) $\ln x$;

(2) $\dfrac{1}{5-x}$;

(3) e^x.

5. 将函数 $f(x) = \sin x$ 展开成 $x - \dfrac{\pi}{4}$ 的函数.

6. 将函数 $f(x) = \dfrac{1}{x}$ 展开成 $x - 3$ 的幂级数:

7. 利用函数的幂级数展开式求下列各数的近似值 (要求误差不超过 10^{-4}):

(1) $\cos 2°$;   (2) $\sqrt[5]{240}$.

8. 利用被积函数的幂级数展开式求下列定积分的近似值 (要求误差不超过 10^{-4}):

(1) $\displaystyle\int_0^1 \dfrac{\sin x}{x}\mathrm{d}x$;   (2) $\displaystyle\int_0^1 \mathrm{e}^{-x^2}\mathrm{d}x$.

§9.3　傅里叶级数

傅里叶 (Fourier) 级数是以三角函数为一般项的函数项级数, 由法国数学家 Fourier 在研究热传导的数学模型时给出, Fourier 级数和相关的分析方法在现代信息, 通信技术等应用科学中占有重要地位.

9.3.1　傅里叶级数及其收敛定理

1. 三角级数

周期现象是自然科学和工程技术领域里常见的现象, 数学上则用周期函数来描述这类现象, 最常见的周期函数就是描述**简谐振动**的正弦函数

$$A\sin(\omega t + \varphi),$$

其中 A 称为**振幅**, ω 称为**频率**, φ 称为**初相**, 函数的**周期**为 $T = \dfrac{2\pi}{\omega}$.

如果将频率为 $\omega, 2\omega, \cdots, n\omega$ 的上述正弦函数相加, 则它们的和

$$\sum_{k=1}^{n} A_k \sin(k\omega t + \varphi_k),$$

仍是一个以 $T = \dfrac{2\pi}{\omega}$ 为周期的周期函数. 这个周期函数的图形实际上是 n 个正弦波的叠加.

由此可以提出一个反问题, 一个周期函数 $f(x)$ 是否一定能用上述正弦函数的有限和或者是无穷和来表示, 像上一节展成幂级数那样展成正弦函数的无穷级数

$$f(x) = \sum_{n=0}^{\infty} A_n \sin(n\omega t + \varphi_n). \tag{9.3.1}$$

对于一类很广泛的函数来说, 这个问题的回答是肯定的. 为了叙述和讨论上的方便, 将式 (9.3.1) 右端的一般项改写成

$$A_n \sin(n\omega t + \varphi_n) = A_n \cos n\omega t \sin \varphi_n + A_n \sin n\omega t \cos \varphi_n$$

$$= a_n \cos nx + b_n \sin nx \quad (n = 1, 2, 3, \cdots),$$

其中 $a_n = A_n \sin \varphi_n$, $b_n = A_n \cos \varphi_n$, $x = \omega t$. 如另记 $a_0 = 2A_0 \sin \varphi_0$, 则式 (9.3.1) 右端的级数变形为

$$\frac{a_0}{2} + \sum_{n=1}^{\infty} (a_n \cos nx + b_n \sin nx), \tag{9.3.2}$$

称级数 (9.3.2) 为**三角级数**, 其中的 a_0, a_n, b_n 称为三角级数的**系数**.

2. 三角函数系的正交性

三角级数 (9.3.2) 中所包含的三角函数构成下列三角函数系

$$1, \quad \cos x, \quad \sin x, \quad \cos 2x, \quad \sin 2x, \quad \cdots, \quad \cos nx, \quad \sin nx, \quad \cdots \tag{9.3.3}$$

我们来验证三角函数系的一个重要性质: (9.3.3) 中任意两个不同函数的乘积在区间 $[-\pi, \pi]$ 上的积分为零. 这一性质被称为三角函数系的**正交性**.

为此只要证明下列 5 个积分为零即可:

(1) $\displaystyle\int_{-\pi}^{\pi} \cos nx \, \mathrm{d}x = 0 \quad (n = 1, 2, 3, \cdots)$;

(2) $\displaystyle\int_{-\pi}^{\pi} \sin nx \, \mathrm{d}x = 0 \quad (n = 1, 2, 3, \cdots)$;

(3) $\displaystyle\int_{-\pi}^{\pi} \sin mx \cos nx \, \mathrm{d}x = 0 \quad (m, n = 1, 2, 3, \cdots)$;

(4) $\displaystyle\int_{-\pi}^{\pi} \cos mx \cos nx \, \mathrm{d}x = 0 \quad (m, n = 1, 2, 3, \cdots, m \neq n)$;

(5) $\displaystyle\int_{-\pi}^{\pi} \sin mx \sin nx \, \mathrm{d}x = 0 \quad (m, n = 1, 2, 3, \cdots, m \neq n)$.

结论 (1) 和 (2) 直接通过定积分的换元法计算即可证明, 结论 (3), (4), (5) 可利用积化和差公式证明, 现以结论 (3) 为例证明如下.

实际上, 由于

$$\sin mx \cos nx = \frac{1}{2} \big[\sin(m+n)x + \sin(m-n)x \big],$$

当 $m \neq n$ 时, 有

$$\int_{-\pi}^{\pi} \sin mx \cos nx \, \mathrm{d}x = \frac{1}{2} \int_{-\pi}^{\pi} \big[\sin(m+n)x + \sin(m-n)x \big] \mathrm{d}x$$

$$= \frac{1}{2} \Big[-\frac{\cos(m+n)x}{m+n} - \frac{\cos(m-n)x}{m-n} \Big]_{-\pi}^{\pi} = 0 \quad (m, n = 1, 2, 3, \cdots).$$

当 $m = n$ 时, 由于 $\sin mx \cos nx = \sin mx \cos mx = \dfrac{1}{2} \sin 2mx$, 仍有

$$\int_{-\pi}^{\pi} \sin mx \cos nx \, \mathrm{d}x = \frac{1}{2} \int_{-\pi}^{\pi} \sin 2mx \, \mathrm{d}x = \frac{1}{4m} \left(-\cos 2mx \right)_{-\pi}^{\pi} = 0$$

$$(m, n = 1, 2, 3, \cdots).$$

三角函数系 (9.3.3) 还有一个重要性质: (9.3.3) 中任意一个函数的平方在区间 $[-\pi, \pi]$ 上的积分均不为零, 且

$$\int_{-\pi}^{\pi} 1^2 \, \mathrm{d}x = 2\pi, \quad \int_{-\pi}^{\pi} \cos^2 nx \, \mathrm{d}x = \pi \quad (n = 1, 2, 3, \cdots).$$

$$\int_{-\pi}^{\pi} \sin^2 nx \, \mathrm{d}x = \pi \quad (n = 1, 2, 3, \cdots).$$

三角函数系的正交性可以推广到一般函数系中. 设函数系

$$\varphi_1(x), \ \varphi_2(x), \ \cdots, \ \varphi_n(x), \ \cdots$$

中的每个函数均在 $[a, b]$ 上可积, 若对函数系中任意两个不同函数乘积的积分恒等于零, 即

$$\int_a^b \varphi_i(x) \cdot \varphi_j(x) \, \mathrm{d}x = 0 \quad (i, j = 1, 2, 3, \cdots, \ i \neq j),$$

则称这个函数系是**正交**的. 若另满足条件

$$\int_a^b \varphi_i^2(x) \, \mathrm{d}x = 1 \quad (i = 1, 2, 3, \cdots),$$

则称该函数系是**标准**的. 根据上面的结论, 经过改造的三角函数系

$$\frac{1}{\sqrt{2\pi}}, \ \frac{\cos x}{\sqrt{\pi}}, \ \frac{\sin x}{\sqrt{\pi}}, \ \frac{\cos 2x}{\sqrt{\pi}}, \ \frac{\sin 2x}{\sqrt{\pi}}, \ \cdots, \ \frac{\cos nx}{\sqrt{\pi}}, \ \frac{\sin nx}{\sqrt{\pi}}, \ \cdots$$

就是一个**标准正交函数系**.

3. 周期为 2π 的函数的 Fourier 级数

设函数 $f(x)$ 是周期为 2π 的周期函数, 且能展成三角级数 (9.3.2) 的形式:

$$f(x) = \frac{a_0}{2} + \sum_{k=1}^{\infty} (a_k \cos kx + b_k \sin kx). \tag{9.3.4}$$

假定上式右端可以逐项积分, 我们来计算系数 a_0, a_n, b_n.

在式 (9.3.4) 的两端从 $-\pi$ 到 π 对 x 积分, 假定 $f(x)$ 可积, 由于右端可以逐项积分, 于是得到

$$\int_{-\pi}^{\pi} f(x) \, \mathrm{d}x = \int_{-\pi}^{\pi} \frac{a_0}{2} \, \mathrm{d}x + \sum_{k=1}^{\infty} \left(a_k \int_{-\pi}^{\pi} \cos kx \, \mathrm{d}x + b_k \int_{-\pi}^{\pi} \sin kx \, \mathrm{d}x \right),$$

由三角函数系的正交性知有

$$\int_{-\pi}^{\pi} f(x)\,\mathrm{d}x = \frac{a_0}{2}\cdot 2\pi = \pi a_0,$$

$$a_0 = \frac{1}{\pi}\int_{-\pi}^{\pi} f(x)\mathrm{d}x. \tag{9.3.5}$$

在式 (9.3.4) 的两端同时乘以 $\cos nx$, 再从 $-\pi$ 到 π 对 x 积分, 于是又得到

$$\int_{-\pi}^{\pi} f(x)\cos nx\,\mathrm{d}x = \int_{-\pi}^{\pi}\frac{a_0}{2}\cos nx\,\mathrm{d}x$$
$$+ \sum_{k=1}^{\infty}\left(a_n\int_{-\pi}^{\pi}\cos kx\cos nx\,\mathrm{d}x + b_n\int_{-\pi}^{\pi}\sin kx\cos nx\,\mathrm{d}x\right),$$

由三角函数系的正交性知有

$$\int_{-\pi}^{\pi} f(x)\cos nx\,\mathrm{d}x = a_n\int_{-\pi}^{\pi}\cos^2 nx\,\mathrm{d}x = \pi a_n,$$

$$a_n = \frac{1}{\pi}\int_{-\pi}^{\pi} f(x)\cos nx\,\mathrm{d}x \quad (n=1,2,\cdots). \tag{9.3.6}$$

在式 (9.3.4) 的两端同时乘以 $\sin nx$, 再从 $-\pi$ 到 π 对 x 积分, 利用三角函数系的正交性, 可以类似地得到

$$b_n = \frac{1}{\pi}\int_{-\pi}^{\pi} f(x)\sin nx\,\mathrm{d}x \quad (n=1,2,\cdots). \tag{9.3.7}$$

由式 (9.3.5), 式 (9.3.6), 式 (9.3.7) 所确定的系数 $a_n(n=0,1,2,\cdots)$ 和 b_n ($n=1,2,3,\cdots$) 称为函数 $f(x)$ 的 **Fourier 系数**. 当三角级数 (9.3.2) 中的系数为 Fourier 系数时, (9.3.2) 称为函数 $f(x)$ 的 **Fourier 级数**.

由 Fourier 公式 (9.3.5)~(9.3.7) 知道, 只要 $f(x)$ 在 $[-\pi,\pi]$ 可积, 则不论它是否为周期函数, 也不论它在区间 $[-\pi,\pi]$ 之外是否有定义, 都可以借助这些公式算出函数 $f(x)$ 的 Fourier 系数, 进而写出它的 Fourier 级数 (9.3.2). 所以, $f(x)$ 的 Fourier 级数 (9.3.2) 在什么条件下一定收敛, 怎样能保证 $f(x)$ 的 Fourier 级数一定收敛到 $f(x)$ 本身, 这些有关 Fourier 级数的收敛问题在微积分学显得非常重要. 由于需要进行深入的讨论, 此处不作具体介绍. 我们仅略去证明, 给出狄尼 (Dini) 和狄利克雷 (Dirichlet) 关于 Fourier 级数收敛的两个充分条件的表述.

定理 9.3.1 (Dini 收敛定理) 设函数 $f(x)$ 是以 2π 为周期的周期函数, 且 $f(x)$ 及 $f'(x)$ 在 $[-\pi,\pi]$ 上至多有有限多个第一类间断点, 则函数 $f(x)$ 的 Fourier 级数 (9.3.2) 在 $f(x)$ 的连续点上收敛于 $f(x)$, 间断点上收敛于 $f(x)$ 在该点处左右极限的算术平均值.

这就是说, 对于 $\forall x \in \mathbf{R}$, 总有

$$\frac{1}{2}[f(x+0)+f(x-0)] = \frac{a_0}{2} + \sum_{n=1}^{\infty}(a_n\cos nx + b_n\sin nx). \qquad (9.3.8)$$

Dini 收敛定理要求函数 $f(x)$ **分段连续且分段光滑**, 这一条件要比幂级数收敛的条件低得多. 因此, Fourier 级数有更广的适用范围.

定理 9.3.2 (Dirichlet 收敛定理)   设函数 $f(x)$ 是以 2π 为周期的周期函数, 在 $[-\pi, \pi]$ 上 $f(x)$ 至多有有限多个第一类间断点, 至多有有限多个极值点, 则函数 $f(x)$ 的 Fourier 级数 (9.3.2) 在 $f(x)$ 的连续点上收敛于 $f(x)$, 间断点上收敛于 $f(x)$ 在该点处左右极限的算术平均值.

这就是说, 对于 $\forall x \in \mathbf{R}$, 仍有式 (9.3.8) 成立:

$$\frac{1}{2}[f(x+0)+f(x-0)] = \frac{a_0}{2} + \sum_{n=1}^{\infty}(a_n\cos nx + b_n\sin nx).$$

Dirichlet 收敛定理要求函数 $f(x)$ **分段连续**且在一个周期内**不做无限次地震荡**. 下面给出将函数展成 Fourier 级数的实例.

例 9.3.1   设函数 $f(x)$ 是以 2π 为周期的周期函数, 且

$$f(x) = \begin{cases} 1, & -\pi < x \leqslant 0, \\ x, & 0 < x \leqslant \pi. \end{cases}$$

试将函数 $f(x)$ 展成 Fourier 级数.

解   函数 $f(x)$ 满足 Dini 的条件[①], $x = n\pi$ 是它的第一类间断点. 它的图像如图 9.7 所示.

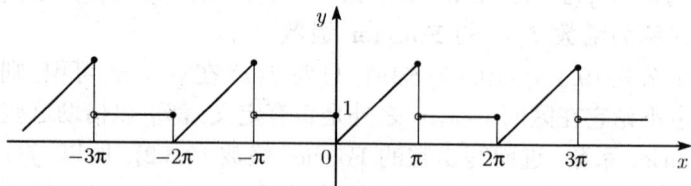

图 9.7 例 9.3.1 中函数 $y = f(x)$ 的图像

由式 (9.3.5) $\sim$ 式 (9.3.7) 知

$$a_0 = \frac{1}{\pi}\left(\int_{-\pi}^{0}\mathrm{d}x + \int_{0}^{\pi}x\,\mathrm{d}x\right) = 1 + \frac{\pi}{2}.$$

---

① 应该指出, Dirichlet 收敛定理中的极值点 x_0 是指 $f(x_0)$ 为严格意义下的极值, 即存在邻域 $U^{\circ}(x_0)$, 使得 $\forall x \in U^{\circ}(x_0)$, 总有 $f(x) < f(x_0)$ 或是 $f(x) > f(x_0)$. 因此, 本例中的函数 $f(x)$ 实际上同时也满足 Dirichlet 的条件.

$$a_n = \frac{1}{\pi} \int_{-\pi}^{0} \cos nx \, \mathrm{d}x + \frac{1}{\pi} \int_{0}^{\pi} x \cos nx \, \mathrm{d}x$$

$$= \frac{1}{n\pi} \sin nx \Big|_{-\pi}^{0} + \frac{1}{\pi} \Big[\frac{x}{n} \sin nx\Big]_{0}^{\pi} - \frac{1}{n\pi} \int_{0}^{\pi} \sin nx \, \mathrm{d}x = \frac{1}{n^2\pi} \cos nx \Big|_{0}^{\pi}$$

$$= \frac{1}{n^2\pi}(\cos n\pi - 1) = \frac{(-1)^n - 1}{n^2\pi} \quad (n = 1, 2, \cdots).$$

类似地还有

$$b_n = \frac{1}{\pi} \int_{-\pi}^{0} \sin nx \, \mathrm{d}x + \frac{1}{\pi} \int_{0}^{\pi} x \sin nx \, \mathrm{d}x$$

$$= -\frac{1}{n\pi} \cos nx \Big|_{-\pi}^{0} - \frac{1}{n\pi} \Big[x \cos nx\Big]_{0}^{\pi} + \frac{1}{n\pi} \int_{0}^{\pi} \cos nx \, \mathrm{d}x$$

$$= -\frac{1}{n\pi} \Big[1 - (-1)^n\Big] - \frac{1}{n}(-1)^n + \frac{1}{n^2\pi} \sin nx \Big|_{0}^{\pi}$$

$$= \frac{1}{n\pi} \Big[(-1)^n(1 - \pi) - 1\Big] \quad (n = 1, 2, \cdots).$$

根据上述收敛定理知当 $x = 2n\pi$ 时, 函数 $f(x)$ 的 Fourier 级数收敛于 $\frac{1}{2}$. 当 $x = (2n-1)\pi$ 时, 函数 $f(x)$ 的 Fourier 级数收敛于 $\frac{1}{2}(1 + \pi)$. 当 $x \neq n\pi$ 时, 函数 $f(x)$ 的 Fourier 级数收敛于函数 $f(x)$ 本身, 即

$$\frac{1}{2} + \frac{\pi}{4} + \sum_{n=1}^{\infty} \frac{(-1)^n - 1}{n^2\pi} \cos nx + \sum_{n=1}^{\infty} \frac{1}{n\pi} \Big[(-1)^n(1 - \pi) - 1\Big] \sin nx$$

$$= \begin{cases} f(x), & x \neq n\pi, \\ \dfrac{1}{2}, & x = 2n\pi, \\ \dfrac{1}{2}(1 + \pi), & x = (2n-1)\pi. \end{cases}$$

图 9.8 给出了上述 Fourier 级数当 $n = 1, n = 5, n = 20$ 时, 在长度为一个周期的区间 $[-\pi, \pi]$ 内不同程度逼近 $f(x)$ 的直观形象.

例 9.3.2 试将函数

$$f(x) = \begin{cases} -x, & -\pi < x \leqslant 0, \\ x, & 0 < x \leqslant \pi \end{cases}$$

展成 Fourier 级数.

解 所给函数 $f(x)$ 只在 $(-\pi, \pi]$ 上有定义, 我们可以在这个区间之外补充定义, 使之成为一个以 2π 为周期的周期函数 $F(x)$, 这种方法称为**周期延拓**. 假定

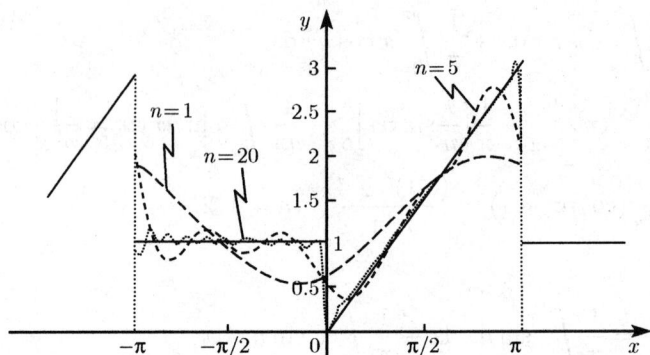

图 9.8   例 9.3.1 中 Fourier 级数在区间 $[-\pi,\pi]$ 内逼近 $y = f(x)$ 的图示

采用图 9.9 所示的方法补充定义, 则 $F(x)$ 便是一个在全体实数范围内连续且分段光滑的偶函数. 这时函数 $F(x)$ 可以展成一个收敛于自身的 Fourier 级数, 而在区间 $(-\pi,\pi]$ 上, 这个 Fourier 级数当然同时收敛于 $f(x)$.

由式 (9.3.5)~ 式 (9.3.7) 知

$$b_n = \frac{1}{\pi} \int_{-\pi}^{\pi} f(x) \sin nx \, \mathrm{d}x = 0 \quad (n = 1, 2, \cdots).$$

$$a_0 = \frac{1}{\pi} \int_{-\pi}^{\pi} f(x) \, \mathrm{d}x = \frac{2}{\pi} \int_0^{\pi} x \, \mathrm{d}x = \pi.$$

$$a_n = \frac{1}{\pi} \int_{-\pi}^{\pi} f(x) \cos nx \, \mathrm{d}x = \frac{2}{\pi} \int_0^{\pi} x \cos nx \, \mathrm{d}x$$

$$= \frac{2}{\pi} \left[\frac{x \sin nx}{n} \Big|_0^{\pi} - \frac{1}{n} \int_0^{\pi} \sin nx \, \mathrm{d}x \right] = \frac{2}{n^2 \pi} (\cos n\pi - 1)$$

$$= \begin{cases} 0, & n \text{ 为偶数}, \\ -\dfrac{4}{n^2 \pi}, & n \text{ 为奇数} \end{cases} \quad (n = 1, 2, \cdots).$$

因此有

$$f(x) = \frac{\pi}{2} - \frac{4}{\pi} \left(\cos x + \frac{1}{3^2} \cos 3x + \frac{1}{5^2} \cos 5x + \cdots \right), \quad x \in (-\pi,\pi].$$

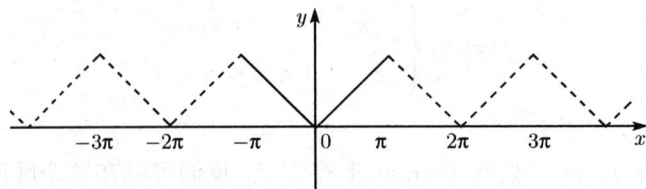

图 9.9   例 9.3.2 的图示

图 9.9 中曲线的实线部分既是函数 $y = f(x)$ 的图像, 也是 $f(x)$ 的 Fourier 级数和函数的图像; 包括虚线部分的整条曲线则是函数 $y = F(x)$ 的图像, 即 $F(x)$ 的 Fourier 级数和函数的图像.

利用上述结果可以得到一些特殊数项级数的和, 例如, 由于 $f(0) = 0$, 则有

$$\frac{\pi^2}{8} = 1 + \frac{1}{3^2} + \frac{1}{5^2} + \cdots,$$

再利用收敛级数的运算法则, 还可以得到 (运算过程自行补充)

$$\frac{1}{2^2} + \frac{1}{4^2} + \frac{1}{6^2} + \cdots = \frac{\pi^2}{24},$$

$$1 + \frac{1}{2^2} + \frac{1}{3^2} + \frac{1}{4^2} + \cdots = \frac{\pi^2}{6},$$

$$1 - \frac{1}{2^2} + \frac{1}{3^2} - \frac{1}{4^2} + \cdots = \frac{\pi^2}{12}.$$

例 9.3.3 设函数 $f(x)$ 是以 2π 为周期的周期函数, 且

$$f(x) = x, \quad -\pi < x \leqslant \pi.$$

试将函数 $f(x)$ 展成 Fourier 级数.

解 由式 (9.3.5)$\sim$ 式 (9.3.7) 知

$$a_n = \frac{1}{\pi} \int_{-\pi}^{\pi} x \cos nx \, \mathrm{d}x = 0 \quad (n = 0, 1, 2, \cdots).$$

$$b_n = \frac{1}{\pi} \int_{-\pi}^{\pi} x \sin nx \, \mathrm{d}x = \frac{2}{\pi} \left[-x \frac{\cos nx}{n} \Big|_0^{\pi} + \frac{1}{n} \int_0^{\pi} \cos nx \, \mathrm{d}x \right]$$

$$= (-1)^{n+1} \frac{2}{n} \quad (n = 1, 2, \cdots).$$

根据上述收敛定理, 知当 $x = \pm\pi, \pm 3\pi, \cdots, \pm(2n-1)\pi, \cdots$ 时, 函数 $f(x)$ 的 Fourier 级数收敛于 0, 当 $x \neq \pm\pi, \pm 3\pi, \cdots, \pm(2n-1)\pi, \cdots$ 时, 函数 $f(x)$ 的 Fourier 级数收敛于 $f(x)$, 即

$$2\left[\frac{\sin x}{1} - \frac{\sin 2x}{2} + \frac{\sin 3x}{3} - \cdots + (-1)^{n+1} \frac{\sin nx}{n} + \cdots \right]$$

$$= \begin{cases} f(x), & x \neq \pm(2n+1)\pi, \\ 0, & x = \pm(2n+1)\pi. \end{cases}$$

图 9.10 中给出的是函数 $y = f(x)$ 的图像, $f(x)$ 的 Fourier 级数的和函数的图像与此稍有不同, 请读者自行给出.

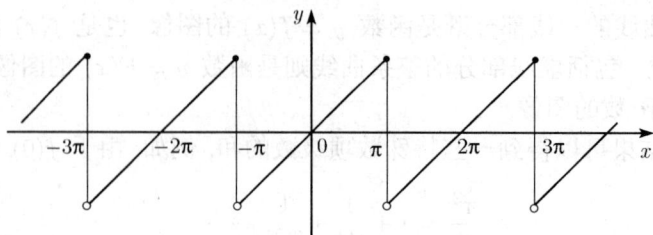

图 9.10   例 9.3.3 中函数 $y = f(x)$ 的图像

9.3.2   正弦级数和余弦级数

一般来讲, 函数 $f(x)$ 的 Fourier 级数 (9.3.2) 中既包含余弦函数也包含正弦函数, 如例 9.3.1. 可是, 当函数 $f(x)$ 为偶函数时 (如例 9.3.2), 由定积分的对称性定理知, Fourier 系数

$$a_n = \frac{2}{\pi} \int_0^\pi f(x) \cos nx \, \mathrm{d}x, \quad n = 0, 1, 2, \cdots,$$
$$b_n = 0, \quad n = 1, 2, \cdots.$$

这时的 Fourier 级数 (9.3.2) 中就只包含余弦函数

$$\frac{a_0}{2} + \sum_{n=1}^\infty a_n \cos nx,$$

我们称其为**余弦级数**. 同样, 当函数 $f(x)$ 为奇函数时 (如例 9.3.3[①]), 由定积分的对称性定理知, Fourier 系数

$$a_n = 0, \quad n = 0, 1, 2, \cdots,$$
$$b_n = \frac{2}{\pi} \int_0^\pi f(x) \sin nx \, \mathrm{d}x, \quad n = 1, 2, \cdots.$$

这时的 Fourier 级数中就只包含正弦函数

$$\sum_{n=1}^\infty b_n \sin nx,$$

我们称其为**正弦级数**.

如果函数 $f(x)$ 在 $[0, \pi]$ 上有定义且满足 Dini 条件或是 Dirichlet 条件, 我们可以在 $(-\pi, 0)$ 上补充定义并适当改变个别点的函数值, 得到一个以 2π 为周期的偶函数或奇函数 $F(x)$, 并且至少在 $(0, \pi)$ 上使得 $F(x) \equiv f(x)$. 这种延拓的方法称为对 $f(x)$ **偶延拓**或**奇延拓**, 见图 9.11.

---

① 严格地讲, 例 9.3.3 中的函数在 $x = (2n-1)\pi$ 时并不满足奇函数的要求, 不过, 这并不影响积分时 $a_n = 0 (n = 1, 2, \cdots)$.

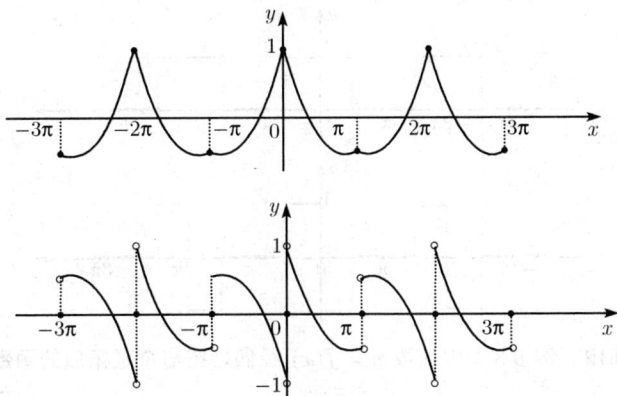

图 9.11　在 $[0, \pi]$ 上定义的函数 $f(x)$ 分别经偶延拓和奇延拓后得到的函数 $F(x)$ 的图像

对 $f(x)$ 作**偶延拓**所得到的以 2π 为周期的周期函数为

$$F(x) = \begin{cases} f(x), & 0 \leqslant x \leqslant \pi, \\ f(-x), & -\pi < x < 0. \end{cases}$$

此时 $F(x)$ 的 Fourier 级数一定是**余弦级数**, 且在 $[0, \pi]$ 上收敛于 $f(x)$.

对 $f(x)$ 作**奇延拓**所得到的以 2π 为周期的周期函数为

$$F(x) = \begin{cases} f(x), & 0 < x < \pi, \\ -f(-x), & -\pi < x < 0, \\ 0, & x = 0, \pi. \end{cases}$$

此时 $F(x)$ 的 Fourier 级数一定是**正弦级数**, 且在 $(0, \pi)$ 上收敛于 $f(x)$.

例 9.3.4　试将函数 $f(x) = \begin{cases} 1, & 0 < x \leqslant \dfrac{\pi}{2}, \\ 0, & \dfrac{\pi}{2} < x \leqslant \pi, \end{cases}$ 分别展成余弦级数和正弦级数.

解　对函数 $f(x)$ 偶延拓与奇延拓后的函数图像如图 9.12 所示.

先展成余弦级数. 对 $f(x)$ 作偶延拓, 因此 $b_n = 0 (n = 1, 2, \cdots)$, 且

$$a_0 = \frac{2}{\pi} \left[\int_0^{\frac{\pi}{2}} \mathrm{d}x + \int_{\frac{\pi}{2}}^{\pi} 0 \, \mathrm{d}x \right] = 1.$$

$$a_n = \frac{2}{\pi} \left[\int_0^{\frac{\pi}{2}} 1 \cdot \cos nx \, \mathrm{d}x + \int_{\frac{\pi}{2}}^{\pi} 0 \cdot \cos nx \, \mathrm{d}x \right]$$

$$= \frac{2}{n\pi} \sin nx \Big|_0^{\frac{\pi}{2}} = \frac{2}{n\pi} \sin \frac{n\pi}{2} \quad (n = 1, 2, \cdots).$$

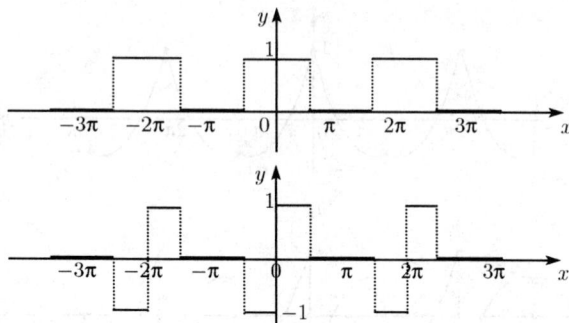

图 9.12　例 9.3.4 中函数 $y = f(x)$ 经偶延拓与奇延拓后的函数图像

由此得到函数 $f(x)$ 的余弦级数为

$$\frac{1}{2} + \sum_{n=1}^{\infty} \frac{2}{n\pi} \sin \frac{n\pi}{2} \cos nx = \begin{cases} f(x), & x \in \left(0, \dfrac{\pi}{2}\right) \cup \left(\dfrac{\pi}{2}, \pi\right], \\ \dfrac{1}{2}, & x = \dfrac{\pi}{2}. \end{cases}$$

再求正弦级数. 对 $f(x)$ 作奇延拓, 因此 $a_n = 0 (n = 0, 1, 2, \cdots)$, 且

$$b_n = \frac{2}{\pi} \Big[\int_0^{\frac{\pi}{2}} 1 \cdot \sin nx \, \mathrm{d}x + \int_{\frac{\pi}{2}}^{\pi} 0 \cdot \sin nx \, \mathrm{d}x \Big]$$

$$= -\frac{2}{n\pi} \cos nx \Big|_0^{\frac{\pi}{2}} = \frac{2}{n\pi} \Big(1 - \cos \frac{n\pi}{2} \Big) \quad (n = 1, 2, \cdots).$$

由此得到函数 $f(x)$ 的正弦级数为

$$\sum_{n=1}^{\infty} \frac{2}{n\pi} \Big(1 - \cos \frac{n\pi}{2} \Big) \sin nx = \begin{cases} f(x), & x \in \left(0, \dfrac{\pi}{2}\right) \cup \left(\dfrac{\pi}{2}, \pi\right], \\ \dfrac{1}{2}, & x = \dfrac{\pi}{2}. \end{cases}$$

图 9.13 和图 9.14 分别表示函数 $f(x)$ 的余弦级数和正弦级数在区间 $[0, \pi]$ 上, 当 $n = 1, 5, 20$ 时部分和的图像逐步逼近 $f(x)$ 的过程, 请读者细心观察并注意两个图的异同.

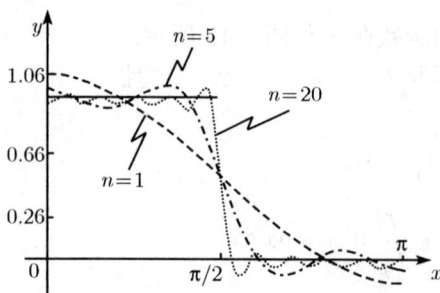

图 9.13　例 9.3.4 中余弦级数部分和的图示　　图 9.14　例 9.3.4 中正弦级数部分和的图示

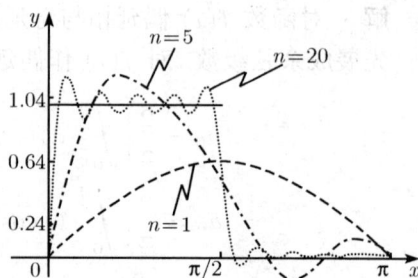

9.3.3 周期为 $2l$ 的周期函数的傅里叶级数

当周期函数 $f(x)$ 的周期为 $2l$ 时, 令

$$x = \frac{lt}{\pi},$$

代入函数 $f(x)$ 得到以 t 为自变量的函数 $f(x) = f\left(\frac{lt}{\pi}\right) = F(t)$. 由于

$$F(t + 2\pi) = f\left[\frac{l(t + 2\pi)}{\pi}\right] = f\left(\frac{lt}{\pi} + 2l\right) = f\left(\frac{lt}{\pi}\right) = F(t)$$

对任意 t 成立, 知函数 $F(t)$ 是以 2π 为周期的周期函数.

如果函数 $f(x)$ 在区间 $[-l, l]$ 上另外满足 Dini 条件或是 Dirichlet 条件, 则函数 $F(t)$ 就是 $[-\pi, \pi]$ 上满足 Dini 条件或是 Dirichlet 条件且以 2π 为周期的周期函数. 由定理 9.3.1 或定理 9.3.2 知函数 $F(t)$ 能够展成 Fourier 级数, 且在 $F(t)$ 的连续点上有

$$F(t) = \frac{a_0}{2} + \sum_{n=1}^{\infty}(a_n \cos nt + b_n \sin nt).$$

由于 $t = \frac{\pi x}{l}$ 且 $F(t) = f(x)$, 上式还可看作函数 $f(x)$ 的 Fourier 级数, 且在 $f(x)$ 的连续点上有

$$f(x) = \frac{a_0}{2} + \sum_{n=1}^{\infty}\left(a_n \cos \frac{n\pi x}{l} + b_n \sin \frac{n\pi x}{l}\right). \tag{9.3.9}$$

由公式 (9.3.5)~(9.3.7) 出发, 利用定积分的换元公式便可得到上式中的系数表示式

$$a_0 = \frac{1}{\pi}\int_{-\pi}^{\pi} F(t)\, \mathrm{d}t = \frac{1}{\pi}\int_{-\pi}^{\pi} f\left(\frac{lt}{\pi}\right) \mathrm{d}t = \frac{1}{l}\int_{-l}^{l} f(x)\, \mathrm{d}x. \tag{9.3.10}$$

$$a_n = \frac{1}{\pi}\int_{-\pi}^{\pi} F(t)\cos nt\, \mathrm{d}t = \frac{1}{\pi}\int_{-\pi}^{\pi} f\left(\frac{lt}{\pi}\right)\cos nt\, \mathrm{d}t$$

$$= \frac{1}{l}\int_{-l}^{l} f(x)\cos \frac{n\pi x}{l}\, \mathrm{d}x \quad (n = 1, 2, \cdots). \tag{9.3.11}$$

$$b_n = \frac{1}{\pi}\int_{-\pi}^{\pi} F(t)\sin nt\, \mathrm{d}t = \frac{1}{\pi}\int_{-\pi}^{\pi} f\left(\frac{lt}{\pi}\right)\sin nt\, \mathrm{d}t$$

$$= \frac{1}{l}\int_{-l}^{l} f(x)\sin \frac{n\pi x}{l}\, \mathrm{d}x \quad (n = 1, 2, \cdots). \tag{9.3.12}$$

例 9.3.5 将函数 $f(x) = \begin{cases} 0, & -2 < x \leqslant 0, \\ p, & 0 < x \leqslant 2 \end{cases}$ $(p \neq 0)$ 展成 Fourier 级数.

解　见图 9.15 将函数 $f(x)$ 延拓成以 4 为周期的周期函数, 则 $l = 2$, 利用式 (9.3.10)~ 式 (9.3.12) 得到

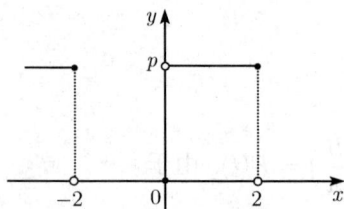

图 9.15　例 9.3.5 的图示

$$a_0 = \frac{1}{2}\left(\int_{-2}^{0} 0\,\mathrm{d}x + \int_{0}^{2} p\,\mathrm{d}x\right) = p.$$

$$a_n = \frac{1}{2}\int_{0}^{2} p \cdot \cos\frac{n\pi x}{2}\,\mathrm{d}x$$

$$= \left(\frac{p}{n\pi}\sin\frac{n\pi x}{2}\right)_{0}^{2} = 0 \quad (n = 1, 2, \cdots).$$

$$b_n = \frac{1}{2}\int_{0}^{2} p \cdot \sin\frac{n\pi x}{2}\,\mathrm{d}x = \left(-\frac{p}{n\pi}\cos\frac{n\pi x}{2}\right)_{0}^{2}$$

$$= \frac{p}{n\pi}(1 - \cos n\pi) = \begin{cases} \dfrac{2p}{n\pi}, & n = 1, 3, 5, \cdots, \\ 0, & n = 2, 4, 6, \cdots. \end{cases}$$

将以上系数代入式 (9.3.9), 得到函数 $f(x)$ 的 Fourier 级数

$$\frac{p}{2} + \frac{2p}{\pi}\left(\sin\frac{\pi x}{2} + \frac{1}{3}\sin\frac{3\pi x}{2} + \frac{1}{5}\sin\frac{5\pi x}{2} + \cdots\right)$$

$$= \begin{cases} f(x), & x \in (-2, 0) \cup (0, 2), \\ \dfrac{p}{2}, & x = 0, 2. \end{cases}$$

例 9.3.6　设有在 $[0, l]$ 上定义的函数

$$f(x) = \begin{cases} \dfrac{h}{a}x, & 0 \leqslant x < a, \\ h, & a \leqslant x < l - a, \\ \dfrac{h}{a}(l - x), & l - a \leqslant x \leqslant l. \end{cases}$$

如图 9.16 所示, 且 $0 < a < \dfrac{l}{2}$. 试将函数 $f(x)$ 在 $[0, l]$ 上展成 Fourier 级数.

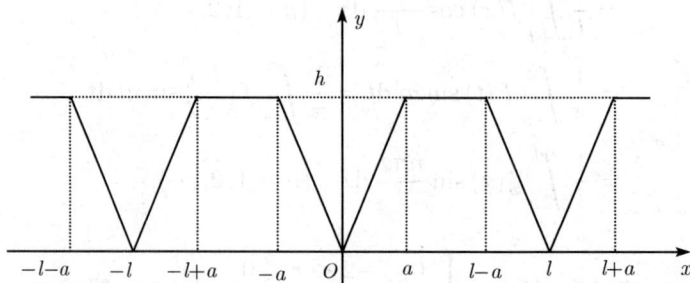

图 9.16　例 9.3.6 的图示

解 可以将函数 $f(x)$ 作偶延拓, 使其成为以 l 为周期的周期函数 (也可以 $2l$ 为周期); 也可以将函数 $f(x)$ 作奇延拓, 使其成为以 $2l$ 为周期的周期函数. 我们使用偶延拓并以 l 为周期, 得到的 Fourier 级数将是余弦级数. 由式 $(9.3.10)\sim$ 式 $(9.3.12)$ 得到 $b_n = 0(n = 1, 2, \cdots)$, 以及

$$a_0 = \frac{4}{l} \int_0^{\frac{l}{2}} f(x)\,\mathrm{d}x = \frac{4}{l}\left(\int_0^a \frac{h}{a}x\,\mathrm{d}x + \int_a^{\frac{l}{2}} h\,\mathrm{d}x\right) = 2h\left(1 - \frac{a}{l}\right).$$

$$\begin{aligned}
a_n &= \frac{4}{l}\int_0^{\frac{l}{2}} f(x)\cos\frac{2n\pi x}{l}\,\mathrm{d}x \\
&= \frac{4}{l}\left(\int_0^a \frac{h}{a}x\cos\frac{2n\pi x}{l}\,\mathrm{d}x + \int_a^{\frac{l}{2}} h\cos\frac{2n\pi x}{l}\,\mathrm{d}x\right) \\
&= \frac{lh}{n^2\pi^2 a}\left(\cos\frac{2n\pi x}{l} - 1\right) \quad (n = 1, 2, \cdots).
\end{aligned}$$

将以上系数代入式 $(9.3.9)$, 得到函数 $f(x)$ 的余弦级数

$$h\left(1 - \frac{a}{l}\right) + \sum_{n=1}^{\infty} \frac{lh}{n^2\pi^2 a}\left(\cos\frac{2n\pi x}{l} - 1\right)\cos\frac{2n\pi x}{l} = f(x), \quad x \in [0, l].$$

*9.3.4 傅里叶级数的复数形式

在讨论交流电路和分析频谱时, 使用 Fourier 级数的复数形式更为简洁直观, 以下作一简单介绍.

由欧拉 (Euler) 公式 $\mathrm{e}^{\mathrm{i}x} = \cos x + \mathrm{i}\sin x$, 立刻得到

$$\cos nx = \frac{1}{2}(\mathrm{e}^{\mathrm{i}nx} + \mathrm{e}^{-\mathrm{i}nx}), \quad \sin nx = \frac{1}{2\mathrm{i}}(\mathrm{e}^{\mathrm{i}nx} - \mathrm{e}^{-\mathrm{i}nx}).$$

这样一来, Fourier 级数的一般项, 亦即第 n 次谐波可改写成

$$\begin{aligned}
a_n\cos nx + b_n\sin nx &= \frac{a_n}{2}(\mathrm{e}^{\mathrm{i}nx} + \mathrm{e}^{-\mathrm{i}nx}) + \frac{b_n}{2\mathrm{i}}(\mathrm{e}^{\mathrm{i}nx} - \mathrm{e}^{-\mathrm{i}nx}) \\
&= \frac{a_n}{2}(\mathrm{e}^{\mathrm{i}nx} + \mathrm{e}^{-\mathrm{i}nx}) - \mathrm{i}\frac{b_n}{2}(\mathrm{e}^{\mathrm{i}nx} - \mathrm{e}^{-\mathrm{i}nx}) \\
&= \frac{a_n - \mathrm{i}b_n}{2}\mathrm{e}^{\mathrm{i}nx} + \frac{a_n + \mathrm{i}b_n}{2}\mathrm{e}^{-\mathrm{i}nx}.
\end{aligned}$$

如果记

$$c_0 = \frac{a_0}{2}, \quad c_n = \frac{a_n - \mathrm{i}b_n}{2}, \quad c_{-n} = \frac{a_n + \mathrm{i}b_n}{2}, \tag{9.3.13}$$

则函数 $f(x)$ 的 Fourier 级数 $(9.3.2)$ 可以写成以下**复数形式**:

$$\frac{a_0}{2} + \sum_{n=1}^{\infty} (a_n \cos nx + b_n \sin nx) = \frac{a_0}{2} + \sum_{n=1}^{\infty} \left[\frac{a_n - \mathrm{i}b_n}{2} \mathrm{e}^{\mathrm{i}nx} + \frac{a_n + \mathrm{i}b_n}{2} \mathrm{e}^{-\mathrm{i}nx} \right]$$

$$= c_0 + \sum_{n=1}^{\infty} \left(c_n \mathrm{e}^{\mathrm{i}nx} + c_{-n} \mathrm{e}^{-\mathrm{i}nx} \right) = \sum_{n=-\infty}^{\infty} c_n \mathrm{e}^{\mathrm{i}nx}. \tag{9.3.14}$$

上式中的复系数 c_n 和 c_{-n} 的表达式可以通过式 (9.3.13) 和 Fourier 系数式 (9.3.5)～ 式 (9.3.7) 得到

$$c_n = \frac{a_n - \mathrm{i}b_n}{2} = \frac{1}{2} \left[\frac{1}{\pi} \int_{-\pi}^{\pi} f(x) \cos nx \, \mathrm{d}x - \frac{\mathrm{i}}{\pi} \int_{-\pi}^{\pi} f(x) \sin nx \, \mathrm{d}x \right]$$

$$= \frac{1}{2\pi} \int_{-\pi}^{\pi} f(x) (\cos nx - \mathrm{i} \sin nx) \, \mathrm{d}x$$

$$= \frac{1}{2\pi} \int_{-\pi}^{\pi} f(x) \mathrm{e}^{-\mathrm{i}nx} \, \mathrm{d}x \quad (n = 1, 2, \cdots).$$

$$c_{-n} = \frac{a_n + \mathrm{i}b_n}{2} = \frac{1}{2} \left[\frac{1}{\pi} \int_{-\pi}^{\pi} f(x) \cos nx \, \mathrm{d}x + \frac{\mathrm{i}}{\pi} \int_{-\pi}^{\pi} f(x) \sin nx \, \mathrm{d}x \right]$$

$$= \frac{1}{2\pi} \int_{-\pi}^{\pi} f(x) (\cos nx + \mathrm{i} \sin nx) \, \mathrm{d}x$$

$$= \frac{1}{2\pi} \int_{-\pi}^{\pi} f(x) \mathrm{e}^{\mathrm{i}nx} \, \mathrm{d}x \quad (n = 1, 2, \cdots).$$

将以上结果和 c_0 的表达式合并, 得

$$c_n = \frac{1}{2\pi} \int_{-\pi}^{\pi} f(x) \mathrm{e}^{-\mathrm{i}nx} \, \mathrm{d}x \quad (n = 0, \pm 1, \pm 2, \cdots). \tag{9.3.15}$$

类似地, 当 $f(x)$ 的周期为 $2l$ 时, 它的 Fourier 级数的复数形式变形为

$$\sum_{n=-\infty}^{\infty} c_n \mathrm{e}^{\mathrm{i}\frac{n\pi x}{l}}, \tag{9.3.16}$$

其中复系数相应地变形为

$$c_n = \frac{1}{2l} \int_{-l}^{l} f(x) \mathrm{e}^{-\mathrm{i}\frac{n\pi x}{l}} \, \mathrm{d}x \quad (n = 0, \pm 1, \pm 2, \cdots). \tag{9.3.17}$$

习　题　9.3

1. 选择题

(1) 设 $f(x) = \begin{cases} x, & 0 \leqslant x \leqslant \dfrac{1}{2}, \\ 2 - 2x, & \dfrac{1}{2} < x < 1. \end{cases}$ 且

$$S(x) = \frac{a_0}{2} + \sum_{n=1}^{\infty} a_n \cos n\pi x \quad (-\infty < x < +\infty),$$

其中 $a_n = 2\int_0^1 f(x)\cos n\pi x dx (n = 0, 1, 2, \cdots)$, 则 $S\left(-\frac{5}{2}\right)$ 等于 ____.

A. $\frac{1}{2}$ B. $-\frac{1}{2}$ C. $\frac{3}{4}$ D. $-\frac{3}{4}$

(2) 设 $f(x) = x^2, 0 \leqslant x < 1$, 且

$$S(x) = \sum_{n=1}^{\infty} b_n \sin n\pi x, \quad -\infty < x < +\infty,$$

其中 $b_n = 2\int_0^1 f(x)\sin n\pi x dx (n = 1, 2, \cdots)$, 则 $S\left(-\frac{1}{2}\right)$ 等于 ____.

A. $-\frac{1}{2}$ B. $-\frac{1}{4}$ C. $\frac{1}{4}$ D. $\frac{1}{2}$

2. 设 $f(x)$ 是以 2π 为周期的函数, 试将 $f(x)$ 展开成傅里叶级数:

(1) $f(x) = \pi^2 - x^2 (-\pi < x \leqslant \pi)$;

(2) $f(x) = e^x (-\pi < x \leqslant \pi)$;

(3) $f(x) = \begin{cases} 0, & -\pi < x \leqslant 0, \\ \sin x, & 0 < x \leqslant \pi. \end{cases}$

3. 将下列函数 $f(x)$ 展开成傅里叶级数:

(1) $f(x) = \cos\frac{x}{2}(-\pi < x \leqslant \pi)$;

(2) $f(x) = \begin{cases} 0, & -\pi < x \leqslant 0, \\ e^x, & 0 < x \leqslant \pi. \end{cases}$

4. 设 $f(x)$ 是以 2π 为周期的函数, 其在 $(-\pi, \pi]$ 上的表达式为

$$f(x) = \begin{cases} c_1, & -\pi < x \leqslant 0, \\ c_2, & 0 < x \leqslant \pi. \end{cases}$$

试将 $f(x)$ 展开成傅里叶级数.

5. 将函数 $f(x) = \begin{cases} 0, & -\pi < x \leqslant 0, \\ \cos x, & 0 < x \leqslant \pi \end{cases}$ 展开成傅里叶级数.

6. 将函数 $f(x) = x^2 (0 \leqslant x \leqslant \pi)$ 展开成正弦级数和余弦级数.

7. 将函数 $f(x) = x + 1 (0 \leqslant x \leqslant \pi)$ 展开成正弦级数和余弦级数.

8. 设 $f(x)$ 是以 2π 为周期的函数, 证明 $f(x)$ 的傅里叶系数为

$$a_n = \frac{1}{\pi}\int_0^{2\pi} f(x)\cos nx dx \quad (n = 0, 1, 2, \cdots),$$

$$b_n = \frac{1}{\pi}\int_0^{2\pi} f(x)\sin nx dx \quad (n = 1, 2, \cdots).$$

9. 设 $f(x)$ 是以 2π 为周期的函数, 证明:

(1) 如果 $f(x+\pi) = f(x)$, 则 $f(x)$ 的傅里叶系数 $a_{2k-1} = b_{2k-1} = 0, k = 1, 2, \cdots$;

(2) 如果 $f(x+\pi) = -f(x)$, 则 $f(x)$ 的傅里叶系数 $a_0 = 0, a_{2k} = b_{2k} = 0, k = 1, 2, \cdots$.

10. 设 $f(x)$ 是以 2 为周期的函数, 其在 $(1,3]$ 上的表达式为

$$f(x) = \begin{cases} 1, & 1 < x \leqslant 2, \\ 3 - x, & 2 < x \leqslant 3. \end{cases}$$

试将 $f(x)$ 展开成傅里叶级数.

11. 设 $f(x)$ 是以 1 为周期的函数, 其在 $\left(-\dfrac{1}{2}, \dfrac{1}{2}\right]$ 上的表达式为 $f(x) = 1 - x^2$, 试将 $f(x)$ 展开成傅里叶级数.

12. 将函数 $f(x) = \begin{cases} \dfrac{x}{2}, & 0 \leqslant x \leqslant \dfrac{l}{2}, \\ \dfrac{l-x}{2}, & \dfrac{l}{2} < x \leqslant l, \end{cases}$ 展开成正弦级数.

13. 将函数 $f(x) = (x-1)^2 (0 \leqslant x \leqslant 1)$ 展开成余弦级数.

复 习 题 九

1. 选择题

(1) 对于级数 $\displaystyle\sum_{n=0}^{\infty} u_n$, $\displaystyle\lim_{n\to\infty} u_n = 0$ 是其收敛的_____.

A. 充分必要条件   B. 必要非充分条件

C. 充分非必要条件   D. 既非充分条件也非必要条件

(2) 下列说法正确的是_____.

A. 若级数 $\displaystyle\sum_{n=1}^{\infty} u_n^2$ 及 $\displaystyle\sum_{n=1}^{\infty} v_n^2$ 都收敛, 则级数 $\displaystyle\sum_{n=1}^{\infty} (u_n + v_n)^2$ 也收敛

B. 若级数 $\displaystyle\sum_{n=1}^{\infty} |u_n v_n|$ 收敛, 则 $\displaystyle\sum_{n=1}^{\infty} u_n^2$ 与 $\displaystyle\sum_{n=1}^{\infty} v_n^2$ 均收敛

C. 若正项级数 $\displaystyle\sum_{n=1}^{\infty} u_n$ 发散, 则 $u_n \geqslant \dfrac{1}{n} (n = 1, 2, \cdots)$

D. 若级数 $\displaystyle\sum_{n=1}^{\infty} u_n$ 收敛, 且 $u_n \geqslant v_n (n = 1, 2, \cdots)$, 则级数 $\displaystyle\sum_{n=1}^{\infty} v_n$ 也收敛

2. 判断下列级数的收敛性:

(1) $\displaystyle\sum_{n=1}^{\infty} \dfrac{1}{n \sqrt[n]{n}}$;

(2) $\displaystyle\sum_{n=1}^{\infty} \dfrac{1 + n \ln n}{n^2 + 5}$;

(3) $\displaystyle\sum_{n=2}^{\infty} \dfrac{(\ln n)^3}{n^3}$;

(4) $\displaystyle\sum_{n=1}^{\infty} n! e^{-n}$;

(5) $\displaystyle\sum_{n=1}^{\infty} \frac{a^n}{n}(a>0)$; (6) $\displaystyle\sum_{n=1}^{\infty}(\frac{n}{3n-1})^{2n-1}$.

3. 设 $a_0, a_1, a_2, \cdots$ 是等差数列, $a_n = a_0 + nd(a_n \neq 0, d \neq 0)$. 试证明级数 $\displaystyle\sum_{n=0}^{\infty} \frac{1}{a_n}$ 发散, 级数 $\displaystyle\sum_{n=0}^{\infty} \frac{1}{(a_n)^2}$ 收敛.

4. 设级数 $\displaystyle\sum_{n=1}^{\infty} u_n$ 收敛, 且 $\displaystyle\lim_{n\to\infty} \frac{v_n}{u_n} = 1$. 问级数 $\displaystyle\sum_{n=1}^{\infty} v_n$ 是否也收敛? 并说明理由.

5. 判断下列级数是否收敛? 如果是收敛的, 是绝对收敛还是条件收敛?

(1) $\displaystyle\sum_{n=2}^{\infty}(-1)^{n-1} \frac{\ln n}{n}$; (2) $\displaystyle\sum_{n=1}^{\infty}(-1)^{n+1} \frac{3\sqrt{n+1}}{\sqrt{n}+1}$;

(3) $\displaystyle\sum_{n=1}^{\infty}(-1)^n (\sqrt{n+1} - \sqrt{n})$; (4) $\displaystyle\sum_{n=1}^{\infty}(-1)^n \frac{(n+1)!}{n^{n+1}}$.

6. 求下列幂级数的收敛域:

(1) $\displaystyle\sum_{n=1}^{\infty} \frac{3^n + 5^n}{n} x^n$; (2) $\displaystyle\sum_{n=1}^{\infty} \frac{x^n}{a^n}(a \neq 0)$;

(3) $\displaystyle\sum_{n=1}^{\infty} \frac{(4x-5)^{2n+1}}{n^{\frac{3}{2}}}$; (4) $\displaystyle\sum_{n=1}^{\infty} \frac{(x-1)^n}{n2^n}$.

7. 求下列级数的和函数:

(1) $\displaystyle\sum_{n=1}^{\infty} \frac{x^{2n-1}}{2n-1}$; (2) $\displaystyle\sum_{n=1}^{\infty} n(n+1)x^n$.

8. 求下列数项级数的和:

(1) $\displaystyle\sum_{n=1}^{\infty} \frac{n}{2^{n-1}}$; (2) $\displaystyle\sum_{n=1}^{\infty} \frac{n}{(n+1)!}$.

9. 将下列函数展开成 x 的幂级数:

(1) $\ln(x + \sqrt{1+x^2})$; (2) $\dfrac{1}{(1+x)(1+x^2)}$.

10. 将函数 $f(x) = \dfrac{1}{x^2 + 4x + 3}$ 展开成 $x-1$ 的幂级数.

11. 设 $f(x)$ 是以 2π 为周期的函数, 其在 $(-\pi, \pi]$ 上的表达式为

$$f(x) = \begin{cases} x, & -\pi < x \leqslant 0, \\ 0, & 0 < x \leqslant \pi. \end{cases}$$

试将 $f(x)$ 展开成傅里叶级数.

12. 将函数 $f(x) = \begin{cases} 1, & 0 \leqslant x \leqslant \dfrac{\pi}{2}, \\ 0, & \dfrac{\pi}{2} < x \leqslant \pi \end{cases}$ 展开成正弦级数和余弦级数.

第 10 章 微 分 方 程

函数关系刻画了变量间的特定联系, 反映了物质运动某种规律性的数量特征. 函数关系一旦被指出, 这种特定的规律也便被掌握. 但是, 在很多情况下直接给出变量间的函数关系式 $y = y(x)$ 并非易事, 往往被隐含在一些方程之中, 例如

$$F(x, y) = 0.$$

在这种情况下, 只有从方程中解出变量 y 依赖变量 x 的具体表达式, 才能得到所需要的显函数. 上述**能够确定未知函数的方程式** 称为**函数方程**. 它求解的目标与我们所熟悉的代数方程不同, 不再是未知数, 而成为**未知函数**. 如果在确定未知函数的函数方程里, 还包含着未知函数的导函数, 这样的函数方程称为**微分方程**.

在自然科学, 工程技术, 经济管理等众多领域内, 任何一种运动都是由其系统内部的某种机制和外部动力相互作用的结果, 描述这种相互作用的首选数学模型就是微分方程. 本章将介绍微分方程的基本概念和求解方法, 显然, 它具有十分重要的理论和应用价值.

§10.1 微分方程的一般概念

首先看两个从物理现象抽象成数学模型的实际例子, 然后再给出关于微分方程的一般概念.

10.1.1 两种物理过程的数学模型

1. 垂直下抛运动

例 10.1.1 设质量为 m 的物体从某一高度垂直下抛. 假定物体受重力作用外, 还受到与速度成正比的空气阻力的影响 (比例系数为 k), 试建立物体下落速度 v 与时间 t 之间关系的数学模型.

解 物体下落的加速度应为 $\dfrac{\mathrm{d}v}{\mathrm{d}t}$, 由牛顿第二定律知, $v(t)$ 应满足关系式

$$m\frac{\mathrm{d}v}{\mathrm{d}t} = F,$$

其中 F 表示下落物体所受的力, 显然 $F = mg - kv$. 于是得到物体下落速度 $v(t)$ 所满足的关系式

$$m\frac{\mathrm{d}v}{\mathrm{d}t} = mg - kv. \tag{10.1.1}$$

式 (10.1.1) 中包含未知函数 $v(t)$ 以及未知函数的一阶导函数 $v'(t)$, 正是本章开始时所指出的微分方程, 也就是垂直下抛运动的数学模型.

容易验证, 将函数

$$v = Ce^{-\frac{k}{m}t} + \frac{mg}{k} \quad (C \text{ 为常数}) \tag{10.1.2}$$

代入方程 (10.1.1) 的两端后, 得到关于 t 的恒等式. 这也正是方程 (10.1.1) 所要确定的未知函数, 被称为微分方程的**解**. 由于常数 C 的任意性, 这种解实际上是一个函数族, 又称为**通解**. 只有对该下抛运动施加某种限制, 或者说附加一些约束条件, 才有可能从这一族函数中确定特定的函数作为方程 (10.1.1) 的唯一解. 例如, 要求下抛运动满足下列所谓**初始条件**: $t = 0$ 时的初速度为 v_0. 这时, 可在 (10.1.2) 中令 $t = 0$, 得到

$$v_0 = Ce^{-\frac{k}{m} \cdot 0} + \frac{mg}{k}, \quad C = v_0 - \frac{mg}{k}.$$

于是得到满足初始条件 $v(0) = v_0$ 的唯一解

$$v = \left(v_0 - \frac{mg}{k}\right)e^{-\frac{k}{m}t} + \frac{mg}{k}. \tag{10.1.3}$$

式 (10.1.3) 又称作方程 (10.1.1) 的**初始解**.

2. 有阻尼受迫振动

例 10.1.2 设质量为 m 的物体悬挂在一个弹簧上 (图 10.1), 并处于某种介质环境内. 该物体除受到重力、弹力 (f_1) 和介质阻力 (f_2) 外, 还受到外力 (f_3) 的影响. 取弹簧处于平衡位置时物体的位置为原点 O, 竖直向上的方向为 y 轴的正向. 如果介质阻力的大小与物体运动的速度成正比, 试建立该物体做上述有阻尼受迫振动的数学模型.

解 设该物体的运动规律为 $y = y(t)$. 注意到物体处于平衡位置时, 弹簧被拉长所产生的弹性恢复力与物体的重力相抵消, 因此物体相对于平衡位置 —— 原点 O 运动时, 可以不再考虑这两个互相抵消掉的力, 而只考虑使物体回到原点的那部分弹性恢复力 f_1, 介质阻力 f_2 和外力 f_3.

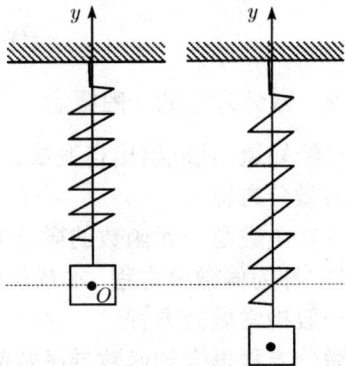

图 10.1 有阻尼受迫振动的图示

由题设知 $f_2 = -rv = -r\dfrac{\mathrm{d}y}{\mathrm{d}t}$, 其中 r 为阻力系数, 且 $r > 0$. 由胡克 (Hooke) 定律知 $f_1 = -ky$, $(k > 0)$. 根据牛顿第二定律, 物体在力 $F(t) = f_1 + f_2 + f_3$ 作用下

的运动应满足

$$m\frac{\mathrm{d}^2 y}{\mathrm{d}t^2} = -ky - r\frac{\mathrm{d}y}{\mathrm{d}t} + f_3,$$

$$m\frac{\mathrm{d}^2 y}{\mathrm{d}t^2} + r\frac{\mathrm{d}y}{\mathrm{d}t} + ky = f_3. \tag{10.1.4}$$

上式便是有阻尼受迫振动的数学模型 —— 以 $y(t)$ 为未知函数, 并包含未知函数一阶和二阶导函数 $y'(t), y''(t)$ 的微分方程.

当 $r = 0, f_3 = 0$ 时, 上述有阻尼受迫振动成为无阻尼无外力的自由振动, 又称作**简谐振动**. 令 $\dfrac{k}{m} = \omega^2$, 方程 (10.1.4) 可以写成

$$\frac{\mathrm{d}^2 y}{\mathrm{d}t^2} + \omega^2 y = 0. \tag{10.1.5}$$

易于验证, 函数族

$$y = C_1 \cos \omega t + C_2 \sin \omega t, \tag{10.1.6}$$

为方程 (10.1.5) 的通解, 其中 C_1, C_2 为任意常数. 寻求上述通解的方法将在本章的后面另行介绍.

当式 (10.1.4) 中 $r = k = 0, f_3 = -mg$ 时, 弹性恢复力为零, 无阻尼, 外力成为物体的重力, 此时物体的运动成为落体运动

$$\frac{\mathrm{d}^2 y}{\mathrm{d}t^2} = -g.$$

如果增加初始条件 $v(0) = \dfrac{\mathrm{d}y}{\mathrm{d}t}\Big|_{t=0} = v_0, y(0) = y_0$，则上述微分方程的初始解为

$$y(t) = -\frac{1}{2}gt^2 + v_0 t + y_0.$$

10.1.2　微分方程的一般概念

已经知道, 凡能给出自变量、未知函数以及未知函数导函数之间关系的方程式, 均称为**微分方程**.

未知函数是一元函数的微分方程, 称为**常微分方程**; 未知函数是多元函数的微分方程, 称为**偏微分方程**. 本章仅讨论常微分方程, 不作特别申明时, 所提到的微分方程一般指常微分方程.

微分方程里未知函数导函数的最高阶数也称为微分方程的**阶数**. 例如, 微分方程 (10.1.4) 就是二阶微分方程. n 阶微分方程的一般形式为

$$F(x, y, y', y'', \cdots, y^{(n)}) = 0, \tag{10.1.7}$$

其中 F 表示 $x, y, y', y'', \cdots, y^{(n)}$ 的 $n+2$ 元函数. 当函数 F 只是变量 $y, y', y'', \cdots,$ $y^{(n)}$ 的一次式时, 称方程 (10.1.7) 为 **n 阶线性微分方程**. n 阶线性微分方程的一般形式还可具体写成

$$y^{(n)} + a_1(x)y^{(n-1)} + \cdots + a_{n-1}(x)y' + a_n(x)y = f(x). \tag{10.1.8}$$

若在区间 I 上存在 n 阶可导的函数 $y = \varphi(x)$, 使得对于 $\forall x \in I$ 恒有

$$F[x, \varphi(x), \varphi'(x), \varphi''(x), \cdots, \varphi^{(n)}(x)] \equiv 0,$$

则称函数 $y = \varphi(x)$ 为微分方程 (10.1.7) 在区间 I 上的**解**. 有时也简略地说, 若将函数 $y = \varphi(x)$ 代入方程 (10.1.7) 后成为 x 的恒等式, 则称为微分方程 (10.1.7) 的**解**.

按此定义, 函数 (10.1.2), (10.1.3) 都是微分方程 (10.1.1) 的解. 只不过函数 (10.1.2) 的表达式中包含着任意常数 C, 实际上代表着一个函数族, 而 (10.1.3) 只代表一个函数.

一般情况下, 在 n 阶微分方程 (10.1.7) 的解的表达式中, 如果包含着 n 个独立取值[①] 的任意常数 $C_1, C_2, \cdots, C_n$, 这样的解

$$y = \varphi(x, C_1, C_2, \cdots, C_n)$$

便称为 n 阶微分方程的**通解**.

相对于通解而言, 微分方程的一个不包含任意常数的确定的解称为**特解**. 为了从通解中确定出所要的特解, 应该附加一定的条件, 称为**定解条件**. 对 n 阶微分方程来说, 常见的定解条件是给出在自变量 $x = x_0$ 时, 函数 $y, y', y'', \cdots, y^{(n-1)}$ 的值, 一般写成

$$y\big|_{x_0} = y_0, \quad y'\big|_{x_0} = y_0', \quad y''\big|_{x_0} = y_0'', \quad \cdots, \quad y^{(n-1)}\big|_{x_0} = y_0^{(n-1)}.$$

这样的定解条件称为**初值条件**或**初始条件**. 微分方程满足初值条件或初始条件的解称为**初值解**或**初始解**. 寻求初值解的问题称为**初值问题**.

微分方程解的图形是 $O\text{-}xy$ 平面上的曲线, 称为**微分方程的积分曲线**. 严格地说这是一个曲线**族**, 积分曲线族所包含参数的个数, 也就是微分方程的阶数, 可以理解为曲线族的 "自由度", 定解条件则是对自由度的限定. 一阶微分方程初值问题

$$\begin{cases} F(x, y, y') = 0, \\ y\big|_{x_0} = y_0 \end{cases}$$

的几何意义就是要求微分方程通过点 (x_0, y_0) 的一条积分曲线. 二阶微分方程初值问题

$$\begin{cases} F(x, y, y', y'') = 0, \\ y\big|_{x_0} = y_0, \ y'\big|_{x_0} = y_0' \end{cases}$$

---

① "独立取值" 通常意义下指: 不能通过合并减少这些任意常数的个数. 例如, 函数族 $y = 2xC_1 + 3xC_2$ 中的任意常数 C_1, C_2 便不是独立取值的任意常数, 因为该函数族可以写成 $y = Cx$, 其中任意常数 $C = 2C_1 + 3C_2$. 严格意义下的 "独立取值", 此处不作介绍.

的几何意义就是要求微分方程通过点 (x_0, y_0) 且在该点处切线斜率为 y_0' 的一条积分曲线.

例 10.1.3 验证函数族

$$y = C_1 \cos \omega t + C_2 \sin \omega t \tag{10.1.6}$$

是方程

$$\frac{\mathrm{d}^2 y}{\mathrm{d}t^2} + \omega^2 y = 0 \tag{10.1.5}$$

的通解, 并解以下初值问题:

$$\begin{cases} \dfrac{\mathrm{d}^2 y}{\mathrm{d}t^2} + \omega^2 y = 0, \\ y\big|_{t=0} = A, \ y'\big|_{t=0} = 0. \end{cases}$$

解　在式 (10.1.6) 两端对 t 两次求导, 得到

$$\frac{\mathrm{d}y}{\mathrm{d}t} = -C_1 \omega \sin \omega t + C_2 \omega \cos \omega t, \quad \frac{\mathrm{d}^2 y}{\mathrm{d}t^2} = -C_1 \omega^2 \cos \omega t - C_2 \omega^2 \sin \omega t,$$

将函数族 (10.1.6) 及上述 $\dfrac{\mathrm{d}^2 y}{\mathrm{d}t^2}$ 的表达式带入方程 (10.1.5) 的左端, 得到

$$\frac{\mathrm{d}^2 y}{\mathrm{d}t^2} + \omega^2 y = -C_1 \omega^2 \cos \omega t - C_2 \omega^2 \sin \omega t + \omega^2 (C_1 \cos \omega t + C_2 \sin \omega t) \equiv 0,$$

可见, 函数 (10.1.6) 是方程 (10.1.5) 的通解.

令 $t = 0$, 则 $y\big|_{t=0} = C_1$, $y'\big|_{t=0} = C_2 \omega$. 由初始条件知有 $C_1 = A$, $C_2 = 0$. 将 C_1, C_2 代入式 (10.1.6), 得到所求初值问题的解

$$y = A \cos \omega t.$$

习　题　10.1

1. 指出下列微分方程的阶数:

(1) $\dfrac{\mathrm{d}^2 y}{\mathrm{d}x^2} - \left(\dfrac{\mathrm{d}y}{\mathrm{d}x}\right)^2 + 12xy = 0$;　　　　(2) $x^2 \mathrm{d}y - y^2 \mathrm{d}x = 0$;

(3) $x + \dfrac{\mathrm{d}^3 y}{\mathrm{d}x^3} + 2\dfrac{\mathrm{d}^2 y}{\mathrm{d}x^2} + x^2 y = 0$;　　　　(4) $\dfrac{\mathrm{d}y}{\mathrm{d}x} + \cos y + 2x = 0$;

(5) $\sin\left(\dfrac{\mathrm{d}^2 y}{\mathrm{d}x^2}\right) + \mathrm{e}^y = x$;　　　　(6) $\dfrac{\mathrm{d}\rho}{\mathrm{d}\theta} + \rho = \sin^2 \theta$.

2. 验证下列函数均为方程 $\dfrac{\mathrm{d}^2 y}{\mathrm{d}x^2} + y = 0$ 的解:

(1) $y = C \cos x$ (C 为任意常数);

(2) $y = C\sin x(C$为任意常数$)$;

(3) $y = C_1\cos x + C_2\sin x(C_1, C_2$为任意常数$)$;

(4) $y = A\sin(x+B)(A, B,$为任意常数$)$.

3. 判断下列各题中的函数是否为所给微分方程的解:

(1) $y = \sin x, \quad y' + y^2 - 2y\sin x + \sin^2 x - \cos x = 0$;

(2) $y = 5x^2 + 1, \quad xy' - 2y = 0$;

(3) $y = x^2 e^x, \quad y'' - 2y' + y = 0$;

(4) $y = -\dfrac{g(x)}{f(x)}, \quad y' = \dfrac{f'(x)}{g(x)}y^2 - \dfrac{g'(x)}{f(x)}$;

(5) $y = C_1 e^{\lambda_1 x} + C_2 e^{\lambda_2 x}, \quad y'' - (\lambda_1 + \lambda_2)y' + \lambda_1\lambda_2 y = 0(C_1, C_2$为任意常数$)$;

(6) $x^2 - xy + y^2 = C, \quad (x-2y)y' = 2x - y(C$为任意常数$)$.

4. 确定下列各题中所含的参数.

(1) $y = C_1\cos 2x + C_2\sin 2x + \dfrac{x}{2} + 1, \quad y|_{x=0} = 4, \quad y'|_{x=0} = -1$;

(2) $y = (C_1 + C_2 x)e^{2x}, \quad y|_{x=0} = 0, \quad y'|_{x=0} = 1$;

(3) $y = C_1 e^{-x} + C_2 e^{-4x}, \quad y|_{x=0} = 2, \quad y'|_{x=0} = 1$;

5. 写出由下列条件确定的曲线所满足的微分方程:

(1) 曲线上任一点 $P(x, y)$ 处的切线的纵截距等于切点横坐标的平方;

(2) 曲线上任一点 $P(x, y)$ 处的切线的斜率与切点的横坐标成正比;

(3) 曲线上任一点 $P(x, y)$ 处的法线与 x 轴的交点为 Q, 且线段 PQ 被 y 轴平分.

§10.2　一阶微分方程

一阶微分方程的一般形式为

$$F(x, y, y') = 0.$$

如果能从上述方程解出 y', 将未知函数的导函数表示成 x, y 的某个二元函数 $f(x, y)$, 则一阶微分方程可变形为

$$y' = f(x, y). \tag{10.2.1}$$

应该指出, 并不存在求解一阶微分方程 (10.2.1) 的通解的一般初等方法. 本节只是对一些特殊类型的二元函数 $f(x, y)$, 给出一阶微分方程 (10.2.1) 能用初等函数或者初等函数的积分表示的通解. 虽然这些类型并不能囊括一阶微分方程的全部, 但是说明了实际问题中的常见情况.

10.2.1　变量可分离的微分方程

当方程 (10.2.1) 右端的二元函数 $f(x, y)$ 可以写成两个一元函数的乘积 $g(x)h(y)$ 时, 称方程

$$\frac{\mathrm{d}y}{\mathrm{d}x} = g(x)h(y) \tag{10.2.2}$$

为**变量可分离的微分方程**. 这是因为当 $h(y) \neq 0$ 时, 可以将变量 x, y "分离" 在等号的两侧, 形如

$$\frac{\mathrm{d}y}{h(y)} = g(x)\mathrm{d}x. \tag{10.2.2'}$$

假定函数 $g(x), h(y)$ 连续, 如果函数 $y = \varphi(x)$ 是方程 (10.2.2) 的解, 将它代入 (10.2.2′) 后得到 x 的恒等式

$$\frac{1}{h[\varphi(x)]}\varphi'(x)\,\mathrm{d}x \equiv g(x)\,\mathrm{d}x.$$

在上式两端对 x 积分, 并在左端积分时使用积分换元法, 令 $y = \varphi(x)$, 于是得到

$$\int \frac{1}{h(y)}\,\mathrm{d}y = \int g(x)\,\mathrm{d}x + c, \tag{10.2.3}$$

其中 c 为积分常数, 等号两端的不定积分表示两个确定的原函数.

易证, 由式 (10.2.3) 所确定的隐函数 $y = \Phi(x)$ 一定是方程 (10.2.2) 的解. 这是因为将 $y = \Phi(x)$ 代入式 (10.2.3) 左端得到 x 的恒等式, 再对 x 求导, 便得到

$$\frac{1}{h(\Phi(x))}\Phi'(x) = g(x), \quad \Phi'(x) = g(x)h(\Phi(x)).$$

这样一来, 又称式 (10.2.3) 为方程 (10.2.2) 的**隐式解**. 注意到式 (10.2.3) 里包含着任意常数 c, 所以式 (10.2.3) 实际上又是方程 (10.2.2) 的**隐式通解**.

应该注意, 方程 (10.2.2) 的上述解法建立在 $h(y) \neq 0$ 的假定之上, 如果函数 $h(y) \equiv 0$, 则方程 (10.2.2) 的通解为 $y = c$(常数). 如果函数 $h(y)$ 具有零点 $y = k$, 即 $h(k) = 0$, 则函数 $y = k$ 也是方程 (10.2.2) 的一个特解, 一般来讲, 这个特解并不被通解所包含[①]. 由此可见, 微分方程的通解并不一定能包含方程的所有解.

变量可分离的微分方程 (10.2.2) 还可以写成以下对称的形式

$$M_1(x)N_1(y)\,\mathrm{d}x + M_2(x)N_2(y)\,\mathrm{d}y = 0. \tag{10.2.4}$$

只要 $M_2(x)N_1(y) \neq 0$, 在式 (10.2.4) 的两端同除以 $M_2(x)N_1(y)$, 便可以写成变量分离的形式

$$\frac{M_1(x)}{M_2(x)}\,\mathrm{d}x + \frac{N_2(y)}{N_1(y)}\,\mathrm{d}y = 0.$$

---

① 这种不被通解包含的特解称为**包络解**, 本书对此不作进一步讨论.

若函数 $N_1(y)$ 有零点 $y = y_0$, 即 $N_1(y_0) = 0$, 则 $y = y_0$ 也是方程 (10.2.4) 不被通解包含的特解.

由于方程 (10.2.4) 中变量 x, y 的地位平等, 因此当函数 $M_2(x)$ 有零点 $x = x_0$, 即 $M_2(x_0) = 0$ 时, $x = x_0$ 也是方程 (10.2.4) 的特解.

例 10.2.1 求解微分方程 $\dfrac{dy}{dx} = \dfrac{\sqrt{1-y^2}}{\sqrt{1-x^2}}$.

解 在方程两端同时除以函数 $\sqrt{1-y^2}$, 将方程分离变量后积分, 得到

$$\frac{dy}{\sqrt{1-y^2}} = \frac{dx}{\sqrt{1-x^2}}, \quad \int \frac{dy}{\sqrt{1-y^2}} = \int \frac{dx}{\sqrt{1-x^2}}.$$

由此知方程的隐式通解为

$$\arcsin y = \arcsin x + c.$$

如果从中解出 y, 便得到方程的显式通解

$$y = \sin(\arcsin x + c) = \sin(\arcsin x) \cdot \cos c + \cos(\arcsin x) \cdot \sin c$$

$$= x \cdot \cos c + \sqrt{1-x^2} \cdot \sin c = Cx \pm \sqrt{1-C^2}\sqrt{1-x^2},$$

其中 $C = \cos c$ 为满足条件 $-1 \leqslant C \leqslant 1$ 的任意常数.

由于在分离变量时除以函数 $\sqrt{1-y^2}$, 而此函数有零点 $y = \pm 1$, 因此方程还有另外两个不被通解所包含的特解 $y = 1$ 和 $y = -1$.

例 10.2.2 求解微分方程 $(1+x)y\,dx + (1-y)x\,dy = 0$.

解 在方程两端同时除以 xy, 将方程分离变量. 然后积分

$$\frac{1+x}{x}\,dx + \frac{1-y}{y}\,dy = 0, \quad \int \frac{1+x}{x}\,dx + \int \frac{1-y}{y}\,dy = 0.$$

得到方程的隐式通解

$$x + \ln|x| - y + \ln|y| = c, \quad x - y + \ln|xy| = c.$$

不应忘记, 在通解之外方程还有另外两个特解 $x = 0, y = 0$.

例 10.2.3 某探测船向海中沉放仪器, 需确定仪器从海平面算起的下沉深度 y 与下沉速度 v 之间的函数关系. 该仪器在重力作用下, 从海平面由静止开始铅直下沉, 下沉过程中受到阻力和浮力的作用. 设仪器的质量为 m, 体积为 B, 海水的比重为 ρ, 仪器受到的阻力与下沉速度成正比, 比例系数为 $k(> 0)$. 试建立 y 与 v 所满足的微分方程, 并求出关系式 $y = y(v)$.

解 以海平面位置为原点, 建立铅直向下的 y 轴. 设 t 时刻探测仪器的位置在 $y = y(t)$, 则下沉速度为 $v = \dfrac{dy}{dt}$, 下沉的加速度为 $\dfrac{dv}{dt} = \dfrac{d^2y}{dt^2}$. 由牛顿第二定律得到 v 关于 t 的一阶微分方程

$$m\frac{dv}{dt} = mg - B\rho - kv.$$

注意到 $\dfrac{\mathrm{d}v}{\mathrm{d}t} = \dfrac{\mathrm{d}v}{\mathrm{d}y}\dfrac{\mathrm{d}y}{\mathrm{d}t} = v\dfrac{\mathrm{d}v}{\mathrm{d}y}$, 代入上述方程得到 v 关于 y 的一阶微分方程

$$mv\frac{\mathrm{d}v}{\mathrm{d}y} = mg - B\rho - kv.$$

在方程两端同时除以 $mg - B\rho - kv$, 将方程分离变量. 然后积分

$$\frac{mv\,\mathrm{d}v}{mg - B\rho - kv} = \mathrm{d}y, \qquad \int \frac{mv\,\mathrm{d}v}{mg - B\rho - kv} = \int \mathrm{d}y.$$

于是得到方程的通解为

$$y = -\frac{m}{k}v - \frac{m}{k^2}(B\rho - mg)\ln|mg - B\rho - kv| + c.$$

注意到初始条件 $t = 0$ 时, $y = 0$, $v = 0$, 则

$$c = -\frac{m}{k^2}(B\rho - mg)\ln|mg - B\rho|,$$

于是得到

$$y = -\frac{m}{k}v - \frac{m}{k^2}(B\rho - mg)\ln\left|\frac{mg - B\rho - kv}{mg - B\rho}\right|.$$

10.2.2　齐次方程

当一阶微分方程 (10.2.1) 的右端函数 $f(x,y) = \varphi\left(\dfrac{y}{x}\right)$ 时, 一阶微分方程

$$y' = \varphi\left(\frac{y}{x}\right) \tag{10.2.5}$$

称为**齐次方程**[①].

齐次方程 (10.2.5)并非变量分离的方程, 可是只要对未知函数作以下变换, 就可以将它转换成变量可分离的形式. 令 $u = \dfrac{y}{x}$, 即 $y = ux$, 则有

$$\frac{\mathrm{d}y}{\mathrm{d}x} = x\frac{\mathrm{d}u}{\mathrm{d}x} + u.$$

代入式 (10.2.5) 后便得到

$$x\frac{\mathrm{d}u}{\mathrm{d}x} + u = \varphi(u), \qquad \frac{\mathrm{d}u}{\varphi(u) - u} = \frac{\mathrm{d}x}{x} \quad (\varphi(u) - u \neq 0).$$

应该注意, 上述变量分离的方程是在假定 $\varphi(u) - u \neq 0$ 的条件下得到的. 如果函数 $\varphi(u) - u$ 有零点 u_0, 即 $\varphi(u_0) - u_0 = 0$, 则齐次方程 (10.2.5) 另有通解所不包含的特解 $y = u_0 x$.

---

① 如果存在常数 λ, 使得对于任意实数 $t(\neq 0)$, 恒满足条件

$$f(tx, ty) = t^\lambda f(x, y),$$

则称函数 $f(x, y)$ 为 **λ 次齐次函数**. 例如, 函数 $2x^2 + 5xy - 3y^2$ 就是一个**二次齐次函数**, 而齐次方程 (10.2.5) 的右端函数 $\varphi\left(\dfrac{y}{x}\right)$ 实际上是一个**零次齐次函数**.

例 10.2.4 求解微分方程 $\dfrac{\mathrm{d}y}{\mathrm{d}x} = \dfrac{xy}{x^2 - y^2}$.

解 令 $u = \dfrac{y}{x}$, 即 $y = ux$, 则有 $\dfrac{\mathrm{d}y}{\mathrm{d}x} = x\dfrac{\mathrm{d}u}{\mathrm{d}x} + u$. 代入方程后便得到

$$x\frac{\mathrm{d}u}{\mathrm{d}x} + u = \frac{u}{1-u^2}, \quad x\frac{\mathrm{d}u}{\mathrm{d}x} = \frac{u^3}{1-u^2}.$$

当 $u \neq 0$ 时, 便可写成变量分离的方程, 并在方程两端积分:

$$\frac{1-u^2}{u^3}\,\mathrm{d}u = \frac{\mathrm{d}x}{x}, \quad \int \frac{1-u^2}{u^3}\,\mathrm{d}u = \int \frac{\mathrm{d}x}{x},$$

得到

$$-\frac{1}{2u^2} - \ln|u| = \ln|x| + \ln|c|, \quad -\frac{1}{2u^2} = \ln|cux|,$$

其中 c 为不等于零的任意常数. 将 $u = \dfrac{y}{x}$ 代入上式, 便得到方程的隐式通解

$$-\frac{x^2}{2y^2} = \ln|cy|.$$

当 $u = 0$ 时, $y = 0$ 是方程的不被通解包含的另一个特解.

例 10.2.5 设计一个旋转曲面做成的凹镜, 使位于旋转轴上的点光源发出的光线经该凹镜的反射成为一束和旋转轴平行的光束. 试求该旋转面的方程.

解 取旋转轴为 x 轴, 点光源的位置为原点 O, 建立坐标系. 设旋转曲面由 O-xy 平面上的曲线 L 绕 x 轴旋转而成 (图 10.2).

在曲线 L 上任意取一点 $M(x, y)$, 自原点 O 发出的光线经 M 点反射成与 x 轴平行的光线 MS. 设曲线 L 过点 M 的切线为 AMT, 记切线的斜角为 α, 点 M 在 x 轴上的投影为点 $P(x, 0)$.

由于入射角等于反射角, 因此 $\angle OMA = \angle SMT$, 而 $\angle SMT = \angle OAM$, 所以 $\angle OMA = \angle OAM$. 进而知 $\triangle OMA$ 为等腰三角形, $OM = OA$. 注意到

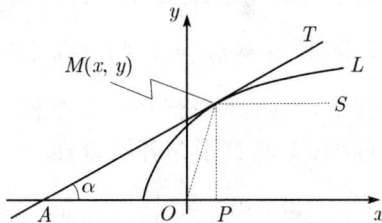

图 10.2 例 10.2.5 的图示

$$OA = AP - OP = PM \cdot \cot\alpha - OP = \frac{y}{y'} - x, \quad OM = \sqrt{x^2 + y^2},$$

便得到曲线 L 的函数所满足的微分方程

$$\frac{y}{y'} - x = \sqrt{x^2 + y^2}, \quad \frac{\mathrm{d}x}{\mathrm{d}y} = \frac{x}{y} + \frac{\sqrt{x^2 + y^2}}{y}.$$

这是一个以 x 为未知函数, 以 y 为自变量的齐次方程.

令 $u = \dfrac{x}{y}$, 即 $x = uy$, 则有 $\dfrac{\mathrm{d}x}{\mathrm{d}y} = y\dfrac{\mathrm{d}u}{\mathrm{d}y} + u$. 代入上述方程并分离变量

$$y\frac{\mathrm{d}u}{\mathrm{d}y} + u = u + \sqrt{1+u^2}, \quad \frac{\mathrm{d}u}{\sqrt{1+u^2}} = \frac{\mathrm{d}y}{y}.$$

在两端分别积分, 得到

$$\int \frac{\mathrm{d}u}{\sqrt{1+u^2}} = \int \frac{\mathrm{d}y}{y}, \quad \ln(u + \sqrt{1+u^2}) = \ln|y| - \ln c,$$

$$u + \sqrt{1+u^2} = \frac{y}{c}, \quad \left(u - \frac{y}{c}\right)^2 = 1 + u^2, \quad \frac{y^2}{c^2} - \frac{2uy}{c} = 1.$$

经整理并代入 $x = uy$, 得到曲线 L 的方程

$$y^2 = 2c\left(x + \frac{c}{2}\right).$$

这是一条以 x 轴为对称轴的抛物线, 所求的旋转面即以 x 轴为旋转轴曲线 L 所生成的旋转抛物面

$$y^2 + z^2 = 2c\left(x + \frac{c}{2}\right).$$

作为齐次方程的应用, 我们来介绍一阶微分方程

$$\frac{\mathrm{d}y}{\mathrm{d}x} = \frac{a_1 x + b_1 y + c_1}{a_2 x + b_2 y + c_2} \tag{10.2.6}$$

的解法, 其中 a_i, b_i, c_i $(i = 1, 2)$ 为常数.

如果 $c_1 = c_2 = 0$, 则方程 (10.2.6) 右端函数 $\dfrac{a_1 x + b_1 y}{a_2 x + b_2 y}$ 为零次齐次函数, 因此方程 (10.2.6) 本身就是齐次方程. 在 c_1, c_2 不全为零时, 我们可以通过以下方法将方程 (10.2.6) 变形为齐次方程.

(1) 若 $\begin{vmatrix} a_1 & b_1 \\ a_2 & b_2 \end{vmatrix} \neq 0$, 则方程组

$$\begin{cases} a_1 x + b_1 y + c_1 = 0, \\ a_2 x + b_2 y + c_2 = 0 \end{cases} \tag{10.2.7}$$

存在唯一的一组非零解 $x = x_0, y = y_0$. 作变量代换[①]

$$x = X + x_0, \quad y = Y + y_0,$$

---

① 实际上是将坐标轴平移至新原点 (x_0, y_0) 后, 同一个点在旧坐标系下的坐标 (x, y) 与新坐标系下的坐标 (X, Y) 之间的关系.

由于 $\dfrac{\mathrm{d}y}{\mathrm{d}x} = \dfrac{\mathrm{d}Y}{\mathrm{d}X}$ 且 x_0, y_0 是方程组 (10.2.7) 的解, 因此将上述变量代换代入方程 (10.2.6) 时, 便得到以 Y 为新的未知函数, 以 X 为新自变量的齐次方程

$$\frac{\mathrm{d}Y}{\mathrm{d}X} = \frac{a_1 X + b_1 Y}{a_2 X + b_2 Y}.$$

(2) 若 $\begin{vmatrix} a_1 & b_1 \\ a_2 & b_2 \end{vmatrix} = 0$, 则 $\dfrac{a_1}{a_2} = \dfrac{b_1}{b_2}$. 记此比值为 $k = \dfrac{a_1}{a_2} = \dfrac{b_1}{b_2}$, 则方程 (10.2.6) 可变形为

$$\frac{\mathrm{d}y}{\mathrm{d}x} = \frac{k(a_2 x + b_2 y) + c_1}{a_2 x + b_2 y + c_2} = f(a_2 x + b_2 y).$$

令 $u = a_2 x + b_2 y$, 则方程 (10.2.6) 可进一步变形为变量可分离的方程

$$\frac{\mathrm{d}u}{\mathrm{d}x} = a_2 + b_2 f(u),$$

问题可解.

例 10.2.6 求微分方程 $\dfrac{\mathrm{d}y}{\mathrm{d}x} = \dfrac{x + y - 3}{x - y - 1}$ 的通解.

解 解方程组

$$\begin{cases} x + y - 3 = 0, \\ x - y - 1 = 0. \end{cases}$$

得到唯一组非零解 $x_0 = 2, y_0 = 1$. 令

$$x = X + 2, \quad y = Y + 1.$$

代入原方程得到以 Y 为新的未知函数, 以 X 为新自变量的齐次方程

$$\frac{\mathrm{d}Y}{\mathrm{d}X} = \frac{X + Y}{X - Y}, \quad \frac{\mathrm{d}Y}{\mathrm{d}X} = \frac{1 + Y/X}{1 - Y/X}.$$

令 $u = \dfrac{Y}{X}$, 则 $Y = uX, \dfrac{\mathrm{d}Y}{\mathrm{d}X} = u + X\dfrac{\mathrm{d}u}{\mathrm{d}X}$. 于是得到 u 关于 X 的变量可分离的方程

$$u + X\frac{\mathrm{d}u}{\mathrm{d}X} = \frac{1 + u}{1 - u}, \quad \frac{1 - u}{1 + u^2}\,\mathrm{d}u = \frac{\mathrm{d}X}{X}.$$

两端积分, 得到

$$\arctan u - \frac{1}{2}\ln(1 + u^2) = \ln|X| + \ln|c|, \quad \arctan u = \ln|cX\sqrt{1 + u^2}|,$$

$$cX\sqrt{1 + u^2} = \mathrm{e}^{\arctan u}.$$

由于 $u = \dfrac{Y}{X}, X = x - 2, Y = y - 1$, 于是得到所求通解

$$c\sqrt{(x - 2)^2 + (y - 1)^2} = \mathrm{e}^{\arctan \frac{y-1}{x-2}}.$$

例 10.2.7   求微分方程 $\dfrac{\mathrm{d}y}{\mathrm{d}x} = \dfrac{y-x+1}{y-x+5}$ 的通解.

解   令 $u = y - x$, 则 $\dfrac{\mathrm{d}y}{\mathrm{d}x} = \dfrac{\mathrm{d}u}{\mathrm{d}x} + 1$, 于是, 原方程变形为

$$\frac{\mathrm{d}u}{\mathrm{d}x} + 1 = \frac{u+1}{u+5}, \quad \frac{\mathrm{d}u}{\mathrm{d}x} = \frac{-4}{u+5}, \quad (u+5)\,\mathrm{d}u = -4\,\mathrm{d}x.$$

两端积分得到

$$\frac{1}{2}u^2 + 5u = -4x + c_1, \quad u^2 + 10u + 8x = c \quad (c = 2c_1).$$

代入 $u = y - x$, 便得到原方程的通解

$$(y-x)^2 + 10(y-x) + 8x = c.$$

10.2.3   一阶线性微分方程

按照线性微分方程的定义, 一阶线性微分方程的一般形式应为

$$y' + p(x)y = q(x). \tag{10.2.8}$$

当 $q(x) = 0$ 时, 式 (10.2.8) 成为

$$y' + p(x)y = 0, \tag{10.2.9}$$

称为**一阶齐次线性微分方程**. 当 $q(x) \neq 0$ 时, 又称式 (10.2.8) 为**一阶非齐次线性微分方程**.

先来讨论齐次线性微分方程 (10.2.9) 的解. 由于方程 (10.2.9) 可以分离变量为

$$\frac{\mathrm{d}y}{y} = -p(x)\,\mathrm{d}x,$$

两端积分后, 得到

$$\ln|y| = -\int p(x)\,\mathrm{d}x + \ln|c|,$$

$$y = c\mathrm{e}^{-\int p(x)\,\mathrm{d}x}, \tag{10.2.10}$$

其中 c 为非零常数. 注意到, $y = 0$ 也是方程 (10.2.9) 的特解, 因此, 只要允许 (10.2.10) 中的非零常数 c 可以取零就包含了方程 (10.2.9) 的所有特解.

现在来讨论非齐次线性微分方程 (10.2.8) 的解, 并介绍常微分方程理论中的一种重要方法 —— **常数变易法**.

由于方程 (10.2.8) 与方程 (10.2.9) 类似, 猜想 (10.2.8) 的解应该和 (10.2.10) 的形式一样, 只不过那里的任意常数 c "变易" 成一个待定函数 $c(x)$. 基于这种猜想, 对函数

$$y = c(x)\mathrm{e}^{-\int p(x)\,\mathrm{d}x} \tag{10.2.11}$$

求导, 得到

$$\frac{\mathrm{d}y}{\mathrm{d}x} = c'(x)\mathrm{e}^{-\int p(x)\,\mathrm{d}x} - c(x)p(x)\mathrm{e}^{-\int p(x)\,\mathrm{d}x}.$$

代入方程 (10.2.8) 并化简, 得到

$$c'(x) = q(x)\mathrm{e}^{\int p(x)\,\mathrm{d}x}, \quad c(x) = \int q(x)\mathrm{e}^{\int p(x)\,\mathrm{d}x}\mathrm{d}x + c,$$

其中 c 为任意积分常数. 将上述 $c(x)$ 代入式 (10.2.11), 便得到方程 (10.2.8) 的通解

$$y = \mathrm{e}^{-\int p(x)\,\mathrm{d}x}\left[\int q(x)\mathrm{e}^{\int p(x)\,\mathrm{d}x}\mathrm{d}x + c\right]. \tag{10.2.12}$$

作为一阶非齐次线性微分方程 (10.2.8) 的通解, 式 (10.2.12) 里包含两项: 一项是相应齐次方程的通解 $c\mathrm{e}^{-\int p(x)\,\mathrm{d}x}$, 另一项是非齐次方程 (10.2.8) 的一个 (相应于 $c = 0$) 特解. 10.3 节将要介绍, 高阶线性微分方程也同样具有一阶线性微分方程通解的这种结构. 而且, 常数变易法仍然不失为解高阶线性微分方程的重要方法.

例 10.2.8 求一阶线性微分方程 $xy' + 2y = x\ln x$ 满足 $y(1) = -\dfrac{1}{9}$ 的解.

解 所给方程变形为 $y' + \dfrac{2}{x}y = \ln x$, 直接利用公式 (10.2.12), 得到方程的通解

$$y = \mathrm{e}^{-\int \frac{2}{x}\,\mathrm{d}x}\left[\int \ln x \cdot \mathrm{e}^{\int \frac{2}{x}\,\mathrm{d}x}\mathrm{d}x + c\right]$$

$$= \mathrm{e}^{-2\ln x}\left[\int \ln x \cdot \mathrm{e}^{2\ln x}\mathrm{d}x + c\right] = \frac{1}{x^2}\left[\int x^2 \ln x\,\mathrm{d}x + c\right]$$

$$= \frac{1}{x^2}\left[\frac{1}{3}\int \ln x\,\mathrm{d}(x^3) + c\right] = \frac{1}{x^2}\left[\frac{1}{3}x^3\ln x - \frac{1}{3}\int x^2\,\mathrm{d}x + c\right]$$

$$= \frac{x}{3}\left(\ln x - \frac{1}{3}\right) + \frac{c}{x^2}.$$

由于 $y(1) = -\dfrac{1}{9} + c = -\dfrac{1}{9}$, 因此有 $c = 0$, 所求初始解为 $y = \dfrac{x}{3}\left(\ln x - \dfrac{1}{3}\right)$.

例 10.2.9 求微分方程 $y\,\mathrm{d}x + (1+y)x\,\mathrm{d}y = \mathrm{e}^y\,\mathrm{d}y$ 的通解 $(y > 0)$.

解 所给微分方程中变量 x, y 的地位是平等的, 仅当方程变形为

$$\frac{\mathrm{d}x}{\mathrm{d}y} + \frac{1+y}{y}x = \frac{\mathrm{e}^y}{y}$$

时, 才可利用一阶线性微分方程的通解公式 (10.2.12), 得到

$$x = \mathrm{e}^{-\int \frac{1+y}{y}\,\mathrm{d}y}\left(\int \frac{\mathrm{e}^y}{y}\mathrm{e}^{\int \frac{1+y}{y}\,\mathrm{d}y}\,\mathrm{d}y + c\right)$$

$$= \mathrm{e}^{-(\ln y + y)}\left(\int \frac{\mathrm{e}^y}{y}\mathrm{e}^{\ln y + y}\,\mathrm{d}y + c\right) = \frac{\mathrm{e}^{-y}}{y}\left(\int \mathrm{e}^{2y}\,\mathrm{d}y + c\right)$$

$$= \frac{\mathrm{e}^{-y}}{y}\left(\frac{1}{2}\mathrm{e}^{2y} + c\right) = \frac{\mathrm{e}^y}{2y} + \frac{c\mathrm{e}^{-y}}{y}.$$

应该注意, 本题中的微分方程还有特解 $y = 0$, 但是不在上述通解所表示的范围之内.

借助变量的代换, 可以将一类非线性的一阶微分方程转化成线性的一阶微分方程. 这类非线性的一阶微分方程形如

$$y' + p(x)y = q(x)y^n \quad (n \neq 0, 1), \tag{10.2.13}$$

并称其为**伯努利 (Bernoulli) 方程**.

当 $y \neq 0$ 时, 在方程 (10.2.13) 的两端同除以 y^n, 得到

$$y^{-n}y' + p(x)y^{1-n} = q(x).$$

令 $z = y^{1-n}$, 则 $z' = (1-n)y^{-n}y'$. 在上述方程的两端同乘以 $(1-n)$, 便可变形为以 z 为未知函数, x 为自变量的一阶线性微分方程

$$z' + (1-n)p(x)z = (1-n)q(x),$$

利用式 (10.2.12) 该方程可解再以 y^{1-n} 代替 z 即可得到 Bernoulli 方程 (10.2.13) 的隐式通解.

应该注意, $y = 0$ 也是方程 (10.2.13) 的一个特解, 这个特解往往不被上述通解所包含.

例 10.2.10   求微分方程 $3xy' - y - 3xy^4 \ln x = 0$ 的通解.

解   先将所给方程变形为

$$3y' - \frac{1}{x}y = 3y^4 \ln x, \quad 3y^{-4}y' - \frac{1}{x}y^{-3} = 3\ln x.$$

令 $z = y^{-3}$, 则 $z' = -3y^{-4}y'$. 方程可进一步变形为 z 的一阶线性微分方程

$$z' + \frac{1}{x}z = -3\ln x.$$

利用 (10.2.12) 解此方程, 得到通解

$$\begin{aligned}
z &= \mathrm{e}^{-\int \frac{1}{x}\,\mathrm{d}x}\Big[\int(-3\ln x)\,\mathrm{e}^{\int \frac{1}{x}\,\mathrm{d}x}\,\mathrm{d}x + c\Big] \\
&= \frac{1}{x}\Big[\int(-3)x\ln x\,\mathrm{d}x + c\Big] = \frac{1}{x}\Big[\Big(-\frac{3}{2}\Big)x^2\ln x + \frac{3}{4}x^2 + c\Big] \\
&= \frac{c}{x} - \frac{3}{4}x(2\ln x - 1).
\end{aligned}$$

以 y^{-3} 代替 z, 得到原方程的通解

$$y^{-3} = \frac{c}{x} - \frac{3}{4}x(2\ln x - 1), \quad xy^{-3} + \frac{3}{4}x^2(2\ln x - 1) = c.$$

上述通解中并不包括方程的特解 $y = 0$.

变量代换是数学研究中常见的重要方法. 在求解微分方程的过程中, 可以通过变量代换改变未知函数, 改变自变量, 将方程变成可分离变量的形式或是其他任何一种可求解的形式. 在齐次方程求解和 Bernoulli 方程求解时, 这种灵活而有效的方法曾不止一次地发挥作用, 以下再给出一个例子.

例 10.2.11 利用变量代换解下列微分方程:

(1) $\dfrac{\mathrm{d}y}{\mathrm{d}x} = \dfrac{3x^2 + y^2 - 6x + 3}{2xy - 2y}$; (2) $x\dfrac{\mathrm{d}y}{\mathrm{d}x} + y = y(\ln x + \ln y)$.

解 (1) 这是一阶非线性的微分方程, 先变形为

$$\frac{\mathrm{d}y}{\mathrm{d}x} = \frac{3(x-1)^2 + y^2}{2(x-1)y}.$$

令 $x - 1 = t$, 则 $\dfrac{\mathrm{d}y}{\mathrm{d}x} = \dfrac{\mathrm{d}y}{\mathrm{d}t} \cdot \dfrac{\mathrm{d}t}{\mathrm{d}x} = \dfrac{\mathrm{d}y}{\mathrm{d}t}$, 于是上述方程可改写成齐次方程

$$\frac{\mathrm{d}y}{\mathrm{d}t} = \frac{3t^2 + y^2}{2ty}.$$

再令 $u = \dfrac{y}{t}$, 将上述齐次方程变成可分离变量的方程

$$u + t\frac{\mathrm{d}u}{\mathrm{d}t} = \frac{3 + u^2}{2u}, \quad t\frac{\mathrm{d}u}{\mathrm{d}t} = \frac{3 - u^2}{2u}, \quad \frac{2u\,\mathrm{d}u}{3 - u^2} = \frac{\mathrm{d}t}{t}.$$

两端积分, 得到

$$\int \frac{2u\,\mathrm{d}u}{3 - u^2} = \int \frac{\mathrm{d}t}{t}, \quad -\ln|3 - u^2| = \ln|t| - \ln|c|, \quad t(3 - u^2) = c,$$

其中 c 为任意常数[①]. 由于 $t = x - 1, u = \dfrac{y}{x-1}$, 因此得到原方程的通解

$$3(x-1)^2 - y^2 = c(x-1).$$

(2) 令 $z = xy$, 则 $z' = y + xy', y = \dfrac{z}{x}$. 于是所给方程变形为以 z 为未知函数的可分离变量的方程

$$z' = \frac{z}{x}\ln z, \quad \frac{\mathrm{d}z}{z\ln z} = \frac{\mathrm{d}x}{x}.$$

两端积分, 得到

$$\int \frac{\mathrm{d}z}{z\ln z} = \int \frac{\mathrm{d}x}{x}, \quad \ln|\ln z| = \ln x + \ln c_1,$$

$$\ln z = cx \ (c = \pm c_1), \quad z = \mathrm{e}^{cx} \ (c \neq 0).$$

由于 $y = \dfrac{z}{x}$, 且 $y = \dfrac{1}{x}$ 也是原方程的解, 因此得到原方程的通解为 $y = \dfrac{\mathrm{e}^{cx}}{x}$, 其中 c 为任意常数.

---

① 从前面的推理看, c 似乎只能是取非零常数. 但从后面得到的隐式通解中不难看出, 当 $c = 0$ 时, $3(x-1)^2 - y^2 = 0$ 仍是原方程的隐式解, 即 c 也可以取零.

10.2.4　全微分方程

如果一阶微分方程

$$P(x,y)\,\mathrm{d}x + Q(x,y)\,\mathrm{d}y = 0 \tag{10.2.14}$$

的左端恰为某个二元函数 $u(x,y)$ 的全微分, 即

$$\mathrm{d}u(x,y) = P(x,y)\,\mathrm{d}x + Q(x,y)\,\mathrm{d}y,$$

则称方程 (10.2.14) 为**全微分方程**, 也称**恰当微分方程**. 此时方程 (10.2.14) 可以写成

$$\mathrm{d}u(x,y) = 0. \tag{10.2.14'}$$

当函数 $u(x,y)$ 满足方程 (10.2.14′) 时, $u(x,y)$ 关于 x,y 的偏导数均为零, 因此只能等于常数, 即

$$u(x,y) = c \quad (c \text{ 为任意常数}). \tag{10.2.15}$$

反之, 当函数 $u(x,y)$ 恒为常数 c 时, $u(x,y)$ 关于 x,y 的偏导数均为零, 进而全微分也为零, 满足方程 (10.2.14′). 这就说明 (10.2.15) 式应该是全微分方程 (10.2.14′), 进而也是方程 (10.2.14) 的隐式通解.

由第 8 章平面曲线积分与路径无关的等价命题知, 当函数 $P(x,y),Q(x,y)$ 在平面单连通区域 G 内存在连续偏导数时, 方程 (10.2.14) 成为全微分方程的充要条件是在区域 G 内恒有

$$\frac{\partial P}{\partial y} \equiv \frac{\partial Q}{\partial x}. \tag{10.2.16}$$

方程 (10.2.14) 满足条件 (10.2.16) 成为全微分方程时, 寻求函数 $u(x,y)$ 的方法很多, 以下仅作简略介绍.

1. 利用平面曲线积分计算函数 $u(x,y)$

条件 (10.2.16) 保证了函数 $u(x,y)$ 的存在, 同时也给出了计算 $u(x,y)$ 的公式

$$u(x,y) = \int_{(x_0,y_0)}^{(x,y)} P(x,y)\,\mathrm{d}x + Q(x,y)\,\mathrm{d}y,$$

其中 (x_0,y_0) 是区域 G 内任意取定的点. 由此得到方程 (10.2.14) 的隐式通解为

$$\int_{(x_0,y_0)}^{(x,y)} P(x,y)\,\mathrm{d}x + Q(x,y)\,\mathrm{d}y = c. \tag{10.2.17}$$

如果给定初始条件 $y(x_0) = y_0$, 则方程 (10.2.14) 满足此条件的隐式特解为

$$\int_{(x_0,y_0)}^{(x,y)} P(x,y)\,\mathrm{d}x + Q(x,y)\,\mathrm{d}y = 0. \tag{10.2.18}$$

例 10.2.12　求解下列初值问题

$$
\begin{cases}
\dfrac{2x}{y^3}\,\mathrm{d}x + \dfrac{y^2 - 3x^2}{y^4}\,\mathrm{d}y = 0, \\[2mm]
y(0) = -1.
\end{cases}
$$

解　由于

$$
\frac{\partial}{\partial y}\Big(\frac{2x}{y^3}\Big) = -\frac{6x}{y^4}, \quad \frac{\partial}{\partial x}\Big(\frac{y^2 - 3x^2}{y^4}\Big) = -\frac{6x}{y^4}.
$$

条件 (10.2.16) 当 $y \neq 0$ 时被满足, 因此在 x 轴所划分的上半平面和下半平面内, 所给方程是全微分方程. 按照 (10.2.18) 式计算曲线积分

$$
\begin{aligned}
u(x, y) &= \int_{(0,-1)}^{(x,y)} \frac{2x}{y^3}\,\mathrm{d}x + \frac{y^2 - 3x^2}{y^4}\,\mathrm{d}y \\
&= \int_{(0,-1)}^{(x,-1)} (-2x)\,\mathrm{d}x + \int_{(x,-1)}^{(x,y)} \frac{y^2 - 3x^2}{y^4}\,\mathrm{d}y = \frac{x^2}{y^3} - \frac{1}{y} - 1,
\end{aligned}
$$

由此得到所求的初值问题的隐式解为

$$
\frac{x^2}{y^3} - \frac{1}{y} - 1 = 0 \quad (y < 0).
$$

2. 利用直接积分法求函数 $u(x,y)$

所求的函数 $u(x,y)$ 要满足两个条件:

$$
\frac{\partial u}{\partial x} = P(x, y), \quad \frac{\partial u}{\partial y} = Q(x, y).
$$

为满足第一个条件, $u(x,y)$ 应形如

$$
u(x, y) = \int P(x, y)\,\mathrm{d}x + c(y),
$$

其中 $c(y)$ 为待定的一元函数. 为确定 $c(y)$, 再令 $u(x,y)$ 满足第二个条件, 即

$$
\frac{\partial u}{\partial y} = \frac{\partial}{\partial y}\Big(\int P(x, y)\,\mathrm{d}x\Big) + c'(y) = Q(x, y),
$$

$$
c'(y) = Q(x, y) - \frac{\partial}{\partial y}\Big(\int P(x, y)\,\mathrm{d}x\Big).
$$

两端对 y 积分[①], 便可确定 $c(y)$ 为

$$
c(y) = \int \Big[Q(x, y) - \frac{\partial}{\partial y}\Big(\int P(x, y)\,\mathrm{d}x\Big)\Big]\,\mathrm{d}y + c_1,
$$

[①] 由条件 (10.2.16) 易证上式右端只是 y 的一元函数, 并不依赖于 x. 这是因为

$$
\frac{\partial}{\partial x}\Big[Q - \frac{\partial}{\partial y}\Big(\int P\,\mathrm{d}x\Big)\Big] = \frac{\partial Q}{\partial x} - \frac{\partial}{\partial x}\Big[\frac{\partial}{\partial y}\Big(\int P\,\mathrm{d}x\Big)\Big]
$$

$$
= \frac{\partial Q}{\partial x} - \frac{\partial}{\partial y}\Big[\frac{\partial}{\partial x}\Big(\int P\,\mathrm{d}x\Big)\Big] = \frac{\partial Q}{\partial x} - \frac{\partial P}{\partial y} = 0.
$$

其中 c_1 为任意常数.

例 10.2.13　求微分方程 $(a^2 - 2xy - y^2)\,\mathrm{d}x - (x+y)^2\,\mathrm{d}y = 0$ 的通解.

解　由于

$$\frac{\partial}{\partial y}(a^2 - 2xy - y^2) = -2x - 2y, \quad \frac{\partial}{\partial x}[-(x+y)^2] = -2x - 2y,$$

知所给方程为全微分方程. 由 $\dfrac{\partial u}{\partial x} = a^2 - 2xy - y^2$, 知

$$u(x,y) = \int (a^2 - 2xy - y^2)\,\mathrm{d}x + c(y) = a^2 x - x^2 y - y^2 x + c(y),$$

由于 $\dfrac{\partial u}{\partial y} = -x^2 - 2xy + c'(y) = -(x+y)^2, \quad c'(y) = -y^2$, 得到

$$c(y) = \int (-y^2)\,\mathrm{d}y = -\frac{y^3}{3} + c_1,$$

$$u(x,y) = a^2 x - x^2 y - y^2 x - \frac{y^3}{3} + c_1.$$

由此可见所求通解为

$$a^2 x - x^2 y - y^2 x - \frac{y^3}{3} + c = 0.$$

3. 利用分项组合凑微分的方法求函数 $u(x,y)$

先来观察一组二元函数的全微分:

$$\mathrm{d}(x+y) = \mathrm{d}x + \mathrm{d}y, \qquad \mathrm{d}(xy) = y\,\mathrm{d}x + x\,\mathrm{d}y,$$

$$\mathrm{d}\left(\frac{x}{y}\right) = \frac{y\,\mathrm{d}x - x\,\mathrm{d}y}{y^2}, \qquad \mathrm{d}\left(\frac{y}{x}\right) = \frac{x\,\mathrm{d}y - y\,\mathrm{d}x}{x^2},$$

$$\mathrm{d}\left(\ln\frac{x}{y}\right) = \frac{y\,\mathrm{d}x - x\,\mathrm{d}y}{xy}, \quad \mathrm{d}\left(\arctan\frac{x}{y}\right) = \frac{y\,\mathrm{d}x - x\,\mathrm{d}y}{x^2 + y^2}.$$

上述各式从左到右的运算是在求某个二元函数的全微分; 从右到左的运算, 则是寻找一个二元函数 $u(x,y)$, 使其全微分恰为右端已知函数. 不应忘记, 这正是解全微分方程的关键步骤. 已知一个全微分方程, 可以采取 "分项组合" 的办法, 凑成若干个全微分的代数和, 最终找到函数 $u(x,y)$.

例 10.2.14　求微分方程 $(3x^2 + 6xy^2)\,\mathrm{d}x + (6x^2 y + 4y^3)\,\mathrm{d}y = 0$ 的通解.

解　由于

$$\frac{\partial}{\partial y}(3x^2 + 6xy^2) = 12xy, \quad \frac{\partial}{\partial x}(6x^2 y + 4y^3) = 12xy,$$

知所给方程为全微分方程. 将该方程左端展开, 并重新分项组合后凑微分:

$$3x^2\,\mathrm{d}x + 6xy^2\,\mathrm{d}x + 6x^2y\,\mathrm{d}y + 4y^3\,\mathrm{d}y = 0,$$

$$\mathrm{d}(x^3) + \mathrm{d}(y^4) + [3y^2\mathrm{d}(x^2) + 3x^2\mathrm{d}(y^2)] = 0,$$

$$\mathrm{d}(x^3) + \mathrm{d}(y^4) + \mathrm{d}(3x^2y^2) = 0, \quad \mathrm{d}(x^3 + y^4 + 3x^2y^2) = 0.$$

由此得到方程的通解

$$x^3 + y^4 + 3x^2y^2 = c, \quad c \text{ 为任意常数}.$$

既然全微分方程有上述多种解法, 如果能够将一个并不满足条件 (10.2.16) 的微分方程转化成全微分方程, 当然是一件很有意义的工作.

当微分方程 (10.2.14) 并不满足条件 (10.2.16) 时, 如果存在非零函数 $\mu(x,y)$, 在方程 (10.2.14) 的两端同时乘以 $\mu(x,y)$ 后所得到的方程

$$\mu(x,y)P(x,y)\,\mathrm{d}x + \mu(x,y)Q(x,y)\,\mathrm{d}y = 0$$

成为全微分方程, 称函数 $\mu(x,y)$ 为方程 (10.2.14) 的**积分因子**.

例如, 微分方程

$$y\,\mathrm{d}x - x\,\mathrm{d}y = 0$$

不满足条件 (10.2.16), 因而不是全微分方程. 但是从前面几个全微分表达式可以看到, 用函数 $\dfrac{1}{x^2}$ 乘以方程的两端, 便得到

$$\frac{1}{x^2}\left(y\,\mathrm{d}x - x\,\mathrm{d}y\right) = 0,$$

即

$$\mathrm{d}\left(-\frac{y}{x}\right) = 0,$$

这就成了全微分方程, 立刻得到通解 $y = cx$. 由此可见, 函数 $\dfrac{1}{x^2}$ 便是方程的积分因子. 类似地, 函数

$$\frac{1}{y^2}, \quad \frac{1}{xy}, \quad \frac{1}{x^2+y^2},$$

都可以成为这个方程的积分因子.

积分因子的选择没有一般的方法, 对于一些简单的方程来说, 可以使用前面"分项组合"的办法, 将问题简化以后再观察它的积分因子, 当然这需要一定的技巧.

例 10.2.15 利用积分因子的方法求微分方程

$$x\,\mathrm{d}x + y\,\mathrm{d}y + x\,\mathrm{d}y - y\,\mathrm{d}x = 0$$

的通解.

解　先将微分方程左端的前两项凑成全微分：$x\,\mathrm{d}x + y\,\mathrm{d}y = \dfrac{1}{2}\,\mathrm{d}(x^2 + y^2)$. 如果将后两项乘以 $\dfrac{1}{x^2 + y^2}$，则可以凑成 $\arctan\dfrac{y}{x}$ 的全微分. 若同时将这个因式乘在前两项，仍然能凑成全微分. 于是取积分因子为 $\mu(x, y) = \dfrac{1}{x^2 + y^2}$. 这样便有

$$\frac{x\,\mathrm{d}x + y\,\mathrm{d}y}{x^2 + y^2} + \frac{x\,\mathrm{d}y - y\,\mathrm{d}x}{x^2 + y^2} = 0,$$

$$\frac{1}{2}\frac{\mathrm{d}(x^2 + y^2)}{x^2 + y^2} + \mathrm{d}\left(\arctan\frac{y}{x}\right) = 0,$$

$$\mathrm{d}\left[\frac{1}{2}\ln(x^2 + y^2)\right] + \mathrm{d}\left(\arctan\frac{y}{x}\right) = 0,$$

$$\mathrm{d}\left[\frac{1}{2}\ln(x^2 + y^2) + \arctan\frac{y}{x}\right] = 0.$$

由此得到方程的通解为

$$\frac{1}{2}\ln(x^2 + y^2) + \arctan\frac{y}{x} = c,$$

其中 c 为任意常数.

习　题　10.2

1. 利用分离变量法求下列微分方程的解：

(1) $\dfrac{\mathrm{d}y}{\mathrm{d}x} = 2xy$;

(2) $\dfrac{\mathrm{d}y}{\mathrm{d}x} = -\dfrac{x}{y}$;

(3) $\dfrac{\mathrm{d}y}{\mathrm{d}x} = p(x)y$ (其中$p(x)$是x的连续函数);

(4) $\dfrac{\mathrm{d}y}{\mathrm{d}x} = \dfrac{1 + y^2}{1 - x^2}$;

(5) $y\mathrm{d}x + (x^2 - 4x)\mathrm{d}y = 0$;

(6) $\cos x \sin y\mathrm{d}x + \sin x \cos y\mathrm{d}y = 0$;

(7) $(1 + y^2)x\mathrm{d}x + (1 + x^2)y\mathrm{d}y = 0$;

(8) $\dfrac{\mathrm{d}y}{\mathrm{d}x} = \mathrm{e}^{x-y}$;

(9) $x\dfrac{\mathrm{d}y}{\mathrm{d}x} - y\ln y = 0$;

(10) $\sqrt{x}\dfrac{\mathrm{d}y}{\mathrm{d}x} = \mathrm{e}^{y+\sqrt{x}}$.

2. 利用分离变量法求下列微分方程满足所给初始条件的特解：

(1) $\dfrac{\mathrm{d}y}{\mathrm{d}x} = y^2\cos x, y|_{x=0} = 1$;

(2) $y^2\mathrm{d}x + (x + 1)\mathrm{d}y = 0, y|_{x=0} = 1$;

(3) $\dfrac{\mathrm{d}y}{\mathrm{d}x} = (1 + y^2)\mathrm{e}^x, y|_{x=0} = 0$;

(4) $\cos y\mathrm{d}x + (1 + \mathrm{e}^{-x})\sin y\mathrm{d}y = 0, y|_{x=0} = \dfrac{\pi}{4}$.

3. 放射性元素铀由于不断地有原子放射出微粒子而变成其他元素，铀的含量就不断减少，这种现象叫衰变. 由原子物理学知道，铀的衰变速度与当时未衰变的原子的含量 M 成正比. 已知 $t = 0$ 时铀的含量为 M_0，求在衰变过程中铀含量 $M(t)$ 随时间 t 变化的规律.

4. 一曲线通过点 $(2,3)$, 它在两坐标轴间的任一切线线段均被切点所平分, 求这曲线方程.

5. 求下列齐次方程的通解:

(1) $y^2 + x^2 \dfrac{\mathrm{d}y}{\mathrm{d}x} = xy \dfrac{\mathrm{d}y}{\mathrm{d}x}$;

(2) $\dfrac{\mathrm{d}y}{\mathrm{d}x} = \dfrac{y}{x} + \tan \dfrac{y}{x}$;

(3) $(1 + \mathrm{e}^{-\frac{x}{y}}) y \mathrm{d}x + (y - x) \mathrm{d}y = 0$;

(4) $(x^2 + y^2) \mathrm{d}x - xy \mathrm{d}y = 0$;

(5) $(x - y \cos \dfrac{y}{x}) \mathrm{d}x + x \cos \dfrac{y}{x} \mathrm{d}y = 0$;

(6) $x \dfrac{\mathrm{d}y}{\mathrm{d}x} = y \ln \dfrac{y}{x}$.

6. 求下列齐次方程满足所给初始条件的特解:

(1) $\dfrac{\mathrm{d}y}{\mathrm{d}x} = 2\sqrt{\dfrac{y}{x}} + \dfrac{y}{x}$, $\quad y|_{x=1} = 1$;

(2) $(x^2 + 2xy - y^2) \mathrm{d}x + (y^2 + 2xy - x^2) \mathrm{d}y = 0$, $\quad y|_{x=1} = 1$.

7. 化下列方程为齐次方程, 并求出通解:

(1) $\dfrac{\mathrm{d}y}{\mathrm{d}x} = -\dfrac{2x + y - 4}{x + y - 1}$;

(2) $\dfrac{\mathrm{d}y}{\mathrm{d}x} = -\dfrac{x + y}{3x + 3y - 4}$;

(3) $\dfrac{\mathrm{d}y}{\mathrm{d}x} = \dfrac{x - y + 1}{x + y - 3}$.

8. 求下列一阶线性微分方程的通解:

(1) $\dfrac{\mathrm{d}y}{\mathrm{d}x} - \dfrac{2y}{x+1} = (x+1)^{\frac{5}{2}}$;

(2) $(x+1) \dfrac{\mathrm{d}y}{\mathrm{d}x} - ny = \mathrm{e}^x (x+1)^{n+1}$ (n为常数);

(3) $\dfrac{\mathrm{d}y}{\mathrm{d}x} = \dfrac{y}{2x - y^2}$;

(4) $\dfrac{\mathrm{d}y}{\mathrm{d}x} + \dfrac{y}{x} = x^3$;

(5) $\dfrac{\mathrm{d}y}{\mathrm{d}x} - \dfrac{2y}{x+1} = (x+1)^3$;

(6) $\dfrac{\mathrm{d}y}{\mathrm{d}x} + \dfrac{y}{x} = \mathrm{e}^{-x^2}$;

(7) $\dfrac{\mathrm{d}y}{\mathrm{d}x} = \dfrac{1}{x \cos y + \sin 2y}$;

(8) $y \ln y \mathrm{d}x + (x - \ln y) \mathrm{d}y = 0$.

9. 求下列一阶线性微分方程满足所给初始条件的特解:

(1) $\dfrac{\mathrm{d}y}{\mathrm{d}x} + 2y = 3$, $\quad y|_{x=0} = 1$;

(2) $x \dfrac{\mathrm{d}y}{\mathrm{d}x} - y = 2x \ln x$, $\quad y|_{x=1} = 0$;

(3) $x \dfrac{\mathrm{d}y}{\mathrm{d}x} = x^2 + 3y$, $\quad y|_{x=1} = 0$;

(4) $\dfrac{\mathrm{d}y}{\mathrm{d}x} + y \cot x = 5\mathrm{e}^{\cos x}$, $\quad y|_{x=\frac{\pi}{2}} = -4$.

10. 一曲线通过原点 $(0,0)$, 它在任一点 (x, y) 处切线的斜率为 $2x + y$, 求这曲线方程.

11. 求下列伯努利方程的通解:

(1) $\dfrac{\mathrm{d}y}{\mathrm{d}x} + \dfrac{y}{x} = a(\ln x)y^2$;

(2) $\dfrac{\mathrm{d}y}{\mathrm{d}x} = 6\dfrac{y}{x} - xy^2$;

(3) $\dfrac{\mathrm{d}y}{\mathrm{d}x} = \dfrac{x^4 + y^3}{xy^2}$;

(4) $\dfrac{\mathrm{d}y}{\mathrm{d}x} + xy = x^3 y^3$;

(5) $x \mathrm{d}y - [y + xy^3(1 + \ln x)] \mathrm{d}x = 0$.

12. 利用适当的变量代换求下列微分方程的通解:

(1) $\dfrac{\mathrm{d}y}{\mathrm{d}x} = \dfrac{1}{x + y}$;

(2) $\dfrac{\mathrm{d}y}{\mathrm{d}x} = \dfrac{1}{xy \sin^2(xy^2)} - \dfrac{y}{2x}$;

(3) $x\dfrac{\mathrm{d}y}{\mathrm{d}x} - y[\ln(xy) - 1] = 0;$ (4) $\dfrac{\mathrm{d}y}{\mathrm{d}x} = \dfrac{x}{\cos y} - \tan y;$

(5) $\dfrac{\mathrm{d}y}{\mathrm{d}x} = y^2 + 2(\sin x - 1)y + \sin^2 x - 2\sin x - \cos x + 1.$

13. 判断下列方程中哪些是全微分方程, 并求全微分方程的通解:

(1) $(5x^4 + 3xy^2 - y^3)\mathrm{d}x + (3x^2 y - 3xy^2 + y^2)\mathrm{d}y = 0;$

(2) $\left(\cos x + \dfrac{1}{y}\right)\mathrm{d}x + \left(\dfrac{1}{y} - \dfrac{x}{y^2}\right)\mathrm{d}y = 0;$

(3) $y(x - 2y)\mathrm{d}x - x^2\mathrm{d}y = 0;$

(4) $\left(\dfrac{1}{y}\sin\dfrac{x}{y} - \dfrac{y}{x^2}\cos\dfrac{y}{x} + 1\right)\mathrm{d}x + \left(\dfrac{1}{x}\cos\dfrac{y}{x} - \dfrac{x}{y^2}\sin\dfrac{x}{y} + \dfrac{1}{y^2}\right)\mathrm{d}y = 0;$

(5) $2x(y\mathrm{e}^{x^2} - 1)\mathrm{d}x + \mathrm{e}^{x^2}\mathrm{d}y = 0;$

(6) $(x^2 + y^2)\mathrm{d}x + xy\mathrm{d}y = 0.$

14. 利用积分因子的方法求下列微分方程的通解:

(1) $\dfrac{\mathrm{d}y}{\mathrm{d}x} = -\dfrac{x}{y} + \sqrt{1 + \left(\dfrac{x}{y}\right)^2}\ (y > 0);$ (2) $y\mathrm{d}x + (y - x)\mathrm{d}y = 0;$

(3) $(1 + xy)y\mathrm{d}x + (1 - xy)x\mathrm{d}y = 0;$ (4) $y\mathrm{d}x - x\mathrm{d}y + y^2 x\mathrm{d}x = 0;$

(5) $x\mathrm{d}x + y\mathrm{d}y = (x^2 + y^2)\mathrm{d}x.$

15. 验证 $\mu(x) = \mathrm{e}^{\int p(x)\mathrm{d}x}$ 是一阶线性微分方程 $y' + p(x)y = q(x)$ 的积分因子, 并求方程 $y' - y\tan x = x$ 的通解.

16. 验证 $\mu(x, y) = \dfrac{1}{xy[f(xy) - g(xy)]}$ 是微分方程 $yf(xy)\mathrm{d}x + xg(xy)\mathrm{d}y$ 的积分因子, 并求方程 $y(x^2 y^2 + 2)\mathrm{d}x + x(2 - 2x^2 y^2)\mathrm{d}y = 0$ 的通解.

17. 验证 $\mu(x, y) = y^{-n}\mathrm{e}^{(1-n)\int p(x)\mathrm{d}x}$ 是伯努利方程 $y' + p(x)y = q(x)y^n$ 的积分因子.

§10.3　高阶微分方程

n 阶微分方程的一般形式为

$$F(x, y, y', \cdots y^{(n)}) = 0. \tag{10.3.1}$$

当 $n \geqslant 2$ 时, 方程 (10.3.1) 称为**高阶微分方程**. 寻求高阶微分方程 (10.3.1) 的通解要比一阶微分方程困难得多. 本节将介绍部分特殊的高阶微分方程的求解方法, 其中主要以二阶线性微分方程为主, 首先看一些可降阶的高阶微分方程.

10.3.1 可降阶的高阶微分方程

如果通过变量代换, 积分或其他一些方法能将 n 阶微分方程变形为 $n-1$ 阶微分方程, 我们称其为**可降阶**. 为叙述和阅读上的方便, 本小节以二阶微分方程的降阶方法为例, 这些方法可以推广到 n 阶微分方程中去.

1. **方程** $y'' = f(x)$

$$y'' = f(x). \tag{10.3.2}$$

是已解出未知函数二阶导函数的情况, 而且方程中不包含未知函数 y 和一阶导函数 y'. 此时, 只要作一次积分就可降阶为一阶微分方程, 继续积分, 问题可解.

$$y' = \int f(x)\,\mathrm{d}x + c_1, \quad y = \int \left[\int f(x)\,\mathrm{d}x \right] \mathrm{d}x + c_1 x + c_2,$$

其中 c_1, c_2 为任意常数.

例 10.3.1 求微分方程 $y'' = 2x \ln x$ 的通解.

解 在方程两端直接积分, 得到

$$y' = \int 2x \ln x\,\mathrm{d}x = \int \ln x\,\mathrm{d}(x^2)$$

$$= x^2 \ln x - \int x\,\mathrm{d}x = x^2 \ln x - \frac{x^2}{2} + c_1.$$

再次积分得到

$$y = \int x^2 \ln x\,\mathrm{d}x - \int \frac{x^2}{2}\,\mathrm{d}x + c_1 x + c_2 = \frac{1}{3}x^3 \ln x - \frac{5x^3}{18} + c_1 x + c_2.$$

2. **方程** $y'' = f(x, y')$

$$y'' = f(x, y'). \tag{10.3.3}$$

是不显含未知函数 y 的二阶微分方程. 以 y' 为新的未知函数, 方程便可降阶. 令 $y' = p$, 则 $y'' = p'$. 方程 (10.3.3) 变形为一阶微分方程

$$p' = f(x, p).$$

如果它的隐式通解为 $F(x, p, c_1) = 0$, 则又得到一个 y 的一阶方程

$$F(x, y', c_1) = 0.$$

解之, 便得到方程 (10.3.3) 的通解.

例 10.3.2 求解微分方程 $xy'' = y' + x^2$ 满足条件 $y(1) = 1, y'(1) = 2$ 的初始解.

解 令 $p = y'$, 则原方程变形为 p 的一阶线性微分方程

$$xp' = p + x^2, \quad p' - \frac{1}{x}p = x.$$

解之, 得到通解

$$p = e^{\int \frac{dx}{x}} \left[\int x e^{\int - \frac{dx}{x}} \, dx + c \right] = x(x + c) = x^2 + cx.$$

再次对 x 积分, 得到

$$y = \frac{x^3}{3} + c_1 x^2 + c_2 \quad \left(c_1 = \frac{c}{2} \right).$$

利用初始条件 $y(1) = 1, y'(1) = 2$, 得到 $c_1 = \frac{1}{2}, c_2 = \frac{1}{6}$. 于是得到所求初始解为

$$y = \frac{x^3}{3} + \frac{1}{2}x^2 + \frac{1}{6}.$$

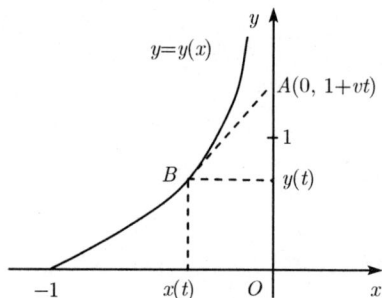

图 10.3　例 10.3.3 的图示

例 10.3.3　火箭 A 从点 $(0, 1)$ 沿 y 轴铅直向上发射, 速度大小为常数 v. 另一飞行物 B 从点 $(-1, 0)$ 处与火箭 A 同时发射, 方向始终指向火箭 A, 速度大小为 $2v$ (图 10.3). 试求飞行物 B 的运动轨迹 $y = y(x)$.

解　设飞行物 B 在 O-xy 平面内的运动方程为 $x = x(t), y = y(t)$, 其中参数 t 表示时间, 点 (x, y) 表示 B 位置. 从上述参数方程中消掉参数 t 以后, 便得到飞行物 B 的运动轨迹 $y = y(x)$.

记 B 的速度为向量 $\boldsymbol{v}(t) = \{x'(t), y'(t)\}$, 则速度的大小 $2v$ 应为 $\boldsymbol{v}(t)$ 的模:

$$|\boldsymbol{v}(t)| = \sqrt{[x'(t)]^2 + [y'(t)]^2} = 2v.$$

曲线 $y = y(x)$ 作为飞行物 B 的运动轨迹, 它的弧微分可以用两种形式表示为

$$ds = \sqrt{[x'(t)]^2 + [y'(t)]^2} dt \text{ 或 } ds = \sqrt{1 + [y'(x)]^2} dx,$$

于是得到

$$\frac{ds}{dt} = \sqrt{[x'(t)]^2 + [y'(t)]^2} = |\boldsymbol{v}(t)| = 2v^{[1]}.$$

进而有

$$\frac{dx}{dt} = \frac{dx}{ds} \cdot \frac{ds}{dt} = \frac{ds}{dt} \bigg/ \frac{ds}{dx} = \frac{2v}{\sqrt{1 + [y'(x)]^2}}, \quad \frac{dt}{dx} = \frac{\sqrt{1 + [y'(x)]^2}}{2v}.$$

---

[1] 这实际上说明飞行物 B 的运动速度的大小等于 B 所通过的弧长关于时间 t 的变化率.

注意到火箭 A 在时刻 t 的坐标为 $(0, 1 + vt)$, 而飞行物 B 速度 $v(t)$ 始终指向 A 点, 也就是说, 曲线 $y = y(x)$ 在 B 点的切线为 BA, 即

$$\frac{\mathrm{d}y}{\mathrm{d}x} = \frac{1 + vt - y}{0 - x} = \frac{y - (1 + vt)}{x}, \quad x\frac{\mathrm{d}y}{\mathrm{d}x} = y - (1 + vt).$$

两端对 x 求导, 得到

$$y' + xy'' = y' - v\frac{\mathrm{d}t}{\mathrm{d}x}, \quad xy'' + v\frac{\mathrm{d}t}{\mathrm{d}x} = 0.$$

代入 $\dfrac{\mathrm{d}t}{\mathrm{d}x} = \dfrac{\sqrt{1 + [y'(x)]^2}}{2v}$, 得到 $y = y(x)$ 所满足的二阶微分方程

$$xy'' + \frac{1}{2}\sqrt{1 + [y'(x)]^2} = 0.$$

显然这是不包含未知函数 y 形如 (10.3.3) 的方程. 令 $p = y'$, 上述方程变形为可分离变量的一阶微分方程

$$xp' + \frac{1}{2}\sqrt{1 + p^2} = 0, \quad \frac{\mathrm{d}p}{\sqrt{1 + p^2}} = -\frac{\mathrm{d}x}{2x}.$$

由于 $-1 \leqslant x \leqslant 0$, 上式两端积分后得到

$$\ln(p + \sqrt{1 + p^2}) = -\frac{1}{2}\ln(-x) + \ln c_1,$$

$$p + \sqrt{1 + p^2} = c_1(-x)^{-\frac{1}{2}}, \quad \sqrt{1 + p^2} = c_1(-x)^{-\frac{1}{2}} - p,$$

$$p = \frac{1}{2}\left(\frac{c_1}{\sqrt{-x}} - \frac{\sqrt{-x}}{c_1}\right).$$

考虑到问题的初始条件 $y'(-1) = p(-1) = 1$, 得到 $c_1 = 1 \pm \sqrt{2}$, 并舍去其中不合题意的负号. 于是得到所求函数 $y(x)$ 满足的一阶方程

$$y' = \frac{1 + \sqrt{2}}{2}(-x)^{-\frac{1}{2}} - \frac{1}{2(1 + \sqrt{2})}(-x)^{\frac{1}{2}},$$

再次积分得到

$$y = -(1 + \sqrt{2})(-x)^{\frac{1}{2}} + \frac{\sqrt{2} - 1}{3}(-x)^{\frac{3}{2}} + c_2.$$

由初始条件 $y(-1) = 0$ 得到 $c_2 = \dfrac{2}{3}(2 + \sqrt{2})$, 可见飞行物 B 的运动轨迹为

$$y = -(1 + \sqrt{2})(-x)^{\frac{1}{2}} + \frac{\sqrt{2} - 1}{3}(-x)^{\frac{3}{2}} + \frac{2}{3}(2 + \sqrt{2}).$$

3. 方程 $y'' = f(y, y')$

$$y'' = f(y, y'). \tag{10.3.4}$$

是不显含自变量 x 的二阶微分方程. 此时, 令 $p = y'$ 作为未知函数, 以 y 为自变量, 则方程 (10.3.4) 可降阶. 令 $y' = p$, 则

$$y'' = \frac{\mathrm{d}p}{\mathrm{d}x} = \frac{\mathrm{d}p}{\mathrm{d}y} \cdot \frac{\mathrm{d}y}{\mathrm{d}x} = p\frac{\mathrm{d}p}{\mathrm{d}y}.$$

于是方程 (10.3.4) 可变形为 p 关于 y 的一阶方程

$$p\frac{\mathrm{d}p}{\mathrm{d}y} = f(y, p).$$

求出它的通解后, 继续解 y 的一阶微分方程.

例 10.3.4 函数 $y(x)$ $(x \geqslant 0)$ 二阶可导且 $y'(x) > 0$, $y(0) = 1$. 过曲线 $y = y(x)$ 上任意一点 $P(x, y)$ 作该曲线的切线以及 x 轴的垂线. 这两条直线与 x 轴所围成的三角形面积记为 S_1, 区间 $[0, x]$ 上以 $y = y(x)$ 为曲边的曲边梯形面积记为 S_2, 如果 $2S_1 - S_2 = 1$. 试求此曲线 $y = y(x)$ 的方程.

解 如图 10.4 所示, 过曲线 $y = y(x)$ 上点 $P(x, y(x))$ 的切线方程为

$$Y - y(x) = y'(x)(X - x).$$

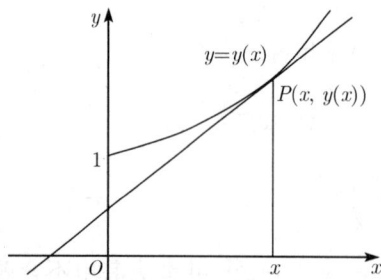

图 10.4 例 10.3.4 的图示

该切线与 x 轴的交点为 $\left(x - \dfrac{y(x)}{y'(x)}, 0\right)$, 由此得到

$$S_1 = \frac{1}{2}\left\{x - \left[x - \frac{y(x)}{y'(x)}\right]\right\}y(x) = \frac{y^2(x)}{2y'(x)}.$$

由于 $S_2 = \displaystyle\int_0^x y(t)dt$ 以及 $2S_1 - S_2 = 1$, 因此有

$$\frac{y^2}{y'} - \int_0^x y(t)dt = 1. \tag{$*$}$$

在方程 $(*)$ 里, 未知函数 $y(x)$ 既包含在求导数的符号下, 也包含在积分号下, 称之为**微分—积分方程**. 在方程 $(*)$ 的两端对 x 求导, 便可化简成 $y(x)$ 的二阶微分方程

$$\frac{2y(y')^2 - y^2y''}{(y')^2} - y = 0, \quad y(y')^2 - y^2y'' = 0, \quad (y')^2 = yy''.$$

这正是形如 (10.3.4) 的不含自变量 x 可降阶的二阶微分方程.

令 $y' = p$, 则 $y'' = \dfrac{dp}{dx} = p\dfrac{dp}{dy}$, 上述方程可降阶为未知函数 p 关于 y 的一阶可分离变量的微分方程:

$$p^2 = yp\frac{dp}{dy}, \quad \frac{dp}{dy} = \frac{p}{y}, \quad \frac{dp}{p} = \frac{\mathrm{d}y}{y},$$

$$\ln p = \ln|y| + \ln|c|, \quad p = cy.$$

利用初始条件 $y(0) = 1$, 由方程 $(*)$ 知有 $y'(0) = 1$. 代入上式, 得到 $c = 1$, 于是函数 $y(x)$ 所满足的一阶微分方程为

$$p = y, \quad \frac{\mathrm{d}y}{\mathrm{d}x} = y.$$

继续解此可分离变量方程, 得到

$$\frac{\mathrm{d}y}{y} = \mathrm{d}x, \quad \ln y = x + c_1, \quad y = c_2\mathrm{e}^x.$$

再利用条件 $y(0) = 1$, 得到 $c_2 = 1$, 所求函数为 $y(x) = \mathrm{e}^x$.

10.3.2 高阶线性微分方程解的结构与常数变易法

本段介绍高阶线性微分方程时, 以二阶线性微分方程为例, 所得到的结论对 n 阶线性微分方程都是有效的.

1. 二阶线性微分方程解的结构

二阶线性微分方程的一般形式为

$$y'' + p(x)y' + q(x)y = f(x), \tag{10.3.5}$$

其中 $p(x), q(x), f(x)$ 均为某区间 $[a, b]$ 上的已知连续函数.

我们首先给出方程 $(10.3.5)$ 右端项 $f(x) \equiv 0$ 时, 二阶**齐次线性微分方程**

$$y'' + p(x)y' + q(x)y = 0, \tag{10.3.6}$$

解的**叠加原理**.

定理 10.3.1 设 $y_1(x), y_2(x)$ 是方程

$$y'' + p(x)y' + q(x)y = 0$$

的两个解, 则它们的线性组合

$$y = c_1y_1(x) + c_2y_2(x)$$

也是方程 $(10.3.6)$ 的解, 其中 c_1, c_2 为任意常数.

证明 直接将函数 $y = c_1y_1(x) + c_2y_2(x)$ 代入方程 $(10.3.6)$ 的左端, 由于 $y_1(x), y_2(x)$ 是方程 $(10.3.6)$ 两个解, 因此得到

$$(c_1y_1 + c_2y_2)'' + p(x)(c_1y_1 + c_2y_2)' + q(x)(c_1y_1 + c_2y_2)$$
$$= (c_1y_1'' + c_2y_2'') + p(x)(c_1y_1' + c_2y_2') + q(x)(c_1y_1 + c_2y_2)$$
$$= c_1[y_1'' + p(x)y_1' + q(x)y_1] + c_2[y_2'' + p(x)y_2' + q(x)y_2] \equiv 0,$$

由此可见函数 $y = c_1 y_1(x) + c_2 y_2(x)$ 仍为方程 (10.3.6) 的解, 定理得证.

为了从上述定理出发得到方程 (10.3.6) 的通解, 下面来讨论函数的**线性相关**和**线性无关**.

设函数组 $y_1(x), y_2(x), \cdots, y_n(x)$ 在区间 (a, b) 上有定义, 如果存在不全为零的常数 $k_1, k_2, \cdots, k_n$ 使得对于 (a, b) 上的所有 x 都成立恒等式

$$k_1 y_1(x) + k_2 y_2(x) + \cdots + k_n y_n(x) \equiv 0,$$

则称函数 $y_1(x), y_2(x), \cdots, y_n(x)$ 在区间 (a, b) 上**线性相关**, 否则称为**线性无关**.

按照上述定义, 函数组 $1, \tan^2 x, \sec^2 x$ 在 $(-\infty, +\infty)$ 上线性相关. 这是因为存在 $k_1 = 1, k_2 = 1, k_3 = -1$, 使得

$$1 + \tan^2 x - \sec^2 x \equiv 0.$$

函数组 $1, x, x^2, \cdots, x^n$ 在 $(-\infty, +\infty)$ 上线性无关. 这是因为如果 $k_1, k_2, \cdots, k_{n+1}$ 是一组不全为零的实数, n 次多项式

$$k_1 + k_2 x + \cdots + k_{n+1} x^n$$

至多存在 n 个零点. 因此, 要使上述多项式在 $(-\infty, +\infty)$ 上恒等于零, 必须 $k_1 = k_2 = \cdots = k_{n+1} = 0$.

有了函数组线性相关和线性无关的概念, 利用线性代数的理论可以证明以下结论 (证明过程略去):

定理 10.3.2　设 $y_1(x), y_2(x)$ 是二阶齐次线性方程

$$y'' + p(x) y' + q(x) y = 0 \tag{10.3.6}$$

的两个线性无关特解, 则它们的线性组合

$$y = c_1 y_1(x) + c_2 y_2(x)$$

是方程 (10.3.6) 的通解, 其中 c_1, c_2 为任意常数.

例 10.3.5　求二阶齐次线性微分方程 $y'' + y = 0$ 的通解.

解　由于 $(\sin x)'' = (\cos x)' = -\sin x$, $(\cos x)'' = (-\sin x)' = -\cos x$, 知 $y = \sin x$, $y = \cos x$ 是方程 $y'' + y = 0$ 的两个特解. 又因为函数 $\sin x$ 和 $\cos x$ 在 $(-\infty, +\infty)$ 上线性无关, 因此得到方程的通解

$$y = c_1 \cos x + c_2 \sin x.$$

定理 10.3.2 告诉我们: 已知方程 (10.3.6) 的**两个线性无关解**, 便可线性组合成齐次方程 (10.3.6) 的通解. 实际上, 我们只要找到方程 (10.3.6) 的**一个非零解**

$y = \varphi(x)$, 就可以通过未知函数的替换 $y = u(x)\varphi(x)$ 解出函数 $u(x)$, 得到另一个线性无关特解, 从而求得齐次方程 (10.3.6) 的通解[①]. 以下通过例子说明这一方法.

例 10.3.6 求二阶齐次线性微分方程 $(1-x)y'' + xy' - y = 0$ 的通解.

解 观察方程的系数, 发现方程各项系数的代数和恒为零, 即

$$(1-x) + x - 1 = 0,$$

于是知方程有一特解 $y = \mathrm{e}^x$. 假定函数 $y = u(x)\mathrm{e}^x$ 是已知方程的另一特解, 则待定函数 $u(x)$ 满足

$$(1-x)(u'' + 2u' + u)\mathrm{e}^x + x(u' + u)\mathrm{e}^x - u\mathrm{e}^x = 0,$$
$$(1-x)u'' + (2-x)u' = 0.$$

这是一个可降阶的二阶方程, 令 $v = u'$, 得到 v 的变量可分离方程

$$(1-x)v' + (2-x)v = 0, \quad \frac{\mathrm{d}v}{v} = \frac{x-2}{1-x}\,\mathrm{d}x, \quad \frac{\mathrm{d}v}{v} = \left(-1 + \frac{1}{x-1}\right)\mathrm{d}x.$$

两端积分, 只取它的一个特解

$$\ln v = -x + \ln(x-1), \quad v = (x-1)\mathrm{e}^{-x}.$$

即

$$u' = (x-1)\mathrm{e}^{-x}, \quad u(x) = \int (x-1)\mathrm{e}^{-x}\,\mathrm{d}x = -x\mathrm{e}^{-x}.$$

于是得到所求方程的另一个线性无关特解

$$y = -x\mathrm{e}^{-x} \cdot \mathrm{e}^x = -x,$$

由此可见方程的通解为 $y = c_1 x + c_2 \mathrm{e}^x$.

非齐次线性方程 (10.3.5) 的通解结构由下列定理给出.

定理 10.3.3 设 $y^*(x)$ 是非齐次线性方程

$$y'' + p(x)y' + q(x)y = f(x) \tag{10.3.5}$$

的一个特解, $\overline{y}(x)$ 是方程 (10.3.5) 相应的齐次方程 (10.3.6) 的通解, 则

$$y = y^*(x) + \overline{y}(x) \tag{10.3.7}$$

必为非齐次线性方程 (10.3.5) 的通解.

证明 由于 $\overline{y}(x)$ 是方程 (10.3.5) 相应的齐次方程 (10.3.6) 的通解, 则 (10.3.7) 式中包含着两个独立取值的任意常数, 因此只要证明 (10.3.7) 式还满足方程 (10.3.5) 即可.

[①] 这一方法由法国数学家**刘维尔** (Liouville) 给出, 详见本节习题中的**刘维尔公式**.

事实上, 只要将 (10.3.7) 式代入方程 (10.3.5) 的左端, 便可得到

$$[y^*(x) + \overline{y}(x)]'' + p(x)[y^*(x) + \overline{y}(x)]' + q(x)[y^*(x) + \overline{y}(x)]$$

$$= [(y^*(x))'' + p(x)(y^*(x))' + q(x)y^*(x)] + [(\overline{y}(x))'' + p(x)(\overline{y}(x))' + q(x)\overline{y}(x)]$$

$$= f(x) + 0 = f(x),$$

问题得证.

鉴于线性方程的特性, 前已介绍齐次线性方程的叠加原理, 同样, 还可证明以下非齐次线性方程的**叠加原理**.

定理 10.3.4　设 $y_1^*(x), y_2^*(x)$ 分别是非齐次线性方程

$$y'' + p(x)y' + q(x)y = f_1(x), \quad y'' + p(x)y' + q(x)y = f_2(x)$$

的特解, 则 $y_1^*(x) + y_2^*(x)$ 一定是非齐次线性方程

$$y'' + p(x)y' + q(x)y = f_1(x) + f_2(x) \tag{10.3.8}$$

的特解.

证明　将 $y_1^*(x) + y_2^*(x)$ 代入方程 (10.3.8) 左端, 得到

$$[y_1^*(x) + y_2^*(x)]'' + p(x)[y_1^*(x) + y_2^*(x)]' + q(x)[y_1^*(x) + y_2^*(x)]$$

$$= [(y_1^*(x))'' + p(x)(y_1^*(x))' + q(x)y_1^*(x)] + [(y_2^*(x))'' + p(x)(y_2^*(x))' + q(x)y_2^*(x)]$$

$$= f_1(x) + f_2(x),$$

由此可见, $y_1^*(x) + y_2^*(x)$ 是 (10.3.8) 的解.

2. 利用常数变易法解二阶非齐次线性微分方程 *

由上述定理 10.3.3 知, 非齐次线性微分方程 (10.3.5) 的通解等于相应齐次方程的通解和非齐次方程的一个特解之和. 如果已知齐次方程的通解, 可以将一阶线性微分方程里使用过的**常数变易法**推广到二阶非齐次线性微分方程中来, 从齐次方程的通解出发, 得到非齐次方程的一个特解, 从而得到非齐次方程 (10.3.5) 的通解.

设 $y_1(x), y_2(x)$ 是相应于方程 (10.3.5) 的齐次方程

$$y'' + p(x)y' + q(x)y = 0 \tag{10.3.6}$$

的两个线性无关解, 根据定理 10.3.2 知 (10.3.6) 的通解为 $y_1(x), y_2(x)$ 的线性组合

$$y(x) = c_1 y_1(x) + c_2 y_2(x).$$

将上述任意常数 c_1, c_2 "变易" 为待定函数 $c_1(x), c_2(x)$, 并假定非齐次方程 (10.3.5) 的特解形如

$$y(x) = c_1(x)y_1(x) + c_2(x)y_2(x). \tag{10.3.9}$$

在 (10.3.9) 式的两端对 x 求导, 得到

$$y'(x) = c_1'(x)y_1(x) + c_1(x)y_1'(x) + c_2'(x)y_2(x) + c_2(x)y_2'(x)$$
$$= \big[c_1(x)y_1'(x) + c_2(x)y_2'(x)\big] + \big[c_1'(x)y_1(x) + c_2'(x)y_2(x)\big].$$

为更方便地确定函数 $c_1(x), c_2(x)$, 另外增加一个条件, 令

$$c_1'(x)y_1(x) + c_2'(x)y_2(x) = 0, \tag{10.3.10}$$

于是得到

$$y'(x) = c_1(x)y_1'(x) + c_2(x)y_2'(x).$$

再次对 x 求导, 得到

$$y''(x) = c_1'(x)y_1'(x) + c_2'(x)y_2'(x) + c_1(x)y_1''(x) + c_2(x)y_2''(x).$$

将 $y(x), y'(x), y''(x)$ 代入方程 (10.3.5), 得到

$$c_1'y_1' + c_2'y_2' + c_1y_1'' + c_2y_2'' + p(x)(c_1y_1' + c_2y_2') + q(x)(c_1y_1 + c_2y_2) = f(x),$$
$$c_1\big[y_1'' + p(x)y_1' + q(x)y_1\big] + c_2\big[y_2'' + p(x)y_2' + q(x)y_2\big] + c_1'y_1' + c_2'y_2' = f(x).$$

注意到 $y_1(x), y_2(x)$ 是齐次方程 (10.3.6) 的解, 因此得到

$$c_1'y_1' + c_2'y_2' = f(x). \tag{10.3.11}$$

由于函数 $y_1(x), y_2(x)$ 线性无关[①], 因此方程 (10.3.10) 与 (10.3.11) 的联立方程组

$$\begin{cases} c_1'y_1 + c_2'y_2 = 0, \\ c_1'y_1' + c_2'y_2' = f(x) \end{cases} \tag{10.3.12}$$

存在唯一组解

$$c_1' = -\frac{y_2 \cdot f(x)}{y_1y_2' - y_1'y_2}, \quad c_2' = \frac{y_1 \cdot f(x)}{y_1y_2' - y_1'y_2}.$$

假定 $f(x)$ 可积, 在上式两端分别对 x 积分, 便可得到

$$c_1(x) = -\int \frac{y_2 \cdot f(x)\,\mathrm{d}x}{y_1y_2' - y_1'y_2} + C_1, \quad c_2(x) = \int \frac{y_1 \cdot f(x)\,\mathrm{d}x}{y_1y_2' - y_1'y_2} + C_2,$$

---

① 可以证明 (但此处略去): 当函数 $y_1(x), y_2(x)$ 满足齐次方程 (10.3.6) 且线性无关时, 以下所谓朗斯基 (Wronsky) 行列式

$$\begin{vmatrix} y_1 & y_2 \\ y_1' & y_2' \end{vmatrix} \neq 0.$$

由解线性方程组的克莱姆 (Gramer) 规则得到下面的结论.

其中 C_1, C_2 为任意常数. 如果取定 C_1, C_2, 例如, 取 $C_1 = C_2 = 0$, 便得到非齐次方程 (10.3.5) 的特解

$$y(x) = -y_1 \int \frac{y_2 \cdot f(x)\,\mathrm{d}x}{y_1 y_2' - y_1' y_2} + y_2 \int \frac{y_1 \cdot f(x)\,\mathrm{d}x}{y_1 y_2' - y_1' y_2}.$$

非齐次方程 (10.3.5) 的通解则为

$$y(x) = C_1 y_1 + C_2 y_2 - y_1 \int \frac{y_2 \cdot f(x)\,\mathrm{d}x}{y_1 y_2' - y_1' y_2} + y_2 \int \frac{y_1 \cdot f(x)\,\mathrm{d}x}{y_1 y_2' - y_1' y_2}.$$

例 10.3.7   求二阶非齐次线性微分方程 $y'' + y = \dfrac{1}{\cos x}$ 的通解.

解   由例 10.3.5 知, 所给方程的对应齐次方程有线性无关特解

$$y_1 = \cos x, \quad y_2 = \sin x,$$

进而得到齐次方程的通解

$$y = c_1 \cos x + c_2 \sin x.$$

利用式 (10.3.12) 解方程组

$$\begin{cases} c_1' \cos x + c_2' \sin x = 0, \\ -c_1' \sin x + c_2' \cos x = \dfrac{1}{\cos x}. \end{cases}$$

得到 $c_1'(x) = -\tan x, c_2'(x) = 1$. 积分后得到

$$c_1(x) = \ln|\cos x|, \quad c_2(x) = x,$$

于是得到非齐次方程的一个特解

$$y^* = \cos x \ln|\cos x| + x \sin x.$$

由此可见所求方程的通解为

$$y = c_1 \cos x + c_2 \sin x + \cos x \ln|\cos x| + x \sin x,$$

其中 c_1, c_2 为任意常数.

10.3.3   利用特征方程解常系数齐次线性微分方程

n 阶齐次线性微分方程解的结构虽然已经讨论清楚, 但是要求出 n 个线性无关的特解构成它的通解却并非易事. 本段介绍的常系数齐次线性微分方程是一类能够利用初等方法求解的重要方程, 我们仍以二阶方程为例介绍它的解法, 所得到的结论对 n 阶方程来说同样成立.

二阶常系数齐次线性微分方程的一般形式为

$$y'' + py' + q = 0, \tag{10.3.13}$$

其中系数 p, q 为常数, 这正是方程 (10.3.13) 与变系数齐次线性微分方程 (10.3.6) 的区别.

注意到当 λ 为常数时, 指数函数 $y = e^{\lambda x}$ 的各阶导数只能有一个常数因子的区别[①]. 我们可以适当选择常数 λ 使得 $e^{\lambda x}$ 恰成方程 (10.3.13) 的解.

将函数 $y = e^{\lambda x}$ 代入方程 (10.3.13), 得到

$$(\lambda^2 + p\lambda + q)e^{\lambda x} = 0,$$

由于 $e^{\lambda x} \neq 0$, 因此

$$\lambda^2 + p\lambda + q = 0. \tag{10.3.14}$$

由此可见, 当且仅当 λ 为方程 (10.3.14) 的根时, 函数 $e^{\lambda x}$ 为方程 (10.3.13) 的解. 称方程 (10.3.14) 为方程 (10.3.13) 的**特征方程**, 方程 (10.3.14) 的根称为方程 (10.3.13) 的**特征根**.

特征方程 (10.3.14) 作为二次方程, 其根有三种可能的情况:

(1) 当判别式 $p^2 - 4q > 0$ 时, 特征方程 (10.3.14) 有两个不等的实根

$$\lambda_1 = \frac{-p + \sqrt{p^2 - 4q}}{2}, \quad \lambda_2 = \frac{-p - \sqrt{p^2 - 4q}}{2}.$$

此时, 方程 (10.3.13) 有两个线性无关的特解 $e^{\lambda_1 x}, e^{\lambda_2 x}$, 于是得到通解

$$y = c_1 e^{\lambda_1 x} + c_2 e^{\lambda_2 x}. \tag{10.3.15}$$

(2) 当判别式 $p^2 - 4q = 0$ 时, 特征方程 (10.3.14) 有两个相等的实根 $\lambda = -\dfrac{p}{2}$.

[①] 当 λ 为实数时, 函数 $y = e^{\lambda x}$ 的导数已有定义.

当 λ 为复数 $\alpha + i\beta$ 时, 函数

$$y = e^{\lambda x} = e^{(\alpha + i\beta)x} = e^{\alpha x}\cos\beta x + i e^{\alpha x}\sin\beta x$$

是实自变量的复值函数, 其导数定义为

$$\frac{dy}{dx} = \frac{d}{dx}\left(e^{\alpha x}\cos\beta x\right) + i\frac{d}{dx}\left(e^{\alpha x}\sin\beta x\right).$$

因此有

$$\left(e^{(\alpha + i\beta)x}\right)' = \left(e^{\alpha x}\alpha\cos\beta x - e^{\alpha x}\beta\sin\beta x\right) + i\left(e^{\alpha x}\alpha\sin\beta x + e^{\alpha x}\beta\cos\beta x\right)$$

$$= \alpha e^{\alpha x}(\cos\beta x + i\sin\beta x) + i\beta e^{\alpha x}(\cos\beta x + i\sin\beta x) = (\alpha + i\beta)e^{(\alpha + i\beta)x}.$$

这就证明了不论 λ 为实数还是复数, 均有以下的求导公式:

$$(e^{\lambda x})' = \lambda e^{\lambda x}, \quad (e^{\lambda x})'' = \lambda^2 e^{\lambda x}, \quad (e^{\lambda x})''' = \lambda^3 e^{\lambda x}, \quad \cdots$$

方程 (10.3.13) 有非零解 $y_1 = \mathrm{e}^{\lambda x}$.

按照例 10.3.6 中 Liouville 的方法, 令 $y_2 = u(x)\mathrm{e}^{\lambda x}$, 则

$$y_2' = \mathrm{e}^{\lambda x}[u'(x) + \lambda u(x)], \quad y_2'' = \mathrm{e}^{\lambda x}[u''(x) + 2\lambda u'(x) + \lambda^2 u(x)].$$

代入方程 (10.3.13), 知待定函数 $u(x)$ 满足条件:

$$\mathrm{e}^{\lambda x}[u''(x) + (2\lambda + p)u'(x) + (\lambda^2 + \lambda p + q)u(x)] = 0.$$

由于 $\lambda = -\dfrac{p}{2}$, 则 $\lambda + \dfrac{p}{2} = 0$, $\quad \lambda^2 + \lambda p + q = 0$. 于是得到

$$u''(x) = 0, \quad u = d_1 x + d_2.$$

其中 d_1, d_2 为任意常数, 取定 $d_1 = 1, d_2 = 0$, 则 $u(x) = x, y_2 = x\mathrm{e}^{\lambda x}$, 方程 (10.3.13) 的通解为

$$y = c_1 \mathrm{e}^{\lambda x} + c_2 x \mathrm{e}^{\lambda x} = (c_1 + c_2 x)\mathrm{e}^{\lambda x}. \tag{10.3.16}$$

(3) 当判别式 $p^2 - 4q < 0$ 时, 特征方程 (10.3.14) 有一对共轭复根 $\lambda_1 = \alpha + \mathrm{i}\beta, \lambda_2 = \alpha - \mathrm{i}\beta$. 方程 (10.3.13) 有一对线性无关的复值函数特解

$$y_1 = \mathrm{e}^{\lambda_1 x} = \mathrm{e}^{\alpha x}(\cos\beta x + \mathrm{i}\sin\beta x),$$
$$y_2 = \mathrm{e}^{\lambda_1 x} = \mathrm{e}^{\alpha x}(\cos\beta x - \mathrm{i}\sin\beta x).$$

容易证明[①], 这两个复值函数特解的实部和虚部

$$\mathrm{e}^{\alpha x}\cos\beta x, \quad \mathrm{e}^{\alpha x}\sin\beta x$$

则是方程 (10.3.13) 一对线性无关的实值函数特解. 于是得到方程 (10.3.13) 的通解

$$y = \mathrm{e}^{\alpha x}\big(c_1\cos\beta x + c_2\sin\beta x\big). \tag{10.3.17}$$

例 10.3.8　求微分方程 $y'' - 4y' + 3y = 0$ 满足初始条件 $y'(0) = 10, y(0) = 6$ 的特解.

解　解特征方程 $\lambda^2 - 4\lambda + 3 = 0$, 得到两个不相等的实根 $\lambda_1 = 1, \lambda_2 = 3$. 由式 (10.3.15) 得知方程的通解为

$$y = c_1 \mathrm{e}^x + c_2 \mathrm{e}^{3x}.$$

---

① 实际上, 如果复值函数 $\varphi(x) + \mathrm{i}\psi(x)$ 是方程 (10.3.13) 的解, 则有

$$[\varphi(x) + \mathrm{i}\psi(x)]'' + p[\varphi(x) + \mathrm{i}\psi(x)]' + q[\varphi(x) + \mathrm{i}\psi(x)] = 0,$$
$$[\varphi''(x) + p\varphi'(x) + q\varphi(x)] + \mathrm{i}[\psi''(x) + p\psi'(x) + q\psi(x)] = 0.$$

于是方程左端的实部和虚部分别为零, 即

$$\varphi''(x) + p\varphi'(x) + q\varphi(x) = 0, \quad \psi''(x) + p\psi'(x) + q\psi(x) = 0.$$

这便说明复值函数 $\varphi(x) + \mathrm{i}\psi(x)$ 的实部和虚部分别都是方程 (10.3.13) 的解.

由于 $y'(0) = 10, y(0) = 6$, 则有

$$c_1 + c_2 = 6, \quad c_1 + 3c_2 = 10, \quad c_1 = 4, \quad c_2 = 2.$$

由此得到所求特解 $y = 4\mathrm{e}^x + 2\mathrm{e}^{3x}$.

例 10.3.9 求微分方程 $4y'' + 4y' + y = 0$ 的通解.

解 解特征方程 $4\lambda^2 + 4\lambda + 1 = 0$, 得到两个相等的实根 $\lambda = -\dfrac{1}{2}$. 由式 (10.3.16) 得知方程的通解为

$$y = (c_1 + c_2 x)\mathrm{e}^{-\frac{1}{2}x}.$$

例 10.3.10 10.1 节建立了有阻尼受迫振动的微分方程, 并给出作为特殊状态的无阻尼自由振动的微分方程为

$$\frac{\mathrm{d}^2 y}{\mathrm{d}t^2} + \omega^2 y = 0, \tag{10.3.18}$$

其中 $\omega^2 = \dfrac{k}{m}$, k 为弹簧的弹性系数, m 为弹簧下方所系重物的质量. 试求此微分方程满足初始条件 $y(0) = y_0, \left.\dfrac{\mathrm{d}y}{\mathrm{d}t}\right|_{t=0} = v_0$ 的特解.

解 所给出的方程是二阶常系数齐次线性微分方程, 它的特征方程为 $\lambda^2 + \omega^2 = 0$, 具有一对共轭复根 $\lambda_{1,2} = \pm\omega\mathrm{i}$. 由式 (10.3.17) 得知方程的通解为

$$y = c_1 \cos\omega t + c_2 \sin\omega t.$$

由初始条件 $y(0) = y_0, \left.\dfrac{\mathrm{d}y}{\mathrm{d}t}\right|_{t=0} = v_0$ 知 $c_1 = y_0, c_2 = \dfrac{v_0}{\omega}$. 进而得到方程 (10.3.18) 的初始解为

$$y = y_0 \cos\omega t + \frac{v_0}{\omega} \sin\omega t. \tag{10.3.19}$$

如果记 $A = \sqrt{y_0^2 + \dfrac{v_0^2}{\omega^2}}$, 并设角 φ 满足条件 $\sin\varphi = \dfrac{y_0}{A}$, $\cos\varphi = \dfrac{v_0/\omega}{A}$, 则初始解 (10.3.19) 还可写成

$$y = A\big(\sin\varphi\cos\omega t + \cos\varphi\sin\omega t\big) = A\sin(\omega t + \varphi).$$

由此可见, 无阻尼自由振动 (又称为**简谐振动**) 满足 $y(0) = y_0, \left.\dfrac{\mathrm{d}y}{\mathrm{d}t}\right|_{t=0} = v_0$ 的解曲线是一条正弦曲线, 其**振幅**为 A, **初相角**为 φ, 如图 10.5 所示. 由以上推导可知, 简谐振动的振幅 A 与初相角 φ 依赖于初始条件中 y_0 与 v_0 的值. 而简谐振动的**频率** ω 与**周期** $\dfrac{2\pi}{\omega}$ 只与系统的固有状态 (弹簧的弹性系数 k 和弹簧下方所系重物的质量 m) 有关, 与初始条件无关.

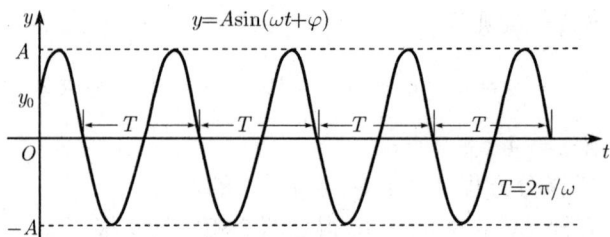

图 10.5　例 10.3.10 的图示

　　上述二阶常系数齐次线性微分方程的特征方程解法, 可以推广到 n 阶常系数齐次线性微分方程. 下面不加证明地给出相应结论.

　　n 阶常系数齐次线性微分方程

$$y^{(n)} + a_1 y^{(n-1)} + \cdots + a_{n-1} y' + a_n y = 0 \qquad (10.3.20)$$

的**特征方程**定义为

$$\lambda^n + a_1 \lambda^{n-1} + \cdots + a_{n-1} \lambda + a_n = 0. \qquad (10.3.21)$$

根据代数基本定理知特征方程 (10.3.21) 在复数范围内恰有 n 个**特征根**, 从这些特征根出发可以找到齐次方程 (10.3.20) 的 n 个线性无关特解, 进而线性组合成方程 (10.3.20) 的通解. 下面是所有四类特征根所对应的特解形式:

　　(1) 当 λ 为实的单根时, 方程 (10.3.20) 有特解 $\mathrm{e}^{\lambda x}$.

　　(2) 当 λ 为实的 k 重根时, 方程 (10.3.20) 有 k 个线性无关的特解

$$\mathrm{e}^{\lambda x}, x\mathrm{e}^{\lambda x}, x^2 \mathrm{e}^{\lambda x}, \cdots, x^{k-1} \mathrm{e}^{\lambda x}.$$

　　(3) 当 $\lambda_{1,2} = \alpha \pm \mathrm{i}\beta$ 为一对复的单根时, 方程 (10.3.20) 有一对线性无关的特解

$$\mathrm{e}^{\alpha x} \cos \beta x, \mathrm{e}^{\alpha x} \sin \beta x.$$

　　(4) 当 $\lambda_{1,2} = \alpha \pm \mathrm{i}\beta$ 为复的 k 重根时, 方程 (10.3.20) 有 k 对线性无关的特解

$$\mathrm{e}^{\alpha x} \cos \beta x, x\mathrm{e}^{\alpha x} \cos \beta x, \cdots, x^{k-1} \mathrm{e}^{\alpha x} \cos \beta x,$$
$$\mathrm{e}^{\alpha x} \sin \beta x, x\mathrm{e}^{\alpha x} \sin \beta x, \cdots, x^{k-1} \mathrm{e}^{\alpha x} \sin \beta x.$$

　　例 10.3.11　求四阶常系数齐次线性微分方程 $y^{(4)} - y = 0$ 的通解.

　　解　特征方程 $\lambda^4 - 1 = 0$ 的特征根为 $\lambda_{1,2} = \pm 1, \lambda_{3,4} = \pm \mathrm{i}$, 因此, 四个线性无关的特解分别为 $\mathrm{e}^x, \mathrm{e}^{-x}, \cos x, \sin x$, 所求通解为

$$y = c_1 \mathrm{e}^x + c_2 \mathrm{e}^{-x} + c_3 \cos x + c_4 \sin x.$$

　　例 10.3.12　求三阶常系数齐次线性微分方程 $y^{(3)} + y = 0$ 的通解.

　　解　特征方程 $\lambda^3 + 1 = 0$ 的特征根为 $\lambda_1 = -1, \lambda_{2,3} = \dfrac{1}{2} \pm \mathrm{i}\dfrac{\sqrt{3}}{2}$, 因此, 三个线

性无关的特解分别为 $\mathrm{e}^{-x}, \mathrm{e}^{\frac{1}{2}x}\cos\dfrac{\sqrt{3}}{2}x, \mathrm{e}^{\frac{1}{2}x}\sin\dfrac{\sqrt{3}x}{2}$, 所求通解为

$$y = c_1\mathrm{e}^{-x} + c_2\mathrm{e}^{\frac{1}{2}x}\cos\frac{\sqrt{3}x}{2} + c_3\mathrm{e}^{\frac{1}{2}x}\sin\frac{\sqrt{3}x}{2}$$

$$= c_1\mathrm{e}^{-x} + \mathrm{e}^{\frac{1}{2}x}\left(c_2\cos\frac{\sqrt{3}x}{2} + c_3\sin\frac{\sqrt{3}x}{2}\right).$$

例 10.3.13   求四阶常系数齐次线性微分方程 $y^{(4)} + 2y'' + y = 0$ 的通解.

解   特征方程

$$\lambda^4 + 2\lambda^2 + 1 = 0,$$

即

$$(\lambda^2 + 1)^2 = 0.$$

它的二重特征根为 $\lambda = \pm\mathrm{i}$, 因此, 四个线性无关的特解分别为 $\cos x, x\cos x, \sin x,$ $x\sin x$, 所求通解为

$$y = (c_1 + c_2 x)\cos x + (c_3 + c_4 x)\sin x.$$

10.3.4   利用待定系数法解二阶常系数非齐次线性微分方程

既然上一段给出了解决常系数齐次线性微分方程的方法, 我们只要能够再求出常系数非齐次线性微分方程的一个特解, 就可以得到常系数非齐次线性微分方程的通解.

本段以二阶常系数非齐次线性微分方程

$$y'' + py' + qy = f(x) \tag{10.3.22}$$

为例, 介绍寻求它的特解的**待定系数法**. 这个方法也可以推广到 n 阶常系数非齐次线性微分方程中去.

待定系数法的思路是根据方程 (10.3.22) 右端项 $f(x)$ 的特征, 设定特解 y^* 的一般形式, 然后代入方程 (10.3.22), 确定 y^* 的表达式中的待定系数. 以下就右端项 $f(x)$ 的两种情况分别给出特解 y^* 的设定形式.

1. $f(x) = P_m(x)\mathrm{e}^{\lambda x}$ 的情况

注意到 m 次多项式与指数函数 $\mathrm{e}^{\lambda x}$ 的乘积逐阶求导时, 它们的各阶导函数仍然是多项式与指数函数的乘积形式, 因此猜测方程 (10.3.22) 的特解也是这种类型的函数, 即特解形如 $y^* = Q(x)\mathrm{e}^{\lambda x}$.

注意到

$$(y^*)' = \mathrm{e}^{\lambda x}[\lambda Q(x) + Q'(x)],$$

$$(y^*)'' = \mathrm{e}^{\lambda x}[\lambda^2 Q(x) + 2\lambda Q'(x) + Q''(x)].$$

将这些函数代入方程 (10.3.22), 经过整理并在两端同除以非零因子 $\mathrm{e}^{\lambda x}$, 便得到关于 x 的恒等式

$$Q''(x) + (2\lambda + p)Q'(x) + (\lambda^2 + p\lambda + q)Q(x) = P_m(x). \tag{10.3.23}$$

(1) 当 λ 不是 (10.3.22) 对应齐次方程的特征根时, $\lambda^2 + p\lambda + q \neq 0$. 式 (10.3.23) 左端多项式的次数由 $Q(x)$ 的次数决定, 右端则是 m 次多项式 $P_m(x)$, 因此 $Q(x)$ 必须是一个 m 次的待定系数多项式, 特解 y^* 可以更明确地写成

$$y^* = Q_m(x)\mathrm{e}^{\lambda x}.$$

(2) 当 λ 是 (10.3.22) 对应齐次方程的单重特征根时, $\lambda^2 + p\lambda + q = 0$, $2\lambda + p \neq 0$. 式 (10.3.23) 左端多项式为 $Q''(x) + (2\lambda + p)Q'(x)$, 其次数比 $Q(x)$ 的次数小 1. 右端是 m 次多项式 $P_m(x)$. 因此 $Q(x)$ 必须是一个 $m+1$ 次待定系数的多项式, 特解 y^* 可以更明确地写成

$$y^* = xQ_m(x)\mathrm{e}^{\lambda x}.$$

(3) 当 λ 是 (10.3.22) 对应齐次方程的二重特征根时, $\lambda^2 + p\lambda + q = 0$, $2\lambda + p = 0$. 式 (10.3.23) 左端多项式为 $Q''(x)$, 其次数比 $Q(x)$ 的次数小 2, 而右端是 m 次多项式 $P_m(x)$. 因此 $Q(x)$ 必须是一个 $m+2$ 次待定系数的多项式, 特解 y^* 可以更明确地写成

$$y^* = x^2 Q_m(x)\mathrm{e}^{\lambda x}.$$

综上所述得到以下结论:

当 $f(x) = P_m(x)\mathrm{e}^{\lambda x}$ 时, 常系数非齐次线性微分方程 (10.3.22) 的特解形如

$$y^* = x^{\mu} Q_m(x)\mathrm{e}^{\lambda x}, \tag{10.3.24}$$

其中 $Q_m(x)$ 是待定系数的 m 次多项式, μ 是 λ 作为方程特征根的重数[①].

例 10.3.14   求二阶常系数非齐次线性微分方程 $y'' - y = x^2 + 2x$ 的一个特解.

解   方程右端项 $f(x) = x^2 + 2x$ 为二次多项式, 为上述设定形式 (10.3.24) 式里 $\lambda = 0$ 的特例. 由于特征方程 $\lambda^2 - 1 = 0$ 的根为 $\lambda = \pm 1$, 因此 $\lambda = 0$ 不是方程的特征根, $\mu = 0$. 故方程的特解可以设定为

$$y^* = Ax^2 + Bx + C.$$

代入方程并经整理后得到恒等式

$$-Ax^2 - Bx + 2A - C = x^2 + 2x,$$

比较等号两端同次幂的系数, 得到

$$A = -1, B = -2, C = -2,$$

可见方程的特解为 $y^* = -x^2 - 2x - 2$.

---

① 当 $\mu = 0$ 时, 表示 λ 不是方程 (10.3.22) 的特征根, 当 $\mu = 1$ 时, 表示 λ 是方程 (10.3.22) 的单重特征根, 依此类推.

例 10.3.15 求二阶常系数非齐次线性微分方程 $y'' - 2y' + y = 2xe^x$ 的通解.

解 由于特征方程 $\lambda^2 - 2\lambda + 1 = 0$ 有二重根 $\lambda = 1$, 因此相应齐次方程的通解为

$$\overline{y} = (c_1 + c_2 x)e^x.$$

而方程右端项 $f(x) = 2xe^x$ 为一次多项式与指数函数的乘积形式, 且 $\lambda = 1$ 为二重特征根, $\mu = 2$, 因此方程的特解可以设定为

$$y^* = x^2(Ax + B)e^x,$$

代入方程并经整理后得到恒等式

$$(6Ax + 2B)e^x = 2xe^x,$$

比较等号两端同次幂的系数, 得到

$$A = \frac{1}{3}, \quad B = 0.$$

可见方程的特解为 $y^* = \frac{1}{3}x^3 e^x$, 进而得到方程的通解为

$$y = (c_1 + c_2 x)e^x + \frac{1}{3}x^3 e^x.$$

2. $f(x) = e^{\alpha x}P_m(x)\cos\beta x$ 或 $e^{\alpha x}P_m(x)\sin\beta x$ 的情况

讨论方程

$$y'' + py' + qy = e^{\alpha x}P_m(x)\cos\beta x, \tag{10.3.25}$$

$$y'' + py' + qy = e^{\alpha x}P_m(x)\sin\beta x \tag{10.3.26}$$

的特解 y^* 应该设定的形式, 其中 $p, q, \alpha, \beta(\neq 0)$ 为实常数, $P_m(x)$ 为实系数 m 次多项式. 为此, 先来介绍一个结论.

定理 10.3.5 设实变量 x 的复值函数 $y = y_1(x) + iy_2(x)$ 是微分方程

$$y'' + py' + qy = f_1(x) + if_2(x) \tag{10.3.27}$$

的解 (其中 p, q 为实常数, $y_1(x), y_2(x), f_1(x), f_2(x)$ 为实函数), 则函数 $y_1(x), y_2(x)$ 一定分别是方程

$$y'' + py' + qy = f_1(x), \tag{10.3.28}$$

$$y'' + py' + qy = f_2(x) \tag{10.3.29}$$

的解.

证明 根据复值函数导数的定义, 将 $y = y_1(x) + iy_2(x)$ 代入方程 (10.3.27), 得到关于 x 的恒等式

$$[y_1(x) + \mathrm{i}y_2(x)]'' + p[y_1(x) + \mathrm{i}y_2(x)]' + q[y_1(x) + \mathrm{i}y_2(x)] = f_1(x) + \mathrm{i}f_2(x),$$

$$y_1''(x) + \mathrm{i}y_2''(x) + p[y_1'(x) + \mathrm{i}y_2'(x)] + q[y_1(x) + \mathrm{i}y_2(x)] = f_1(x) + \mathrm{i}f_2(x),$$

$$[y_1''(x) + py_1'(x) + qy_1(x)] + \mathrm{i}[y_2''(x) + py_2'(x) + qy_2(x)] = f_1(x) + \mathrm{i}f_2(x).$$

由于当且仅当实部与虚部分别相等时两复数相等, 因此有

$$y_1''(x) + py_1'(x) + qy_1(x) = f_1(x), \quad y_2''(x) + py_2'(x) + qy_2(x) = f_2(x).$$

即函数 $y_1(x), y_2(x)$ 分别是方程 (10.3.28), (10.3.29) 的解, 问题得证.

根据上述定理并注意到由欧拉公式得到的下列结论:

$$\mathrm{e}^{\alpha x}P_m(x)\cos\beta x + \mathrm{i}\mathrm{e}^{\alpha x}P_m(x)\sin\beta x$$
$$= P_m(x)\mathrm{e}^{\alpha x}(\cos\beta x + \mathrm{i}\sin\beta x) = P_m(x)\mathrm{e}^{(\alpha+\mathrm{i}\beta)x}.$$

知二阶常系数非齐次线性微分方程

$$y'' + py' + qy = \mathrm{e}^{\alpha x}P_m(x)\cos\beta x + \mathrm{i}\mathrm{e}^{\alpha x}P_m(x)\sin\beta x,$$

即

$$y'' + py' + qy = P_m(x)\mathrm{e}^{(\alpha+\mathrm{i}\beta)x} \tag{10.3.30}$$

的复值解的实部和虚部应分别是方程 (10.3.25) 和 (10.3.26) 的特解.

至于方程 (10.3.30) 的特解如何确定, 在前面方程右端项为 $P_m(x)\mathrm{e}^{\lambda x}$ 情况里问题已经解决, 现在只要将那里的实数 λ 换成这里的复数 $\alpha + \mathrm{i}\beta$ 就可以了. 我们重复作以下讨论:

(1) 如果 $\lambda = \alpha + \mathrm{i}\beta$ 不是方程 (10.3.30) 对应齐次方程的特征根, 则方程 (10.3.30) 的特解可设定为

$$\widetilde{y} = Q_m(x)\mathrm{e}^{(\alpha+\mathrm{i}\beta)x}, \tag{10.3.31}$$

其中 $Q_m(x)$ 是待定系数的 m 次复系数多项式.

(2) 如果 $\lambda = \alpha + \mathrm{i}\beta$ 是方程 (10.3.30) 对应齐次方程的单重特征根 (不可能为二重, 因为此时还会有另一个共轭特征根 $\lambda = \alpha - \mathrm{i}\beta$), 则方程 (10.3.30) 的特解可设定为

$$\widetilde{y} = xQ_m(x)\mathrm{e}^{(\alpha+\mathrm{i}\beta)x}, \tag{10.3.32}$$

其中 $Q_m(x)$ 是待定系数的 m 次复系数多项式.

例 10.3.16   求二阶常系数非齐次线性微分方程 $y'' - y = 4x\cos x$ 的一个特解.

解   所求方程相当于方程 (10.3.25) 中 $\alpha = 0, \beta = 1, P_m(x) = 4x$ 的情况, 首先来解相应的方程 (10.3.30):

$$y'' - y = 4x\mathrm{e}^{\mathrm{i}x}. \tag{$*$}$$

由于特征方程为 $\lambda^2 - 1 = 0$, 特征根为 $\lambda = \pm 1$, 因此, 特解可设定为

$$\widetilde{y} = (Ax + B)\mathrm{e}^{\mathrm{i}x}.$$

注意到

$$(\widetilde{y})' = \mathrm{e}^{\mathrm{i}x}(A\mathrm{i}x + B\mathrm{i} + A), \quad (\widetilde{y})'' = \mathrm{e}^{\mathrm{i}x}(-Ax - B + 2A\mathrm{i}),$$

代入方程 $y'' - y = 4x\mathrm{e}^{\mathrm{i}x}$, 得到

$$\mathrm{e}^{\mathrm{i}x}(-Ax - B + 2A\mathrm{i}) - \mathrm{e}^{\mathrm{i}x}(Ax + B) = 4x\mathrm{e}^{\mathrm{i}x},$$
$$-2Ax - 2B + 2A\mathrm{i} = 4x.$$

比较同次幂系数, 得到

$$\begin{cases} -2A = 4, \\ -2B + 2A\mathrm{i} = 0. \end{cases} \qquad \begin{cases} A = -2, \\ B = -2\mathrm{i}. \end{cases}$$

由此可见, 方程 $(*)$ 的特解为

$$\widetilde{y} = (-2x - 2\mathrm{i})\mathrm{e}^{\mathrm{i}x} = (-2x - 2\mathrm{i})(\cos x + \mathrm{i}\sin x)$$
$$= (-2x\cos x + 2\sin x) + \mathrm{i}(-2\cos x - 2x\sin x).$$

所求方程的特解应为上述 $\widetilde{y}$ 的实部, 即

$$y^* = -2x\cos x + 2\sin x.$$

上例中寻求非齐次线性微分方程 (10.3.25) 特解的方法是借助方程右端项为复函数的方程 (10.3.30) 和它的复函数特解 (10.3.31) 来完成的, 看起来有些 "绕弯子". 下面我们给出直接设定方程 (10.3.25) 实函数特解的方法, 这对解题会带来很大的方便.

(1) 如果 $\lambda = \alpha + \mathrm{i}\beta$ 不是方程 (10.3.30) 对应齐次方程的特征根, 在方程 (10.3.30) 的复函数特解 (10.3.31) 中, 假定 m 次复系数多项式 $Q_m(x)$ 的实部和虚部分别为实系数多项式 $A_m(x), B_m(x)$, 则特解 (10.3.31) 可以改写为

$$\widetilde{y} = [A_m(x) + \mathrm{i}B_m(x)] \cdot \mathrm{e}^{\alpha x}(\cos \alpha x + \mathrm{i}\sin \beta x)$$
$$= [A_m(x)\cos \alpha x - B_m(x)\sin \beta x]\mathrm{e}^{\alpha x}$$
$$+ \mathrm{i}[B_m(x)\cos \alpha x + A_m(x)\sin \beta x]\mathrm{e}^{\alpha x}. \tag{10.3.33}$$

根据定理 10.3.5 知, 上述 (10.3.33) 式的实部和虚部分别是方程 (10.3.25), (10.3.26) 的实函数特解, 因此, 方程 (10.3.25), (10.3.26) 的特解均可设定为

$$y^* = \mathrm{e}^{\alpha x}[U_m(x)\cos \alpha x + V_m(x)\sin \beta x], \tag{10.3.34}$$

其中 $U_m(x), V_m(x)$ 是次数为 m 的待定实系数多项式.

(2) 类似于上述讨论, 如果 $\lambda = \alpha + \mathrm{i}\beta$ 是方程 (10.3.30) 对应齐次方程的单重特征根, 方程 (10.3.25), (10.3.26) 的实函数特解可设定为

$$y^* = x\mathrm{e}^{\alpha x}[U_m(x)\cos\alpha x + V_m(x)\sin\beta x], \qquad (10.3.35)$$

其中 $U_m(x), V_m(x)$ 同样是次数为 m 的待定实系数多项式.

参照上述设定特解的方法, 例 10.3.16 所求的特解可直接设定成

$$y^* = (Ax + B)\cos x + (Cx + D)\sin x,$$

然后利用待定系数法确定 A, B, C, D 即可 (读者自行完成).

例 10.3.17　求二阶常系数非齐次线性微分方程 $y'' + 4y = 4x\cos 2x$ 的一个特解.

解　由于方程右端项 $\alpha = 0, \beta = 2, P_m(x) = 4x$, 而特征方程为 $\lambda^2 + 4 = 0$, 特征根为 $\lambda = \pm 2\mathrm{i}$. 因此所求方程的特解形如式 (10.3.35), 可设成

$$y^* = x(Ax + B)\cos 2x + x(Cx + D)\sin 2x,$$

进而得到

$$(y^*)' = [2Cx^2 + 2(A + D)x + B]\cos 2x - [2Ax^2 + 2(B - C)x + D]\sin 2x,$$

$$(y^*)'' = (-4Ax^2 - 4Bx + 8Cx + 2A + 4D)\cos 2x$$

$$+ (-4Cx^2 - 8Ax - 4Dx - 4BA + 2C)\sin 2x.$$

将 $y^*, (y^*)', (y^*)''$ 代入所给方程, 得到关于 x 的恒等式

$$(8Cx + 2A + 4D)\cos 2x + (-8Ax - 4B + 2C)\sin 2x = 4x\cos 2x,$$

由于 $\cos 2x, \sin 2x$ 线性无关, 已知有

$$8Cx + 2A + 4D = 4x, \quad -8Ax - 4B + 2C = 0.$$

比较同次幂的系数, 得到 A, B, C, D 所满足的方程组

$$\begin{cases} 8C = 4, \\ 2A + 4D = 0, \\ -8A = 0, \\ -4B + 2C = 0. \end{cases}$$

解之得到

$$A = 0, \quad B = \frac{1}{4}, \quad C = \frac{1}{2}, \quad D = 0.$$

故所求特解为

$$y^* = \frac{1}{4}x\cos 2x + \frac{1}{2}x^2\sin 2x.$$

现将本段所介绍的二阶常系数非齐次线性微分方程特解设定方法总结于下表.

方程右端项 $f(x)$	条件	特解 y^* 的设定形式
$P_m(x)\mathrm{e}^{\lambda x}$	λ 不是特征根	$Q_m(x)\mathrm{e}^{\lambda x}$
	λ 是单重特征根	$xQ_m(x)\mathrm{e}^{\lambda x}$
	λ 是二重特征根	$x^2 Q_m(x)\mathrm{e}^{\lambda x}$
$\mathrm{e}^{\alpha x}P_m(x)\cos\beta x$ 或	$\alpha\pm\mathrm{i}\beta$ 不是特征根	$\mathrm{e}^{\alpha x}[U_m(x)\cos\beta x + V_m(x)\sin\beta x]$
$\mathrm{e}^{\alpha x}P_m(x)\sin\beta x$	$\alpha\pm\mathrm{i}\beta$ 是特征根	$x\mathrm{e}^{\alpha x}[U_m(x)\cos\beta x + V_m(x)\sin\beta x]$

利用非齐次线性微分方程解的叠加原理, 还可以扩充上述表格中可设定特解的方程右端项的范围.

例 10.3.18 求二阶常系数非齐次线性微分方程 $y'' + y' - 6y = \sin x + x\mathrm{e}^{2x}$ 的通解.

解 特征方程为 $\lambda'' + \lambda' - 6\lambda = 0$ 的根为 $\lambda_1 = 2, \lambda_1 = -3$, 因此齐次方程的通解

$$\overline{y} = c_1\mathrm{e}^{2x} + c_2\mathrm{e}^{-3x}.$$

(1) 首先求非齐次方程 $y'' + y' - 6y = \sin x$ 的一个特解. 由于 $\pm\mathrm{i}$ 不是方程的特征根, 可设定其特解为

$$y_1^* = A\cos x + B\sin x.$$

注意到

$$(y_1^*)' = -A\sin x + B\cos x, \quad (y_1^*)'' = -A\cos x - B\sin x,$$

代入方程后得到

$$(-7A + B)\cos x + (-A - 7B)\sin x = \sin x,$$

由此得到

$$\begin{cases} -7A + B = 0, \\ -A - 7B = 1, \end{cases} \quad A = -\frac{1}{50}, \quad B = -\frac{7}{50},$$

所求特解为 $y_1^* = -\dfrac{1}{50}\cos x - \dfrac{7}{50}\sin x.$

(2) 再来求非齐次方程 $y'' + y' - 6y = x\mathrm{e}^{2x}$ 的一个特解. 由于 2 是方程的单重特征根, 可设定其特解为

$$y_2^* = x(Ax + B)\mathrm{e}^{2x}.$$

注意到

$$(y_2^*)' = [2Ax^2 + 2(A+B)x + B]\mathrm{e}^{2x},$$

$$(y_2^*)'' = (4Ax^2 + 8Ax + 4Bx + 2A + 4B)\mathrm{e}^{2x},$$

代入方程后得到

$$(10Ax + 2A + 5B)\mathrm{e}^{2x} = x\mathrm{e}^{2x},$$

由此得到

$$\begin{cases} 10A = 1, \\ 2A + 5B = 0, \end{cases} \quad A = \frac{1}{10}, \quad B = -\frac{1}{25}.$$

所求特解为 $y_1^* = x\left(\dfrac{x}{10} - \dfrac{1}{25}\right)\mathrm{e}^{2x}.$

由非齐次线性微分方程解的叠加原理知原方程的通解为

$$y = c_1\mathrm{e}^{2x} + c_2\mathrm{e}^{-3x} - \frac{1}{50}\cos x - \frac{7}{50}\sin x + x\left(\frac{x}{10} - \frac{1}{25}\right)\mathrm{e}^{2x}.$$

例 10.3.19 在无阻尼自由振动方程

$$\frac{\mathrm{d}^2 y}{\mathrm{d}t^2} + \omega^2 y = 0 \tag{10.3.18}$$

的右端增加一个沿 y 轴方向的周期性外力干扰项 $f(t) = F\sin\omega_0 t$ 之后, 便成为无阻尼受迫振动的方程

$$\frac{\mathrm{d}^2 y}{\mathrm{d}t^2} + \omega^2 y = F\sin\omega_0 t. \tag{10.3.36}$$

试解此二阶常系数非齐次线性微分方程.

解   由于二阶常系数齐次线性微分方程 (10.3.18) 的特征方程 $\lambda^2 + \omega^2 = 0$ 有一对共轭复根 $\lambda_{1,2} = \pm\omega\mathrm{i}$. 因此方程 (10.3.18) 的通解为

$$y = c_1\cos\omega t + c_2\sin\omega t.$$

如记 $A = \sqrt{c_1^2 + c_2^2}, \sin\varphi = \dfrac{c_1}{\sqrt{c_1^2 + c_2^2}}, \cos\varphi = \dfrac{c_2}{\sqrt{c_1^2 + c_2^2}}$, 则上述通解可以写成

$$y = A\big(\sin\varphi\cos\omega t + \cos\varphi\sin\omega t\big) = A\sin(\omega t + \varphi).$$

方程 (10.3.36) 右端项与前面表中 $\mathrm{e}^{\alpha x}P_m(x)\sin\beta x$ 相比较, $\alpha = 0, \beta = \omega_0,$ $P_m(t) = F, m = 0.$ 由于特征根为 $\lambda_{1,2} = \pm\omega\mathrm{i}$, 因此可按照下列两种情况设定其特解:

(1) 当 $\omega_0 \neq \omega$ 时, $\omega_0 \mathrm{i}$ 不是特征根, 方程 (10.3.36) 的特解形如

$$y^* = B \cos \omega_0 t + C \sin \omega_0 t,$$

其中 B, C 为待定系数.

将 y^* 代入方程 (10.3.36) 得到 $B = 0, C = \dfrac{F}{\omega^2 - \omega_0^2}$, 进而方程 (10.3.36) 的特解 y^* 为

$$y^* = \frac{F}{\omega^2 - \omega_0^2} \sin \omega_0 t.$$

方程 (10.3.36) 的通解为

$$y = A \sin(\omega t + \varphi) + \frac{F}{\omega^2 - \omega_0^2} \sin \omega_0 t.$$

以上无阻尼受迫振动由简谐振动和受迫振动两部分组成, 当周期性外力干扰的频率 ω_0 与弹簧固有频率 ω 接近时, 受迫振动的振幅可以变得很大.

(2) 当 $\omega_0 = \omega$ 时, $\omega_0 \mathrm{i}$ 是特征根, 方程 (10.3.36) 的特解形如

$$y^* = t(B \cos \omega_0 t + C \sin \omega_0 t),$$

其中 B, C 为待定系数.

将 y^* 代入 (10.3.36) 得到 $B = -\dfrac{F}{2\omega_0}, C = 0$, 进而方程 (10.3.36) 的特解 y^* 为

$$y^* = -\frac{F}{2\omega_0} t \cos \omega_0 t.$$

方程 (10.3.36) 的通解为

$$y = A \sin(\omega t + \varphi) - \frac{F}{2\omega_0} t \cos \omega_0 t.$$

此时的无阻尼受迫振动也是由简谐振动和受迫振动两部分组成, 受迫振动的振幅 $\dfrac{F}{2\omega_0} t$ 随时间 t 的增大而无限增大, 即所谓**共振现象**. 造成共振的原因在于 $\omega_0 = \omega$, 即周期性外力干扰的频率 ω_0 与弹簧固有频率 ω 相等.

10.3.5 欧拉方程

n 阶**欧拉方程**是指下列变系数线性微分方程

$$x^n y^{(n)} + a_1 x^{n-1} y^{(n-1)} + \cdots + a_{n-1} xy' + a_n y = f(x), \tag{10.3.37}$$

其中 $a_i \ (i = 1, 2, \cdots, n)$ 为实常数. 我们以二阶 Euler 方程

$$x^2 y'' + a_1 xy' + a_2 y = f(x) \tag{10.3.38}$$

为例, 介绍它的解法.

作自变量的代换 $x = \mathrm{e}^t$, 即 $t = \ln x$. 由于

$$y' = \frac{\mathrm{d}y}{\mathrm{d}x} = \frac{\mathrm{d}y}{\mathrm{d}t} \cdot \frac{\mathrm{d}t}{\mathrm{d}x} = \frac{1}{x}\frac{\mathrm{d}y}{\mathrm{d}t},$$

$$y'' = \frac{\mathrm{d}^2 y}{\mathrm{d}x^2} = \frac{\mathrm{d}}{\mathrm{d}x}\left(\frac{1}{x}\frac{\mathrm{d}y}{\mathrm{d}t}\right) = -\frac{1}{x^2}\frac{\mathrm{d}y}{\mathrm{d}t} + \frac{1}{x^2}\frac{\mathrm{d}^2 y}{\mathrm{d}t^2} = \frac{1}{x^2}\left(\frac{\mathrm{d}^2 y}{\mathrm{d}t^2} - \frac{\mathrm{d}y}{\mathrm{d}t}\right).$$

代入方程 (10.3.38) 后, 得到以 t 为自变量的二阶常系数线性微分方程

$$\frac{\mathrm{d}^2 y}{\mathrm{d}t^2} + (a_1 - 1)\frac{\mathrm{d}y}{\mathrm{d}t} + a_2 y = f(\mathrm{e}^t).$$

按照前一段解法, 从上述方程里可解出以 t 为自变量的未知函数 $y = y(t)$, 再将变量 t 换成 x, 便得到方程 (10.3.39) 的解.

例 10.3.20　求 Euler 方程 $x^2 y'' - 2y = x^2 + \dfrac{1}{x}$　$(x > 0)$ 的通解.

解　令 $x = \mathrm{e}^t$, 将 $y' = \dfrac{1}{x}\dfrac{\mathrm{d}y}{\mathrm{d}t}$, $y'' = \dfrac{1}{x^2}\left(\dfrac{\mathrm{d}^2 y}{\mathrm{d}t^2} - \dfrac{\mathrm{d}y}{\mathrm{d}t}\right)$, 代入所给方程, 得到

$$\frac{\mathrm{d}^2 y}{\mathrm{d}t^2} - \frac{\mathrm{d}y}{\mathrm{d}t} - 2y = \mathrm{e}^{2t} + \mathrm{e}^{-t}.$$

由于特征方程 $\lambda^2 - \lambda - 2 = 0$ 的根为 $\lambda_1 = -1, \lambda_2 = 2$, 则齐次方程的通解为

$$\overline{y} = c_1 \mathrm{e}^{-t} + c_2 \mathrm{e}^{2t}.$$

(1) 求非齐次方程 $\dfrac{\mathrm{d}^2 y}{\mathrm{d}t^2} - \dfrac{\mathrm{d}y}{\mathrm{d}t} - 2y = \mathrm{e}^{2t}$ 的特解 y_1^*.

由于 2 是单重特征根, 则特解 y_1^* 形如 $y_1^* = At\mathrm{e}^{2t}$, 且

$$\frac{\mathrm{d}y_1^*}{\mathrm{d}t} = (A + 2At)\mathrm{e}^{2t}, \quad \frac{\mathrm{d}^2 y_1^*}{\mathrm{d}t^2} = (4A + 4At)\mathrm{e}^{2t}.$$

代入方程后, 利用待定系数法得到 $A = \dfrac{1}{3}$, 于是特解为 $y_1^* = \dfrac{1}{3}t\mathrm{e}^{2t}$.

(2) 再求 $\dfrac{\mathrm{d}^2 y}{\mathrm{d}t^2} - \dfrac{\mathrm{d}y}{\mathrm{d}t} - 2y = \mathrm{e}^{-t}$ 的特解.

由于 -1 是单重特征根, 则特解 y_2^* 形如 $y_2^* = Bt\mathrm{e}^{-t}$, 且

$$\frac{\mathrm{d}y_2^*}{\mathrm{d}t} = (A - At)\mathrm{e}^{-t}, \quad \frac{\mathrm{d}^2 y_2^*}{\mathrm{d}t^2} = (-2A + At)\mathrm{e}^{-t}.$$

代入方程后, 利用待定系数法得到 $A = -\dfrac{1}{3}$, 于是特解为 $y_2^* = -\dfrac{1}{3}t\mathrm{e}^{-t}$.

利用叠加原理得到所求 Euler 方程的通解为

$$y = c_1 e^{-t} + c_2 e^{2t} + \frac{1}{3} t e^{2t} - \frac{1}{3} t e^{-t}$$

$$= \frac{c_1}{x} + c_2 x^2 + \frac{1}{3} x^2 \ln x - \frac{1}{3} \frac{\ln x}{x}.$$

习　题　10.3

1. 求下列高阶微分方程的通解:

(1) $y''' = e^{2x} - \cos x$;　　　　　　　(2) $y'' = \dfrac{1}{1+x^2}$;

(3) $y'' = \sin 2x$;　　　　　　　　　　(4) $x^2 y'' + xy' = 1$;

(5) $y'' - \dfrac{y'}{x} = xe^x$;　　　　　　　(6) $y^{(5)} - \dfrac{1}{x} y^{(4)} = 0$;

(7) $y'' = \dfrac{1}{\sqrt{y}}$;　　　　　　　　　(8) $y'' + \dfrac{1}{1-y}(y')^2 = 0$;

(9) $yy'' + (y')^2 = 0$;　　　　　　　(10) $y'' = (y')^3 + y'$.

2. 求下列高阶微分方程满足所给初始条件的特解:

(1) $y''' = xe^x, y|_{x=0} = 0, y'|_{x=0} = 0, y''|_{x=0} = 0$;

(2) $(1+x^2)y'' = 2xy', y|_{x=0} = 1, y'|_{x=0} = 3$;

(3) $y'' = y' + x, y|_{x=0} = 0, y'|_{x=0} = 0$;

(4) $y'' = e^{2y}, y|_{x=0} = 0, y'|_{x=0} = 0$;

(5) $y'' = \sqrt{1 + (y')^2}, y|_{x=0} = 1, y'|_{x=0} = 0$.

3. 设一单位质量的质点在周期力 $F = -A\omega^2 \sin \omega t (A, \omega$ 为常数$)$ 的作用下, 在 x 轴上运动. 若开始运动时质点位于坐标原点, 速度为 $A\omega$, 试求质点的运动方程.

4. 已知某曲线, 它的方程满足 $yy'' + (y')^2 = 1$, 且与另一曲线 $y = e^{-x}$ 相切于点 $(0,1)$, 求此曲线的方程.

5. 下列函数组哪些是线性无关的:

(1) $y_1(x) = \begin{cases} x^2, & -1 \leqslant x \leqslant 0, \\ 0, & 0 < x \leqslant 1, \end{cases}$　$y_2(x) = \begin{cases} 0, & -1 \leqslant x \leqslant 0, \\ x^2, & 0 < x \leqslant 1; \end{cases}$

(2) $1, \cos^2 x, \sin^2 x$;　　　　　　(3) $\sin 2x, \sin x \cos x$;

(4) $\ln x, x \ln x$;　　　　　　　　　(5) $e^x, \sin x$;

(6) e^x, e^{2x}.

6. 验证 $y_1(x) = \cos 2x$ 及 $y_2(x) = \sin 2x$ 是方程 $y'' + 4y = 0$ 的两个解, 并写出该方程的通解.

7. 验证 $y_1(x) = e^{x^2}$ 及 $y_2(x) = xe^{x^2}$ 是方程 $y'' - 4xy' + (4x^2 - 2)y = 0$ 的两个解, 并写出该方程的通解.

8. 设方程 $y'' + p(x)y' + q(x)y = 0$ 的系数满足:

(1) $p(x) + xq(x) = 0$, 证明方程有特解 $y = x$;

(2) $1 + p(x) + q(x) = 0$, 证明方程有特解 $y = \mathrm{e}^x$.

9. 参照例 10.3.6 的方法, 证明下列**刘维尔公式**. 设函数 $\varphi(x)$ 是二阶齐次线性微分方程 $y'' + p(x)y' + q(x)y = 0$ 的非零解, 则

$$y = \varphi(x) \int \frac{\mathrm{e}^{-\int p(x)\,\mathrm{d}x}}{\varphi^2(x)}\,\mathrm{d}x$$

是方程的另一个线性无关解, 试证明.

10. 已知 $y_1(x) = x$ 是齐次方程 $x^2 y'' - 3xy' + 3y = 0$ 的一个解, 求此方程的通解.

11. 已知 $y_1(x) = \mathrm{e}^x$ 是齐次方程 $(2x-1)y'' - (2x+1)y' + 2y = 0$ 的一个解, 求此方程的通解.

12. 已知齐次方程 $(x-1)y'' - xy' + y = 0$ 的通解为 $c_1 x + c_2 \mathrm{e}^x$, 求非齐次方程 $(x-1)y'' - xy' + y = (x-1)^2$ 的通解.

13. 已知齐次方程 $xy'' - y' = 0$ 的通解为 $c_1 + c_2 x^2$, 求非齐次方程 $xy'' - y' = x^2$ 的通解.

14. 已知齐次方程 $y'' - y = 0$ 的通解为 $c_1 \mathrm{e}^x + c_2 \mathrm{e}^{-x}$, 求非齐次方程 $y'' - y = \cos x$ 的通解.

15. 求下列常系数齐次线性微分方程的通解:

(1) $y'' - 2y' - 3y = 0$; 　　　　　　　　(2) $y'' - 4y' + 4y = 0$;

(3) $y'' - 2y' + 5y = 0$; 　　　　　　　　(4) $y'' - 5y' + 6y = 0$;

(5) $y'' + 2y' + 4y = 0$; 　　　　　　　　(6) $y'' + 2ry' + \omega^2 y = 0 (\omega > r > 0)$;

(7) $4y'' - 12y' + 9y = 0$; 　　　　　　　(8) $y^{(4)} - 2y''' + 5y'' = 0$;

(9) $y^{(4)} + \beta^4 y = 0 (\beta > 0)$; 　　　　　(10) $y''' - 3y'' + 3y' - y = 0$.

16. 求下列常系数齐次线性微分方程满足初始条件的特解:

(1) $y'' + 2y' + y = 0, y|_{x=0} = 4, y'|_{x=0} = -2$;

(2) $y'' + y' - 2y = 0, y|_{x=0} = 0, y'|_{x=0} = 3$;

(3) $y'' + 2y' + 5y = 0, y|_{x=0} = 0, y'|_{x=0} = 1$;

(4) $y'' - 7y' + 12y = 0, y|_{x=0} = 1, y'|_{x=0} = 1$;

(5) $y'' + 2y' + 3y = 0, y|_{x=0} = 1, y'|_{x=0} = 3$;

(6) $y'' + 4y' + 29y = 0, y|_{x=0} = 0, y'|_{x=0} = 15$.

17. 一单位质量的质点在 x 轴上运动, 开始时位于坐标原点且速度为 v_0, 在运动过程中, 质点受到一个力的作用, 这个力的大小与质点到原点的距离成正比 (比例系数 $k_1 > 0$) 而方向与初速度一致. 又介质的阻力的大小与速度成正比 (比例系数 $k_2 > 0$) 而方向与初速度相反. 试求质点的运动方程.

18. 对于 RLC 电路, 电流满足微分方程 $\dfrac{\mathrm{d}^2 I}{\mathrm{d}t^2} + \dfrac{R}{L}\dfrac{\mathrm{d}I}{\mathrm{d}t} + \dfrac{I}{LC} = 0$, 其中电感 L, 电阻 R 和电容 C 均为常数, 试求解该方程.

19. 求下列常系数非齐次线性微分方程的通解:

(1) $y'' - 2y' - 3y = 3x + 1$;

(2) $y'' - 5y' + 6y = x\mathrm{e}^{2x}$;

(3) $y'' + y = x\cos 2x$;

(4) $2y'' + 5y' = 5x^2 - 2x - 1$;

(5) $y''' + 3y'' + 3y' + y = \mathrm{e}^{-x}(x - 5)$;

(6) $y'' + 2y' - 3y = \mathrm{e}^{2x}$;

(7) $y'' - 2y' + y = \mathrm{e}^x$;

(8) $y'' + 2y' - 3y = 3x + 1 + \cos x$;

(9) $y'' + 4y' + 5y = \sin 2x$;

(10) $y'' - 2y' + 5y = \mathrm{e}^x \sin 2x$.

20. 求下列常系数非齐次线性微分方程满足所给初始条件的特解:

(1) $y'' - 2y' - 3y = \mathrm{e}^{-x}, y|_{x=0} = 0, y'|_{x=0} = \dfrac{3}{4}$;

(2) $y'' + y = \cos x, y|_{x=0} = 3, y'|_{x=0} = 4$;

(3) $y'' - y = 4x\mathrm{e}^x, y|_{x=0} = 0, y'|_{x=0} = 1$;

(4) $y'' + 4y' + 4y = \mathrm{e}^{-2x}, y|_{x=0} = 1, y'|_{x=0} = -2$;

(5) $y'' - 2y' - 3y = x^2 - x - 2, y|_{x=0} = 2, y'|_{x=0} = 1$.

21. 一单位质量的火车沿水平的道路运动, 机车的牵引力是 F, 运动时的阻力 $W = a + bv$, 其中 a, b 是常数, 而 v 是火车的速度, s 是走过的路程, 且 $t = 0$ 时 $s = 0, v = 0$. 试确定火车的运动规律.

22. 设函数 $\varphi(x)$ 连续, 且满足

$$\varphi(x) = \mathrm{e}^x + \int_0^x t\varphi(t)\mathrm{d}t - x\int_0^x \varphi(t)\mathrm{d}t,$$

求 $\varphi(x)$.

23. 求下列欧拉方程的通解:

(1) $x^3 y''' + x^2 y'' - 4xy' = 3x^2$;

(2) $x^2 y'' - xy' + y = 0$;

(3) $2x^2 y'' + 3xy' - y = \sqrt{x}$;

(4) $x^2 y'' - 4xy' + 6y = x$;

(5) $x^2 y'' - xy' + 2y = x\ln x$;

(6) $x^2 y'' - xy' + 4y = x\sin(\ln x)$.

复 习 题 十

1. 填空:

(1) $\dfrac{\mathrm{d}^2 y}{\mathrm{d}x^2} + \mathrm{e}^y = x$ 是____阶微分方程.

(2) $xy''' + 2xy'' + y^2 = x^3 + 1$ 是____阶微分方程.

(3) 若 $P(x,y)\mathrm{d}x + Q(x,y)\mathrm{d}y = 0$ 是全微分方程, 则函数 P,Q 应该满足____.

(4) 设 y_1^*, y_2^*, y_3^* 是某二阶非齐次线性微分方程的三个解, 且它们是线性无关的, 则方程的通解为____.

2. 求以下列各式所表示的函数为通解的微分方程:

(1) $(x+c)^2 + y^2 = 1$(其中c为任意常数);

(2) $y = c_1\mathrm{e}^x + c_2\mathrm{e}^{2x} + \dfrac{x}{2} + \dfrac{3}{4}$(其中$c_1, c_2$为任意常数).

3. 求下列微分方程的通解.

(1) $x^2 y\mathrm{d}x - (x^3 + y^3)\mathrm{d}y = 0$;　　　　　(2) $y' + y\tan x = \sin 2x$;

(3) $\dfrac{\mathrm{d}y}{\mathrm{d}x} + y = y^2(\cos x - \sin x)$;　　　　(4) $(y^4 - 3x^2)\mathrm{d}y + xy\mathrm{d}x = 0$;

(5) $\dfrac{\mathrm{d}y}{\mathrm{d}x} = \dfrac{y}{2x} + \dfrac{1}{2y}\tan\dfrac{y^2}{x}$;　　　　(6) $y' + x = \sqrt{x^2 + y}$;

(7) $[x\cos(x+y) + \sin(x+y)]\mathrm{d}x + x\cos(x+y)\mathrm{d}y = 0$;

(8) $y'' - ay'^2 = 0(a \neq 0)$;　　　　　　(9)$y'' + 4y' + 4y = \cos 2x$;

(10) $y^{(4)} - 2y''' + y'' = x$.

4. 求下列微分方程满足所给初始条件的特解:

(1) $x\dfrac{\mathrm{d}y}{\mathrm{d}x} + 3y = \dfrac{\sin x}{x^2}, y|_{x=\frac{\pi}{2}} = 0$;

(2) $\dfrac{\mathrm{d}y}{\mathrm{d}x} = \dfrac{y}{2(\ln y - x)}, y|_{x=1} = 1$;

(3) $y^3 y'' - 1 = 0, y|_{x=0} = 1, y'|_{x=0} = 1$;

(4) $y'' - 3y' + 2y = x\mathrm{e}^x, y|_{x=0} = 0, y'|_{x=0} = 0$.

5. 一曲线过点 $\left(0, -\dfrac{1}{2}\right)$, 它在任一点 (x,y) 处切线的斜率为 $x\ln(1+x^2)$, 求这曲线方程.

6. 一曲线过点 $(1,0)$, 它在任一点 $P(x,y)(x \neq 0)$ 处切线的斜率与直线 OP 的斜率之差等于 x, 求这曲线方程.

7. 容器内有 100L 浓度为 10% 的盐溶液, 若往容器中以 3L/min 的速度注入净水, 同时又以 2L/min 的速度将搅匀后的溶液排出. 问过程开始后 1h 溶液的浓度.

8. 对于方程 $y'' + p(x)y' + q(x)y = 0$, 若存在常数 m 使得 $m^2 + mp(x) + q(x) = 0$, 试证方程有解 $y = \mathrm{e}^{mx}$.

9. 设函数 $u = f(r), r = \sqrt{x^2 + y^2 + z^2}$ 在 $r > 0$ 内满足拉普拉斯方程

$$\frac{\partial^2 u}{\partial x^2} + \frac{\partial^2 u}{\partial y^2} + \frac{\partial^2 u}{\partial z^2} = 0,$$

其中 $f(r)$ 二阶可导, 且 $f(1) = f'(1) = 1$. 试将拉普拉斯方程化为以 r 为自变量的常微分方程, 并求 $f(r)$.

10. 求下列欧拉方程的通解:

(1) $x^2y'' + 3xy' + 5y = 0$;

(2) $x^2y'' - 3xy' + 4y = x + x^2 \ln x$.

附录A 二阶混合偏导数相等的充分条件

定理 A.1 若函数 $f(x,y)$ 在点 (x,y) 处存在连续的二阶混合偏导数 $f_{xy}(x,y)$ 与 $f_{yx}(x,y)$, 则必有

$$f_{xy}(x,y) = f_{yx}(x,y).$$

证明 给 x,y 分别以增量 $\Delta x, \Delta y$, 如果记

$$\varphi(x) = f(x, y + \Delta y) - f(x,y), \quad \psi(y) = f(x + \Delta x, y) - f(x,y),$$

则以下两种不同形式的表达式

$$\omega = [f(x + \Delta x, y + \Delta y) - f(x + \Delta x, y)] - [f(x, y + \Delta y) - f(x,y)],$$

$$\omega = [f(x + \Delta x, y + \Delta y) - f(x, y + \Delta y)] - [f(x + \Delta x, y) - f(x,y)],$$

可以分别利用函数 ϕ, ψ 表示为

$$\omega = \varphi(x + \Delta x) - \varphi(x), \tag{A.1}$$

$$\omega = \psi(y + \Delta y) - \psi(y). \tag{A.2}$$

只要 $|\Delta x|$ 足够小, 就能保证函数 $\varphi(x)$ 在以 $x, x + \Delta x$ 为端点的区间上连续并且可导. 于是由微分中值定理知

$$\omega = \varphi(x + \Delta x) - \varphi(x) = \varphi'(x + \theta_1 \Delta x)\Delta x$$

$$= [f_x(x + \theta_1 \Delta x, y + \Delta y) - f_x(x + \theta_1 \Delta x, y)]\Delta x \quad (0 < \theta_1 < 1).$$

只要 $|\Delta y|$ 足够小, 就能保证函数 $f_x(x + \theta_1 \Delta x, y)$ 关于变量 y 连续且在以 $y, y + \Delta y$ 为端点的区间上对变量 y 可导, 故可再一次利用微分中值定理, 得到

$$\dot{\omega} = f_{xy}(x + \theta_1 \Delta x, y + \theta_2 \Delta y)\Delta x \Delta y \quad (0 < \theta_1, \theta_2 < 1). \tag{A.3}$$

利用以上类似的方法, 还可得到

$$\omega = f_{yx}(x + \theta_1' \Delta x, y + \theta_2' \Delta y)\Delta y \Delta x \quad (0 < \theta_1', \theta_2' < 1). \tag{A.4}$$

注意到 (A.3), (A.4) 两式右端相等, 且在点 (x,y) 处二阶混合偏导数连续, 因此令 $\Delta x \to 0, \Delta y \to 0$, 便得到

$$f_{xy}(x,y) = f_{yx}(x,y).$$

问题得证.

附录B 活动标架、曲率与挠率

本附录将介绍一些有关空间曲线的基础知识, 是第 6 章多元函数微分学在几何中应用的补充, 对于深入学习物理学是很有价值的重要内容.

1. 空间曲线的弧长与自然参数

在定积分一章里, 我们曾经讨论过平面曲线的弧长定义和计算方法. 对于空间曲线 l

$$\boldsymbol{r} = \boldsymbol{r}(t) = \{\varphi(t), \psi(t), \omega(t)\}$$

来说, 有类似结论. 设点 $M_0(t_0), M(t)$ 均在曲线 l 上, 以 $M_0(t_0)$ 为起点, $M(t)$ 为终点的弧长计算公式为

$$s(t) = \int_{t_0}^{t} \sqrt{[\varphi'(t)]^2 + [\psi'(t)]^2 + [\omega'(t)]^2} \mathrm{d}t \quad (t \geqslant t_0). \tag{B.1}$$

显然, $s(t)$ 随着曲线段 M_0M 的终点 M 的变化而变化, 是对应于点 M 的参数 t 的函数, 且

$$\frac{\mathrm{d}s}{\mathrm{d}t} = \sqrt{[\varphi'(t)]^2 + [\psi'(t)]^2 + [\omega'(t)]^2} = |\boldsymbol{r}'(t)|.$$

当 $\boldsymbol{r}'(t) \neq \boldsymbol{0}$ 时, $\dfrac{\mathrm{d}s}{\mathrm{d}t} > 0$, $s(t)$ 是严格单调递增的函数, 因而存在反函数 $t = t(s)$, 而且

$$\frac{\mathrm{d}t}{\mathrm{d}s} = \frac{1}{\dfrac{\mathrm{d}s}{\mathrm{d}t}}.$$

此时, 可选取弧长 s 为参数, 称为**自然参数**, 将曲线 l 的方程重新写成 $\boldsymbol{r} = \boldsymbol{r}(s)$. 为区分一般参数 t 和自然参数 s, 记

$$\dot{\boldsymbol{r}}(s) = \frac{\mathrm{d}\boldsymbol{r}}{\mathrm{d}s}, \quad r'(t) = \frac{\mathrm{d}\boldsymbol{r}}{\mathrm{d}t}.$$

从方向上看, $\dot{\boldsymbol{r}}(s)$ 与 $\boldsymbol{r}'(t)$ 都是曲线 l 的切向量, 但是, $\dot{\boldsymbol{r}}(s)$ 的模却恒为 1, 这是因为

$$|\dot{\boldsymbol{r}}(s)| = \left|\frac{\mathrm{d}\boldsymbol{r}}{\mathrm{d}t}\right| \cdot \left|\frac{\mathrm{d}t}{\mathrm{d}s}\right| = |\boldsymbol{r}'(t)| \cdot \frac{1}{\dfrac{\mathrm{d}s}{\mathrm{d}t}} = 1.$$

$\dot{\boldsymbol{r}}(s)$ 作为曲线 l 在点 $M(s)$ 处的**单位切向量,** 选取专用符号表示为 $\boldsymbol{T}(s) = \dot{\boldsymbol{r}}(s)$.

为了研究 $\boldsymbol{T}(s)$ 的性质, 我们对具有常模的向量函数给出一个充要条件.

结论 若 $r(t)$ 为一可导的向量函数, 则 $r(t)$ 有常模的充要条件是

$$r(t) \cdot r'(t) = 0.$$

证明 **必要性** 若 $r(t)$ 有常模, 则 $r(t) = \lambda r_0(t)$, 其中 λ 为常数, $|r_0(t)| = 1$. 此时

$$r(t) \cdot r(t) = \lambda^2.$$

利用向量函数的求导法则, 在上式两端分别对 t 求导, 得到

$$r'(t) \cdot r(t) + r(t) \cdot r'(t) = 0, \ \text{即} \ r(t) \cdot r'(t) = 0.$$

充分性 若 $r(t) \cdot r'(t) = 0$, 则 $[r(t) \cdot r(t)]' = 2r(t) \cdot r'(t) = 0$, 故 $|r(t)|$ 为常数, $r(t)$ 有常模.

本结论具有明显的几何意义: 如有空间曲线 l 位于原点 O 为球心的球面上, 即 l 为球面曲线, 则 l 上任一点 M 处的切线与 $\overrightarrow{OM}$ 垂直. 反之, 如果空间曲线 l 上任一点 M 处的切线与 $\overrightarrow{OM}$ 垂直, 则 l 必为原点 O 为球心的球面曲线.

2. 活动标架

由于 $T(s)$ 是单位向量, 具有常模 1, 根据上述结论, 知 $T(s) \cdot \dot{T}(s) = 0$, 即 $\dot{T}(s) \perp T(s)$.

记 $\dot{T}(s)$ 的单位向量为 $N(s)$, 并称 $N(s)$ 为曲线 l 在点 $M(s)$ 处的**主法向量**. 则

$$\dot{T}(s) = \ddot{r}(s) = |\ddot{r}(s)|N(s). \tag{B.2}$$

另记 $B(s) = T(s) \times N(s)$, 并称 $B(s)$ 为曲线 l 在点 $M(s)$ 处的**副法向量**.

曲线 l 在点 $M(s)$ 处的单位切向量 T, 主法向量 N, 副法向量 B 两两垂直, 称之为曲线 l 在点 $M(s)$ 处的**活动标架**或 **Frenet 标架**.

由 T, N 确定的平面称为曲线 l 在点 $M(s)$ 处的**密切面**, 由 N, B 确定的平面称为曲线 l 在点 $M(s)$ 处的**法平面**, 由 B, T 确定的平面称为曲线 l 在点 $M(s)$ 处的**从切面**. 参见图 B.1.

当我们沿空间曲线 l 运动时, 使用固定的直角坐标系, 亦即 i, j, k 标架, 描述运动的速度向量和加速度向量是很不方便的. 如果改用活动标架, 则 T 恰好表示前进的方向, N 表示路径弯曲的方向, B 则表示运动"偏离" T, N 所确定的密切面的"挠曲"程度. 为了对这些几何背景作出简要说明, 我们对空间曲线曲率和挠率的概念作简要介绍.

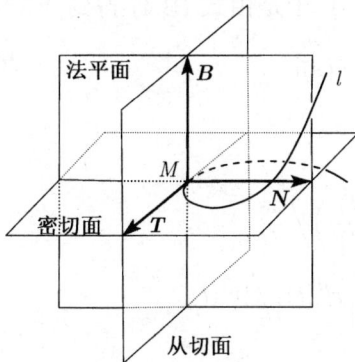

图 B.1 曲线 l 的 Frenet 标架

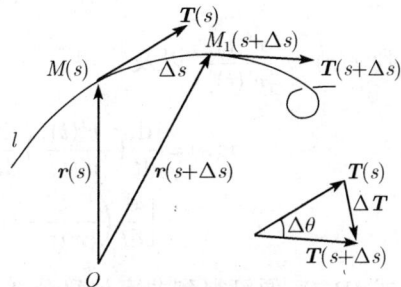

图 B.2 空间曲线的曲率

3. 空间曲线的曲率

空间曲线的曲率可以仿照平面曲线的曲率那样, 定义为**曲线切线的转角关于弧长的变化率**. 设点 $M(s)$ 为空间曲线 l 上的一点, $M_1(s + \Delta s)$ 为曲线 l 上的另一点. 如果这两点间的弧长为 Δs, 过这两点所作切向量的夹角为 $\Delta\theta$, 则曲线 l 在点 $M(s)$ 处的**曲率**定义为

$$\kappa(s) = \lim_{\Delta s \to 0} \left| \frac{\Delta\theta}{\Delta s} \right|. \tag{B.3}$$

曲率的倒数 $\dfrac{1}{\kappa(s)}$ 称为**曲率半径**, 记作 $R = \dfrac{1}{\kappa(s)}$.

现在来证明, 上述曲率的传统定义可以被置换为

$$\kappa(s) = |\dot{\boldsymbol{T}}(s)| = |\ddot{\boldsymbol{r}}(s)|. \tag{B.4}$$

这是因为

$$|\dot{\boldsymbol{T}}(s)| = \left| \lim_{\Delta s \to 0} \frac{\Delta\boldsymbol{T}}{\Delta s} \right| = \lim_{\Delta s \to 0} \left| \frac{\Delta\boldsymbol{T}}{\Delta s} \right|.$$

如图 B.2 所示, 由于 $|\boldsymbol{T}(s)| = |\boldsymbol{T}(s + \Delta s)| = 1$, $|\Delta\boldsymbol{T}| = 2\sin\dfrac{\Delta\theta}{2}$, 因此有

$$|\dot{\boldsymbol{T}}(s)| = \lim_{\Delta s \to 0} \left| \frac{2\sin\dfrac{\Delta\theta}{2}}{\Delta s} \right| = \lim_{\Delta s \to 0} \left| \frac{\Delta\theta}{\Delta s} \right| = \kappa(s).$$

将结论式 (B.4) 代入式 (B.2), 得到

$$\dot{\boldsymbol{T}}(s) = \kappa(s)\boldsymbol{N}(s). \tag{B.5}$$

结论 (B.4) 是当曲线 l 的方程以弧长 s 为参数时的曲率计算公式, 对于一般参数 t 而言, 曲线 l 的曲率有以下计算公式:

$$\kappa(t) = \frac{|\boldsymbol{r}'(t) \times \boldsymbol{r}''(t)|}{|\boldsymbol{r}'(t)|^3}. \tag{B.6}$$

事实上, 由于 $|\boldsymbol{T}(s)| = |\dot{\boldsymbol{r}}(s)| = 1$, 知 $\dot{\boldsymbol{r}}(s) \perp \ddot{\boldsymbol{r}}(s)$, 于是由式 (B.4) 得到

$$\kappa(s) = |\ddot{\boldsymbol{r}}(s)| = |\dot{\boldsymbol{r}}(s) \times \ddot{\boldsymbol{r}}(s)|. \tag{B.7}$$

注意到 $\dot{\boldsymbol{r}}(s) = \dfrac{\boldsymbol{r}'(t)}{|\boldsymbol{r}'(t)|}$, 以及

$$\begin{aligned}
\ddot{\boldsymbol{r}}(s) &= \frac{\mathrm{d}}{\mathrm{d}t}\Big(\frac{\boldsymbol{r}'(t)}{|\boldsymbol{r}'(t)|}\Big)\frac{\mathrm{d}t}{\mathrm{d}s} = \frac{\mathrm{d}}{\mathrm{d}t}\Big(\frac{\boldsymbol{r}'(t)}{|\boldsymbol{r}'(t)|}\Big)\Big/\frac{\mathrm{d}s}{\mathrm{d}t} \\
&= \Big[\frac{\mathrm{d}}{\mathrm{d}t}\Big(\frac{1}{|\boldsymbol{r}'(t)|}\Big)\boldsymbol{r}'(t) + \frac{1}{|\boldsymbol{r}'(t)|}\boldsymbol{r}''(t)\Big]\Big/|\boldsymbol{r}'(t)|.
\end{aligned}$$

代入式 (B.7), 便可得到曲率计算公式 (B.6).

例 B.1　试求圆柱螺线 $\boldsymbol{r}(t) = \{a\cos t, a\sin t, amt\}$ 的曲率.

解　由于 $\boldsymbol{r}'(t) = \{-a\sin t, a\cos t, am\}$,　$\boldsymbol{r}''(t) = \{-a\cos t, -a\sin t, 0\}$,

$$\boldsymbol{r}'(t) \times \boldsymbol{r}''(t) = \begin{vmatrix} \boldsymbol{i} & \boldsymbol{j} & \boldsymbol{k} \\ -a\sin t & a\cos t & am \\ -a\cos t & -a\sin t & 0 \end{vmatrix} = \{a^2 m\sin t, -a^2 m\cos t, a^2\}.$$

则有

$$|\boldsymbol{r}'(t) \times \boldsymbol{r}''(t)| = a^2\sqrt{1+m^2}, \quad |\boldsymbol{r}'(t)| = a\sqrt{1+m^2},$$

由式 (B.5) 得到圆柱螺线的曲率为

$$\kappa(t) = \frac{a^2\sqrt{1+m^2}}{(a\sqrt{1+m^2})^3} = \frac{1}{a(1+m^2)}.$$

例 B.2　试在活动标架上表示质点做曲线运动时的速度向量 $\boldsymbol{v}(t)$ 与加速度向量 $\boldsymbol{a}(t)$.

解　设曲线运动由向量函数

$$\boldsymbol{r} = \boldsymbol{r}(t) = \{x(t), y(t), z(t)\}$$

表示, 其中 t 表示时间, $\boldsymbol{r}(t)$ 表示质点的位置向量. 在时刻 t 的速度向量为

$$\boldsymbol{v}(t) = \boldsymbol{r}'(t) = \{x'(t), y'(t), z'(t)\}.$$

速度向量 $\boldsymbol{v}(t)$ 的模 $|\boldsymbol{v}(t)|$ 表示速度的大小, 又称作**速率**, 记作 v. 显然有

$$v = |\boldsymbol{v}(t)| = |\boldsymbol{r}'(t)| = \sqrt{[x'(t)]^2 + [y'(t)]^2 + [z'(t)]^2}.$$

前面已经证明 $\boldsymbol{T}(s) = \dot{\boldsymbol{r}}(s)$, $\dfrac{\mathrm{d}s}{\mathrm{d}t} = \sqrt{[x'(t)]^2 + [y'(t)]^2 + [z'(t)]^2}$, 因此得到

$$\boldsymbol{v}(t) = \boldsymbol{r}'(t) = \dot{\boldsymbol{r}}(s)\frac{\mathrm{d}s}{\mathrm{d}t} = v\boldsymbol{T}. \tag{B.8}$$

这恰好说明质点做曲线运动时速度的方向与运动轨迹的单位切向量 $\boldsymbol{T}$ 同向, 而速率 v 恰等于弧长关于时间 t 的变化率 $\dfrac{\mathrm{d}s}{\mathrm{d}t}$.

加速度向量 $\boldsymbol{a}(t)$ 定义为速度向量 $\boldsymbol{v}(t)$ 关于时间 t 的变化率 $\boldsymbol{a}(t) = \dfrac{\mathrm{d}\boldsymbol{v}(t)}{\mathrm{d}t} = \boldsymbol{r}''(t)$. 利用式 (B.8), 式 (B.2) 和链锁法则可以将加速度向量 $\boldsymbol{a}(t)$ 分解到曲线在 t 处的活动标架上去.

$$
\begin{aligned}
\boldsymbol{a}(t) &= \frac{\mathrm{d}\boldsymbol{v}(t)}{\mathrm{d}t} = \frac{\mathrm{d}}{\mathrm{d}t}(v\boldsymbol{T}) = \frac{\mathrm{d}v}{\mathrm{d}t}\boldsymbol{T} + v\frac{\mathrm{d}\boldsymbol{T}}{\mathrm{d}t} \\
&= \frac{\mathrm{d}v}{\mathrm{d}t}\boldsymbol{T} + v\frac{\mathrm{d}\boldsymbol{T}}{\mathrm{d}s}\frac{\mathrm{d}s}{\mathrm{d}t} = \frac{\mathrm{d}v}{\mathrm{d}t}\boldsymbol{T} + v^2\kappa\boldsymbol{N}.
\end{aligned}
\tag{B.9}
$$

式中 $\dfrac{\mathrm{d}v}{\mathrm{d}t}\boldsymbol{T}$ 表示**切向加速度**, $v^2\kappa\boldsymbol{N}$ 表示**法向加速度.** 而加速度的大小应该等于

$$
|\boldsymbol{a}(t)| = \sqrt{\left(\frac{\mathrm{d}v}{\mathrm{d}t}\right)^2 + (v^2\kappa)^2}.
$$

4. 空间曲线的挠率

一般来说, 空间曲线 l 上相邻两点 $M(s), M_1(s + \Delta s)$ 处的密切面并不共面, 而要形成一个二面角. 这个二面角的大小可以由点 M, M_1 处的副法向量的夹角 $\Delta\mu$ 来表示. $\Delta\mu$ 的大小说明空间曲线 l 与平面曲线相比 "挠曲" 程度的大小. 仿照曲率概念的定义, 给出挠率的以下定义.

记空间曲线 l 上相邻两点 $M(s), M_1(s + \Delta s)$ 处副法向量 $\boldsymbol{B}(s), \boldsymbol{B}(s + \Delta s)$ 间的夹角为 $\Delta\mu$, 则曲线 l 在点 $M(s)$ 处的**挠率** $\tau(s)$ 定义为 $\Delta\mu$ 关于弧长的变化率, 即

$$
\tau(s) = \lim_{\Delta s \to 0}\left|\frac{\Delta\mu}{\Delta s}\right|.
\tag{B.10}
$$

注意到副法向量 $\boldsymbol{B}(s) = \boldsymbol{T}(s) \times \boldsymbol{N}(s)$ 为单位向量, 如同单位切向量 $\boldsymbol{T}(s)$ 一样可以证明类似式 (B.4) 的结论:

$$
|\dot{\boldsymbol{B}}(s)| = \tau(s).
\tag{B.11}
$$

实际上

$$
\begin{aligned}
|\dot{\boldsymbol{B}}(s)| &= \left|\lim_{\Delta s \to 0}\frac{\Delta\boldsymbol{B}}{\Delta s}\right| = \lim_{\Delta s \to 0}\left|\frac{\Delta\boldsymbol{B}}{\Delta s}\right| \\
&= \lim_{\Delta s \to 0}\left|\frac{2\sin\dfrac{\Delta\mu}{2}}{\Delta s}\right| = \lim_{\Delta s \to 0}\left|\frac{\Delta\mu}{\Delta s}\right| = \tau(s).
\end{aligned}
$$

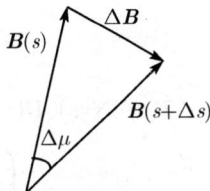

图 B.3 空间曲线的挠率

下面给出挠率的计算公式.

在等式 $\boldsymbol{B}(s) = \boldsymbol{T}(s) \times \boldsymbol{N}(s)$ 的两端对 s 求导, 得到

$$\dot{\boldsymbol{B}}(s) = \dot{\boldsymbol{T}}(s) \times \boldsymbol{N}(s) + \boldsymbol{T}(s) \times \dot{\boldsymbol{N}}(s),$$

由于式 (B.5)$\dot{\boldsymbol{T}}(s) = \kappa(s)\boldsymbol{N}(s)$ 知 $\dot{\boldsymbol{T}}(s) \times \boldsymbol{N}(s) = \boldsymbol{0}$, 因此有

$$\dot{\boldsymbol{B}}(s) = \boldsymbol{T}(s) \times \dot{\boldsymbol{N}}(s). \tag{B.12}$$

这说明 $\dot{\boldsymbol{B}}(s) \perp \boldsymbol{T}(s)$. 由于 $|\boldsymbol{B}| = 1$, 又知 $\dot{\boldsymbol{B}}(s) \perp \boldsymbol{B}(s)$. 由此可见, $\dot{\boldsymbol{B}}(s)$ 与 $\boldsymbol{N}(s)$ 共线. 鉴于结论 (B.11), 可将 $\boldsymbol{B}(s)$ 表示成

$$\dot{\boldsymbol{B}}(s) = -\tau(s)\boldsymbol{N}(s). \tag{B.13}$$

由式 (B.12) 及式 (B.13) 知 $\tau(s)\boldsymbol{N}(s) = \dot{\boldsymbol{N}}(s) \times \boldsymbol{T}(s)$, 进而得到

$$\tau(s) = (\dot{\boldsymbol{N}}(s) \times \boldsymbol{T}(s)) \cdot \boldsymbol{N}(s) = \boldsymbol{T}(s) \cdot (\boldsymbol{N}(s) \times \dot{\boldsymbol{N}}(s)).$$

由于

$$\boldsymbol{T}(s) = \dot{\boldsymbol{r}}(s), \quad \boldsymbol{N}(s) = \frac{1}{\kappa(s)}\dot{\boldsymbol{T}}(s) = \frac{1}{\kappa(s)}\ddot{\boldsymbol{r}}(s), \quad \dot{\boldsymbol{N}}(s) = \frac{1}{\kappa(s)}\dddot{\boldsymbol{r}} + \frac{\mathrm{d}}{\mathrm{d}s}\left(\frac{1}{\kappa(s)}\right)\ddot{\boldsymbol{r}},$$

则得到弧长参数下的挠率公式

$$\begin{aligned}\tau(s) &= \dot{\boldsymbol{r}}(s) \cdot \left\{ \frac{\ddot{\boldsymbol{r}}(s)}{\kappa(s)} \times \left[\frac{1}{\kappa(s)}\dddot{\boldsymbol{r}} + \frac{\mathrm{d}}{\mathrm{d}s}\left(\frac{1}{\kappa(s)}\right)\ddot{\boldsymbol{r}} \right] \right\} \\ &= \frac{1}{\kappa^2(s)}(\dot{\boldsymbol{r}}(s), \ddot{\boldsymbol{r}}(s), \dddot{\boldsymbol{r}}(s)).\end{aligned} \tag{B.14}$$

若曲线 l 的方程选用一般参数 t, 上述挠率公式 (B.14) 还可写成

$$\tau = \frac{(\boldsymbol{r}', \boldsymbol{r}'', \boldsymbol{r}''')}{(\boldsymbol{r}' \times \boldsymbol{r}'')^2}. \tag{B.15}$$

此处证明从略, 读者可自行完成.

由于 $\boldsymbol{N}(s) = \boldsymbol{B}(s) \times \boldsymbol{T}(s)$, 在等式两端对 s 求导, 并利用式 (B.5) 与式 (B.13), 可以得到

$$\begin{aligned}\dot{\boldsymbol{N}}(s) &= \dot{\boldsymbol{B}}(s) \times \boldsymbol{T}(s) + \boldsymbol{B} \times \dot{\boldsymbol{T}}(s) \\ &= (-\tau(s)\boldsymbol{N}(s)) \times \boldsymbol{T}(s) + \boldsymbol{B}(s) \times (\kappa(s)\boldsymbol{N}(s)) \\ &= -\kappa(s)\boldsymbol{T}(s) + \tau(s)\boldsymbol{B}(s).\end{aligned} \tag{B.16}$$

$\dot{\boldsymbol{T}}(s), \dot{\boldsymbol{N}}(s), \dot{\boldsymbol{B}}(s)$ 在活动标架 $\boldsymbol{T}, \boldsymbol{N}, \boldsymbol{B}$ 上的表达式 (B.5), 式 (B.13), 式 (B.16)

$$\begin{cases} \dot{\boldsymbol{T}}(s) = & \kappa(s)\boldsymbol{N}(s), \\ \dot{\boldsymbol{N}}(s) = -\kappa(s)\boldsymbol{T}(s) & + \tau(s)\boldsymbol{B}(s), \\ \dot{\boldsymbol{B}}(s) = & -\tau(s)\boldsymbol{N}(s). \end{cases}$$

称为**空间曲线的基本公式**, 又称为 Frnet-Serret 公式.

例 B.3　试求圆柱螺线 $\boldsymbol{r}(t) = \{a\cos t, a\sin t, amt\}$ 的挠率.

解　由于 $\boldsymbol{r}'(t) = \{-a\sin t, a\cos t, am\}$, $\boldsymbol{r}''(t) = \{-a\cos t, -a\sin t, 0\}$,

$$\boldsymbol{r}'''(t) = \{a\sin t, -a\cos t, 0\},$$

$$(\boldsymbol{r}', \boldsymbol{r}'', \boldsymbol{r}''') = \begin{vmatrix} -a\sin t & a\cos t & am \\ -a\cos t & -a\sin t & 0 \\ a\sin t & -a\cos t & 0 \end{vmatrix} = a^3 m,$$

而

$$\boldsymbol{r}'(t) \times \boldsymbol{r}''(t) = \begin{vmatrix} \boldsymbol{i} & \boldsymbol{j} & \boldsymbol{k} \\ -a\sin t & a\cos t & am \\ -a\cos t & -a\sin t & 0 \end{vmatrix} = \{a^2 m\sin t, -a^2 m\cos t, a^2\},$$

则

$$(\boldsymbol{r}'(t) \times \boldsymbol{r}''(t))^2 = a^4(1 + m^2).$$

由式 (B.14) 得到圆柱螺线的挠率为

$$\tau = \frac{(\boldsymbol{r}', \boldsymbol{r}'', \boldsymbol{r}''')}{(\boldsymbol{r}' \times \boldsymbol{r}'')^2} = \frac{a^3 m}{a^4(1 + m^2)} = \frac{m}{a(1 + m^2)}.$$

附录C 二元函数在驻点处取极值的充分条件

预备定理 设点 $M_0(x_0, y_0)$ 是函数 $f(x, y)$ 的驻点, 在点 $M_0(x_0, y_0)$ 的某个邻域内 $f(x, y)$ 具有二阶连续导数, 如果作为 $\Delta x, \Delta y$ 的二次齐次式

$$\left(\Delta x \frac{\partial}{\partial x} + \Delta y \frac{\partial}{\partial y}\right)^2 f(x_0, y_0) \tag{C.1}$$

正定 (或负定)[①], 则 $f(x_0, y_0)$ 为极小 (大) 值.

证明 由函数 $f(x, y)$ 在 (x_0, y_0) 处的 Taylor 展开式得到

$$f(x_0 + \Delta x, y_0 + \Delta y) - f(x_0, y_0)$$

$$= \left(\Delta x \frac{\partial}{\partial x} + \Delta y \frac{\partial}{\partial y}\right) f(x_0, y_0) + \frac{1}{2!}\left(\Delta x \frac{\partial}{\partial x} + \Delta y \frac{\partial}{\partial y}\right)^2 f(x_0 + \theta\Delta x, y_0 + \theta\Delta y),$$

其中 $0 < \theta < 1$. 因为 $M_0(x_0, y_0)$ 是函数 $f(x, y)$ 的驻点, $f_x(x_0, y_0) = 0$, $f_y(x_0, y_0) = 0$, 因此

$$f(x_0 + \Delta x, y_0 + \Delta y) - f(x_0, y_0)$$

$$= \frac{1}{2}\left(\Delta x \frac{\partial}{\partial x} + \Delta y \frac{\partial}{\partial y}\right)^2 f(x_0 + \theta\Delta x, y_0 + \theta\Delta y)$$

$$= \frac{1}{2}f_{xx}(x_0 + \theta\Delta x, y_0 + \theta\Delta y)(\Delta x)^2 + f_{xy}(x_0 + \theta\Delta x, y_0 + \theta\Delta y)\Delta x\Delta y$$

$$+ \frac{1}{2}f_{yy}(x_0 + \theta\Delta x, y_0 + \theta\Delta y)(\Delta y)^2. \tag{C.2}$$

由于函数 $f(x, y)$ 在点 $M_0(x_0, y_0)$ 的某邻域内具有二阶连续导数, 则

$$f_{xx}(x_0 + \theta\Delta x, y_0 + \theta\Delta y) = f_{xx}(x_0, y_0) + \alpha,$$

$$f_{xy}(x_0 + \theta\Delta x, y_0 + \theta\Delta y) = f_{xy}(x_0, y_0) + \beta,$$

$$f_{yy}(x_0 + \theta\Delta x, y_0 + \theta\Delta y) = f_{yy}(x_0, y_0) + \gamma,$$

其中 α, β, γ 是当 $\Delta x \to 0, \Delta y \to 0$ 时的无穷小量. 代入式 (C.2), 得到

$$f(x_0 + \Delta x, y_0 + \Delta y) - f(x_0, y_0)$$

$$= \frac{1}{2}\left(\Delta x \frac{\partial}{\partial x} + \Delta y \frac{\partial}{\partial y}\right)^2 f(x_0, y_0) + \frac{1}{2}[\alpha(\Delta x)^2 + 2\beta\Delta x\Delta y + \gamma(\Delta y)^2].$$

[①] $\Delta x, \Delta y$ 的二次齐次式 (C.1) 称为**正定 (或负定)** 是指对不全为零的 $\Delta x, \Delta y$ 来说, 恒取正值 (或负值).

注意到当 $\Delta x \to 0, \Delta y \to 0$ 时, 上式的第二部分是比第一部分更高阶的无穷小量, 因此, 在点 $M_0(x_0, y_0)$ 的某个充分小的邻域内, $f(x_0 + \Delta x, y_0 + \Delta y) - f(x_0, y_0)$ 的符号完全由上式第一部分, 亦即式 (C.1) 的符号来决定. 故式 (C.1) 正定 (或负定) 时, $f(x_0, y_0)$ 为极小 (大) 值.

定理 C.1　设点 $M_0(x_0, y_0)$ 是函数 $f(x, y)$ 的驻点, 在点 $M_0(x_0, y_0)$ 的某个邻域内 $f(x, y)$ 连续且有二阶连续导数, 如记

$$f_{xx}(x_0, y_0) = A, \quad f_{xy}(x_0, y_0) = B, \quad f_{yy}(x_0, y_0) = C,$$

则

(1) 当 $B^2 - AC < 0$ 时, 函数 $f(x, y)$ 在点 $M_0(x_0, y_0)$ 处有极值. 若 $A > 0, f(x_0, y_0)$ 为极小值; 若 $A < 0, f(x_0, y_0)$ 为极大值.

(2) 当 $B^2 - AC > 0$ 时, 函数 $f(x, y)$ 在点 $M_0(x_0, y_0)$ 处不取极值.

(3) 当 $B^2 - AC = 0$ 时, 无法确定函数 $f(x, y)$ 在点 $M_0(x_0, y_0)$ 是否取极值.

证明　先来证明结论 (1). 由于 $B^2 - AC < 0$, 则 $A \neq 0$. 于是, 二次齐次式 (C.1) 可以变形为

$$\left(\Delta x \frac{\partial}{\partial x} + \Delta y \frac{\partial}{\partial y} \right)^2 f(x_0, y_0) = A(\Delta x)^2 + 2B\Delta x \Delta y + C(\Delta y)^2$$

$$= \frac{1}{A}[(A\Delta x + B\Delta y)^2 + (AC - B^2)(\Delta y)^2].$$

由此可见, 当 $A > 0 (< 0)$ 时, 作为 $\Delta x, \Delta y$ 的二次齐次式

$$\left(\Delta x \frac{\partial}{\partial x} + \Delta y \frac{\partial}{\partial y} \right)^2 f(x_0, y_0) \tag{C.1}$$

正定 (负定), 由预备定理知 $f(x_0, y_0)$ 为极小 (大) 值.

(2) 欲证 $B^2 - AC > 0$ 时, $f(x_0, y_0)$ 不是极值, 只要能够说明, 对于 $\forall \varepsilon > 0, \exists M_i \in U(M_0, \varepsilon) \ (i = 1, 2)$, 使得

$$f(M_1) < f(M_0), \quad f(M_2) > f(M_0).$$

由于 $\Delta x, \Delta y$ 不全为零, 不妨设 $\Delta y \neq 0$, 此时式 (C.1) 又可变形为

$$\left(\Delta x \frac{\partial}{\partial x} + \Delta y \frac{\partial}{\partial y} \right)^2 f(x_0, y_0) = A(\Delta x)^2 + 2B\Delta x \Delta y + C(\Delta y)^2$$

$$= \left[A\left(\frac{\Delta x}{\Delta y} \right)^2 + 2B\left(\frac{\Delta x}{\Delta y} \right) + C \right](\Delta y)^2$$

$$= (Ah^2 + 2Bh + C)(\Delta y)^2,$$

其中 $h = \dfrac{\Delta x}{\Delta y}$. 由于 $B^2 - AC > 0$, 上式圆括号内 h 的二次三项式有两个不同的实

根, 进而得知存在 $h_1, h_2,$, 使得该二次三项式分别取正值和负值, 即

$$Ah_1^2 + 2Bh_1 + C > 0, \quad Ah_2^2 + 2Bh_2 + C < 0.$$

注意到, 总可以选取 $\Delta x_i, \Delta y_i$ $(i = 1, 2)$ 使得 $\dfrac{\Delta x_i}{\Delta y_i} = h_i$, 且点 $M_i(x_0 + \Delta x_i, y_0 + \Delta y_i) \in U(M_0, \varepsilon)$ $(i = 1, 2)$. 这样便有

$$f(M_1) < f(M_0), \quad f(M_2) > f(M_0).$$

问题得证.

(3) 为证明 $B^2 - AC = 0$ 时, 无法确定函数 $f(x, y)$ 在点 $M_0(x_0, y_0)$ 是否取极值, 只要给出一个在点 $M_0(x_0, y_0)$ 取到极值的例子和一个在点 $M_0(x_0, y_0)$ 不能取到极值的例子即可.

函数

$$f_1(x, y) = x^4 + y^2, \quad f_2(x, y) = x^3 + y^2$$

均以原点 $O(0, 0)$ 为驻点, 且满足 $B^2 - AC = 0$. 但是, 对于 $f_1(x, y)$ 来说, 原点 $O(0, 0)$ 为其极小值点. 对于 $f_2(x, y)$ 来说, 原点 $O(0, 0)$ 并不是极值点, 这是因为在 x 轴上原点的两侧函数值异号. 这就说明当 $B^2 - AC = 0$ 时, 无法确定函数 $f(x, y)$ 在点 $M_0(x_0, y_0)$ 是否取极值.

附录D 最小二乘法简介

作为二元函数极值的应用, 我们来介绍一种在数据处理中常见方法 —— 最小二乘法.

设有 n 组实测数据 $(x_1, y_1), (x_2, y_2), \cdots, (x_n, y_n)$. 这些数据反映了变量 x, y 之间的某种函数关系. 如果这些数据所代表的二维点在 $O\text{-}xy$ 平面上呈现一种直线分布的态势, 如图 D.1 所示, 我们便希望能够找到一条直线

$$y = ax + b \tag{D.1}$$

来拟合这些数据所确定的点列. 当然, 该直线在点 $x_i(i = 1, 2, \cdots, n)$ 处的函数值 $y(x_i) = ax_i + b$ 应尽量接近 y_i, 使得"整体误差"达到最小.

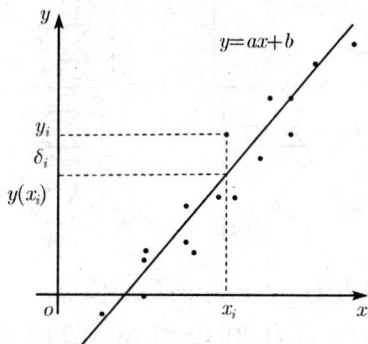

图 D.1　最小二乘意义下的最佳拟合直线

记 $\delta_i = y_i - (ax_i + b)$, 如果用 $\displaystyle\sum_{i=1}^{n} \delta_i$ 表示上述"整体误差", 显然不妥. 因为 $|\delta_i|$ 即使很大, $\displaystyle\sum_{i=1}^{n} \delta_i$ 作为代数和并不一定也会很大. 于是令

$$\delta = \sum_{i=1}^{n} \delta_i^2 = \sum_{i=1}^{n} (y_i - ax_i - b)^2 \tag{D.2}$$

来表示这种"整体误差". 这就是说, 我们来寻找的这条直线 (D.1), 应该使得 (D.2) 最小. 此时, 称直线 (D.1) 为**最小二乘意义下的最佳拟合直线.**而下列寻找这种直线的方法称为**最小二乘法.**

为使 $\delta = \delta(a,b)$ 取得最小值, 求其驻点. 为此解下列方程组

$$\begin{cases} \dfrac{\partial \delta}{\partial a} = \displaystyle\sum_{i=1}^{n} 2(y_i - ax_i - b)(-x_i) = 0, \\ \dfrac{\partial \delta}{\partial b} = \displaystyle\sum_{i=1}^{n} 2(y_i - ax_i - b)(-1) = 0, \end{cases} \tag{D.3}$$

即

$$\begin{cases} \left(\displaystyle\sum_{i=1}^{n} x_i^2\right) a + \left(\displaystyle\sum_{i=1}^{n} x_i\right) b = \displaystyle\sum_{i=1}^{n} x_i y_i, \\ \left(\displaystyle\sum_{i=1}^{n} x_i\right) a + n b = \displaystyle\sum_{i=1}^{n} y_i. \end{cases}$$

由此得到

$$a = \frac{\begin{vmatrix} \displaystyle\sum_{i=1}^{n} x_i y_i & \displaystyle\sum_{i=1}^{n} x_i \\ \displaystyle\sum_{i=1}^{n} y_i & n \end{vmatrix}}{\begin{vmatrix} \displaystyle\sum_{i=1}^{n} x_i^2 & \displaystyle\sum_{i=1}^{n} x_i \\ \displaystyle\sum_{i=1}^{n} x_i & n \end{vmatrix}}, \quad b = \frac{\begin{vmatrix} \displaystyle\sum_{i=1}^{n} x_i^2 & \displaystyle\sum_{i=1}^{n} x_i y_i \\ \displaystyle\sum_{i=1}^{n} x_i & \displaystyle\sum_{i=1}^{n} y_i \end{vmatrix}}{\begin{vmatrix} \displaystyle\sum_{i=1}^{n} x_i^2 & \displaystyle\sum_{i=1}^{n} x_i \\ \displaystyle\sum_{i=1}^{n} x_i & n \end{vmatrix}}.$$

一般情况下, 上述 (a,b) 即为 $\delta = \delta(a,b)$ 的最小值点.

例 D.1 已知数据组 $(0,1), (1,3), (2,2), (3,4), (4,5)$, 求此数据组在最小二乘意义下的最佳拟合直线.

解 方程组 (C.3) 的系数分别为

$$\sum_{i=1}^{5} x_i^2 = 30, \quad \sum_{i=1}^{5} x_i = 10, \quad \sum_{i=1}^{5} x_i y_i = 39, \quad n = 5, \quad \sum_{i=1}^{5} y_i = 15.$$

解方程组 (C.3)

$$\begin{cases} 30a + 10b = 39, \\ 10a + 5b = 15. \end{cases}$$

得到 $a = 0.9, b = 1.2$, 即驻点为 $(0.9, 1.2)$, 最小二乘意义下的拟合直线方程为

$$y = 0.9x + 1.2.$$

对于上述结论可以验证如下: 由于

$$A = \delta_{aa}(a, b) = 2\sum_{i=1}^{n} x_i^2 = 60,$$

$$B = \delta_{ab}(a, b) = 2\sum_{i=1}^{n} x_i = 20,$$

$$C = \delta_{bb}(a, b) = 2n = 10,$$

知 $B^2 - AC = -200 < 0$, $A = 60 > 0$. 可见驻点 $(0.9, 1.2)$ 确为唯一极小值点, 进而为最小值点.

附录E 由参数方程表示的曲面面积公式

在 7.1.5 节, 我们介绍过由显式方程表示的曲面面积公式.

设曲面 Σ 的方程为 $z = f(x,y)$, 而 Σ 在 $O\text{-}xy$ 平面上的投影区域为 D_{xy}. 如果函数 $f(x,y)$ 在 D_{xy} 上具有连续的偏导数, 且记 $p = f_x(x,y)$, $q = f_y(x,y)$, 则曲面 Σ 的面积 S 可由下列公式给出:

$$S = \iint_{D_{xy}} \sqrt{1 + p^2 + q^2}\, \mathrm{d}x\mathrm{d}y.$$

现在我们利用上述公式给出**由参数方程表示的曲面面积公式**.

设曲面 Σ 由下列参数方程表示:

$$x = x(u,v), \quad y = y(u,v), \quad z = z(u,v) \quad ((u,v) \in R)$$

且函数 $x(u,v), y(u,v), z(u,v)$ 在 uv 平面的二维闭区域 R 上具有连续的偏导数. 为方便叙述还可将曲面 Σ 的上述参数方程写成以下向量的形式

$$\boldsymbol{r} = \boldsymbol{r}(u,v) = \{x(u,v),\ y(u,v),\ z(u,v)\}.$$

当 u 取常数时, 上述方程成为单参数 v 的参数方程, 表示曲面 Σ 上的一条曲线, 称为 **v 曲线**. 同样, 当 v 取常数时, 上述方程成为单参数 u 的参数方程, 表示曲面 Σ 上的一条曲线, 称为 **u 曲线**, 见图 E.1. 注意到曲面 Σ 上通过点 (u,v) 的 u 曲线和 v 曲线的切向量分别为

$$\boldsymbol{r}_u = \{x_u, y_u, z_u\}, \quad \boldsymbol{r}_v = \{x_v, y_v, z_v\},$$

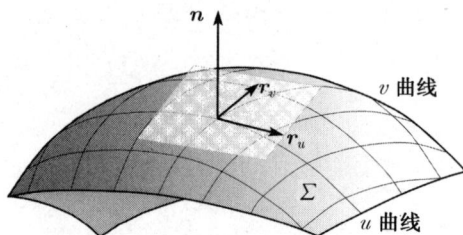

图 E.1 参数方程表示的曲面法向量

则 Σ 上通过点 (u, v) 处的法向量为

$$\boldsymbol{n} = \boldsymbol{r}_u \times \boldsymbol{r}_v = \left\{ \frac{\partial(y, z)}{\partial(u, v)}, \frac{\partial(z, x)}{\partial(u, v)}, \frac{\partial(x, y)}{\partial(u, v)} \right\}.$$

只要上述三个 Jacobi 行列式不全为零, 不妨认为 $\dfrac{\partial(x, y)}{\partial(u, v)} \neq 0 \quad ((u, v) \in R)$, 则 $\boldsymbol{n} \neq \boldsymbol{0}$, 此时函数组

$$x = x(u, v), \quad y = y(u, v)$$

存在单值反函数组

$$u = u(x, y), \quad v = v(x, y).$$

于是曲面 Σ 可由以下显函数表示

$$z = z(u(x, y), v(x, y)).$$

根据隐函数的链锁法则, 知有

$$p = \frac{\partial z}{\partial x} = \frac{\partial z}{\partial u} \frac{\partial u}{\partial x} + \frac{\partial z}{\partial v} \frac{\partial v}{\partial x}, \quad q = \frac{\partial z}{\partial y} = \frac{\partial z}{\partial u} \frac{\partial u}{\partial y} + \frac{\partial z}{\partial v} \frac{\partial v}{\partial y}.$$

为求 $\dfrac{\partial u}{\partial x}, \dfrac{\partial v}{\partial x}$, 在恒等式组

$$x \equiv x(u(x, y), v(x, y)), \quad y \equiv y(u(x, y), v(x, y)) \tag{$*$}$$

两端对 x 求导, 得到方程组

$$1 = \frac{\partial x}{\partial u} \frac{\partial u}{\partial x} + \frac{\partial x}{\partial v} \frac{\partial v}{\partial x}, \quad 0 = \frac{\partial y}{\partial u} \frac{\partial u}{\partial x} + \frac{\partial y}{\partial v} \frac{\partial v}{\partial x}.$$

由此得到

$$\frac{\partial u}{\partial x} = \frac{\partial y}{\partial v} \bigg/ \frac{\partial(x, y)}{\partial(u, v)}, \quad \frac{\partial v}{\partial x} = -\frac{\partial y}{\partial u} \bigg/ \frac{\partial(x, y)}{\partial(u, v)}.$$

类似地, 在恒等式 $(*)$ 的两端对 y 求导, 还可求得

$$\frac{\partial u}{\partial y} = -\frac{\partial x}{\partial v} \bigg/ \frac{\partial(x, y)}{\partial(u, v)}, \quad \frac{\partial v}{\partial y} = \frac{\partial x}{\partial u} \bigg/ \frac{\partial(x, y)}{\partial(u, v)}.$$

代入 p, q 的表达式便可得到

$$p = \frac{\partial z}{\partial x} = -\frac{\partial(y, z)}{\partial(u, v)} \bigg/ \frac{\partial(x, y)}{\partial(u, v)}, \quad q = \frac{\partial z}{\partial y} = -\frac{\partial(z, x)}{\partial(u, v)} \bigg/ \frac{\partial(x, y)}{\partial(u, v)}.$$

于是得到

$$\sqrt{1 + p^2 + q^2} = \frac{1}{\left| \dfrac{\partial(x, y)}{\partial(u, v)} \right|} |\boldsymbol{r}_u \times \boldsymbol{r}_v|.$$

注意到

$$|\boldsymbol{r}_u \times \boldsymbol{r}_v|^2 = |\boldsymbol{r}_u|^2 |\boldsymbol{r}_v|^2 \sin^2\langle \boldsymbol{r}_u, \boldsymbol{r}_v \rangle$$

$$= \boldsymbol{r}_u^2 \boldsymbol{r}_v^2 (1 - \cos^2\langle \boldsymbol{r}_u, \boldsymbol{r}_v \rangle) = \boldsymbol{r}_u^2 \boldsymbol{r}_v^2 - (\boldsymbol{r}_u \cdot \boldsymbol{r}_v)^2.$$

若记 $\boldsymbol{r}_u^2 = E(u,v)$, $\boldsymbol{r}_v^2 = G(u,v)$, $\boldsymbol{r}_u \cdot \boldsymbol{r}_v = F(u,v)$, 则 $|\boldsymbol{r}_u \times \boldsymbol{r}_v| = \sqrt{EG - F^2}$,

$$\sqrt{1 + p^2 + q^2} = \frac{1}{\left| \dfrac{\partial(x,y)}{\partial(u,v)} \right|} \sqrt{EG - F^2}.$$

由曲面面积公式 (7.1.17), 利用二重积分的一般变量代换公式和上述结论, 便可直接得到参数方程表示的曲面面积公式:

$$\iint_{D_{xy}} \sqrt{1 + p^2 + q^2}\, \mathrm{d}x\mathrm{d}y = \iint_R \sqrt{EG - F^2}\, \mathrm{d}u\mathrm{d}v.$$

例 E.1　已知球面的参数方程为

$$x = a \sin\varphi \cos\theta, \quad y = a \sin\varphi \sin\theta, \quad z = a \cos\varphi,$$

$(0 \leqslant \varphi \leqslant \pi,\ 0 \leqslant \theta \leqslant 2\pi)$. 试确定两经线 $\theta = \theta_1, \theta = \theta_2 (0 \leqslant \theta_1 < \theta_2 \leqslant 2\pi)$ 和两纬线 $\varphi = \varphi_1, \varphi = \varphi_2 (0 \leqslant \varphi_1 < \varphi_2 \leqslant \pi)$ 所围部分球面面积 S.

解　球面的向量方程形如

$$\boldsymbol{r} = \boldsymbol{r}(\varphi, \theta) = \{a \sin\varphi \cos\theta, a \sin\varphi \sin\theta, a \cos\varphi\}.$$

因此

$$\boldsymbol{r}_\varphi = \{a \cos\varphi \cos\theta, a \cos\varphi \sin\theta, -a \sin\varphi\},$$

$$\boldsymbol{r}_\theta = \{-a \sin\varphi \sin\theta, a \sin\varphi \cos\theta, 0\},$$

$$E = \boldsymbol{r}_\varphi^2 = a^2, \quad F = \boldsymbol{r}_\varphi \cdot \boldsymbol{r}_\theta = 0, \quad G = \boldsymbol{r}_\theta^2 = a^2 \sin^2\varphi,$$

进而得到 $\sqrt{EG - F^2} = a^2 \sin\varphi$.

所求球面部分 R 可由以下不等式组界定

$$R:\ \varphi_1 \leqslant \varphi \leqslant \varphi_2, \quad \theta_1 \leqslant \theta \leqslant \theta_2.$$

于是得到该部分球面面积为 S

$$S = \iint_R \sqrt{EG - F^2}\, \mathrm{d}u\mathrm{d}v = \int_{\theta_1}^{\theta_2} \mathrm{d}\theta \int_{\varphi_1}^{\varphi_2} a^2 \sin\varphi\, \mathrm{d}\varphi$$

$$= a^2 (\theta_2 - \theta_1)(\cos\varphi_1 - \cos\varphi_2).$$

当 $\theta_1 = 0, \theta_2 = 2\pi, \varphi_1 = 0, \varphi_2 = \pi$ 时, 便得到熟知的球面积公式 $S = 4\pi a^2$.

附录F 函数项级数的一致收敛及其性质

函数项级数的一致收敛性是证明函数项级数一系列重要性质的基础, 也是证明第 9 章幂级数和函数的连续性 (定理 9.2.3), 幂级数的逐项积分 (定理 9.2.4) 和幂级数的逐项微分 (定理 9.2.5) 三条重要性质的主要依据, 本附录将介绍函数项级数一致收敛的概念, 判定方法以及函数项级数和幂级数上述重要性质的证明.

1. 函数项级数的一致收敛

设函数项级数

$$\sum_{n=1}^{\infty} u_n(x) = u_1(x) + u_2(x) + \cdots + u_n(x) + \cdots \tag{F.1}$$

在收敛域 I 上收敛于和函数 $S(x)$, 则对 I 内任意给定的 x_0, 数项级数 $\displaystyle\sum_{n=1}^{\infty} u_n(x_0)$ 一定收敛于 $S(x_0)$.

应该指出, 这种收敛是 "逐点" 进行的, 也就是说, 先给定 $x_0 \in I$, 对于 $\forall \varepsilon > 0$, 一定 $\exists N \in \mathbf{Z}^+$, 使得当 $n > N$ 时, 不等式

$$\big| S(x_0) - S_n(x_0) \big| < \varepsilon$$

成立. 其中的 N 不仅依赖于正数 ε, 还依赖于 x_0, 因此, 我们不妨记作 $N = N(\varepsilon, x_0)$. 如果我们能找到这样的正整数 N, 它只依赖于正数 ε, 而不依赖于 x_0, 即 $N = N(\varepsilon)$. 这样的 N 对收敛域 I 上的每个 x_0 来说都将是 "一致" 地适用! 此时, 我们称函数项级数 (F.1) 在 I 上**一致收敛**于 $S(x)$.

定义 F.1 设有函数项级数 (F.1), 若对 $\forall \varepsilon > 0$, 存在只依赖于 ε 的正整数 N, 使得当 $n > N$ 时, 不等式

$$\big| S(x) - S_n(x) \big| = \Big| S(x) - \sum_{k=1}^{n} u_k(x) \Big| < \varepsilon$$

对区间 I 内的一切 x 成立, 便称函数项级数 (F.1) 在区间 I 上**一致收敛**于和函数 $S(x)$. 又称函数列 $\{S_n(x)\}$ 在区间 I 上一致收敛于函数 $S(x)$.

当函数项级数 (F.1) 在区间 I 上一致收敛于 $S(x)$ 时, $\forall \varepsilon > 0$, $\exists N \in \mathbf{Z}^+$, 使得当 $n > N$ 时, 在区间 I 上的曲线 $y = S_n(x)$ 全部位于曲线

$$y = S(x) - \varepsilon, \quad y = S(x) + \varepsilon$$

之间的带形区域之内 (图 F.1).

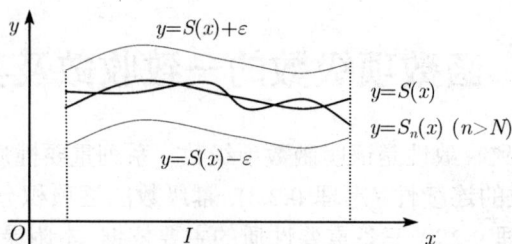

图 F.1　函数项级数在区间 I 上一致收敛的图示

一致收敛的条件明显地强于收敛, 当函数项级数 (F.1) 在区间 I 上一致收敛于 $S(x)$ 时, 一定也收敛于 $S(x)$. 但是当函数项级数 (F.1) 在区间 I 上收敛于 $S(x)$ 时, 不一定会一致收敛于 $S(x)$.

例 F.1　证明函数项级数

$$\sum_{n=1}^{\infty} \frac{\sin nx}{n^2} = \frac{\sin x}{1^2} + \frac{\sin 2x}{2^2} + \cdots + \frac{\sin nx}{n^2} + \cdots$$

在 $(-\infty, +\infty)$ 上一致收敛.

解　由于 $\left| \dfrac{\sin nx}{n^2} \right| \leqslant \left| \dfrac{1}{n^2} \right|$, 而数项级数 $\displaystyle\sum_{n=1}^{\infty} \frac{1}{n^2}$ 收敛, 因此知函数项级数 $\displaystyle\sum_{n=1}^{\infty} \frac{\sin nx}{n^2}$ 在 $(-\infty, +\infty)$ 上绝对收敛. 记其和函数为 $S(x)$.

注意到

$$\begin{aligned}
|S_n(x) - S(x)| &= \left| \sum_{k=1}^{n} \frac{\sin kx}{k^2} - \sum_{k=1}^{\infty} \frac{\sin kx}{k^2} \right| = \left| \sum_{k=n+1}^{\infty} \frac{\sin kx}{k^2} \right| \\
&\leqslant \sum_{k=n+1}^{\infty} \frac{1}{k^2} < \sum_{k=n+1}^{\infty} \frac{1}{k(k-1)} \\
&= \sum_{k=n+1}^{\infty} \left(\frac{1}{k-1} - \frac{1}{k} \right) = \frac{1}{n},
\end{aligned}$$

因此, 对于 $\forall \varepsilon > 0$, 只要取正整数 $N = \left[\dfrac{1}{\varepsilon} \right] + 1$, 当 $n > N$ 时, 不等式

$$\left| S(x) - S_n(x) \right| < \frac{1}{n} < \varepsilon$$

对一切 $x \in (-\infty, +\infty)$ 总成立. 由此可见, 函数项级数 $\displaystyle\sum_{n=1}^{\infty} \frac{\sin nx}{n^2}$ 在 $(-\infty, +\infty)$ 上一致收敛.

例 F.2 证明函数项级数

$$\sum_{n=1}^{\infty} u_n(x) = \sum_{n=1}^{\infty} \left[\frac{n^2 x^2}{1 + n^2 x^2} - \frac{(n-1)^2 x^2}{1 + (n-1)^2 x^2} \right]$$

在 $(-1, 1)$ 上收敛, 但并不一致收敛.

解 由于该函数项级数的前 n 项和

$$S_n(x) = \sum_{k=1}^{n} u_k(x) = \frac{n^2 x^2}{1 + n^2 x^2},$$

则当 $x = 0$ 时, $S_n(0) \equiv 0$, 且 $S(0) = \lim\limits_{n\to\infty} S_n(0) = 0$. 当 $x \neq 0$ 且 $x \in (-1, 1)$ 时,

$$S(x) = \lim_{n\to\infty} S_n(x) = \lim_{n\to\infty} \frac{n^2 x^2}{1 + n^2 x^2} = 1.$$

由此知所给函数项级数在 $(-1, 1)$ 上收敛于和函数

$$S(x) = \begin{cases} 1, & -1 < x < 0, \\ 0, & x = 0, \\ 1, & 0 < x < 1. \end{cases}$$

现在来说明所给函数项级数在 $(-1, 1)$ 内不一致收敛于 $S(x)$. 实际上, 对于 $\varepsilon = \dfrac{1}{4}$ 来说, 不论自然数 n 取多大, 只要在 $(-1, 1)$ 内取 $x = \dfrac{1}{n}$, 则有

$$\left| S_n\left(\frac{1}{n}\right) - S\left(\frac{1}{n}\right) \right| = \left| \frac{1}{2} - 1 \right| = \frac{1}{2} > \frac{1}{4}.$$

从图 F.2 可以看出所给函数项级数在 $(-1, 1)$ 内虽然处处收敛于 $S(x)$, 但是各点收敛的 "速度" 并不一致. $S_n(x)$ 的图像总是经过原点, $S_n(0)$ 收敛于 0; 可是在原点之外 (哪怕距离原点很近处), $S_n(x)$ 却要收敛于 1! 因此, 在开区间 $(-1, 1)$ 内 $S_n(x)$ 不可能 "速度一致" 地收敛于 $S(x)$!

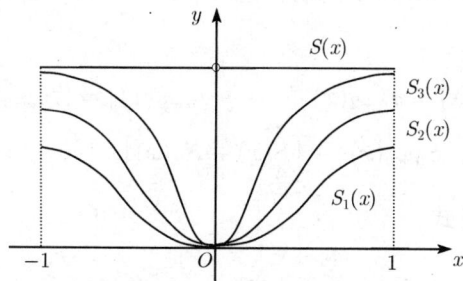

图 F.2 不一致收敛的图示

如果给一个不包括原点的区间, 例如 $[r, 1)$ 或 $(r, 1)$, 其中 $0 < r < 1$. 则容易证明上述函数项级数在此区间 $[r, 1)$ 或 $(r, 1)$ 上一致收敛.

实际上, 在这样的区间上, 由于 $r \leqslant x < 1$, 总有

$$|S_n(x) - S(x)| = \left| \frac{n^2 x^2}{1 + n^2 x^2} - 1 \right| = \frac{1}{1 + n^2 x^2} \leqslant \frac{1}{n^2 r^2}.$$

对于 $\forall \varepsilon > 0, \exists N = \left[\dfrac{1}{r\sqrt{\varepsilon}} \right] + 1$, 当 $n > N$ 时, 不等式

$$|S_n(x) - S(x)| \leqslant \frac{1}{n^2 r^2} < \varepsilon$$

对一切 $r \leqslant x < 1$ 恒成立.

2. 函数项级数一致收敛的判定

关于函数项级数一致收敛的判定, 我们给出以下两种基本的判别方法.

定理 F.1(Cauchy 一致收敛准则)　　函数项级数 $\displaystyle\sum_{n=1}^{\infty} u_n(x)$ 在区间 (a, b) 上一致收敛的充要条件是对任意 $\varepsilon > 0$, 总存在不依赖于 x 的正整数 $N(\varepsilon)$, 使得 $n > N$ 时, 不等式

$$|u_{n+1}(x) + u_{n+2}(x) + \cdots + u_{n+p}(x)| < \varepsilon$$

对一切正整数 p 和 (a, b) 内的 x 成立.

证明　　必要性　　设函数项级数 $\displaystyle\sum_{n=1}^{\infty} u_n(x)$ 在区间 (a, b) 上一致收敛于 $S(x)$, 由定义知, 对任意 $\varepsilon > 0$, 一定存在不依赖于 x 的正整数 $N(\varepsilon)$, 使得 $n > N$ 时, 不等式

$$|S(x) - S_n(x)| < \frac{\varepsilon}{2}, \quad |S(x) - S_{n+p}(x)| < \frac{\varepsilon}{2}$$

对任意给定的正整数 p 和 (a, b) 内的任意 x 成立.

注意到

$$|u_{n+1}(x) + u_{n+2}(x) + \cdots + u_{n+p}(x)| = |S_{n+p}(x) - S_n(x)|$$

$$\leqslant |S(x) - S_{n+p}(x)| + |S(x) - S_n(x)|,$$

因此当 $n > N$ 时, 不等式

$$|u_{n+1}(x) + u_{n+2}(x) + \cdots + u_{n+p}(x)| < \frac{\varepsilon}{2} + \frac{\varepsilon}{2} = \varepsilon$$

对一切正整数 p 和 (a, b) 内的 x 成立.

充分性 假定对任意 $\dfrac{\varepsilon}{2} > 0$, 总存在不依赖于 x 的正整数 $N(\varepsilon)$, 使得 $n > N$ 时, 不等式

$$|u_{n+1}(x) + u_{n+2}(x) + \cdots + u_{n+p}(x)| < \frac{\varepsilon}{2}$$

对一切正整数 p 和 (a, b) 内的 x 成立. 由于

$$|u_{n+1}(x) + u_{n+2}(x) + \cdots + u_{n+p}(x)| = |S_{n+p}(x) - S_n(x)|,$$

由第 1 章的定理 1.2.12(柯西收敛准则) 知函数项级数 $\displaystyle\sum_{n=1}^{\infty} u_n(x)$ 的部分和数列 $\{S_n(x)\}$ 收敛, 记和函数为 $S(x)$. 注意到不等式

$$|S_{n+p}(x) - S_n(x)| < \frac{\varepsilon}{2}$$

对一切正整数 p 及和 (a, b) 内的任意 x 成立. 令 $p \to \infty$, 由于 $S_{n+p}(x) \to S(x)$, 利用极限的性质, 知不等式

$$|S(x) - S_n(x)| \leqslant \frac{\varepsilon}{2} < \varepsilon$$

对 (a, b) 内的一切 x 成立, 可见函数项级数 $\displaystyle\sum_{n=1}^{\infty} u_n(x)$ 区间 (a, b) 上一致收敛于 $S(x)$.

定理 F.2(魏尔斯特拉斯 (Weierstrass) 判敛法) 设函数项级数 $\displaystyle\sum_{n=1}^{\infty} u_n(x)$ 的一般项在区间 (a, b) 上满足条件

$$|u_n(x)| \leqslant a_n \quad (n = 1, 2, \cdots)$$

且正项级数 $\displaystyle\sum_{n=1}^{\infty} a_n$ 收敛, 则函数项级数 $\displaystyle\sum_{n=1}^{\infty} u_n(x)$ 在区间 (a, b) 上一致收敛.

证明 由于正项级数 $\displaystyle\sum_{n=1}^{\infty} a_n$ 收敛, 根据第 1 章定理 1.2.12 Cauchy 收敛准则知对于 $\forall \varepsilon > 0, \exists N \in \mathbf{Z}^+$, 使得当 $n > N$ 时, 对于任意正整数 p 恒有以下不等式成立

$$|a_{n+1} + a_{n+2} + \cdots + a_{n+p}| = a_{n+1} + a_{n+2} + \cdots + a_{n+p} < \varepsilon,$$

因此, 由题设条件知对任意 $x \in (a, b)$, 不等式

$$|u_{n+1}(x) + u_{n+2}(x) + \cdots + u_{n+p}(x)|$$

$$\leqslant |u_{n+1}(x)| + |u_{n+2}(x)| + \cdots + |u_{n+p}(x)|$$

$$\leqslant a_{n+1} + a_{n+2} + \cdots + a_{n+p} < \varepsilon$$

对任意正整数 p 成立. 由上述 Cauchy 一致收敛准则知函数项级数 $\sum\limits_{n=1}^{\infty} u_n(x)$ 在区间 (a, b) 上一致收敛.

利用 Weierstrass 判敛法证明例 F.1 中的函数项级数 $\sum\limits_{n=1}^{\infty} \dfrac{\sin nx}{n^2}$ 在 $(-\infty, +\infty)$ 上的一致收敛, 会变得十分简洁.

由于 $\left| \dfrac{\sin nx}{n^2} \right| \leqslant \left| \dfrac{1}{n^2} \right|$, 而数项级数 $\sum\limits_{n=1}^{\infty} \dfrac{1}{n^2}$ 收敛, 因此知函数项级数 $\sum\limits_{n=1}^{\infty} \dfrac{\sin nx}{n^2}$ 在 $(-\infty, +\infty)$ 上一致收敛.

例 F.3　试证明函数项级数 $\sum\limits_{n=1}^{\infty} \dfrac{n^q x}{1 + n^p x^2}$ 当 $p > 2(q+1)$ 时在 $(-\infty, +\infty)$ 上一致收敛.

证明　由于 $|1 + n^p x^2| \geqslant |2n^{\frac{p}{2}} x|$ 对一切 $x \in (-\infty, +\infty)$ 成立, 因此有不等式

$$\left| \frac{n^q x}{1 + n^p x^2} \right| \leqslant \frac{|n^q x|}{|2n^{\frac{p}{2}} x|} = \frac{1}{2} n^{q - \frac{p}{2}}.$$

注意到当 $p > 2(q+1)$ 时, $q - \dfrac{p}{2} < -1$, 因此数项级数 $\sum\limits_{n=1}^{\infty} \dfrac{1}{2} n^{q - \frac{p}{2}}$ 收敛, 由 Weierstrass 判敛法知级数 $\sum\limits_{n=1}^{\infty} \dfrac{n^q x}{1 + n^p x^2}$ 在 $(-\infty, +\infty)$ 上一致收敛.

3. 一致收敛的函数项级数的性质

定理 F.3(和函数的连续性)　设 $u_n(x)$ $(n = 1, 2, \cdots)$ 在 $[a, b]$ 上连续, 函数项级数 $\sum\limits_{n=1}^{\infty} u_n(x)$ 在 $[a, b]$ 上一致收敛于 $S(x)$, 则和函数 $S(x)$ 在 $[a, b]$ 上连续.

证明　任给 $x_0 \in [a, b]$, 现在来证明 $S(x)$ 在 x_0 处连续.

由于函数项级数 $\sum\limits_{n=1}^{\infty} u_n(x)$ 在 $[a, b]$ 上一致收敛于 $S(x)$, 则对任意给定的 $\varepsilon > 0$, 必存在 $N \in \mathbf{Z}^+$, 使得当 $n > N$ 时, 不等式

$$|S(x) - S_n(x)| < \frac{\varepsilon}{3}$$

对一切 $x \in [a, b]$ 总成立. 当然对 x_0 而言, 上述不等式也成立, 即

$$|S(x_0) - S_n(x_0)| < \frac{\varepsilon}{3}.$$

由题设知 $u_n(x)$ $(n = 1, 2, \cdots)$ 在 $[a, b]$ 上连续, 因此 $S_n(x)$ 在 x_0 处连续, 于是存在 $\delta > 0$, 使得 $U(x_0, \delta) \subseteq [a, b]$ 且当 $|x - x_0| < \delta$ 时, 成立不等式

$$|S_n(x) - S_n(x_0)| < \frac{\varepsilon}{3}.$$

综合上述三个不等式知, 对于取定的 $n > N$, 只要 $|x - x_0| < \delta$, 便有

$$| S(x) - S(x_0) | \leqslant | S(x) - S_n(x) | + |S_n(x)) - S_n(x_0) |$$
$$+ | S_n(x_0) - S(x_0) | < \frac{\varepsilon}{3} + \frac{\varepsilon}{3} + \frac{\varepsilon}{3} = \varepsilon.$$

由此可见, $S(x)$ 在 x_0 处连续, 进而在 $[a,b]$ 上连续.

上述定理告诉我们, 在 $u_n(x)$ 连续的条件下, 函数项级数 $\sum\limits_{n=1}^{\infty} u_n(x)$ 的一致收敛性是和函数连续的充分条件.

例 F.4 利用和函数的连续性定理证明定义在 $[0,1]$ 上的函数项级数

$$\sum_{n=1}^{\infty} (x^n - x^{n-1}) = x + (x^2 - x) + (x^3 - x^2) + \cdots + (x^n - x^{n-1}) + \cdots$$

不一致收敛.

解 注意到

$$S_n(x) = \sum_{k=1}^{n} (x^k - x^{k-1}) = x + (x^2 - x) + (x^3 - x^2) + \cdots + (x^n - x^{n-1}) = x^n,$$

当 $x \in [0, 1)$ 时, 有

$$S(x) = \lim_{n \to \infty} S_n(x) = \lim_{n \to \infty} x^n = 0;$$

当 $x = 1$ 时, 有

$$S(1) = \lim_{n \to \infty} S_n(1) = \lim_{n \to \infty} 1^n = 1.$$

因此函数项级数 $\sum\limits_{n=1}^{\infty} (x^n - x^{n-1})$ 的和函数

$$S(x) = \sum_{n=1}^{\infty} (x^n - x^{n-1}) = \begin{cases} 0, & 0 \leqslant x < 1, \\ 1, & x = 1 \end{cases}$$

在 $[0,1]$ 上不连续.

由于 $u_n(x) = x^n - x^{n-1}$ $(n = 1, 2, \cdots)$ 在 $[0,1]$ 上连续, 函数项级数 $\sum\limits_{n=1}^{\infty} (x^n - x^{n-1})$ 如果在 $[0,1]$ 上又一致收敛的话, 根据和函数的连续性定理知和函数 $S(x)$ 一定在 $[0,1]$ 上连续, 这便与已证 $S(x)$ 在 $[0,1]$ 上不连续的结论产生矛盾, 因此, 该函数项级数在 $[0,1]$ 上不一致收敛.

定理 F.4(逐项积分定理) 设 $u_n(x)$ $(n = 1, 2, \cdots)$ 在 $[a,b]$ 上连续, 函数项级

数 $\displaystyle\sum_{n=1}^{\infty} u_n(x)$ 在 $[a,b]$ 上一致收敛于 $S(x)$, 则函数项级数 $\displaystyle\sum_{n=1}^{\infty} u_n(x)$ 在 $[a,b]$ 上可以逐项积分, 即

$$\int_{x_0}^{x} S(x)\,\mathrm{d}x = \int_{x_0}^{x}\Big(\sum_{n=1}^{\infty} u_n(x)\Big)\,\mathrm{d}x = \sum_{n=1}^{\infty}\Big(\int_{x_0}^{x} u_n(x)\,\mathrm{d}x\Big),$$

其中 $a \leqslant x_0 < x \leqslant b$, 且上式右端级数在 $[a,b]$ 上仍一致收敛.

证明　由题设条件, 根据和函数的连续性定理知 $S(x)$ 可积, 首先证明 $S(x)$ 可逐项积分, 为此只要证明

$$\int_{x_0}^{x} S(x)\,\mathrm{d}x = \lim_{n\to\infty}\sum_{k=1}^{n}\Big(\int_{x_0}^{x} u_k(x)\,\mathrm{d}x\Big)$$

即可. 由于

$$\Big|\int_{x_0}^{x} S(x)\,\mathrm{d}x - \sum_{k=1}^{n}\Big(\int_{x_0}^{x} u_k(x)\,\mathrm{d}x\Big)\Big|$$

$$= \Big|\int_{x_0}^{x}\Big[S(x) - \sum_{k=1}^{n} u_k(x)\Big]\,\mathrm{d}x\Big|$$

$$\leqslant \int_{x_0}^{x}\Big|S(x) - \sum_{k=1}^{n} u_k(x)\Big|\,\mathrm{d}x,$$

而函数项级数 $\displaystyle\sum_{n=1}^{\infty} u_n(x)$ 在 $[a,b]$ 上一致收敛于 $S(x)$, 知对 $\forall \varepsilon > 0, \exists N \in \mathbf{Z}^+$, 当 $n > N$ 时, 不等式

$$\Big|S(x) - \sum_{k=1}^{n} u_k(x)\Big| < \frac{\varepsilon}{b-a}$$

对一切 $x \in [a,b]$ 成立. 于是有

$$\int_{x_0}^{x}\Big|S(x) - \sum_{k=1}^{n} u_k(x)\Big|\,\mathrm{d}x < \frac{\varepsilon}{b-a}(b-a) = \varepsilon,$$

进而有

$$\Big|\int_{x_0}^{x} S(x)\,\mathrm{d}x - \sum_{k=1}^{n}\Big(\int_{x_0}^{x} u_k(x)\,\mathrm{d}x\Big)\Big| < \varepsilon,$$

这就证明了

$$\int_{x_0}^{x} S(x)\,\mathrm{d}x = \lim_{n\to\infty}\sum_{k=1}^{n}\Big(\int_{x_0}^{x} u_k(x)\,\mathrm{d}x\Big),$$

即 $S(x)$ 可逐项积分.

注意到上述 N 的存在只依赖于 ε, 而与 $[a,b]$ 内点 x, x_0 的位置无关, 因此级数 $\sum\limits_{n=1}^{\infty}\left(\int_{x_0}^{x} u_n(x)\,\mathrm{d}x\right)$ 的收敛是 $[a,b]$ 上的一致收敛. 至此, 定理得证.

定理 F.5(逐项微分定理)   设 $u_n(x)$ $(n=1,2,\cdots)$ 在 $[a,b]$ 上有连续的导数 $u_n'(x)$, 级数 $\sum\limits_{n=1}^{\infty} u_n(x)$ 在 $[a,b]$ 上收敛于 $S(x)$. 如果级数 $\sum\limits_{n=1}^{\infty} u_n'(x)$ 在 $[a,b]$ 上一致收敛, 则级数 $\sum\limits_{n=1}^{\infty} u_n(x)$ 在 $[a,b]$ 上也一致收敛于 $S(x)$, 且可以逐项求导, 即

$$S'(x) = \left[\sum_{n=1}^{\infty} u_n(x)\right]' = \sum_{n=1}^{\infty} u_n'(x).$$

证明   由于 $\sum\limits_{n=1}^{\infty} u_n'(x)$ 在 $[a,b]$ 上一致收敛, 不妨设其和函数为 $G(x)$, 即 $G(x) = \sum\limits_{n=1}^{\infty} u_n'(x)$, $x \in [a,b]$. 由于 $u_n'(x)$ 连续, $\sum\limits_{n=1}^{\infty} u_n'(x)$ 在 $[a,b]$ 上一致收敛, 根据和函数的连续性定理知 $G(x)$ 在 $[a,b]$ 上连续.

选取 $x_0, x \in [a,b]$ 且有 $a \leqslant x_0 < x \leqslant b$, 再根据逐项积分定理知有

$$\int_{x_0}^{x} G(x)\,\mathrm{d}x = \int_{x_0}^{x}\left(\sum_{n=1}^{\infty} u_n'(x)\right)\mathrm{d}x = \sum_{n=1}^{\infty}\left(\int_{x_0}^{x} u_n'(x)\,\mathrm{d}x\right)$$
$$= \sum_{n=1}^{\infty}[u_n(x) - u_n(x_0)] = \sum_{n=1}^{\infty} u_n(x) - \sum_{n=1}^{\infty} u_n(x_0) = S(x) - S(x_0).$$

在上式两端对 x 求导, 得到 $G(x) = S'(x)$, 即

$$S'(x) = \left[\sum_{n=1}^{\infty} u_n(x)\right]' = \sum_{n=1}^{\infty} u_n'(x),$$

这就证明了级数 $\sum\limits_{n=1}^{\infty} u_n(x)$ 在 $[a,b]$ 上可逐项求导.

以下证明级数 $\sum\limits_{n=1}^{\infty} u_n(x)$ 在 $[a,b]$ 上还一致收敛.

由于级数 $\sum\limits_{n=1}^{\infty} u_n'(x)$ 在 $[a,b]$ 上一致收敛于 $G(x)$, 根据逐项积分定理知级数

$\displaystyle\sum_{n=1}^{\infty}\int_{x_0}^{x}u_n'(x)\,\mathrm{d}x$ 在 $[a,b]$ 上也一致收敛. 但是

$$\sum_{n=1}^{\infty}\int_{x_0}^{x}u_n'(x)\,\mathrm{d}x=\sum_{n=1}^{\infty}u_n(x)-\sum_{n=1}^{\infty}u_n(x_0),$$

于是知级数 $\displaystyle\sum_{n=1}^{\infty}u_n(x)=\sum_{n=1}^{\infty}\int_{x_0}^{x}u_n'(x)\,\mathrm{d}x+\sum_{n=1}^{\infty}u_n(x_0)$ 在 $[a,b]$ 上也一致收敛.

4. 幂级数的一致收敛性及其分析运算的性质

前面我们看到, 一致收敛的函数项级数具有一系列重要性质, 现在转来研究幂级数的一致收敛性以及幂级数所具有的相关性质.

定理 F.6(幂级数的一致收敛性)　设幂级数 $\displaystyle\sum_{n=0}^{\infty}a_nx^n$ 的收敛半径为 $R(>0)$, 则该级数在收敛区间内的任一闭区间 $[a,b]$ 上都一致收敛.

证明　若记 $r=\max\{|a|,|b|\}$, 则对于 $\forall x\in[a,b]$, 均有 $|x|\leqslant r$, 进而有

$$|a_nx^n|\leqslant|a_n|r^n\quad(n=0,1,2,\cdots).$$

由于 $0<r<R$ 以及 Abel 定理知, 数项级数 $\displaystyle\sum_{n=0}^{\infty}a_nr^n$ 绝对收敛, 利用 Weierstrass 判敛法知幂级数 $\displaystyle\sum_{n=0}^{\infty}a_nx^n$ 在 $[a,b]$ 上一致收敛.

应该指出, 当幂级数在收敛区间的端点处也收敛时, 一致收敛的区间可以扩大到幂级数的收敛域.

利用上述定理以及和函数的连续性定理, 和函数的逐项积分定理可以直接证明第 9 章的定理 9.2.3 和定理 9.2.4.

定理 9.2.3(和函数的连续性)　若幂级数 $\displaystyle\sum_{n=0}^{\infty}a_nx^n$ 的收敛半径 $R>0$, 则它的和函数 $S(x)$ 在其收敛域 I 上连续.

定理 9.2.4(和函数的逐项积分)　若幂级数 $\displaystyle\sum_{n=0}^{\infty}a_nx^n$ 的收敛半径 $R>0$, 则它的和函数 $S(x)$ 在其收敛域 I 内可积, 且有以下逐项积分公式:

$$\int_0^x S(x)\,\mathrm{d}x=\int_0^x\Big(\sum_{n=0}^{\infty}a_nx^n\Big)\,\mathrm{d}x=\sum_{n=0}^{\infty}\int_0^x a_nx^n\,\mathrm{d}x$$

$$=\sum_{n=0}^{\infty}\frac{a_n}{n+1}x^{n+1}\quad(x\in I).$$

逐项积分后的幂级数和原幂级数具有相同的收敛半径 R.

利用上述幂级数的一致收敛性定理以及和函数的逐项微分定理可以证明定理 9.2.5.

定理 9.2.5(和函数的逐项微分) 若幂级数 $\sum\limits_{n=0}^{\infty} a_n x^n$ 的收敛半径 $R > 0$, 则它的和函数 $S(x)$ 在收敛区间 $(-R, R)$ 内可导, 且有以下逐项求导公式:

$$S'(x) = \Big(\sum_{n=0}^{\infty} a_n x^n\Big)' = \sum_{n=0}^{\infty} (a_n x^n)' = \sum_{n=0}^{\infty} n a_n x^{n-1} \quad (|x| < R).$$

逐项求导后的幂级数和原幂级数具有相同的收敛半径 R.

证明 首先证明幂级数 $\sum\limits_{n=0}^{\infty} n a_n x^{n-1}$ 在区间 $(-R, R)$ 内收敛.

任意取定 $x \in (-R, R)$, 再给定 x_1, 使得 $|x| < x_1 < R$. 则

$$|n a_n x^{n-1}| = n \left| \frac{x}{x_1} \right|^{n-1} \cdot \frac{1}{x_1} \cdot |a_n x_1^n|.$$

由于 $\left| \dfrac{x}{x_1} \right| < 1$, 根据 d'Alembert 判敛法知正项级数 $\sum\limits_{n=0}^{\infty} n \left| \dfrac{x}{x_1} \right|^{n-1}$ 收敛. 于是,

$$n \left| \frac{x}{x_1} \right|^{n-1} \to 0 \quad (n \to \infty).$$

进而知数列 $\left\{ n \left| \dfrac{x}{x_1} \right|^{n-1} \right\}$ 有界, 存在 $M > 0$, 使得对一切正整数 n 恒有

$$n \left| \frac{x}{x_1} \right|^{n-1} \cdot \frac{1}{x_1} \leqslant M.$$

注意到 $x_1 \in (-R, R)$, 级数 $\sum\limits_{n=0}^{\infty} |a_n x_1^n|$ 收敛, 由比较判敛法知级数 $\sum\limits_{n=0}^{\infty} n a_n x^{n-1}$ 收敛.

由定理 F.6 知幂级数 $\sum\limits_{n=0}^{\infty} n a_n x^{n-1}$ 在区间 $(-R, R)$ 内的任一闭区间 $[a, b]$ 上一致收敛. 再由定理 F.5 知幂级数 $\sum\limits_{n=0}^{\infty} a_n x^n$ 在 $[a, b]$ 上可逐项求导. 由于区间 $[a, b]$ 在收敛区间 $(-R, R)$ 内的任意性, 便得到结论: 幂级数 $\sum\limits_{n=0}^{\infty} a_n x^n$ 在 $(-R, R)$ 内可逐项求导.

最后证明导级数 $\sum\limits_{n=0}^{\infty} n a_n x^{n-1}$ 的收敛半径 R' 与原幂级数 $\sum\limits_{n=0}^{\infty} a_n x^n$ 的收敛半径

R 相等, 即 $R' = R$. 实际上, 上述证明已经说明 $R \leqslant R'$. 反过来, 如果将幂级数 $\sum\limits_{n=0}^{\infty} a_n x^n$ 看作是由它的导级数 $\sum\limits_{n=0}^{\infty} n a_n x^{n-1}$ 在 $[0, x]$ $[x \in (-R', R')]$ 上经逐项积分所得到的话, 则由定理 9.2.4 知 $R' \leqslant R$.

附录G 习题、复习题答案与提示

习题 6.1

5. $f(x, y) = \dfrac{x^2(1-y)}{1+y}$. 6. $f(x) = x^2 - x, \qquad z = (x-y)^2 + 2y$.

7. (1) $\{(u, v)| -1 \leqslant u \leqslant 1, \ v \leqslant -1 \ 或 \ v \geqslant 1\}$. (2) $\{(x, y)|1 \leqslant x^2 + y^2 \leqslant 4\}$.

(3) $\{(x, y)|x \neq 0\}$. (4) $\{(x, y)|x^2 \leqslant y < x, \ x \geqslant 0\}$.

8. (1) a. (2) 2. (3) ln2. (4) 0.

习题 6.2

1. (1) $\dfrac{\partial z}{\partial x} = 2xy + \dfrac{1}{y^2}, \qquad \dfrac{\partial z}{\partial y} = x^2 - \dfrac{2x}{y^3}$.

(2) $\dfrac{\partial z}{\partial x} = \dfrac{y^3}{(x^2 + y^2)^{3/2}}, \qquad \dfrac{\partial z}{\partial y} = \dfrac{x^3}{(x^2 + y^2)^{3/2}}$.

(3) $\dfrac{\partial z}{\partial x} = \ln\sqrt{x^2 + y^2} + \dfrac{x^2}{x^2 + y^2}, \qquad \dfrac{\partial z}{\partial y} = \dfrac{xy}{x^2 + y^2}$.

(4) $\dfrac{\partial z}{\partial x} = 2x \arcsin(x+y) + \dfrac{x^2}{\sqrt{1-(x+y)^2}}, \qquad \dfrac{\partial z}{\partial y} = \dfrac{x^2}{\sqrt{1-(x+y)^2}}$.

(5) $\dfrac{\partial u}{\partial x} = -2x \sin(x^2 + y^2 + z^2), \qquad \dfrac{\partial u}{\partial y} = -2y \sin(x^2 + y^2 + z^2)$,

$\dfrac{\partial u}{\partial z} = -2z \sin(x^2 + y^2 + z^2)$.

(6) $\dfrac{\partial \rho}{\partial \theta} = \dfrac{\partial \rho}{\partial \varphi} = \mathrm{e}^{\theta + \varphi}[\cos(\theta + \varphi) - \sin(\theta + \varphi)]$.

(7) $\dfrac{\partial z}{\partial x} = \dfrac{-y}{x^2 + y^2}, \qquad \dfrac{\partial z}{\partial y} = \dfrac{x}{x^2 + y^2}$.

(8) $\dfrac{\partial u}{\partial x} = \dfrac{y}{z} x^{\frac{y}{z}-1}, \qquad \dfrac{\partial u}{\partial y} = \dfrac{1}{z} x^{\frac{y}{z}} \ln x, \qquad \dfrac{\partial u}{\partial z} = -\dfrac{y}{z^2} x^{\frac{y}{z}} \ln x$.

3. (1) $\mathrm{d}z = \dfrac{AD - BC}{(Cx + Dy)^2}(y\mathrm{d}x - x\mathrm{d}y)$. (2) $\mathrm{d}z = 2x \sin 2y \mathrm{d}x + 2x^2 \cos 2y \mathrm{d}y$.

(3) $\mathrm{d}z = \left[\ln(x-y) + \dfrac{x+y}{x-y}\right]\mathrm{d}x + \left[\ln(x-y) - \dfrac{x+y}{x-y}\right]\mathrm{d}y$.

(4) $\mathrm{d}u = y^2 z^3 \mathrm{d}x + 2xyz^3 \mathrm{d}y + 3xy^2 z^2 \mathrm{d}z$.

(5) $\mathrm{d}u = z^{xy}\left(y \ln z \mathrm{d}x + x \ln z \mathrm{d}y + \dfrac{xy}{z}\mathrm{d}z\right)$. (6) $\mathrm{d}z = \sec^2 \dfrac{x^2}{y}\left(\dfrac{2x}{y}\mathrm{d}x - \dfrac{x^2}{y^2}\mathrm{d}y\right)$.

6. $\Delta z = -0.119, \ \mathrm{d}z = -0.125$. 7. 2.95. 8. 0.5cm.

9. (1) $\dfrac{\partial z}{\partial u} = 3u^2 \sin v \cos v(\cos v - \sin v), \qquad \dfrac{\partial z}{\partial v} = u^3(\sin v + \cos v)(1 - 3\sin v \cos v)$.

(2) $\dfrac{\partial z}{\partial u} = \dfrac{-v}{u^2 + v^2}$,　　$\dfrac{\partial z}{\partial v} = \dfrac{u}{u^2 + v^2}$.　　(3) $\dfrac{\mathrm{d}u}{\mathrm{d}x} = \dfrac{\mathrm{e}^x + 3x^2 \mathrm{e}^{x^3}}{\mathrm{e}^x + \mathrm{e}^{x^3}}$.

(4) $\dfrac{\mathrm{d}u}{\mathrm{d}t} = \mathrm{e}^{\frac{t}{2}} \left(\dfrac{1}{2} \sin 2t + 2 \cos 2t \right) + \mathrm{e}^{2t} \left(\dfrac{1}{2} \cos \dfrac{t}{2} + 2 \sin \dfrac{t}{2} \right)$.

10. $\dfrac{\partial p}{\partial u} = 0$, $p = f(y - x, z - x)$, 其中 f 为任意可偏导的函数.

11. (1) $\dfrac{\partial^2 u}{\partial x^2} = \dfrac{y^2 - x^2}{(x^2 + y^2)^2}$,　　$\dfrac{\partial^2 u}{\partial x \partial y} = \dfrac{-2xy}{(x^2 + y^2)^2}$,　　$\dfrac{\partial^2 u}{\partial y^2} = \dfrac{x^2 - y^2}{(x^2 + y^2)^2}$.

(2) $\dfrac{\partial^2 u}{\partial x^2} = y(y - 1)x^{y-2}$,　　$\dfrac{\partial^2 u}{\partial x \partial y} = x^{y-1}(1 + y \ln x)$,　　$\dfrac{\partial^2 u}{\partial y^2} = x^y (\ln x)^2$.

(3) $\dfrac{\partial^2 u}{\partial x^2} = \dfrac{2xy}{(x^2 + y^2)^2}$,　　$\dfrac{\partial^2 u}{\partial x \partial y} = \dfrac{y^2 - x^2}{(x^2 + y^2)^2}$,　　$\dfrac{\partial^2 u}{\partial y^2} = \dfrac{-2xy}{(x^2 + y^2)^2}$.

(4) $\dfrac{\partial^2 u}{\partial x^2} = \dfrac{3}{x^2} \left[1 - \left(\ln \dfrac{x}{y} \right)^2 \right]$,　　$\dfrac{\partial^2 u}{\partial x \partial y} = -\dfrac{6}{xy} \left(1 + \ln \dfrac{x}{y} \right)$,

$\dfrac{\partial^2 u}{\partial y^2} = \dfrac{3}{y^2} \left(1 + \ln \dfrac{x}{y} \right) \left(3 + \ln \dfrac{x}{y} \right)$.

12. $\dfrac{\partial^2 z}{\partial x^2} = \mathrm{e}^{x+y} f_3 - \sin x f_1 + \cos^2 x f_{11} + 2\mathrm{e}^{x+y} \cos x f_{13} + \mathrm{e}^{2(x+y)} f_{33}$,

$\dfrac{\partial^2 z}{\partial x \partial y} = \mathrm{e}^{x+y} f_3 - \cos x \sin y f_{12} + \mathrm{e}^{x+y} \cos x f_{13} - \mathrm{e}^{x+y} \sin y f_{32} + \mathrm{e}^{2(x+y)} f_{33}$,

$\dfrac{\partial^2 z}{\partial y^2} = \mathrm{e}^{x+y} f_3 - \cos y f_2 + \sin^2 y f_{22} - 2\mathrm{e}^{x+y} \sin y f_{23} + \mathrm{e}^{2(x+y)} f_{33}$.

16. (1) $\dfrac{\mathrm{d}y}{\mathrm{d}x} = \dfrac{\mathrm{e}^x \sin y + \mathrm{e}^y \sin x}{\mathrm{e}^y \cos x - \mathrm{e}^x \cos y}$.　　(2) $\dfrac{\partial z}{\partial x} = \dfrac{1 - \ln x}{x^2 y}$,　　$\dfrac{\partial z}{\partial y} = -\dfrac{\ln x}{xy^2}$.

(3) $\dfrac{\partial z}{\partial x} = \dfrac{y(z + 1)\mathrm{e}^{xy}}{y^2 \mathrm{e}^{zy} - \mathrm{e}^{xy}}$,　　$\dfrac{\partial z}{\partial y} = \dfrac{\mathrm{e}^{zy}(1 + yz) - x\mathrm{e}^{xy}(z + 1)}{\mathrm{e}^{xy} - y^2 \mathrm{e}^{zy}}$.

(4) $\dfrac{\partial z}{\partial x} = \dfrac{yz}{z^2 - xy}$,　　$\dfrac{\partial^2 z}{\partial y \partial x} = \dfrac{z(z^4 - 2xyz^2 - x^2 y^2)}{(z^2 - xy)^3}$.

19. $\dfrac{\partial z}{\partial x} = \dfrac{F_1}{x^2 F_2}$,　　$\dfrac{\partial z}{\partial y} = \dfrac{F_2 - y^2 F_1}{y^2 F_2}$.

20. (1) $\dfrac{\mathrm{d}x}{\mathrm{d}z} = \dfrac{z - y}{y - x}$,　　$\dfrac{\mathrm{d}y}{\mathrm{d}z} = \dfrac{x - z}{y - x}$.

(2) $\dfrac{\partial u}{\partial x} = \dfrac{y^2 - x^2}{(x^2 + y^2)^2}$,　　$\dfrac{\partial v}{\partial x} = \dfrac{-2xy}{(x^2 + y^2)^2}$,　　$\dfrac{\partial u}{\partial y} = \dfrac{-2xy}{(x^2 + y^2)^2}$,　　$\dfrac{\partial v}{\partial y} = \dfrac{x^2 - y^2}{(x^2 + y^2)^2}$.

(3) $\dfrac{\partial u}{\partial x} = \dfrac{\sin v}{\mathrm{e}^u(\sin v - \cos v) + 1}$,　　$\dfrac{\partial v}{\partial x} = \dfrac{\cos v - \mathrm{e}^u}{u[\mathrm{e}^u(\sin v - \cos v) + 1]}$,

$\dfrac{\partial u}{\partial y} = \dfrac{-\cos v}{\mathrm{e}^u(\sin v - \cos v) + 1}$,　　$\dfrac{\partial v}{\partial y} = \dfrac{\sin v + \mathrm{e}^u}{u[\mathrm{e}^u(\sin v - \cos v) + 1]}$.

(4) $\dfrac{\partial u}{\partial x} = \dfrac{-uf_1(2yvg_2 - 1) - f_2 g_1}{(xf_1 - 1)(2yvg_2 - 1) - f_2 g_1}$,　　$\dfrac{\partial v}{\partial x} = \dfrac{g_1(xf_1 + uf_1 - 1)}{(xf_1 - 1)(2yvg_2 - 1) - f_2 g_1}$.

21. $\dfrac{\partial z}{\partial x} = \dfrac{1}{x^2 + y^2} \left[x \arctan \dfrac{y}{x} - \dfrac{1}{2} y \ln(x^2 + y^2) \right]$,

$$\frac{\partial z}{\partial y} = \frac{1}{x^2 + y^2}\left[y\arctan\frac{y}{x} + \frac{1}{2}x\ln(x^2 + y^2)\right].$$

习题 6.3

1. $(\boldsymbol{r}_1, \boldsymbol{r}_2, \boldsymbol{r}_3)' = (\boldsymbol{r}_1', \boldsymbol{r}_2, \boldsymbol{r}_3) + (\boldsymbol{r}_1, \boldsymbol{r}_2', \boldsymbol{r}_3) + (\boldsymbol{r}_1, \boldsymbol{r}_2, \boldsymbol{r}_3').$

2. (1) $\dfrac{x}{0} = \dfrac{y-1}{1} = \dfrac{z}{8}$, $\ y + 8z - 1 = 0.$

(2) $\dfrac{x-2}{-4} = \dfrac{y-\frac{1}{2}}{1} = \dfrac{z-1}{2}$, $\ 8x - 2y - 4z - 11 = 0.$

(3) $\dfrac{x-1}{1} = \dfrac{y-1}{-9} = \dfrac{z-1}{-16}$, $\ x - 9y - 16z + 24 = 0.$

(4) $\dfrac{x-x_0}{1} = \dfrac{y-y_0}{\frac{m}{y_0}} = \dfrac{z-z_0}{-\frac{1}{2z_0}}$, $\ (x-x_0) + \dfrac{m}{y_0}(y-y_0) - \dfrac{1}{2z_0}(z-z_0) = 0.$

3. $(-1, 1, -1)$ 或 $\left(-\dfrac{1}{3}, \dfrac{1}{9}, -\dfrac{1}{27}\right).$

5. (1) $x + 5y + 2z - 2 = 0$, $\ \dfrac{x-3}{1} = \dfrac{y+1}{5} = \dfrac{z-2}{2}.$

(2) $2x - 3y + 2z - 6 = 0$, $\ \dfrac{x-1}{2} = \dfrac{y+1}{-3} = \dfrac{z-\frac{1}{2}}{2}.$

(3) $(\mathrm{e}^2 + 1)x + 2y - z - 2(\mathrm{e}^2 + 2) = 0$, $\ \dfrac{x-2}{\mathrm{e}^2+1} = \dfrac{y-1}{2} = \dfrac{z}{-1}.$

(4) $2\mathrm{e}^2 x + z - \mathrm{e}^2 = 0$, $\ \dfrac{x-1}{2\mathrm{e}^2} = \dfrac{y-\pi}{0} = \dfrac{z-\mathrm{e}^2}{1}.$

6. $x - y + 2z = \pm\sqrt{\dfrac{11}{2}}.$ 　　8. $(\pm\sqrt{2}, \pm\sqrt{2} + 1, 1).$

9. 沿 $\overrightarrow{PQ}$, $\left.\dfrac{\partial f}{\partial l}\right|_P = \dfrac{1}{\sqrt{26}}(17 + 3\mathrm{e}^2)$, 沿 $\overrightarrow{QP}$, $\left.\dfrac{\partial f}{\partial l}\right|_P = -\dfrac{1}{\sqrt{26}}(17 + 3\mathrm{e}^2).$

10. $\left.\dfrac{\partial z}{\partial l}\right|_{(2,-1)} = \dfrac{1}{2}(\sqrt{3} - 2).$ 　　11. (1) $\left\{\dfrac{1}{3}, \dfrac{2}{3}, -\dfrac{2}{3}\right\}.$ 　(2) $\{-\mathrm{e}, -\mathrm{e}, 0\}.$

12. (1) 曲面 $z^2 = xy$ 上. (2) 直线 $x = y = z$ 及 x 轴上.

(3) 直线 $x = y = z$ 轴上.

14. $11 + 2(x-1) - 7(y+2) + 2(x-1)^2 - (x-1)(y+2) + (y+2)^2.$

15. 1.1021.

16. (1) $(-2, 3)$ 是极小值点. (2) $\left(\dfrac{2}{\sqrt[3]{3}}, \dfrac{3}{\sqrt[3]{3}}\right)$ 是极小值点. (3) $(2, -2)$ 是极大值点.

17. $x = y = \dfrac{1}{2}$ 时有极大值 $\dfrac{1}{4}.$

18. $(0, 3), (0, -3)$ 到原点距离为最大值 3; $(2, 0), (-2, 0)$ 到原点距离为最小值 2.

19. $d = \dfrac{|Ax_0 + By_0 + Cz_0 + D|}{\sqrt{A^2 + B^2 + C^2}}.$ 　　20. $\dfrac{3\sqrt{2}}{8}.$

21. $\left(\dfrac{1}{\sqrt{6}}, \dfrac{1}{\sqrt{6}}, \dfrac{-2}{\sqrt{6}}\right), \left(\dfrac{-2}{\sqrt{6}}, \dfrac{1}{\sqrt{6}}, \dfrac{1}{\sqrt{6}}\right), \left(\dfrac{-1}{\sqrt{6}}, \dfrac{-1}{\sqrt{6}}, \dfrac{2}{\sqrt{6}}\right)$ 为极小值点;

$$\left(\frac{-1}{\sqrt6},\frac{-1}{\sqrt6},\frac{2}{\sqrt6}\right),\left(\frac{-1}{\sqrt6},\frac{2}{\sqrt6},\frac{-1}{\sqrt6}\right),\left(\frac{2}{\sqrt6},\frac{-1}{\sqrt6},\frac{-1}{\sqrt6}\right)$$ 为极大值点.

复习题六

1. D. **提示**　记 $F(x,y,z)=xy-z\ln y+\mathrm{e}^{xy}-1$, 则

$$F_x(x,y,z)=y+z\mathrm{e}^{xz},\quad F_y(x,y,z)=x-\frac{z}{y},\quad F_z(x,y,z)=-\ln y+x\mathrm{e}^{xz}.$$

能够在点 $(0,1,1)$ 的某个邻域内不等于零的上述三个偏导数只有 $F_x(x,y,z),F_y(x,y,z)$, 由此可见, 只有命题 (D) 真.

2. C.　　3. $\dfrac{\partial^2 z}{\partial x\partial y}=x\mathrm{e}^{2y}f_{11}+\mathrm{e}^y f_{13}+\mathrm{e}^y f_1+x\mathrm{e}^y f_{21}+f_{23}.$

4. $\mathrm{d}u=\left(f_1+2f_3\dfrac{x+1}{z+1}\mathrm{e}^{x-z}\right)\mathrm{d}x+\left(f_2-2f_3\dfrac{y+1}{z+1}\mathrm{e}^{y-z}\right)\mathrm{d}y.$　　5. $\dfrac{\partial^2 z}{\partial x^2}=\dfrac{1}{z^3}(y^2-1).$

6. $a=2.$　　　7. $x+y-\sqrt2 z=0.$　　　8. $\dfrac{\partial u}{\partial n}\Big|_P=\dfrac{11}{7}.$

9. (1) 当 $\theta=\dfrac{\pi}{4}$ 时方向导数最大, 其最大值为 $\sqrt2.$

(2) 当 $\theta=\dfrac{5\pi}{4}$ 时方向导数最小, 其最小值为 $-\sqrt2.$

(3) 当 $\theta=\dfrac{3\pi}{4}$ 或 $\dfrac{7\pi}{4}$ 时方向导数为 0.

10. (1) $g(x_0,y_0)=\sqrt{5x_0^2+5y_0^2-8x_0y_0}.$　　(2) $(5,-5)$ 或 $(-5,5).$

11. 切点为 $\left(\dfrac{a}{\sqrt3},\dfrac{b}{\sqrt3},\dfrac{c}{\sqrt3}\right)$, 四面体的最小体积为 $V=\dfrac{\sqrt3}{2}abc.$

12. (1) $x_1=0.75,x_2=1.25.$　　　(2) $x_1=0,x_2=1.5.$

习题 7.1

4. (1) $\begin{cases}2-x\leqslant y\leqslant 2+x,\\0\leqslant x\leqslant 2.\end{cases}$　$\begin{cases}\psi(y)\leqslant x\leqslant 2,\\0\leqslant y\leqslant 4.\end{cases}$　其中 $\psi(y)=\begin{cases}2-y,&0\leqslant y\leqslant 2,\\y-2,&2\leqslant y\leqslant 4.\end{cases}$

(2) $\begin{cases}1-x\leqslant y\leqslant\sqrt{1-x^2},\\0\leqslant x\leqslant 1.\end{cases}$　$\begin{cases}1-y\leqslant x\leqslant\sqrt{1-y^2},\\0\leqslant y\leqslant 1.\end{cases}$

(3) $\begin{cases}2-\sqrt{4-x^2}\leqslant y\leqslant 2+\sqrt{4-x^2},\\-2\leqslant x\leqslant 2.\end{cases}$　$\begin{cases}-\sqrt{4y-y^2}\leqslant x\leqslant\sqrt{4y-y^2},\\0\leqslant y\leqslant 4.\end{cases}$

(4) $\begin{cases}x^2\leqslant y\leqslant 4-x^2,\\-\sqrt2\leqslant x\leqslant\sqrt2.\end{cases}$　$\begin{cases}\psi_1(y)\leqslant x\leqslant\psi_2(y),\\0\leqslant y\leqslant 4.\end{cases}$

其中 $\psi_1(y)=\begin{cases}-\sqrt{y},&0\leqslant y\leqslant 2,\\-\sqrt{4-y},&2\leqslant y\leqslant 4.\end{cases}$ $\psi_2(y)=\begin{cases}\sqrt{y},&0\leqslant y\leqslant 2,\\\sqrt{4-y},&2\leqslant y\leqslant 4.\end{cases}$

5. (1) $\displaystyle\int_0^1\mathrm{d}y\int_0^{1-y}f(x,y)\mathrm{d}x;$　　(2) $\displaystyle\int_{-1}^0\mathrm{d}y\int_0^1 f(x,y)\mathrm{d}x+\int_0^1\mathrm{d}y\int_0^{1-y}f(x,y)\mathrm{d}x;$

(3) $\displaystyle\int_0^1 \mathrm{d}x \int_{-\sqrt{x}}^{\sqrt{x}} f(x,y)\mathrm{d}y + \int_1^4 \mathrm{d}x \int_{-\sqrt{x}}^1 f(x,y)\mathrm{d}y$; (4) $\displaystyle\int_{-a}^a \mathrm{d}y \int_0^{\sqrt{a^2-y^2}} f(x,y)\mathrm{d}x$;

(5) $\displaystyle\int_0^1 \mathrm{d}x \int_{x^2}^{\sqrt{x}} f(x,y)\mathrm{d}y$; (6) $\displaystyle\int_{-1}^0 \mathrm{d}y \int_{-\sqrt{1-y^2}}^{\sqrt{1-y^2}} f(x,y)\mathrm{d}x + \int_0^1 \mathrm{d}y \int_{-\sqrt{1-y}}^{\sqrt{1-y}} f(x,y)\mathrm{d}x$;

(7) $\displaystyle\int_1^2 \mathrm{d}y \int_y^{y^2} f(x,y)\mathrm{d}x$; (8) $\displaystyle\int_0^1 \mathrm{d}y \int_y^{2-\sqrt{2y-y^2}} f(x,y)\mathrm{d}x$.

6. (1) $\dfrac{10}{3}$; (2) $\dfrac{8}{3}$; (3) $\dfrac{1}{2}$; (4)$\pi - \dfrac{4}{9}$.   7. (1) $\dfrac{13}{6}$; (2) $\mathrm{e} - \mathrm{e}^{-1}$; (3) $\dfrac{3}{2}$; (4)$\dfrac{1}{2}\mathrm{e} - 1$.

8. (1) $\dfrac{11}{30}$; (2) $\dfrac{41\pi}{2}$; (3) $\pi - 2$.   9. $\dfrac{7}{2}$.   10. $\dfrac{1}{6}$.   11. $\dfrac{4}{3}$.

12. (1) $\begin{cases} 0 \leqslant \rho \leqslant a, \\ 0 \leqslant \theta \leqslant 2\pi. \end{cases}$ (2) $\begin{cases} 0 \leqslant \rho \leqslant 2\cos\theta, \\ -\dfrac{\pi}{2} \leqslant \theta \leqslant \dfrac{\pi}{2}. \end{cases}$ (3) $\begin{cases} a \leqslant \rho \leqslant b, \\ 0 \leqslant \theta \leqslant 2\pi. \end{cases}$

(4) $\begin{cases} 0 \leqslant \rho \leqslant \sec\theta, \\ 0 \leqslant \theta \leqslant \dfrac{\pi}{4}. \end{cases}$ $\begin{cases} 0 \leqslant \rho \leqslant \csc\theta, \\ \dfrac{\pi}{4} \leqslant \theta \leqslant \dfrac{\pi}{2}. \end{cases}$ (5) $\begin{cases} 0 \leqslant \rho \leqslant \dfrac{1}{\sin\theta + \cos\theta}, \\ 0 \leqslant \theta \leqslant \dfrac{\pi}{4}. \end{cases}$

(6) $\begin{cases} 0 \leqslant \rho \leqslant \tan\theta, \\ 0 \leqslant \theta \leqslant \dfrac{\pi}{4}. \end{cases}$ $\begin{cases} 0 \leqslant \rho \leqslant \csc\theta, \\ \dfrac{\pi}{4} \leqslant \theta \leqslant \dfrac{3\pi}{4}. \end{cases}$ $\begin{cases} 0 \leqslant \rho \leqslant \tan\theta, \\ \dfrac{3\pi}{4} \leqslant \theta \leqslant \pi. \end{cases}$

13. (1) $\displaystyle\int_0^\pi \mathrm{d}\theta \int_0^1 \rho\,\mathrm{d}\rho = \dfrac{\pi}{2}$; (2) $\displaystyle\int_0^{\frac{\pi}{2}} \mathrm{d}\theta \int_0^{2a\cos\theta} \rho^3\,\mathrm{d}\rho = \dfrac{3}{4}\pi a^4$;

(3) $\displaystyle\int_0^{\frac{\pi}{4}} \mathrm{d}\theta \int_0^{\frac{2}{\cos\theta}} \rho^2 \sin\theta\,\mathrm{d}\rho = 2$; (4) $\displaystyle\int_0^{\frac{\pi}{4}} \mathrm{d}\theta \int_0^{\frac{\sin\theta}{\cos^2\theta}} \mathrm{d}\rho = \sqrt{2} - 1$.

14.(1) $\dfrac{2}{3}\pi a^3$; (2)$-6\pi^2$; (3) $\dfrac{a^3}{12}$; (4) $\dfrac{\pi}{4}(2\ln 2 - 1)$.

15. $\dfrac{5\pi}{4}a^2$. 16. $\dfrac{\pi^5}{40}$. 17. $\dfrac{5\pi}{2}$. 18. π.

19. (1)$\dfrac{b^2-a^2}{2} \cdot \dfrac{d-c}{(1+c)(1+d)}$; (2)$\dfrac{1}{2}(b-a)\ln\dfrac{q}{p}$; (3)$2\ln 3$; (4)$\dfrac{1}{8}$.

20. (1)$\dfrac{2\pi ab}{3}$; (2)$\mathrm{e} - 1$.   21. (1)$2\sqrt{2}\pi$; (2)$\dfrac{\sqrt{2}}{4}\pi a^2$.

22. $\dfrac{1}{2}\sqrt{a^2b^2 + b^2c^2 + a^2c^2}$.   23. $\sqrt{2}\pi$.   24. 16.

习题 7.2

1. (1)$\begin{cases} 0 \leqslant y \leqslant 1-x-z, \\ 0 \leqslant x \leqslant 1-z, \\ 0 \leqslant z \leqslant 1. \end{cases}$ (2)$\begin{cases} 0 \leqslant x \leqslant 1-y, \\ 0 \leqslant y \leqslant 1, \\ 0 \leqslant z \leqslant 1. \end{cases}$

(3) $\begin{cases} -\sqrt{z^2-y^2} \leqslant x \leqslant \sqrt{z^2-y^2}, \\ -z \leqslant y \leqslant z, \\ 0 \leqslant z \leqslant 1. \end{cases}$ 　　　　　　（其他等价形式亦可）.

2.(1) $\displaystyle\int_0^1 \mathrm{d}x \int_0^1 \mathrm{d}y \int_0^{x^2+y^2} f(x,y,z)\,\mathrm{d}z$;　(2) $\displaystyle\int_0^1 \mathrm{d}x \int_0^{1-x} \mathrm{d}y \int_0^{x+y} f(x,y,z)\,\mathrm{d}z$;

(3) $\displaystyle\int_0^1 \mathrm{d}x \int_0^{1-x} \mathrm{d}y \int_0^{xy} f(x,y,z)\,\mathrm{d}z$;　(4) $\displaystyle\int_{-1}^1 \mathrm{d}x \int_{-\sqrt{1-x^2}}^{\sqrt{1-x^2}} \mathrm{d}y \int_{x^2+2y^2}^{2-x^2} f(x,y,z)\,\mathrm{d}z$;

(5) $\displaystyle\int_0^1 \mathrm{d}y \int_{-\sqrt{y}}^{\sqrt{y}} \mathrm{d}x \int_0^{x^2+y^2} f(x,y,z)\,\mathrm{d}z$;　(6) $\displaystyle\int_{-1}^1 \mathrm{d}x \int_{x^2}^1 \mathrm{d}y \int_0^{1-y} f(x,y,z)\,\mathrm{d}z$.

4. (1) $\dfrac{1}{48}$;　(2) $\dfrac{1}{2}\ln 2 - \dfrac{5}{16}$.　　5. (1) $\dfrac{1}{364}$;　(2) $\dfrac{\pi^2}{16} - \dfrac{1}{2}$;　(3) 0;　(4) $\dfrac{1}{48}$.

6. (1) $\dfrac{\pi}{4}h^2 R^2$;　(2) $\dfrac{\pi}{4}abc^2$.　　7. (1) $\dfrac{256\pi}{3}$;　(2) $\dfrac{4\pi}{3}$.　　8. (1) $\dfrac{4}{5}\pi$;　(2) 4π.

9. (1) 3π;　(2) $\dfrac{1}{8}$;　(3) $\dfrac{\pi}{10}$.

10. (1) $\dfrac{32\pi}{3}$;　(2) 16π;　(3) $\dfrac{4\pi}{3}(8 - 3\sqrt{3})$.　　11. $\dfrac{2^{11}}{75}$.

12. (1) $\left(\dfrac{3}{8}a, \dfrac{3}{8}b, \dfrac{3}{8}c\right)$;　(2) $\left(0, 0, \dfrac{2}{3}\right)$.　　13. (1) $\left(0, \dfrac{4}{3\pi}\right)$;　(2) $\left(0, 0, \dfrac{1}{3}\right)$.

14. $\dfrac{112}{45}$.　　15. $\mu_0 \pi h R^4$.　　16. $\dfrac{62\pi h}{5}$.

复习题七

1. (1) A; (2) D; (3) A; (4) C.　　2. (1) $\dfrac{1}{4}\pi$;　(2) $\mathrm{e} - 2$;　(3) $2\pi(4 - \pi)$;　(4) $\dfrac{2}{3}$.

3. (1) 0;　(2) $-\dfrac{2}{3}$;　(3) $\dfrac{16}{9}(3\pi - 2)$;　(4) $\dfrac{\pi}{2}\ln 2$.

4. (1) $\dfrac{5}{2}$;　(2) $\dfrac{8}{9}a^2$;　(3) $\dfrac{\pi}{8}$.

6. $\dfrac{49}{20}$.　　7. $2 + \dfrac{\pi}{4}$.　　8. $\dfrac{5}{6}\pi$, $\left(\dfrac{5\sqrt{5}-1}{6} + \sqrt{2}\right)\pi$.

9. $\left(0, 0, \dfrac{45}{112}(2 + \sqrt{2})\right)$.　　10. $\dfrac{\sqrt{2}}{2}a$.　　11. $\dfrac{16}{3}\pi$.

习题 8.1

1. (1) $1 + \sqrt{2}$, (2) $\dfrac{63}{4}$, (3) $2a^2$, (4) $a^{7/3}$, (5) $\dfrac{1}{8}\pi^2 a^3 \left(1 + \dfrac{1}{8}\pi^2\right)$, (6) $\dfrac{1}{3}[(2 + a^2)^{3/2} - 2^{3/2}]$,

(7) $\dfrac{256a^3}{15}$, (8) $(2 + \dfrac{\pi a}{4})\mathrm{e}^a - 2$.　　2. $\sqrt{3}(1 - \mathrm{e}^{-2})$.　　3. $\left(\dfrac{4}{3}a, \dfrac{4}{3}a\right)$.

4. $2\pi a^2 \left(a^2 + \dfrac{h^2}{4\pi^2}\right)^{1/2} \left(a^2 + \dfrac{h^2}{3}\right)$.　　5. $\left(\dfrac{4R}{3\pi}, \dfrac{4R}{3\pi}, \dfrac{4R}{3\pi}\right)$.

6. $(1)\dfrac{4}{3}$, $(2)13$, $(3)\dfrac{1}{35}$, $(4)\pi R^2 \sin^2\alpha$, $(5)4\pi$, $(6)-2\pi$.　　7. $\dfrac{k}{2}(a^2-b^2)$.

8. $\left(\dfrac{a}{\sqrt{3}},\dfrac{b}{\sqrt{3}},\dfrac{c}{\sqrt{3}}\right)$.　　9. $\dfrac{3}{8}\pi ab$, $(2)4\pi$, $(3)12\pi$.

10. $(1)\ 3\pi a^2$, $(2)\ \dfrac{3}{5}(\mathrm{e}^\pi-1)$, $(3)\ 0$, $(4)\ ma$, $(5)\ 2\pi$.

11. $(1)\ -1$, $(2)\ \mathrm{e}^a\cos b-1$, $(3)\ \dfrac{\pi^2}{4}$, $(4)\ \dfrac{9}{8}$.　　12. $\lambda=3$, $-\dfrac{79}{5}$.

13. $(1)\ x^2+3xy-2y^2$, $(2)x^3-x^2y+xy^2-y^3$,

$(3)\ ye^x+(x-y+1)e^{x+y}-2e^x+3$, $(4)\dfrac{x^2}{2}+\dfrac{y^2}{2}+xe^{-y}$.

习题 8.2

1. $(1)12\sqrt{61}$, $(2)(\sqrt{3}+3)\ln 2+\dfrac{1}{2}(3-\sqrt{3})$.　　2. $\dfrac{2}{15}\pi R^6$.

3. $k\pi\left(\dfrac{8}{5}\sqrt{3}+\dfrac{4}{15}\right)$.　　4. $(1)1$, $(2)0$, $(3)\dfrac{2}{5}a^3bc\pi$, $(4)0$.

5. $\dfrac{abc^2}{4}\left(\dfrac{1}{a^2}+\dfrac{1}{b^2}+\dfrac{2}{c^2}\right)\pi$.　　6. $\dfrac{3\pi}{16}$.

7. $(1)bc+ca+ab$, $(2)-\sqrt{3}\pi a^2$, 提示: 平面 $x+y+z=0$ 的单位法矢量为 $\left\{\dfrac{1}{\sqrt{3}},\dfrac{1}{\sqrt{3}},\dfrac{1}{\sqrt{3}}\right\}$,

$(3)-\dfrac{9}{2}a^3$, $(4)\dfrac{1}{3}h^3$.　　8. $(1)\ \dfrac{x^3}{3}+\dfrac{y^3}{3}+\dfrac{z^3}{3}-2xyz$, $(2)\ xyz(x+y+z)$.

9. $(1)3a^4$, $(2)\dfrac{2}{5}\pi a^5$, $(3)\pi-\dfrac{3}{2}$, $(4)\dfrac{\pi}{2}$.　　11. $\dfrac{16\pi}{15}$.

习题 8.3

1. $(1)2\varepsilon^2\pi$, $(2)-2\varepsilon^2\pi$, 提示: 曲线的参数方程可选为 $y=\varepsilon\cos t, x=z=\dfrac{\sqrt{2}}{2}\varepsilon\sin t$.

$(3)\{0,0,2\}$, $(4)2,-\sqrt{2}$.　　4. $\{-6x,0,6z-1\}$.　　5. $\dfrac{2}{x^2+y^2+z^2}$.

8. $(1)\ 3y^2-2x^2y+xz^3+z$, $(2)\ x^2\mathrm{e}^{-y}+y\cos z$.

10. 提示: 反证法, 若存在点 $M_0\in V$ 使 $\mathrm{div}(M_0)\neq 0$, 寻找矛盾.

11. 提示: 由条件知 $\boldsymbol{G}$-$\boldsymbol{H}$ 是无源场.

12. $(1)\ \left\{\dfrac{1}{2}z^2,-z(xy+1),0\right\}$, $(2)\ \{-y\mathrm{e}^z+y,-yz\sin x+x,0\}$.

复习题八

1. $12a$.

3. 提示: 用 D 内光滑曲线 $x=\varphi(t), y=\psi(t)$ 连接点 (x_1,y_1) 和 (x_2,y_2), 并沿此路径将曲线积分表示成一个定积分, 然后证明其势函数 $u(x,y)$ 在 (x_2,y_2) 与 (x_1,y_1) 处值的差.

4. π. 提示: $P=\dfrac{-y}{4x^2+y^2}, Q=\dfrac{x}{4x^2+y^2}$ 在原点处无定义, 而原点之外总有

$$\frac{\partial P}{\partial y}=\frac{\partial Q}{\partial x}(x^2+y^2\neq 0).$$

5. -3π.　　6. $\dfrac{3}{2}\pi$.　　7. $-\dfrac{\pi}{2}a^3$.　　8. $\dfrac{\mathrm{e}^x}{x}(\mathrm{e}^x-1)$.

习题 9.1

1.(1) 收敛.(2) 发散.(3) 发散.(4) 收敛.(5) 收敛.(6) 发散.

2.(1) 收敛.(2) 发散.(3) 收敛.(4) 发散.(5) 发散.(6) 发散.

5.(1) 发散.(2) 收敛.(3) 收敛.(4) 发散.(5) 发散.(6)$a>1$ 时收敛, $a \leqslant 1$ 时发散.

6.(1) 收敛.(2) 收敛.(3) 发散.(4) 收敛.

7.(1) 收敛.(2) 收敛.(3) 收敛.(4) 发散.

8.(1) 收敛.(2) 发散.(3) 收敛.(4) 收敛.(5) 发散.(6) 收敛.

9. 收敛.

10.(1)$p>1$ 时绝对收敛, $0<p\leqslant1$ 时条件收敛, $p\leqslant0$ 时发散.(2) 条件收敛.(3) 绝对收敛.(4) 发散.(5) 条件收敛.

习题 9.2

1.(1)$\left[-\dfrac{1}{2},\dfrac{1}{2}\right]$.　(2)$\{0\}$.　(3)$(-1,1)$.　(4)$(-\infty,+\infty)$.　(5)$[-3,3]$.　(6)$(-1,1]$.
(7)$(-\sqrt{2},\sqrt{2})$.　(8)$[4,6)$.

2.(1) $S(x)=\dfrac{x(x+1)}{(1-x)^3}(-1<x<1)$.

(2) $S(x)=-x+\dfrac{1}{4}\ln\dfrac{1+x}{1-x}+\dfrac{1}{2}\arctan x(-1<x<1)$.

(3) $S(x)=\dfrac{2x}{(2-x)^2}(-2<x<2)$.

(4) $S(x)=\begin{cases} 1+\dfrac{1-x}{x}\ln(1-x), & x\in[-1,0)\bigcup(0,1),\\ 0, & x=0,\\ 1, & x=1. \end{cases}$

3.(1) $\displaystyle\sum_{n=0}^{\infty}\dfrac{x^{2n}}{(2n)!}(-\infty<x<+\infty)$.　　(2) $\displaystyle\sum_{n=0}^{\infty}\dfrac{(\ln a)^n}{n!}x^n(-\infty<x<+\infty)$.

(3) $1+\displaystyle\sum_{n=1}^{\infty}\dfrac{(-1)^n 2^{2n-1}}{(2n)!}x^{2n}(-\infty<x<+\infty)$.

(4) $-x+\displaystyle\sum_{n=2}^{\infty}\dfrac{1}{n(n-1)}x^n(-1\leqslant x<1)$.

(5) $\displaystyle\sum_{n=0}^{\infty}\dfrac{(-1)^n}{2}\dfrac{3^{n+1}-1}{3^{n+1}}x^n(-1<x<1)$.

(6) $x+\displaystyle\sum_{n=1}^{\infty}(-1)^n\dfrac{(2n-1)!!}{(2n)!!}x^{n+1}(-1<x\leqslant1)$.

4.(1) $\ln 2+\displaystyle\sum_{n=1}^{\infty}\dfrac{(-1)^{n-1}}{n2^n}(x-2)^n(0<x\leqslant4)$.

(2) $\sum\limits_{n=1}^{\infty} \dfrac{1}{3^n}(x-2)^{n-1}(-1<x<5)$. (3) $\sum\limits_{n=0}^{\infty} \dfrac{\mathrm{e}^2}{n!}(x-2)^n \quad (-\infty<x<+\infty)$.

5. $\dfrac{1}{\sqrt{2}}\sum\limits_{n=0}^{\infty}(-1)^n\left[\dfrac{(x-\frac{\pi}{4})^{2n}}{(2n)!}+\dfrac{(x-\frac{\pi}{4})^{2n+1}}{(2n+1)!}\right] \quad (-\infty<x<+\infty)$.

6. $\sum\limits_{n=0}^{\infty} \dfrac{(-1)^n}{3^{n+1}}(x-3)^n \quad (0<x<6)$.

7.(1) 0.9994. (2) 2.9926.

8.(1) 0.9428. (2) 0.7468.

习题 9.3

1.(1)C.(2)B.

2.(1)$f(x)=\dfrac{2}{3}\pi^2+4\sum\limits_{n=1}^{\infty}\dfrac{(-1)^{n+1}}{n^2}\cos nx, x\in(-\infty,+\infty)$.

(2)$f(x)=\dfrac{\mathrm{e}^\pi-\mathrm{e}^{-\pi}}{\pi}\left[\dfrac{1}{2}+\sum\limits_{n=1}^{\infty}\dfrac{(-1)^n}{1+n^2}(\cos nx-n\sin nx)\right],(x\in(-\infty,+\infty),x\neq(2k+1)\pi,k=0,\pm1,\pm2,\cdots)$.

(3) $f(x)=\dfrac{1}{\pi}+\dfrac{1}{2}\sin x-\dfrac{2}{\pi}\sum\limits_{n=1}^{\infty}\dfrac{\cos 2nx}{4n^2-1},x\in(-\infty,+\infty)$.

3.(1) $f(x)=\dfrac{2}{\pi}+\dfrac{4}{\pi}\sum\limits_{n=1}^{\infty}\dfrac{(-1)^{n+1}}{4n^2-1}\cos nx,x\in(-\pi,\pi]$.

(2) $f(x)=\dfrac{\mathrm{e}^\pi-1}{2\pi}+\dfrac{1}{\pi}\sum\limits_{n=1}^{\infty}\left\{\dfrac{(-1)^n\mathrm{e}^\pi-1}{1+n^2}\cos nx+\dfrac{n[1-(-1)^n\mathrm{e}^\pi]}{1+n^2}\sin nx\right\},x\in(-\pi,0)\bigcup(0,\pi)$.

4. $f(x)=\dfrac{c_1+c_2}{2}+\dfrac{(c_1-c_2)}{\pi}\sum\limits_{n=1}^{\infty}\dfrac{(-1)^n-1}{n}\sin nx,(x\in(-\infty,+\infty),x\neq k\pi,k=0,\pm1,\pm2,\cdots)$.

5. $f(x)=\dfrac{1}{2}\cos x+\dfrac{1}{\pi}\sum\limits_{n=2}^{\infty}\dfrac{n[1+(-1)^n]}{n^2-1}\sin nx,x\in(-\pi,0)\bigcup(0,\pi)$.

6. $f(x)=\dfrac{2}{\pi}\sum\limits_{n=1}^{\infty}\left[\dfrac{(-1)^{n-1}}{n}\pi^2+\dfrac{2}{n^3}((-1)^n-1)\right]\sin nx,x\in[0,\pi]$.

$f(x)=\dfrac{1}{3}\pi^2+4\sum\limits_{n=1}^{\infty}\dfrac{(-1)^n}{n^2}\cos nx,x\in[0,\pi]$.

7. $f(x)=\sum\limits_{n=1}^{\infty}\dfrac{2}{n\pi}[1-(\pi+1)(-1)^n]\sin nx,x\in(0,\pi)$.

$f(x)=\dfrac{\pi}{2}+1+\sum\limits_{n=1}^{\infty}\dfrac{2}{n^2\pi}[(-1)^n-1]\cos nx,x\in[0,\pi]$.

10. $f(x)=\dfrac{3}{4}+\sum\limits_{n=1}^{\infty}\left[\dfrac{1-(-1)^n}{n^2\pi^2}\cos n\pi x+\dfrac{(-1)^n}{n\pi}\sin n\pi x\right] \quad (x\in(-\infty,+\infty),x\neq 2k-$

$1, k = 0, \pm 1, \pm 2, \cdots)$.

11. $f(x) = \dfrac{11}{12} + \dfrac{1}{\pi^2} \sum\limits_{n=1}^{\infty} \dfrac{(-1)^{n+1}}{n^2} \cos 2n\pi x, x \in (-\infty, +\infty)$.

12. $f(x) = \dfrac{2l}{\pi^2} \sum\limits_{n=1}^{\infty} \dfrac{\sin \frac{n\pi}{2}}{n^2} \sin \dfrac{n\pi x}{l}, x \in [0, l]$.

13. $f(x) = \dfrac{1}{3} + \dfrac{4}{\pi^2} \sum\limits_{n=1}^{\infty} \dfrac{1}{n^2} \cos n\pi x, x \in [0, 1]$.

复习题九

1.(1)B.(2)A.

2.(1) 发散.(2) 发散.(3) 收敛.(4) 发散.(5)$a < 1$ 时收敛, $a \geqslant 1$ 时发散.(6) 收敛.

4. 不一定.

5.(1) 条件收敛.(2) 发散.(3) 条件收敛.(4) 绝对收敛.

6.(1) $\left[-\dfrac{1}{5}, \dfrac{1}{5}\right)$.　　(2)$(-|a|, |a|)$.　　(3)$\left[1, \dfrac{3}{2}\right]$.　　(4)$[-1, 3)$.

7.(1) $S(x) = \dfrac{1}{2} \ln \dfrac{1+x}{1-x}$ $(-1 < x < 1)$.　　(2)$S(x) = \dfrac{2x}{(1-x)^3}$ $(-1 < x < 1)$.

8.(1) 4.　　(2)1.

9.(1) $x + \sum\limits_{n=1}^{\infty} (-1)^n \dfrac{(2n-1)!!}{(2n)!!} \dfrac{x^{2n+1}}{2n+1}$ $(-1 \leqslant x \leqslant 1)$.

(2) $1 - x + x^4 - x^5 + \cdots + x^{4n} - x^{4n+1} + \cdots$ $(-1 < x < 1)$.

10. $\sum\limits_{n=0}^{\infty} (-1)^n \left(\dfrac{1}{2^{n+2}} - \dfrac{1}{2^{2n+3}}\right)(x-1)^n$ $(-1 < x < 3)$.

11. $f(x) = -\dfrac{\pi}{4} + \sum\limits_{n=1}^{\infty} \left[\dfrac{1 - (-1)^n}{n^2 \pi} \cos nx + \dfrac{(-1)^{n+1}}{n} \sin nx\right]$ $(x \neq (2k+1)\pi, k = 0,$
$\pm 1, \pm 2, \cdots)$.

12. $f(x) = \sum\limits_{n=1}^{\infty} \dfrac{2}{n\pi} \left(1 - \cos \dfrac{n\pi}{2}\right) \sin nx, x \in \left(0, \dfrac{\pi}{2}\right) \bigcup \left(\dfrac{\pi}{2}, \pi\right]$.

$$f(x) = \dfrac{1}{2} + \sum\limits_{n=1}^{\infty} \dfrac{2 \sin \frac{n\pi}{2}}{n\pi} \cos nx, x \in \left[0, \dfrac{\pi}{2}\right) \bigcup \left(\dfrac{\pi}{2}, \pi\right].$$

习题 10.1

1.(1) 二阶.(2) 一阶.(3) 三阶.(4) 一阶.(5) 二阶.(6) 一阶.

3.(1) 是.(2) 不是.(3) 不是.(4) 是.(5) 是.(6) 是.

4.(1)$C_1 = 3, C_2 = -\dfrac{3}{4}$.　　(2)$C_1 = 0, C_2 = 1$.　　(3)$C_1 = 3, C_2 = -1$.

5.(1)$y - xy' = x^2$.　　(2)$y' = kx(k > 0$为常数$)$.　　(3)$yy' + 2x = 0$.

习题 10.2

1.(1)$y = ce^{x^2}$.

(2)$x^2 + y^2 = c$.

(3)$y = ce^{\int p(x)dx}$.

(4)$\arctan y = \dfrac{1}{2}\ln\left|\dfrac{x+1}{x-1}\right| + c$.

(5)$(4-x)y^4 = cx$.

(6)$\sin x \sin y = c$.

(7)$(1+x^2)(1+y^2) = c$.

(8)$e^y = e^x + c$.

(9)$y = e^{cx}$.

(10)$e^{-y} + 2e^{\sqrt{x}} = c$.

2.(1)$y = \dfrac{1}{1-\sin x}$.

(2)$y = \dfrac{1}{1+\ln|1+x|}$.

(3)$\arctan y = e^x - 1$.

(4)$\cos y = \dfrac{\sqrt{2}}{4}(1 + e^x)$.

3.$M(t) = M_0 e^{-\lambda t}$,其中$\lambda > 0$为常数.

4.$xy = 6$.

5.(1)$\ln|y| = \dfrac{y}{x} + c$.

(2)$\sin\dfrac{y}{x} = cx$.

(3)$ye^{\frac{x}{y}} + x = c$.

(4)$y^2 = x^2(\ln x^2 + c)$.

(5)$\sin\dfrac{y}{x} = -\ln|x| + c$.

(6)$y = xe^{cx+1}$.

6.(1)$\sqrt{\dfrac{y}{x}} = \ln|x| + 1$.

(2)$x^2 + y^2 = x + y$.

7.(1)$2x^2 + 2xy + y^2 - 8x - 2y = c$.

(2)$x + 3y + 2\ln|x+y-2| = c$.

(3)$y^2 + 2xy - x^2 - 6y - 2x = c$.

8.(1)$y = (x+1)^2\left[\dfrac{2}{3}(x+1)^{\frac{3}{2}} + c\right]$.

(2)$y = (x+1)^n(e^x + c)$.

(3)$x = y^2(c - \ln|y|)$.

(4)$y = \dfrac{x^4}{5} + \dfrac{c}{x}$.

(5)$y = \dfrac{1}{2}(x+1)^4 + c(x+1)^2$.

(6)$y = \left(-\dfrac{1}{2}e^{-x^2} + c\right)\dfrac{1}{x}$.

(7)$x = ce^{\sin x} - 2(\sin y + 1)$.

(8)$2x\ln y = \ln^2 y + c$.

9.(1)$y = \dfrac{3}{2} - \dfrac{1}{2}e^{-2x}$.

(2)$y = x(\ln x)^2$.

(3)$y = -x^2 + x^3$.

(4)$y = \dfrac{1}{\sin x}(1 - 5e^{\cos x})$.

10.$y = 2(e^x - x - 1)$.

11.(1)$yx\left[c - \dfrac{a}{2}(\ln x)^2\right] = 1$.

(2)$\dfrac{x^6}{y} - \dfrac{x^8}{8} = c$.

(3)$y^3 = 3x^4 + cx^3$.

(4)$y^{-2} = ce^{x^2} + 1 + x^2$.

(5)$y^{-2} = -\dfrac{2}{3}x\ln x - \dfrac{4}{9}x + \dfrac{c}{x^2}$.

12.(1)$x = ce^y - y - 1$.

(2)$xy^2 - \dfrac{1}{2}\sin(2xy^2) - 4x = c$.

(3)$\ln(xy) = cx$.

(4)$\sin y = x - 1 + ce^{-x}$.

(5)$y = 1 - \sin x - \dfrac{1}{x + c}$.

13.(1)$x^5 + \dfrac{3}{2}x^2y^2 - xy^3 + \dfrac{y^3}{3} = c$.

(2)$\sin x + \ln|y| + \dfrac{x}{y} = c$.

(3) 不是.

(4)$\sin\dfrac{y}{x} - \cos\dfrac{x}{y} + x - \dfrac{1}{y} = c$.

(5)$ye^{x^2} - x^2 = c$.

(6) 不是.

14.(1)$y^2 = c(c + 2x)$.

(2)$\dfrac{x}{y} + \ln|y| = c$.

(3)$-\dfrac{1}{xy} + \ln\left|\dfrac{x}{y}\right| = c$.

(4)$\dfrac{x}{y} + \dfrac{1}{2}x^2 = c$.

(5)$x^2 + y^2 = ce^{2x}$.

15.$y\cos x = x\sin x + \cos x + c$.

16.$\ln\dfrac{|x|}{y^2} - \dfrac{1}{x^2y^2} = c$.

习题 10.3

1.(1)$y = \dfrac{1}{8}e^{2x} + \sin x + c_1x^2 + c_2x + c_3$.

(2)$y = x\arctan x - \dfrac{1}{2}\ln(1 + x^2) + c_1x + c_2$.

(3)$y = -\dfrac{\sin 2x}{4} + c_1x + c_2$.

(4)$y = c_1\ln|x| + \dfrac{1}{2}\ln^2|x| + c_2$.

(5)$y = e^x(x - 1) + c_1x^2 + c_2$.

(6)$y = c_1x^5 + c_2x^3 + c_3x^2 + c_4x + c_5$.

(7)$x + c_2 = \pm\left[\dfrac{2}{3}(\sqrt{y} + c_1)^{\frac{3}{2}} - 2c_1\sqrt{\sqrt{y} + c_1}\right]$.

(8)$x = \dfrac{1}{c_1}\ln|y - 1| + c_2$.

(9)$y^2 = c_1x + c_2$.

(10)$y = \arcsin(c_1e^x) + c_2$.

2.(1)$y = (x - 3)e^x + \dfrac{1}{2}x^2 + 2x + 3$.　(2)$y = x^3 + 3x + 1$.　(3)$y = -\dfrac{x^2}{2} - x + e^x - 1$.

(4)$y = \ln(\sec x)$.　(5)$y = \dfrac{1}{2}(e^x + e^{-x})$.

3.$x = A\sin\omega t$.　　4.$y = 1 - x$.

5.(1) 线性无关.　　(2) 线性相关.　　(3) 线性相关.　　(4) 线性无关.　　(5) 线性无关.

(6) 线性无关.

6.$y = c_1\cos 2x + c_2\sin 2x$.　　7.$y = c_1e^{x^2} + c_2xe^{x^2}$.　　10.$y = c_1x + c_2x^3$.

11.$y = c_1e^x + c_2(2x + 1)$.　　12.$y = c_1x + c_2e^x - (x^2 + x + 1)$.　　13.$y = c_1 + c_2x^2 + \dfrac{x^3}{3}$.

14.$y = c_1e^x + c_2e^{-x} - \dfrac{1}{2}\cos x$.

15.(1)$y = c_1e^{-x} + c_2e^{3x}$.

(2)$y = e^{2x}(c_1 + c_2x)$.

(3)$y = e^x(c_1\cos 2x + c_2\sin 2x)$.

(4)$y = c_1e^{2x} + c_2e^{3x}$.

(5)$y = e^{-x}(c_1\cos\sqrt{3}x + c_2\sin\sqrt{3}x)$

$(6)y = \mathrm{e}^{-rx}(c_1 \cos \sqrt{\omega^2 - r^2}x + c_2 \sin \sqrt{\omega^2 - r^2}x).$

$(7)y = (c_1 + c_2 x)\mathrm{e}^{\frac{3}{2}x}.$

$(8)y = c_1 + c_2 x + \mathrm{e}^x(c_3 \cos 2x + c_4 \sin 2x).$

$(9)y = \mathrm{e}^{\frac{\beta}{\sqrt{2}}x}\left(c_1 \cos \dfrac{\beta}{\sqrt{2}}x + c_2 \sin \dfrac{\beta}{\sqrt{2}}x\right) + \mathrm{e}^{-\frac{\beta}{\sqrt{2}}x}\left(c_3 \cos \dfrac{\beta}{\sqrt{2}}x + c_4 \sin \dfrac{\beta}{\sqrt{2}}x\right).$

$(10)y = \mathrm{e}^x(c_1 + c_2 x + c_3 x^2).$

16.$(1)y = \mathrm{e}^{-x}(4 + 2x).$　　　　　　　　　　　　　$(2)y = \mathrm{e}^x - \mathrm{e}^{-2x}.$

$(3)y = \dfrac{1}{2}\mathrm{e}^{-x}\sin 2x.$　　　　　　　　　　　　　$(4)y = 3\mathrm{e}^{3x} - 2\mathrm{e}^{4x}.$

$(5)y = \mathrm{e}^{-x}(\cos \sqrt{2}x + 2\sqrt{2}\sin \sqrt{2}x).$　　　　　$(6)y = 3\mathrm{e}^{-2x}\sin 5x.$

17.$x = \dfrac{v_0}{\sqrt{k_2^2 + 4k_1}}\left[\exp\left(\dfrac{-k_2 + \sqrt{k_2^2 + 4k_1}}{2}t\right) - \exp\left(\dfrac{-k_2 - \sqrt{k_2^2 + 4k_1}}{2}t\right)\right].$

18.$I = (c_1 + c_2 t)\exp\left(-\dfrac{R}{2L}t\right), R^2C - 4L = 0;$

$\quad I = c_1\exp\left(-\dfrac{R}{2L} + \dfrac{1}{2L}\sqrt{R^2 - \dfrac{4L}{C}}\right)t$

$\qquad + c_2\exp\left(-\dfrac{R}{2L} - \dfrac{1}{2L}\sqrt{R^2 - \dfrac{4L}{C}}\right)t, R^2C - 4L > 0;$

$\quad I = \exp\left(-\dfrac{R}{2L}t\right)\left(c_1 \cos \dfrac{t}{2L}\sqrt{\dfrac{4L}{C} - R^2} + c_2 \sin \dfrac{t}{2L}\sqrt{\dfrac{4L}{C} - R^2}\right), R^2C - 4L < 0.$

19.$(1)y = c_1\mathrm{e}^{3x} + c_2\mathrm{e}^{-x} - x + \dfrac{1}{3}.$

$(2)y = c_1\mathrm{e}^{2x} + c_2\mathrm{e}^{3x} - \dfrac{1}{2}(x^2 + 2x)\mathrm{e}^{2x}.$

$(3)y = c_1 \cos x + c_2 \sin x - \dfrac{x}{3}\cos 2x + \dfrac{4}{9}\sin 2x.$

$(4)y = c_1 + c_2\mathrm{e}^{-\frac{5}{2}x} + \dfrac{1}{3}x^3 - \dfrac{3}{5}x^2 + \dfrac{7}{25}x.$

$(5)y = \mathrm{e}^{-x}(c_1 + c_2 x + c_3 x^2) + \dfrac{1}{24}x^3(x - 20)\mathrm{e}^{-x}.$

$(6)y = c_1\mathrm{e}^{-3x} + c_2\mathrm{e}^x + \dfrac{1}{5}\mathrm{e}^{2x}.$

$(7)y = \mathrm{e}^x(c_1 + c_2 x) + \dfrac{1}{2}x^2\mathrm{e}^x.$

$(8)y = c_1\mathrm{e}^{-3x} + c_2\mathrm{e}^x - x - 1 - \dfrac{1}{10}(2\cos x - \sin x).$

$(9)y = \mathrm{e}^{-2x}(c_1 \cos x + c_2 \sin x) - \dfrac{1}{65}(8\cos 2x - \sin 2x).$

$(10)y = \mathrm{e}^x(c_1 \cos 2x + c_2 \sin 2x) - \dfrac{1}{4}x\mathrm{e}^x\cos 2x.$

20.$(1)y = \dfrac{1}{4}\mathrm{e}^{3x} - \dfrac{1}{4}\mathrm{e}^{-x} - \dfrac{1}{4}x\mathrm{e}^{-x}.$　　　　$(2)y = 3\cos x + 4\sin x + \dfrac{1}{2}x\sin x.$

$(3)y = \mathrm{e}^x(x^2 - x + 1) - \mathrm{e}^{-x}.$　　　　　　$(4)y = \mathrm{e}^{-2x} + \dfrac{x^2}{2}\mathrm{e}^{-2x}.$

(5)$y = \dfrac{16}{27}\mathrm{e}^{3x} + \dfrac{8}{9}\mathrm{e}^{-x} + \dfrac{1}{3}x^2 + \dfrac{x}{9} + \dfrac{14}{27}$.

21.$s = \dfrac{F-a}{b}t - \dfrac{(F-a)}{b^2}(1 - \mathrm{e}^{-bt})$.

22.$\varphi(x) = \dfrac{1}{2}(\cos x + \sin x + \mathrm{e}^x)$.

23.(1)$y = c_1 + \dfrac{c_2}{x} + c_3 x^3 - \dfrac{x^2}{2}$.　　　　　　(2)$y = (c_1 + c_2 \ln|x|)x$.

(3)$y = \dfrac{c_1}{x} + c_2\sqrt{x} + \dfrac{\sqrt{x}}{3}\ln x$.　　　　(4)$y = c_1 x^2 + c_2 x^3 + \dfrac{1}{2}x$.

(5)$y = x(c_1 \cos\ln x + c_2 \sin\ln x) + x\ln x$.

(6)$y = x[c_1 \cos(\sqrt{3}\ln x) + c_2 \sin(\sqrt{3}\ln x)] + \dfrac{1}{2}x\sin(\ln x)$.

复习题十

1.(1)2.　　　(2)3.　　　(3)$\dfrac{\partial P}{\partial y} = \dfrac{\partial Q}{\partial x}$.　　　(4)$y = c_1 y_1^* + c_2 y_2^* + (1 - c_1 - c_2)y_3^*$.

2.(1)$y^2(1 + y'^2) = 1$.　　　　　　　　(2)$y'' - 3y' + 2y = x$.

3.(1)$\ln|y| = \dfrac{1}{3}\left(\dfrac{x}{y}\right)^3 + c$.　　　　(2)$y = c\cos x - 2\cos^2 x$.

(3)$\dfrac{1}{y} = c\mathrm{e}^x - \sin x$.　　　　　　(4)$x^2 = y^4 + cy^6$.

(5)$\sin\dfrac{y^2}{x} = cx$.　　　　　　(6)$2\sqrt{(x^2 + y)^3} - 2x^3 - 3xy = c$.

(7)$x\sin(x + y) = c$.　　　　　　(8)$y = -\dfrac{1}{a}\ln|ax + c_1| + c_2$.

(9)$y = (c_1 + c_2 x)\mathrm{e}^{-2x} + \dfrac{1}{8}\sin 2x$.　　(10)$y = c_1 + c_2 x + c_3 \mathrm{e}^x + c_4 x\mathrm{e}^x + \dfrac{x^3}{6} + x^2$.

4.(1)$y = -\dfrac{\cos x}{x^3}$.　　　　　　(2)$x = \dfrac{3}{2}\dfrac{1}{y^2} + \ln y - \dfrac{1}{2}$.

(3)$2y^2 - 1 = (2x + 1)^2$.　　　　　(4)$y = -\mathrm{e}^x + \mathrm{e}^{2x} - \left(\dfrac{x^2}{2} + x\right)\mathrm{e}^x$.

5.$y = \dfrac{1}{2}(1 + x^2)[\ln(1 + x^2) - 1]$.　　6.$y = x^2 - x$.　　7.$\dfrac{1}{40.96}$.

9.$f''(r) + \dfrac{2}{r}f'(r) = 0,\ f(r) = 2 - \dfrac{1}{r}$.

10.(1)$y = \dfrac{1}{x}[c_1 \cos(2\ln|x|) + c_2 \sin(2\ln|x|)]$.

(2)$y = x^2\left(c_1 + c_2 \ln x + \dfrac{1}{6}\ln^3 x\right) + x$.